失效分析应用技术

上海材料研究所　王荣　编著

机械工业出版社

本书全面系统地介绍了失效分析中常用的分析技术和方法，主要内容包括失效分析概述、现场勘查技术、宏观分析技术、断口分析技术、金相分析技术、定量分析技术、X 射线分析技术、电子光学分析技术、痕迹分析技术、裂纹分析技术、失效诊断技术、失效预防与安全评估、失效分析在司法鉴定中的应用、失效分析报告的撰写。本书理论和实践结合紧密，每个章节都对所述及的知识点进行了系统的归纳总结，有针对性地选用了180 多个实际分析案例，用检测结果或图片印证了失效机理，实用性强。

本书可供失效分析工作者阅读使用，也可作为企业质量管理人员、司法机构的技术人员，以及相关专业在校师生的教材或参考书。

图书在版编目（CIP）数据

失效分析应用技术/王荣编著 . —北京：机械工业出版社，2019.2
（2024.7 重印）
ISBN 978-7-111-62061-7

Ⅰ.①失…　Ⅱ.①王…　Ⅲ.①失效分析　Ⅳ.①TB114.2

中国版本图书馆 CIP 数据核字（2019）第 032089 号

机械工业出版社（北京市百万庄大街 22 号　邮政编码 100037）
策划编辑：陈保华　责任编辑：陈保华
责任校对：张晓蓉　封面设计：马精明
责任印制：刘　媛
涿州市般润文化传播有限公司印刷
2024 年 7 月第 1 版第 5 次印刷
184mm×260mm · 19.75 印张 · 487 千字
标准书号：ISBN 978-7-111-62061-7
定价：79.00 元

凡购本书，如有缺页、倒页、脱页，由本社发行部调换
电话服务　　　　　　　　网络服务
服务咨询热线：010-88361066　机工官网：www.cmpbook.com
读者购书热线：010-68326294　机工官博：weibo.com/cmp1952
策划编辑：010-88379734　金书网：www.golden-book.com
封面无防伪标均为盗版　教育服务网：www.cmpedu.com

序

自从人类发明和使用工具的那一刻起，就存在失效问题了。人们通过对工具使用过程中的磨损、断裂等问题的不断思索和不断改进，才有了从石器时代、青铜器时代到铁器时代的跨越，以至发展到现代人们生活中五花八门的材料和产品。材料和失效问题密切相关，材料的进展促进了产品的升级换代和技术革命，同时，新材料和新工艺也带来了新的失效问题。

失效分析同时又是一门综合性学科，相关门类基础学科是失效分析的基础。传统的金相学和断口学为失效分析提供了强有力的支持，强度与断裂学科的发展为失效分析注入了更深层次的内涵。X射线分析技术和电子光学分析技术让人们对事物的认识从宏观延伸到微观原子尺度，可以在介观亚晶纳米尺度上对材料进行分析，对失效机理进行更加深入的研究。电子计算机的诞生和发展使各种物相的定性和定量分析变得方便而快捷，数字模拟技术、CT技术以及3D成像技术等使得失效分析变得生动、形象。扫描电子显微镜和能谱仪、波谱仪以及电子背散射衍射探测器集成一体化，使得同时提供样品的形貌、成分和晶体学特征成为可能，实现了综合分析，并极大地缩短了分析时间，丰富了失效分析的内容。

失效分析的研究方法也可以借鉴其他各成熟的学科。失效分析初始阶段的现场勘察内容与中医诊断时的望、闻、问、切非常类同。痕迹分析和产品司法鉴定则更多地吸收了法学的分析思路和手段，与刑事侦探活动有很多相通之处。辩证思维法在进行失效分析时也颇为重要。正确理解内因和外因的具体含义及其辩证关系，对失效原因的判断具有直接的指导作用；量变和质变关系揭示了失效过程中的突变现象之本质；偶然性和普遍性原理则可以帮助对失效因素进行更为正确的判断。

由于失效分析在材料科学和工程中的地位越来越重要，提高失效分析人员的自身能力水平就更加迫切，因此上海材料研究所组织编写了《失效分析应用技术》一书。该书内容来源于诸多工程失效分析案例，侧重于实际应用，我们期待该书的出版对广大从事失效分析的工程技术人员、研究人员有所裨益和帮助。

朱德祥

上海材料研究所所长

前　言

　　失效分析这门技术从 20 世纪中叶诞生至今已得到了迅猛发展，近些年有关失效分析的学术会议和活动更是活跃，涉及的行业和领域也越来越宽，报道失效分析文章的期刊也在不断增加，有不少高等院校也已经把失效分析作为学生的必修课程之一。笔者在多年从事失效分析工作的过程中，深知该项工作的复杂性、紧迫性和重要性。一些国际知名企业因为产品上的某个机械构件失效而在全球范围内实施"召回"；一些新产品在生产过程中因为失效而被迫停产；因机械装备失效引起的人员伤亡往往会导致一个企业破产，甚至会使几代人的命运发生改变。机械构件的失效和人民的生命财产息息相关，公证、科学、真实、快速地进行失效分析在我们的日常生活中越来越显得重要。

　　本书主要是结合笔者多年的失效分析工作经验，按照实际失效分析的思路和方法分章节编写的。每个章节都把现有的一些失效分析理论做了归类和细化，并将这些理论和实际案例有机地结合起来，尽量让读者能够思路清晰，有的放矢，并合理规划分析项目，把握重点，少走弯路，力争在最短的时间里获得正确的分析结论，并提出正确的预防措施，最后再得到一份结论准确、证据充实、结构合理、思路流畅、布局美观的失效分析报告。书中较多地使用了作者几十年来在失效分析过程中拍摄的图片，目的是能让这门技术更具真实性和科普性，便于读者理解和加深印象，使这项技术能够健康的发展和普及，并更好、更快地服务于社会，造福于人类。

　　本书整体上有两个主要特点：一是书中的所有图片均为原图，是直接拍摄或绘制的，均来源于具体的失效分析案例；二是理论与实践紧密结合。全书的写作路线也主要是按照常规的失效分析思路和分析过程进行的，在介绍失效机理时，都尽量用一些比较直观的机理图进行说明，并配合一些具体的失效分析案例，其目的就是能让读者一目了然和加深记忆。全书涉及的失效分析案例有 180 多个，涉及的领域有：机械、化工、管线、水电、火电、轨道交通、汽车、矿山机械、港口机械、造船、风能发电、航天、航空、核电、冶金、兵器、机电、制冷设备、压力容器、建筑、油田、模具等。

　　通过这次阶段性总结，笔者也在查找自己身上的短板，正确认识和业内同仁们的差距，坚持不懈地追寻先进的材料分析技术和分析理念，深入学习和研究各种失效机理，补强自己多方位、多层次观察事物和分析问题的能力，不断扩大自己的知识面，力争在自己有限的剩余工作时间里，为机械装备的失效分析这门技术的发扬光大尽一点微薄之力。

王　荣

目　　录

第 1 章

失效分析概述

1.1 引言

　　失效分析是一门新兴、发展中的学科，近些年开始从军工企业普及到普通企业，在提高产品质量，技术开发、改进，产品修复及仲裁失效事故等方面具有很强的实际意义。失效分析具有两个显著的特点：第一是综合性，即它涉及多学科领域和技术门类；第二是实用性，即它有很强的生产应用背景，与国民经济建设有极其密切的关系。失效学的形成和发展主要是在 20 世纪中叶。1974 年美国金属学会在编辑出版《失效分析资料书》（《Source Book in Failure Analysis》）时曾写过这样一段话："与对一些不太活跃的学科所做的报道相比，关于失效分析的公开发表的论文的数量实在太少了；这一状况难以反映出失效分析在工业和工程中的重要性"。1975 年美国金属学会出版了《金属手册　第 10 卷　失效分析与预防》（《Metals Handbook，Volume 10，Failure Analysis and Prevention》）以后，失效分析活动和研究工作得到了迅猛发展，有关失效分析的专著和论文急剧增加，以致可以与疲劳或断裂学并驾齐驱。我国从 1980 年 12 月首次在北京召开了全国机械装备失效分析年会，后来四年一次，连续召开了 3 次。上海材料研究所已故老专家陶正耀先生于 1988 年在《八年来失效分析工作的回顾》中写道："三次失效分析会议得到了全国各界的高度重视。每次会议征文通知发出后，应征论文如潮水般涌进来，每次都达到 300 篇左右，到会人数总在 350 人上下。会议代表通过充分的交流和相互切磋，为普及我国的失效分析技术、推动失效分析工作进一步展开和提高产品质量起到了十分深远和积极的作用"。2005 年中国机械工程学会理化检验分会和失效分析分会首次在广州联合举办了全国失效分析年会，以后两年一次，至今已连续举办了 7 届，每次参加人数和收集论文数目都呈上升势头。近些年有关失效分析的会议和活动更是活跃，涉及的行业和范围也越来越宽，报道失效分析文章的期刊也在不断增加，有不少高等院校已经把失效分析作为学生的必修课程之一。

　　机械失效学是一门交叉、边缘、综合型的新兴学科，因此，它与多种学科和技术有关，如图 1-1 所示。基础学科与机械失效学相结合，形成不少边缘学科。例如，机械失效学与物理学交叉诞生了失效物理学；与力学的交叉形成了失效力学和损伤力学；数学与机械失效学相结合，促进了可靠性数学的问世。

　　机械失效学与许多应用学科、技术有密切的联系。"机械"是失效分析的对象，因此失效分析与机械学的专门知识有关；"材料"是失效的载体，这样失效分析就自然地涉及材料科学和工程领域的各种知识；"环境"是失效发生的条件，所以失效分析就和环境科学知识有关；"检测"是失效分析中信息的获得的重要途径和手段，显然失效分析就离不开宏观和微观的检测有关的知识；"分析"是失效分析的核心，因此失效分析必将涉及逻辑学和数理统计有关的专门知识；此外，失效分析不仅是一种"技术活动"，而且还是一种"管理活动"，因此，失效分析过程和它的成果反馈又与管理科学的专门知识有关。可以这样说，近代材料科学和工程力学对断裂、腐蚀、磨损及其复合型的失效模式和失效机理的研究，为失效学奠定了理论基础；现代的检测仪器仪表学、断口分析技术，为失效分析奠定了技术基础；数理统计、模糊数学、可靠性工程和电子计算机学科的广泛应用为失效学提供了新的方法途径。以上三个方面的融会贯通，使机

图 1-1　失效分析学和其他学科之间的关系

械失效学逐渐成为一门相对独立而又十分活跃的应用型学科。

失效分析学的研究领域和研究方法和其他一些学科有相通之处。实际工作中有许多人把从事失效分析工作的专家称为"老中医"，把失效分析过程称为"把脉"，这是说失效分析和医生看病有相似的地方。进一步说，中医看病需要"望、闻、问、切"，就是首先要用眼睛看，用耳朵听，用嘴巴询问，用手指把脉。这些活动都和失效分析过程有相似之处。另外，还有一种说法，就是把从事失效分析的人员比喻成古时的"提刑官"，类似于现在的刑事侦查和法官判案，其中许多方法和技术也都是相通的。

笔者在多年从事失效分析工作的过程中，深知该项工作的复杂性、紧迫性和重要性。一些国际知名企业因为产品上的某个机械构件失效而在全球范围内实施"召回"；一些新产品在生产过程中因为失效而被迫停产；因机械装备失效引起的人员伤亡往往会导致一个企业破产，甚至会使几代人的命运发生改变。许多失效事故涉及较大数额的经济损失，在认定责任方时往往会走司法程序，此时，失效分析又和司法鉴定结合到一起，其分析过程必须符合法律程序。机械构件的失效和人民的生命财产息息相关，公证、科学、真实、快速的失效分析技术在我们的日常生活中越来越显得重要。

1.2　机械装备的失效与事故

1.2.1　失效

失效是指产品丧失其规定的功能，对可修复产品，通常也称为故障。零件由于某种原因，导致其尺寸、形状、材料的组织、性能发生变化而不能圆满地完成指定的功能即为失效。美国金属学会 1975 年出版的《金属手册》中是这样描述失效的：一个零件或部件处于下列三种状态之一的就认为是失效。

1）当它完全不能工作时。

2）仍然可以工作，但已不能令人满意地完成预期的功能时。

3）受到严重损伤不能可靠而安全地继续使用，必须立即从机器上拆下来进行修理或更换时。

失效经常是由多方面原因造成的，失效的主要来源包括设计、选材、材料缺陷、制造工艺、再加工、组装、检查、试验、质量控制、贮运、工作条件、维修和工作中预先未暴露的过载以及机械的或化学的损伤等许多方面。失效形式各种各样，装备整体失效的情况比较少，往往是某个零件先失效而导致整个装备失效，有时可导致较为严重的后果。

1.2.2　事故

事故是指意外的变故或灾祸（不含自然灾害），主要指工程建设、生产活动与交通运输中发生的意外损害或破坏。这些事故可造成物质上的损失或人身伤亡。事故原因是指能引起事故或有这种可能性的各种因素。这些因素是指与事故直接或间接有关的事件或情况。

1.2.3　机械失效和事故之间的关系

失效和事故既有密切联系，又有重要区别，失效强调的是机械产品本身的功能状态，强调产品丧失规定的功能后能否修复，而事故强调的是后果，即造成的损失和危害。失效和事故常常有一定的因果关系，但两者没有必然的联系。如汽车撞伤了突然横穿马路的行人，汽车并没有失效；而产品失效时也不一定发生事故，如许多汽车或列车上的失效件都是在维护保养或大修期间发现的，但其并未造成事故。统计表明，产品失效率要比事故率高 1~2 个数量级。

失效往往只指某一具体的机械构件，分析对象单一；事故往往涉及一个系统，可能会包括较多的机械构件，甚至包括醉酒、精神失常等非机械因素，其中任何一个因素都有可能是导致事故的直接原因，还有可能有多个因素共同作用导致事故的发生。但每一起具体事故的发生和发展有其具体的原因、条件和过程特征。发生事故的场合、时间和损伤程度，事先无法预测，具有相当大的偶然性和随机性。就系统的总体而言，发生一定概率的某种类型事故是难以避免的。纵观历史的大量事实，只要存在导致事故的必要充分的条件，事故就必然会发生。

多年的失效分析实践中发现有许多事故都是由一些简单的机械装备（或构件）失效引起的，例如：

1）2012 年 12 月 31 日，山西长治市某化工企业发生苯胺泄漏事故，泄漏总量约为 38.7t，受到影响的河道长约 80km，28 个村、2 万多人受到影响，而引起这起事故的直接原因是一段波纹管破裂。

2）国内一家核电企业于 2002 年 12 月整套引进国外核燃料装卸设备并投入使用。2011 年初发现有卡死现象。2011 年 10 月 9 日检修时发现装卸料机的驱动蜗轮与内齿轮上的 6 个连接螺栓全部发生了断裂，自此导致整个核电站停产事故，企业每天经济损失高达 600 多万元。

3）2010 年 9 月 22 日，江苏一家化工企业发生有毒气体泄漏事故，造成工厂附近的几百名村民中毒住院治疗，加上企业停产造成的经济损失总共有一千多万元，而引起这起较大事故的原因却是一台富气压缩机中的大、小齿轮断齿失效。

4）2008年5月10日，上海市长兴岛某造船厂正在吊篮中实施货轮船体无损检测的两名检测人员连同吊兰一起在毫无征兆的情况下突然坠落，造成一人当场死亡，一人严重受伤的事故，而导致这起事故的直接原因是一个连接螺栓发生了延迟性断裂。

5）2006年8月11日下午，上海磁浮交通发展有限公司由龙阳路车站开往浦东国际机场方向的PV3磁浮列车的M1车厢发生火灾，在开出车站500m左右的临时停车点停车，消防部门赶到后将火势扑灭。这起事故的分析结果是由于蓄电池温度过高（达到1400℃以上），导致蓄电池极板间短路而燃烧。

6）2005年8月21日，上海市崇明三条巷码头起重过程发生断裂事故，造成韩国进口的发动机底座损坏，船舱损坏，死亡2人，重伤3人，总损失超过1亿元人民币。经过深入细致的失效分析后发现：①起吊使用的卸扣的冶金质量和锻造质量存在问题，不符合相关技术要求；②没有进行适当的热处理，导致力学性能指标降低；③分型面存在补焊现象；④静载荷检验不合格。综合判定卸扣质量不合格是导致事故发生的直接原因。

1.2.4 机械事故的分类

机械事故按其宏观特征大体上可划分为以下几类：

（1）爆炸　为能量的瞬间释放的结果，包括物理爆炸和化学爆炸等。

（2）起火　包括燃烧起火（固体、液体、气体）、静电起火、累积起火、加热起火或摩擦起火、电器起火等。

（3）解体事故　包括飞机解体、船舶解体等。

（4）相撞事故　包括车辆相撞、飞机相撞、船舶相撞、其他机械之间的相撞等。

（5）泄漏事故　包括气体泄漏、核泄漏、液体泄漏等。

（6）毁机事故　包括局部损毁、整机损毁。

（7）其他机械事故　机械事故的模式不同，不仅其事故发生的机理和原因不同，而且其过程特征和发展规律也不同，因此，判断机械事故的模式可为寻找事故的起因打下基础。

1.3 机械事故检查中失效件的判断

1.3.1 机械事故中的失效件说明

（1）肇事失效件　泛指直接导致其他机件失效的机件，特指直接导致机械失效甚至造成机械事故的机件。

（2）相关失效件（简称相关件）　泛指对其他机件的失效有直接影响的机件，主要是可能对肇事失效件有一定影响的相关件。

（3）受害失效件（简称受害件）　泛指受其他机械失效的危害而失效的机件，而该机件对其他机件的失效却没有直接的影响。

（4）直接受害失效件（简称直接受害件）　特指事故发生前（或机械失效前）受肇事件的危害而失效的机件。

（5）被破坏件　特指事故发生时被破坏而失效的机件，例如压力容器爆炸、油箱起火、飞机坠毁时才被破坏的一切机件。

（6）独立失效件　泛指与其他机械失效件无关的失效机件，特指事故或机械失效发生之前，已经失效的机件，但它对事故的发生或机械的失效并无影响。

（7）首先断裂件（简称首断件）泛指机械中第一个发生断裂失效的机件，特指事故或机械失效过程中第一个失效件。

（8）首先失效件　泛指机械中第一个发生失效的机件。

1.3.2　机械事故中肇事失效件的判断方法

1. 事故调查

事故的种类很多，如地面交通事故、航海事故、飞行事故、火箭发射事故、电站核泄漏事故、压力容器爆炸事故等。发生事故时，机械不一定失效，不能在机械失效和机械事故之间画等号。尽管机械失效时也要进行现场调查，机械失效也有可能导致严重事故，但纵观各种事故产生的原因，一般要比机械失效的原因所涉及的面要广、也复杂得多，另外，其后果也比较严重。事故调查本身是一个专门学科，它的研究对象、研究方法和检查技术从总体上看，与失效分析并不相同，各自所要解决的任务和要达到的目的也有区别。因此，既不能在事故和机械失效之间画等号，也不等在事故调查和失效分析之间画等号。

一般发生事故，先由事故调查人员做出初步结论，如果事故是由机械原因所造成，这时应不失时机地请有关部门的失效分析工作人员介入调查工作，以便进一步确认事故调查的初步结论，并为下一步的机械失效分析打下良好的基础。因此，事故调查人员和失效分析人员之间应建立起最良好的合作关系。

2. 肇事失效件的判断

在各类事故检查中，把机械发生事故后原机械的所有机件统称为残骸。

本书中失效分析的对象均为残骸，使用的主要方法也是残骸分析法。飞行事故检查较为复杂，因为残骸数量巨大（成千上万），残骸分布范围广（有时可达方圆几十公里）。这些都会给事故检查带来很大困难。一般当飞行事故发生时，事故调查组并不能立即判断事故就是因机械失效造成的，必须认真仔细地进行现场调查，如了解气象条件、环境、飞行员操纵、空地对话、记录或录音、导航数据、雷达标图、目击者的反映、航医意见、后勤及机务保障情况等，初步判断导致事故的各种可能原因。为了在机械事故检查中迅速（及时）、准确（可靠）的找出肇事失效件，需要有一套正确的分析思路、技术和方法。

下面以飞行事故为主，重点探讨如何查找肇事失效件。

（1）残骸分类　在事故检查中，残骸中可能包括：非失效件、失效件和被破坏件；其中失效件包括：肇事失效件、相关失效件、无关失效件；而被破坏件是指受害失效件，又分直接受害失效件和间接受害失效件。

对残骸进行分类时，必须注意的最重要的事项是在拿动任何一块残骸之前，必须记录下每块残骸的位置。记录残骸的方式，通常需要进行广泛详细的拍照，绘制适当的草图，收集每块残骸的恰当的测量数据，最后汇编成表册。

其次，一定要编制目录清单，保证出事地点的残片已全部收集在内。例如，在研究一起飞机失事事故中，应包括编制一个目录清单，其中有发动机、襟翼、起落架以及机身和机翼的部件数量。显然，必须断定飞机坠毁时所有部件是否全都在飞机上。虽然提供一份目录清单是件烦琐的事，但这份目录清单往往却是极其宝贵的资料。假如由一位有经验的分析人员来研究一起复杂的飞机失事事件，当他发现残骸中漏掉一块翼尖时，问题很快就解决了。随后发现这块残片坠落在该机航线后面数公里的地面上，该残片提供了一个疲劳断裂的证据，由此说明了坠毁的原因。

　　残骸分析中遇到的最普通的问题是确定断裂的顺序，以便判断领先断裂的起点或肇事失效件。

　　（2）判断机械事故的模式　首先是判断事故的模式类型，这既是事故检查的主要任务之一，也是进行失效分析的必要前提。准确的判断事故类型，可以缩小研究的范围，有利于对其进行更深入的研究。

　　（3）断裂件分选　一般事故的发生都和断裂（或开裂）有关。断裂的分选一般遵循以下原则：

　　1）脆性断裂件与塑性断裂件相比，应以脆性断裂件为先。

　　2）低应力破坏件与高应力破坏件相比，应以低应力破坏件为先。

　　3）疲劳破坏件与非疲劳破坏件相比，应以疲劳破坏件为先。

　　4）腐蚀破坏件与非腐蚀破坏件相比，应以腐蚀破坏件为先。

　　5）主要承力件与次承力件相比，应以主要承力件为先。

　　6）重要机件与一般机件相比，应以重要机件为先。

1.4　失效分析的基本内容

1.4.1　失效分析的概念

　　失效分析是指事后的分析，是判断产品的失效模式，查找产品失效机理和原因，提出预防再失效的对策的技术活动和管理活动。因此，失效分析的主要内容包括：明确分析对象，确定失效模式，研究失效机理，判定失效原因，提出预防措施（包括设计和改进），根据主要内容制订具体失效分析步骤和方法。

1.4.2　失效分析的过程

　　根据失效分析的定义，一个失效事件分析的全过程一般包括侦测（detection）、诊断（diagnosis）和事后处理（prognosis）三个阶段。即利用各种侦测手段，调查、侦查、测试和记录有关失效的现场、参数和信息；通过诊断，鉴别和确定产品失效的模式、过程、原因、影响因素和机理；经过事后处理即采取补救措施（对服役件）、预防措施（对新生产的产品），并进行其他技术管理的反馈活动，以达到预防、提高和开发的目的。侦测、诊断和事后处理是失效分析的三要素。

　　广义地说，失效分析的工作内容应包括失效分析的业务工作（即"门诊"工作）、失效分析的研究工作和失效分析的管理及技术反馈工作。

　　产品失效分析的重点无疑是分析产品的早期失效事件、突发性失效事件以及致使的失效事件，因为这些失效事件的分析事关重大或关系到全局。

　　失效分析的深度应以其分析的目的和要求不同而异。作为法律依据的失效诊断主要的任务是判定失效的程度、后果和责任方面；作为整顿质量管理的线索和获得可靠性工程的数据，一般希望确定失效发生的阶段、对策及其他的工程属性；而为了研究和掌握机械产品失效的规律和它的内在本质，这种失效分析则必须着眼于失效模式、机理、影响因素和控制参量的定性乃至定量的研究。因此，失效分析工作者的任务是依据失效分析的不同目的和要求，做出确切而恰当的诊断及对策。

1.4.3　失效分析的特点

一些重大的失效事故及其分析工作有如下特点：

1) 发生的突然性和过程的难救援性。
2) 损失的严重性和遇难的悲惨性。
3) 模式的多样性和原因的复杂性。
4) 分析的困难性和研究的探索性。
5) 思路的新颖性和技术的学科性。
6) 影响的广泛性和成果的重要性。
7) 技术范围有多学科交叉综合的性质。要求参加人员应具有宽广的知识面，较强的组织能力和良好的团队协作精神。
8) 分析过程有探索侦查的性质。要求参加人员应具有科学的理念和实事求是、客观公正的学风以及孜孜不倦的钻研探索精神。

1.4.4　失效分析的思路和分析侧重点

1. 失效分析的思路

失效分析思路是指导失效分析全过程的思维路线（思考途径）。张栋等提出，失效分析思路是指在思想中以机械失效的规律（即宏观表象特征和微观过程机理）为理论依据，把通过调查、观察和试验获得的失效信息（失效对象、失效现象、失效环境统称为失效信息）分别加以考虑，然后有机结合起来作为一个统一整体进行全过程考虑，以获取的客观事实为依据，全面应用逻辑推理综合分析的方法，来判断失效事故的失效模式，并推断失效原因。因此，失效分析思路在整个失效分析过程中一脉相承、前后呼应，自成思考体系，把失效分析的指导思想、推理方法、程序、步骤、技巧等有机地融为一起，从而达到失效分析的根本目的。失效分析的理想目标应当是"模式准确，原因明确，机理清楚，措施得力，模拟再现，举一反三"。实际上失效总是有一个或长或短的变化发展过程，机械失效过程实质上是材料的累积损伤或性能退化过程，以及材料发生物理和化学变化的过程。而整个过程的演变是有条件、有规律的，也就是说有原因的。因此，机械失效的这种客观规律是整个失效分析的理论基础，也是失效分析思路的理论依据。

2. 失效分析的侧重点

1) 按照产品的发展阶段、试制阶段、试生产阶段和定型生产阶段的不同，其失效分析的侧重点和内容也各不相同。

在试制阶段的产品，其失效的原因常常与设计因素有关，因此在这一阶段的失效分析应特别强调与设计人员的密切配合，这样不仅有利于失效原因的正确诊断，而且有利于分析结果的迅速反馈；在试生产阶段的产品，其失效原因多半与工艺因素有关，因此在这一阶段的失效分析应注重与工艺人员相结合；而在定型生产阶段的产品，其失效的原因一般则与管理因素有关，因此在这一阶段的失效分析着重考查产品的质量控制体系的健全、严密性和散布度，并应将广大的用户和社会上的维修行业纳入到失效分析体系中来。

2）导致失效的原因往往与该失效产品在其"生命历程"中的节点有关。

一个定型的、大批量生产的产品的小概率或长寿命产品的偶然失效事故的失效原因，往往与工艺或环境中的偶然差错或因素有关；而一个试制品或重复出现的大概率的失效事故的失效原因，常与设计结构因素有关。因此，在失效原因诊断中首先应该确认该失效产品所处的节点和注意失效概率的大小。例如，同一生产厂家使用了不同厂家生产的原材料，其产品出现集中失效现象，这时就要关注原材料的生产和供应问题。

1.4.5 失效分析的分类和失效模式诊断

1. 失效分析分类

失效分析可以按技术观点、质量管理的观点和经济法的观点进行分类。按技术观点进行分类便于对失效进行机理研究、分析诊断和采取预防对策；按质量管理的观点进行分类便于管理和反馈；按经济法的观点进行分类便于事后处理。

本书中将主要讨论按技术观点的分类。

从失效分析的技术观点进行分类主要是按失效模式和失效机理分类。

失效模式是指失效的外在宏观表现形式和规律，一般可理解为失效的性质和类型。失效机理则是引起失效的微观的物理化学变化过程和本质。按失效模式和失效机理相结合对失效进行分类就是宏观与微观相结合、由表及里地揭示失效的物理本质和过程，因而它是一种研究的重要分类方法。

2. 失效模式的诊断

失效模式按其所定义的范围、属性和参量，可分为一级失效模式、二级失效模式、三级失效模式等。失效模式的诊断可分为定性诊断和定量诊断。一般来说，定性诊断是模式诊断的基础和前提，定量诊断则是模式诊断的深入和发展；定性诊断的技术和方法主要用于一级失效模式的诊断，而定量诊断技术和方法则主要用于二级或三级失效模式的诊断；定性诊断技术和方法主要是依据失效残骸的分析，特别是肇事件的宏观断口分析的结果进行判定，而定量诊断的技术和方法则需要根据应力分析和失效模拟的结果进行判断。由此可以看出，如何根据失效事故的具体情况，合理地选用定性和定量的技术和方法，并且根据单一的和综合的判据，对失效的一级、二级甚至三级模式进行正确的适时诊断，是失效分析工作者应该认真总结和提高的问题。

一般来说，对各种典型的失效模式的诊断，特别是对各种典型的一级失效模式的诊断并不困难。一般只要根据单一的诊断判据（如宏观断口）就可以得出一级失效模式的诊断结论。失效模式诊断的难点在于对过渡的、多因素作用的、非典型的二级、三级失效模式的正确和适时地诊断。例如，单就疲劳断裂失效而言，介于韧性断裂和疲劳断裂之间的、脆性断裂（特别是沿晶脆性断裂）和疲劳断裂之间的低周疲劳断裂失效的诊断；超高强度钢（特别是宏观断口疲劳特征不明显时）的疲劳断裂失效的诊断；铸造合金的疲劳断裂失效的诊断，腐蚀疲劳断裂和疲劳断裂断口之间的区分诊断；腐蚀扩展，包括应力腐蚀扩展和腐蚀疲劳扩展的区分诊断；板材（或板式构件），特别是薄板的低周疲劳诊断等。由于多种原因引起的 20 多种二级脆性断裂失效模式的区别和正确诊断，还很少有人对其进行系统的研究。

因此，失效分析工作者，如果要不断提高自己的诊断水平，就应该对过渡的、多因素作用的、非典型的二级或三级失效模式的正确和适时诊断的技术和方法进行深入和系统的研究。

在失效模式的诊断中，人们常依据自己的经验或根据已有的断口、裂纹、金相图谱进行诊断，但是已有的多种图谱，特别是断口图谱和案例集，多数是"特征诊断"式的，它们只能说明什么材料、什么状态，在什么环境（包括应力、温度、气氛）下断裂断口的特征形貌。到目前为止，还很少有图谱给出当条件系统变化时特征形貌的规律性变化的知识，例如当材料的力学性能系统变化时，或当应力系统变化时，或当温度系统变化时，或当零件形状系统变化时，或当介质参数系统变化时，特征断口形貌有规律的变化的情况。这说明，当前断口分析技术和方法，虽然已经有一些定量分析的研究工作，例如材料界的前辈钟群鹏院士带领的团队对金属疲劳断口的物理数学模型及其定量反推分析做了一些有益的探索和研究，这是一个好的开端，但是从总体上讲，失效分析主要还处在定性分析阶段。因此，努力把断口分析的技术和方法提高到定量分析的理性阶段，这是失效分析工作者面前的重要任务之一。

在失效模式诊断中综合诊断技术和方法的应用，特别是应力分析和失效模拟技术和方法的综合应用，虽然对一般的失效分析来说，有时它们是辅助的、引证性的，并不是必不可少的、必须进行的，但是对重要的失效事故分析和预防而言，有时却是十分必要的，特别是对失效结论有争议的情况下。当前已有越来越多的失效分析工作者在具体的失效分析案例研究中，重视应用综合诊断技术和方法的问题，但是这方面的实践和研究还不够系统和深入。

对于失效模拟试验中的力学模型的设计、介质环境条件的模拟、力学参数的加速、断裂数据的当量关系，以及模拟断口和实际断口（或对腐蚀、磨损失效来说，模拟表面和实际表面）的对比分析技术和失效模拟试验的有效性和可靠性分析等方面的问题，还有待针对不同类型的失效模式进行认真和深入的研究。

3. 失效分析应遵循的原则

失效原因的诊断是失效分析和预防的核心和关键，它不仅是失效预防的针对性和有效性的重要前提和基础，而且它常与酿成失效事故的责任部门和人员相联系。因此，从事失效分析工作一定要有科学、客观、公正的态度，必须坚持以下原则：

1）实事求是的工作态度，公正、中立，不受外界影响。

2）有的放矢，根据需要确定分析的深度和范围，从而采取相应的技术路线和分析程序。

3）要全面地看问题，避免技术上的局限性。

4）亲临现场调查，掌握第一手资料。

5）认真制订分析研究程序。

6）制订正确的取样方案。

7）坚持"四要"原则，即：分析数据要可靠，判断论据要充分，下结论要慎重，预防措施要可行。

4. 失效分析的方法

失效分析的方法有很多，常用的失效分析方法有两类：一类是以残骸（零件）为对象；一类是以安全系统工程为对象，它以失效系统（设备、装置）为范畴。前者以物理、化学的方法为主，着眼于"微观"，后者则以统计、图表和逻辑的方法为主，立足于"宏观"。

（1）残骸分析法　通常意义上说的失效分析是以失效的残骸为研究对象，对引起失效的直接原因进行分析，即狭义的失效分析。这种分析一般在出现失效事故后进行，即属于事后的失效分析。

残骸分析法是从物理、化学的角度对失效零件进行分析的方法。如果认为零件的失效是由于零件广义的失效抗力小于广义的应力的缘故，而应力则与零件的服役条件有关，因此，失效残骸分析法总是以服役条件、断口特征和失效的抗力指标为线索的。

零件的服役条件大致可以划分为静载荷、动载荷和环境载荷，以服役条件为线索就是要找到零件的服役条件与失效模式和失效原因之间的内在联系。但是，实践表明，同一服役条件下，可能产生不同的失效模式；同样，同一种失效模式，也可能在不同的服役条件下产生。因此，以服役条件为线索进行失效残骸的失效分析，只是一种初步的入门方法，它只能起到缩小分析范围的作用。

断口是断裂失效分析重要的证据，它是残骸分析断裂"信息"的重要来源之一。但是在一般情况下，断口分析必须辅以残骸失效抗力来进行分析，才能对断裂的原因做出确切的结论。

以失效抗力指标为线索的失效分析思路，关键是在搞清楚零件服役条件的基础上，通过残骸的断口分析和其他理化分析，找到造成失效的主要失效抗力指标，并进一步研究这一主要失效抗力指标与材料成分、组织和状态的关系。通过材料工艺改进，提高这一主要的失效抗力指标，最后进行模拟试验或直接进行使用验证，达到预防失效的目的。

（2）残骸分析法的试验和检测技术　机械失效分析中使用的试验方法和检测技术范围很广，从常规的材料理化检验（材料力学性能试验、金相检验、微观组织和结构分析、化学成分分析等）技术、断口分析技术、应力测试技术，到各类现代电子显微分析技术、各种谱仪、痕迹分析、有限元应力计算、试验模拟技术等。

关于失效诊断技术的研究涉及应该采用什么样的仪器设备和技术方法，例如为了进行失效残骸的材质分析，可以采用许多物理、化学的测试方法，包括无损检测法、金相分析法、断口分析法、化学成分分析法、力学性能测试等，在各类分析方法中又可分为若干种具体方法。失效诊断技术的研究就要在了解各类方法的基本原理、优缺点和应用范围的基础上，指导失效分析工作者选用正确的方法获得必要而充分的信息、资料和数据作为失效诊断的有力依据。由此可见，失效诊断技术的研究不应把注意力放在各种方法的理论或仪器的具体构造细节上去，而应注意各种方法的优缺点、应用范围，以及用于同一目的、不同方法之间的横向比较和正确选用上。

（3）安全系统工程分析法　安全系统工程分析法属于失效预防技术的领域，侧重于研究失效诊断的逻辑思维或推理判断的方法和程序，它一般应包括逻辑推理、判断、模糊数学的判断和计算机在失效诊断方面的应用等，其中失效形式及影响因素法（FMEA法），失效模式及影响危险度分析法（FMECA法）、失效树法（FTA法），现象树法（ETA法）、特性因素法等应用较多。失效诊断思路研究的目的和任务就是要完善、发展和推广应用上述各种逻辑诊断思路。在大量失效事故经验教训的基础上，对引起失效的原因进行总结分类，提出改进和预防措施。

1）机械失效分析的"五个为什么（5Why）"法。该方法也称为机械失效因果关系直接分析法，是一种可用于机械失效分析（排除故障）的简单而有效的方法，由一家位于美国的日本汽车制造公司提出，即在分析机械失效的过程中至少要提出五个"为什么?"，并对这些问题予以合理的解答，由此找出引起机械失效的原因。

以应用"5Why"法进行离心泵机械密封的失效分析过程举例说明如下：

①为什么机械密封会失效？

由于振动和系统的共同压力，用于固定旋转部件的紧固螺栓松动。

②固定螺栓不应该松动。为什么会出现松动？

因为密封环被安装在淬硬的套筒上。

③为什么密封环被安装在淬硬的套筒上？

由于包装转换，采用了库存的套筒。

④装配工为什么不能区分淬硬和软态的套筒？

因为它们被放置在同一个桶里。

⑤为什么它们被放置在同一个桶里？

因为它们采用同一个零件号。

……

如果你不能提出或者合理的回答足够的"为什么"，你就可能找不出失效的根本原因。例如：

①为什么密封失效？

离心泵出现涡凹（气穴）现象，导致（石墨）密封环表面开裂。

②为什么离心泵出现涡凹（气穴）现象？

因为离心泵的吸水头过低。

③为什么离心泵的吸水头过低？

因为水箱里的水位太低。

④为什么水箱里的水位太低？

不知道。

没有找出根本原因。其实，水箱中的浮漂被一根腐烂的棒限住，导致水位指示失灵，未能正确指示水箱中的水位，结果水箱中的水位过低。

2）特征-因素图（鱼刺图，Fishbone analysis method）法。机械故障不论其造成的事故有多大，总有其根本的原因。造成失效的原因所涉及的范围很广，从大的范围来区分，可以包括操作人员（Man）、机械设备系统（Management）、材料（Material）、制造工艺（Manufacturing）、环境（Environment）和管理（Management）六个方面，因而，对失效事故的分析，也可以从这六个方面进行，或重点就其中的几个方面来分析事故的原因。即总体上来看，人员、设备、材料、制造、管理、环境等因素构成了一个有机的系统。这些大的因素，就构成了特征-因素图中的因素范畴。在每个因素范畴里，又可以具体的列出各种细分的因素，即可能导致失效的直接原因。而特征即是失效事件或异常现象。将因素范畴、因素和特征用一种类似鱼刺状的图形联系起来，即得到了特征-因素图。当然，对不同的失效事件，其可能的因素范畴也不一定相同，必须具体问题具体分析。

利用特征-因素图的好处是可以通过大家的集思广益，即所谓的头脑风暴法，将所有可能导致失效的原因全面罗列在图中，因而在进行同类的失效分析时能提供参考，减少重复劳动。

特征-因素图的做法：①按具体需要选择因果图中的结果，放在因果图的最右边（相当于"鱼头"）；②用带箭头的实线或用 PPT 模板中的"鱼大骨"表示直通结果的主干线；③通过调查分析，判断出影响结果的所有因素；④先画出大原因，用直线与主干线相连，并在直线尾端，常用长方形（或圆圈）框（或圈）起来，在框（或圈）内填入大原因的内容；⑤进而以此细分所属的全部原因，直至能采取解决问题的措施为止；⑥各大、小原因之间用不同的直线表示因果之间的关系；⑦对主要的或关键的原因常用重叠框提示，以表示醒目；⑧根据实际需求，对这些关键或主要的原因还可以做单独的特征-因素图，以便进一步重点地深入分析。

综合上述各点，一般的特征-因素图模式如图 1-2 所示，也可采用 PPT 软件中自带的比较形象的"鱼骨"模板绘制。

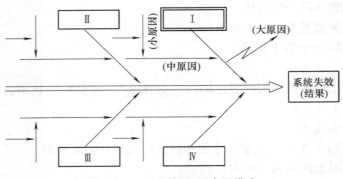

图 1-2 一般的特征-因素图模式

图 1-3 所示为压力容器疲劳断裂失效的特征-因素图。图中的特征是指压力容器的失效；而因素范畴则分别是设计不当、材料缺陷、焊接缺陷、使用不当、与用户联系有误、材料有误、加工装配有误和经年劣化八大类。而具体的因素，对设计不当而言，则可以细分为应力集中引起的过大应力、计算错误引起的过大应力、误记等因素；对材料缺陷而言，则可以分为铸锻造缺陷、补焊有误、材质不良等因素。经分析可以看出，压力容器的破裂是由于焊接技术不成熟造成的焊接缺陷引起的疲劳断裂。

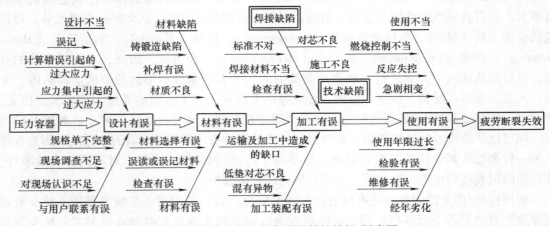

图 1-3 压力容器疲劳断裂失效的特征-因素图

特征-因素图是从错综复杂、多种多样的失效因素中，采取逐渐缩小"包围圈"的办法，最后找出造成失效的主要因素（原因）。这种方法一般多用于质量管理或用于失效分析的规划，使整个分析工作不遗漏任何因素。但是这种方法本身并不包含"判断"，即根据什么判断为疲劳断裂的。此外，这种方法一般只能用做定性分析，而不能用做定量分析。

3）系统工程法——故障树分析法（Fault Tree Analysis，简写为 FAT）。故障树方法是美国军方为进行重大事故的分析而研究创立的一种方法，是系统工程学、图论和概率论等学科在失效分析领域的具体应用。FAT 分析是以故障树的形式进行分析的方法，查明与事故的发生有关的所有可能的原因。它用于确定哪些组成部分的故障模式或外界事件或它们的组合可导致产品的一种已给定的故障模式。它以系统的故障为顶事件（一般指危机系统中危险的事件或不希望发生的系统故障），自上而下地逐层查找故障原因，直至找出全部直接原因（基本事件，即硬件和软件故障、人为差错和环境因素等），并根据它们之间的逻辑关系用图表示。这种图的外形像一颗以系统故障为根的树，故称故障树。

FAT 分析既可用于在设计阶段对潜在故障发生原因进行深入分析，也可用于事故中阶段的故障诊断和事后的失效分析。既可用于定性分析，也可用于定量分析。在安全分析和风险分析中也是常用的方法。因而也是一种失效预防控制技术。

同时，故障树分析作为一种主要的系统可靠性和可用性预测方法，可以方便地计算出系统故障的概率，即在系统设计过程中，通过对可能造成系统失效的各种因素（例如硬件、软件、环境、人为因素）进行分析，画出逻辑图（即故障树），同时给出各种故障可能发生的概率，从而确定系统失效原因的各种可能组合方式及其发生的概率，以计算系统失效概率，并采取相应的纠正措施，从而提高系统的可靠性、安全性。

故障树的表示需要采用逻辑图，即用逻辑门将各种事件联系起来。图 1-4 中给出了两种典型的故障树中逻辑门的表示方法，分为"或"门和"与"门。在"或"门中，A 或者 B 或者 C 都可以引起失效事件 F，因而发生失效事件 F 的概率为产生 A 或者 B 或者 C 的概率之和。而在"与"门中，只有 A 和 B 和 C 同时发生时，才会引起失效事件 F，故发生失效事件的概率为发生 A、B、C 的概率的乘积。图 1-5 所示为大型石油储罐发生大量漏油事故的失效故障树分析。中间事件分别可以是储罐、保安措施、防油堤等；而储罐的失效方式又可分为侧壁破坏和底板破坏；对底板破坏而言，可能的原因有过载、腐蚀裂纹、疲劳裂纹、原始裂纹等；产生原始裂纹的原因则有 T 形角焊缝的角变形、焊接施工、环形板、基础施工和地基状态等。根据概率计算，发生储罐漏油的概率小于百万分之一。

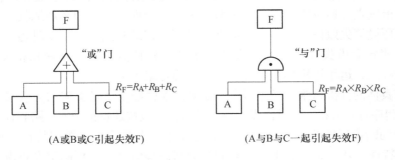

图 1-4 故障树中逻辑门的表示方法

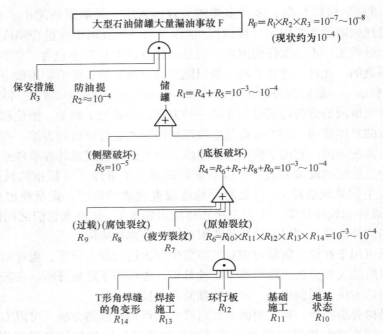

图 1-5　大型石油储罐发生大量漏油事故的故障树分析

1.5　失效分析一般遵循的程序

机械失效过程中如果只有一个机件发生失效，则失效分析比较容易进行。但多数情况下，机械失效过程中不止一个机件发生失效，特别是机械事故发生时，往往有大量机件同时遭到破坏，情况相当复杂，而失效原因也是错综复杂多种多样。因此，除了要有正确的分析思路之外，还必须有一个合理的失效分析程序。单产品失效的情况千变万化，很难规定一个统一的失效分析程序。在一般情况下，应是思路指导程序，而分析程序在一定程度上又要体现思路。

为了得到正确的失效分析结论，提高效率，少走弯路，仅有好的分析思路还不够，还需要正常的分析程序，特别是在复杂的失效事件中，这一点尤为重要。

在一般的失效分析中，都应遵循以下程序。

（1）调查现场失效信息（现场勘查）这是整个失效分析工作的基础和前提。调查一般以失效现场为出发点，通过观察和现场试验等手段，全面、系统和客观地收集失效对象、失效现象和失效环境等失效信息。调查时应做好必要的记录和照相，必要时还应反复调查。

（2）初步确定肇事失效件　根据失效系统的结构特点、工作原理和相关的痕迹特征、失效件的失效特征，运用逻辑推理的思维方法，确定肇事失效件。

（3）确定具体的分析思路和工作程序　如果以前曾经发生过类似的失效事件，应按类比推理的思路和程序进行分析；对首次发生的失效事件，应按逻辑推理的思路和程序进行分析。

（4）初步判断肇事件的失效模式　根据失效件的宏观特征、微观特征、痕迹特征、结构特点、材料特性、环境条件、工作原理和受力状态等信息，分析确定失效模式。

（5）查找失效原因　根据失效模式所指明的方向，围绕失效模式所涉及的原因，从内因和外因两方面找。

（6）模拟再现　根据找到的可能原因，在同样的系统和工况条件下进行现场模拟实验，应能将失效事件再现。同类系统的普查也可看作是失效事件的模拟再现。这方面的工作可根据需要选择。

（7）综合分析　在上述工作基础上，对整个失效事件进行综合性的系统分析，从而得出失效分析的结论。

（8）总结报告　这是失效分析最后一个程序。总结时要对整个失效过程进行回顾，从总体上审视失效分析全过程，发现问题，弥补不足，回答失效分析所赋予的使命，并提出预防再失效的建议，最后形成失效分析报告。

失效分析的实施步骤和程序旨在保证失效分析顺利有效地进行，因此其细节的制订应根据失效事件的具体情况（失效设备的类型及其失效的严重性）、失效分析的目的与要求（是机理研究、技术改进，还是司法鉴定），以及有关合同或法律、法规的规定来决定。

失效分析实施步骤和程序也可用图1-6表示。

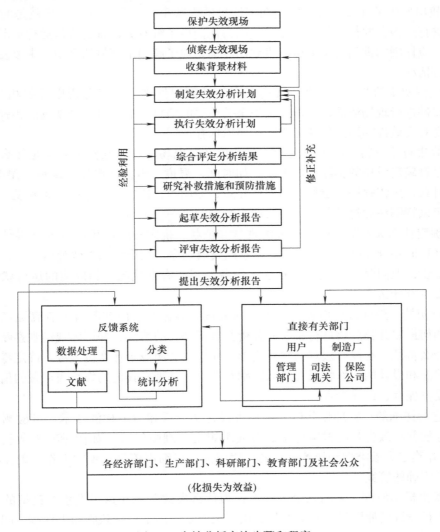

图1-6　失效分析实施步骤和程序

1.6 失效分析工作的一般过程与实施

为了准确的解释失效原因，失效分析工作者必须全面地收集相关的事实证据，以便确定引起失效的根本原因。要顺利地做到这一点，失效分析工作者需要建立和遵循一定的工作程序，以保证关键的因素不会被忽视。

下面是一个典型的失效分析流程：

（1）决定做什么 确定失效分析的深度。在开始工作之前，应努力确定此项失效分析工作的重要性。如果此项失效分析并未产生重大的经济损失，或无技术上的难度，那就没有必要进行详细的失效分析，或者只需花很少时间就基本上能确定引起失效的原因。但对一些重要的失效分析，那就要花很多时间来进行详尽的根本原因失效分析（Root Cause Failure Analysis，简写为 RCFA），以得到准确的引起失效原因的结论。

（2）找出发生了什么 对于发生在工厂里的失效事件，最重要的一步就是和失效所涉及的人员进行交谈，并征求他们的意见，因为他们更了解有关设备的日常运行情况，熟知设备的特性。应详细的询问有关人员，直到已经确切地了解到了事故的全貌、事故发生的过程及各种异常情况。

（3）进行初步的调查 在事故现场对有关的破损件进行仔细分析以寻找相关的线索。不要对破损件进行现场清洗，以避免丢失至关重要的信息。准确地记录现场的各种状况，从不同的角度对失效件和周围的状况进行拍照以保存证据。

（4）收集背景资料 原来的设计工况是什么？现场的实际操作工矿又是什么？在事故现场，应尽量确定设备的实际操作工矿，如时间、温度、电流、电压、载荷、湿度、压力、润滑剂、材料、操作程序、位移、腐蚀性介质、振动等，比较实际操作工矿和设计参数之间的区别。应该特别注意对设备的操作会产生影响的每一个细节。

（5）确定什么失效了 根据有关的现状和征状，确定失效起始的位置（零部件）——初始失效（Primary Failure），及随后的一系列失效顺序。在重大的失效分析中，这往往是非常关键的一步，但同时又有很大的难度。设备的工矿有变化吗？和以前的运行状况有区别吗？配套设备有什么变化？

（6）对初始失效件进行检查和分析 如有没有腐蚀？表面或断口上有腐蚀产物吗？如有的话，如何提取此类产物进行必要的分析？进行必要的清洗，并用体视镜观察断口：断口的形状有什么特征，有没有宏观的塑性变形，断口的裂源位于什么位置等。确定零部件上的工作应力状况和设计的工作状况有什么区别？断口上是否有其他的裂纹或可疑的信号？应拍照记录，妥善保存，以供参考。

（7）进行详细的材料理化分析 采用现代化学分析和冶金检测技术，可检测出会严重影响材料性能并导致失效的材料化学成分或组织上的细微偏差（如微量有害杂质元素的不良作用），并确定失效类型和导致失效的作用应力。仔细审核每一步的工作，确保有关的问题已经得到明确的答案。

（8）找出根本原因 多问几个为什么：为什么失效首先在这里发生？典型的根本原因有：由于工程设计的原因导致轴的断裂，由于没有及时的维护导致阀的失效等。问题的最后往往会牵扯到操作人员的问题或系统的管理问题。需要采取不同的措施来解决不同的问题，包括需要改变人的思考和做事的方式方法等。

参 考 文 献

[1] 周惠久，顾海澄．从国外动向看失效分析在经济建设中的重要性［C］//中国机械工程学会全国第二次机械装备失效分析会议论文集．上海：上海材料研究所．1983．

[2] 陶正耀．八年来失效分析工作的回顾［C］//中国机械工程学会全国第三次机械装备失效分析会议论文集．上海：上海材料研究所．1988．

[3] 美国金属学会．金属手册：第10卷 失效分析与预防［M］．原书第8版．北京：机械工业出版社，1986．

[4] 张栋，钟培道，陶春虎．失效分析［M］．北京：国防工业出版社，2004．

[5] 师昌绪，钟群鹏，李成功．中国材料工程大典：第1卷［M］．北京：化学工业出版社，2005．

[6] 鄢国强．材料质量检测与分析技术［M］．北京：中国计量出版社，2005．

第 2 章

现场勘查技术

2.1 引言

现场勘查是源于刑法里的术语，是公安机关对犯罪处所及其遗留痕迹和其他残骸所进行的勘验和调查，包括实地勘查、调查访问和资料整理三个方面。目的是发现、收取犯罪痕迹和其他残骸，了解和研究罪犯实施犯罪的情况和案件性质，确定侦查方向和范围，为侦查和审判案件提供线索和证据。在国内，现场勘查通常由公安机关的侦查人员进行，必要时，可申请有专门知识的人员协助进行。

失效分析一般遵循的程序第一条是调查现场失效信息，这是整个失效分析工作的基础和前提，其和刑法里的现场勘查意义相同，但内涵有所差异。自有了刑法之后便有了现场勘查，人类社会几千年的文明发展也使得现场勘查已经形成了一个较为完善的学科体系，在法律条文中已经对现场勘查的程序、目的、内容、管理和规定等都做了明确规定，已形成一门独立的学科，但失效分析程序里面的调查现场失效信息还未达到这样的高度，但两者有很多内容是相通的，可以相互借鉴。

2.2 现场勘查与失效分析

现场勘查是刑事犯罪案件侦破的法宝，也是交通事故、火灾等划界和后续处理的重要环节，对于这些案件和事故等的现场勘查程序和管理等国家都有较为详细的规定。机械装备失效后往往会引起一些危及人民生命安全的重大事故，为了缩小分析范围，找出事故发生的原因，明确事故的责任，和刑侦破案一样，失效分析也要做现场勘查。但机械装备失效引起的事故现场勘查侧重点主要在技术方面，其研究对象往往会聚焦到一些具体的机械构件上，也会利用先进的科学仪器和方法进行客观公正的试验与分析，以判断产品的失效模式，查找产品失效机理和原因，提出预防再失效的对策。

一些单一机械构件在进行失效分析之前，通过和用户技术人员的沟通、交流，基本上知道了构件的材质和执行标准、技术要求、生产工艺过程、安装使用情况、使用环境、受力状况、服役时间、失效件的比例和失效频次等，若失效件上留下的证据比较充足，分析结论比较明确，一般不需要进行现场勘查。但对于由机械构件失效导致了较为严重的事故，因需要对事故责任进行认定，相当一部分事故原因还需要司法部门介入。这种情况下失效分析不但要遵循失效分析的一般程序，还要遵循相关法律法规方面的程序。随着人类社会的发展和进步，越来越多的机械化和自动化代替了先前人类的简单劳动，因机械失效导致的事故也越来越多，有很多事故涉及的责任都较大，当事人无法达成协调一致时便需要司法部门进行仲裁，失效分析人员就需要介入到案件分析当中，需要像刑事案件一样进行事故现场勘查。有些失效分析尽管比较单一，但申请方若对其基本情况不甚了解，不能通过交流获取所需的信息时，也需要进行现场勘查，以获取进行失效分析时所需的资料和信息。

2.3 现场勘查和失效信息采集

现场勘查往往是利用专业人员敏锐的嗅觉和知觉，注重于对现场周围环境的观察和判别，对事故残骸的分布研究、收集，对各种现场痕迹的取证、归类，包括必要的现场测量和对一些自然现象、季节变化、日照、温度与湿度、受力特点等详细准确的调查等。现场勘查注重于现场，是事故分析的基础，主要为事故分析聚焦和定位。失效分析侧重于实验室，是现场勘查的延续，是利用先进的设备仪器进行更深层次的检测和分析。有经验的专业人员往往通过现场勘查就可以找到引起事故的机械构件，可初步判明事故发生的原因，后续的实验室工作只是对其初始结论的科学验证。

2.4 失效分析中的现场勘查

2.4.1 现场勘查的任务

现场勘查的任务就是勘查失效现场和收集背景材料。

失效现场勘查应由授权的失效分析人员执行，并授权收集一切有关的背景材料。

失效现场勘查可用摄影、录像、录音、绘图及文字描述等方式进行记录。

2.4.2 现场勘查的内容

1. 项目

失效现场勘查所应注意观察和记录的项目常有：

1）失效部件及碎片的尺寸大小、形状和散落方位。

2）失效部件周围散落的金属屑和粉末、氧化皮和粉末、润滑残留物及一切可疑的杂物和痕迹。

3）失效部件和碎片的变形、裂纹、断口、腐蚀、磨损的外观、位置和起始点，表面的材料特征，如烧伤色泽、附着物、氧化物、腐蚀生成物等。

4）失效设备或部件的结构和制造特征。

5）环境条件如失效设备的周围景物、环境温度、湿度、大气、水质。

6）听取操作人员及佐证人介绍事故发生时的情况（录音记录）。

2. 背景材料

失效现场所应收集的背景材料通常有：

1）失效设备的类型、制造厂名、制造日期、出厂批号，用户、安装地点、投入运行日期、操作人员、维修人员、运行记录、维修记录、操作规程、安全规程。

2）设备的设计计算书及图样、材料检验记录、制造工艺记录、质量控制记录、验收记录、质量保证合同及其技术文件，使用说明书。

3）有关的协议、标准、法律、法规及其他参考文献。

2.4.3 现场勘查技术

1. 观察

现场勘查主要是通过眼睛的观察来获取事故的第一手资料。

观察与一般的感觉、知觉不同。观察是依据一个确定的研究目的进行的。但是，感觉、知觉却不一定有一个确定的研究目的。在失效分析和事故分析中，这种观察是由授权的专业技术人员进行的。普通人在地上拾到一块涡轮叶片觉得很重而好奇；而飞行事故调查员却要把航迹上散落的残骸及其相应位置系统的记录下来，并绘成残骸分布图作为飞行事故分析的重要证据，这就是专业人员观察的目的。

观察是有选择性的，而且还带有很大的被动性和局限性。专业人员的观察不但包含了长期的工作经验，有时还需要灵敏的感觉和知觉，甚至需要灵感的突然迸发。对于一起较大的事故现场，非专业人员的观察往往侧重于事故的严重程度和损失大小，关心的是事故带来的后果。而专业人员观察时，往往是要把在现场看到的现象和事故产生原因联系提来，他们会从不同角度，甚至从不同距离进行反复观察。与此同时，他们的大脑也在做高速运转，会设想出各种事故发生的前因后果，并会从以前完成的案例或者从资料上看到的所有知识中筛选出对整个事故原因有价值的东西，并聚焦出一个或几个最切合实际的事故发生过程。这些对后续的试验分析与研究都是至关重要的。

2. 搜索

对于一起较大的事故现场，在进行现场勘查前，专业人员应对失效体的结构和组成有一个比较充分的了解和认识，要全面掌握失效现场的基本情况，包括距离事故中心较远区域的任何异常现象和痕迹，更不能遗漏散落在较远处的残骸。有时候，离事故中心距离越远的残骸，其研究价值越高，其对事故的原因分析意义越大。如飞行事故中，在航线上离事发地点最远的残骸很可能就是导致事故发生的首断件。而在爆炸事故中则可以根据散落最远的残骸，计算其初始能量，进而推算出装备发生事故时的速度、压力等重要参数，以此为线索还可以继续推算当时的温度，甚至和环境相关的一些自然因素或人为因素。如在处理一起 CO_2 船罐爆炸事故中，其中有一块残骸飞出的距离有 170m。按照一般思维，低温 CO_2 不属于易燃易爆的化学物品，但将残骸飞出的距离所需的能量折算成 1kgTNT 的当量能量时，就会发现这是一起爆炸事故，而且根据爆炸现场仅储罐所在船上两人死亡，附近的船只未沉没，10m 左右的人员无死亡的事实，进一步佐证了爆炸能量计算的准确性。于是，对于这起事故的分析和研究，就可以采用爆炸事故分析的一般思路和方法，围绕爆炸这一基本事实展开后面的所有工作。

在另一起因钢厂风机叶片断裂造成的事故分析中，就是根据叶片残骸飞出距离上百米，并击穿一高层居住人家的窗玻璃而进行了模拟和计算，推算出了风机当时的转速。然后用该风机的原设计参数和当时的电网参数进行核对，发现两者差异较大。按照原设计，正常工作时，即便是叶片发生了断裂，风机外面的保护网也会有效地将其拦截，不可能飞出这么高、这么远。后经进一步的试验分析和深入调查，发现引起这一事故的原因是钢厂为了增强风机的效率，私自加大了风机电动机的功率，风机转速比原来增大了数倍，但叶片的疲劳强度却是按照以前电动机功率设计的，无法满足这一变化而导致的应力状态，发生了早期疲劳断裂，造成较大事故。

3. 拍照

现场勘查时的一项重要工作就是拍照，要把所有的相关信息尽量用照片记录下来。拍照时要灵活运用各种参照物，对于重要的物证要注意采用比例拍照，必要时照片上应显示拍照时的时间。

现场勘查拍照应包括失效现场的全貌、方位和主要事故发生区域的主要特征。

在失效分析中，经常有客户用自己拍摄的现场图片通过电子邮件的方式进行交流，希望就此能判断出事故或失效发生的原因，但情况往往却不尽人意。现场的一些细小变化或异常痕迹，只有专业人员才会意识到其重要性，但却很容易被非专业人员忽视，而事故的最终原因却往往跟这些细节相关。因此，现场勘查拍照一般都要由专业人员亲自进行。当然，由于特殊原因，或者现场已经被破坏而无法拍照时，由专业人员对当事人大量的现场照片进行海选，寻找出对事故分析有价值的照片也是常有的。

4. 现场调查

现场勘查的另一项重要工作就是做现场调查，要向陪同人员尽可能多地了解事故发生时的情况，为了避免各种人为因素，应尽可能多的向不同的目击者了解情况，以便对事故现场有一个客观而真实的了解。现场调查时应做笔录，对于重要的事故调查，要做录音，要求至少两人是事故处理组的成员。现场调查笔录完成后需要在场人员签字，最好要让当事人签字认可。

现场调查一定要目的明确，重点突出并且不失时机。为了做好调查工作，最好要事先列出调查提纲，带上调查表，有时还需要带上司法部门或政府部门的介绍信或委托书。

5. 现场选样

肉眼具有很大的景深，能够快速地检查一个较大的区域，并且能够识别出颜色和织构的微妙变化。现场勘查还有一个重要任务就是确定肇事失效件，选取分析对象。

专业人员需要在众多的失效残骸中，按照断裂件分选原则对断裂件进行分类；然后再按照断裂源分析技术找到断裂源，将其所在的区域确定为主要分析对象；再根据试验方案规划的试样切取位置和数量，确定需带回实验室做进一步分析的样品的大小和数量。

6. 现场试验

当在现场发现了一个重要的痕迹或残骸，经过分析认为是由现场某种原因造成的，此时可以在现场做一些简单的模拟试验以证实自己的分析和看法，这对后续的事故分析具有很重要的意义。现场试验较常用的是做现场测量或称重，据此可以在第一时间里知道样品有没有缺失，甚至还可以做出一级失效模式的分析与判断。

7. 绘制草图

1）绘制残骸分布图。通过收集残骸和测量绘制出残骸分布图，这对于事故现场的全面分析和研究是非常重要的，而且也便于描述说明，让人一目了然。图 2-1 所示为一起二氧化碳储罐船爆炸事故的残骸分布示意图。

2）在构件的总体结构图上绘制出开裂位置，如图 2-2 所示。这有利于对开裂位置的材料和制造质量做进一步的追踪调查，也可以根据裂纹在扩展途中经过的薄弱环节或扩展特征寻找开裂原因。

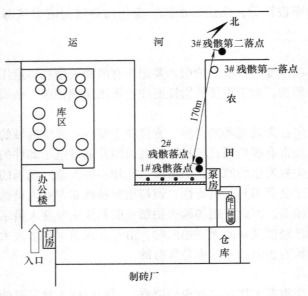

图 2-1　残骸分布示意图

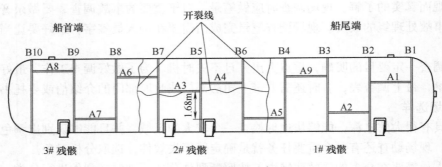

图 2-2　开裂位置示意图

对匹配断口做一些简单的测量,再通过一些简单的运算,还可以了解断裂的性质。如图 2-3 所示,3#残骸和 2#残骸断口处相对应位置的尺寸总和为 168~172mm,基本上可以认为是相同的。这说明开裂时基本上未发生塑性变形,从而可做出脆性断裂的一级失效模式的判断。

2.4.4　司法鉴定中的现场勘查技术

司法鉴定中的现场勘查除应满足上述对一般现场勘查的基本要求外,更多的是要满足有关国家的法律、法规,要符合司法鉴定程序的要求,主要体现在以下几个方面。

1. 参与人员

1) 现场勘查一般由公安机关的侦查人员进行,可以请有专门知识的人协助进行。

2) 现场勘查必须邀请两名与案件无关、为人公正的见证人在场作证。发现和提取的痕迹、物品要请见证人过目,并应由见证人在勘查笔录上签名。

3) 人民法院在必要时也可以对现场进行勘查、检查。

2. 要求

对现场勘查的要求是：及时、全面、客观、细致、合法、规范、安全。

3. 任务

1）发现、固定、提取与事故有关的痕迹、样本及其他信息。

2）存储现场信息资料。

3）判断事故性质。

4）分析事故过程。

5）确定勘查的方向和范围。

6）为事故原因分析提供线索和证据。

4. 主要内容

（1）勘查拍照　要先拍方位照片、全貌照片，然后随着勘查工作的开展，再拍中心照片和细节照片。在现场拍照时不应该放过任何蛛丝马迹，一些看起来似乎无关紧要的痕迹但后来却发现它们对事故原因的分析具有重要的意义。因此，要有一套完整的照片记录。如果

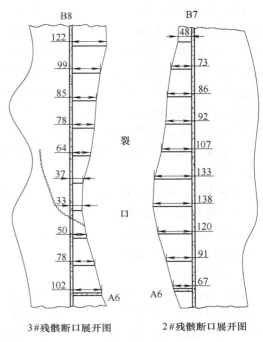

图 2-3　匹配断口处尺寸测量情况

照片是由另一来源提供给分析人员的话，那么分析人员应确信照片适宜地记录了失效的各种特征。一般都希望由专业照相人员用专业相机拍照，以便认为需要时可以进行细节放大。

例如，在进行上海市某小区内的一起燃气泄漏爆炸事故的现场勘查中，图 2-4a 反映了发生事故的小区及其位置，而图 2-4b 则反映出了小区内燃气管线较差的管理现状和保养情况。

a) 管道所在小区

b) 管道的在役情况

图 2-4　燃气管道的现场勘查情况

（2）定勘查和动勘查　静勘查是观察现场由于事故所引起的一切变化情况，观察各种物体和痕迹所处的位置、状态及其相互关系，但不得触及任何物体、痕迹或改变其位置。动勘查是在不破坏痕迹的原则下，对怀疑与事件有关的痕迹或物品逐个进行勘验和检查，必要时可以翻转和移动物品，也可以放在不同的角度下进行观察，或者采用各种技术方法进一步发现痕迹和细微物证，以研究各个痕迹形成的原因和各种物证的状态，以及它们与事故发生的关系。在动勘查的过程中，对有证据价值的痕迹、物品必须进行比例照相，并把痕迹、物品在周围环境中的位置拍摄下来。静勘查和动勘查是对每个或每组痕迹、物品互相联系的先后两个步骤，而不是对整个现场进行勘查的两个截然分开的阶段。

5. 调查访问

对事主、目睹人、发现案件的人和现场保护人员进行调查访问，了解事件发生、发展的经过及其他有关情况。调查访问和现场勘查时所得的材料结合起来，互相印证，互相补充，可以反映现场的全面情况，为事故分析提供可靠依据。现场访问应制作访问笔录，访问人和被访问人应在笔录上签名。

6. 资料整理

现场勘查结束后，组织者要就地召开临场会议，由参加现场勘查和调查访问的人员汇报其所见和访问所了解的情况，对事故的性质、起因及其发生过程等问题进行讨论，做出初步判断，并决定后续应当采取的措施。若需要继续保留现场，需征得事主同意；若不需要保留现场时，可通知事主做善后处理。对提取的物品，应给事主出具收据；对选取的样品应妥善包装、加封运送；现场应制作记录，记录包括笔录、现场测绘图、现场照片、录像等。

2. 5　事故调查

事故调查往往会涉及事故分析（或失效分析）的整个过程，而不只限于现场勘查时的"调查访问"，只要事故分析需要，随时都可以进行，而且没有次数的限制。事故调查往往会涉及与事故相关的许多部门。一般人都不愿将自己和事故联系起来，都想设法回避，更不愿意和事故的起因拉上关系。这就给事故调查增加了难度。事故调查时除要掌握说话技巧和方法外，有时还需要政府部门的协调和支持。例如，在一起事故的调查中，需要了解肇事失效件的原设计图样及其更改情况，但第一次调查时就被拒之门外，第二次拿着地方政府部门的介绍信后才受到了设计部门的接待，得到了所需的资料。

2.5.1　背景资料的收集和选样

失效分析一开始，就应当致力于掌握有关事故的一切重要信息，收集失效零件或构件的加工、制造和工作历史的有用资料，尽可能地设想出导致失效的一些偶然事件的先后顺序。收集有关零件的制造和组装历史背景资料时，应包括获得说明书和图样，以及零件的全部设计理念。

制造和组装资料可以分为：

1）机械加工，包括冷成形、切削加工、抛光和研磨等。

2）热加工，包括热成形的各个细节，如铸造、锻造、热处理、焊接等。

3）化学加工，提供清洗、电镀以及采用化学合金化或扩散方法施加涂层的各个细节等。

2.5.2　工作历史

　　要得到一套完整的工作历史在很大程度上取决于事故发生前的记录详尽与否和保存得完整与否。获得完整的工作记录，会大大简化分析人员的工作量。在收集工作历史的过程中，对环境因素要特别注意，如正常和反常载荷、偶然的过载荷、循环载荷、温度变化、温度梯度以及在腐蚀环境中的工作情况等。但是，在大多数情况下，完整的工作记录是不会有的，这就迫使工作人员根据片段的工作数据进行工作。在缺少工作数据的情况下，分析人员必须竭尽全力判断出工作状态，这在很大程度上取决于分析人员的技能和判断能力，因为一个错误的判断可能比缺少资料更为有害。

2.6　现场勘查技术应用举例

2.6.1　CO_2储罐爆炸事故现场勘查（残骸勘查）

1. 实际勘查情况

　　（1）事故调查情况　2008 年 11 月 13 日上午 7 点 50 分左右，停泊在浙江余杭塘栖镇某化工有限公司码头的装有液体二氧化碳的储罐发生爆炸。这次事故造成船上两名船员死亡，四人受伤，码头附近的工厂和居民住宅玻璃等也受到了损坏。图 2-5a 所示为当时爆炸后损坏的泵房，图 2-5b 所示为爆炸后落入江中的残骸。当时该码头上停靠有四条装载船，分别为爆炸受损的二氧化碳储罐船，与其相邻的硫酸装载船，以及两条过氧化氢装载船。二氧化碳储罐的爆炸波及邻近的船只，导致部分硫酸泄漏流入运河，过氧化氢也发现有少量泄漏，造成部分水域被污染。

a) 爆炸现场　　　　　　　　　　　　　b) 落入江中的残骸

图 2-5　二氧化碳储罐爆炸的现场勘查情况

　　（2）现场勘查情况　现场勘查时发现受损的二氧化碳储罐共裂解成 3 块残骸，即船尾端（编为 1#）、展平段（编为 2#）、船首端（编为 3#）。1#残骸为罐体一端，开口指向岸，底朝上，有撕裂，见图 2-5b；2#残骸和 1#残骸落点位置基本在一起；3#残骸位于距 1#、2#残骸大约 170m 的运河中。打捞上岸的 2#残骸基本撕裂成平面状，和船体残骸相邻堆放；3#残骸有明显的撞击变形痕迹，断裂面上可见明显的人字纹。

对现场情况和残骸落点进行了测绘，参见图 2-1。

二氧化碳储罐属低温贮运压力容器，国家对其设计、制造、检验以及使用等环节的技术要求和安全技术规程等都有具体的规定。大型二氧化碳储罐非火灾等原因爆炸在国内乃至世界范围内较罕见，无相关的案例借鉴，再加上失效分析人员未能在第一时间到达现场，断口腐蚀严重等，都给分析和研究工作带来了较大困难。在地方海事部门的配合下，通过走访相关管理部门、设计部门、制造部门及使用部门，对爆炸现场进行多次详尽勘查，全面分析研究设计图样、制造和试验原始记录，并在爆裂残骸上全方位取样进行无损检测、材料性能试验、断口分析，同时辅助以有限元分析计算、爆炸能量估算等理论计算和分析。通过现场勘查和对残骸落点的测量，认为该起事故的失效形式为爆破。对爆破口实际测量和观察，判明罐体属于脆性断裂。根据对全部断口的现场观察和分析，找到了爆破的起始位置。通过罐体的装载量和在码头的停放时间调研，发现该罐体存在超装和停放时间过长现象。通过对罐体设计资料的调查，发现存在材料降级使用现象，和国家压力容器规定存在差异。在此基础上，组织相关技术人员和专家对爆炸事故的原因开展了积极而富有成效的分析讨论，最终得出如下结论：液体二氧化碳储罐爆炸系储罐焊缝在低温下低应力脆性开裂泄漏，泄漏的液体二氧化碳遇大气汽化节流造成裂源处钢板降温使其脆性裂口进一步加大，导致大量液体二氧化碳汽化，从而使储罐内压力骤增而产生爆炸。

2. 现场勘查的应用

1）通过对现场实地勘查和观看第一事发现场录像，根据停靠在码头四条船只以及岸上泵房的损毁情况，判断二氧化碳储罐船为肇事船，而该船上装载二氧化碳的储罐为肇事失效件。

2）根据储罐残骸的分散距离（配合理论计算），判断该起事故属于爆炸范畴。

3）根据对现场的残骸收集和拼凑，证明收集到的样品齐全，确保首断件在收集的残骸中。

4）通过对各断口处尺寸测量和断裂面观察，判断出该起爆裂性质为脆性开裂。

5）通过事故调查，发现该罐体存在超装和停靠时间超过规定的情况。

6）通过查阅船检报告，发现该船在年检报告上存在弄虚作假现象。

7）根据查阅罐体设计资料，发现该罐体存在钢板降等级使用情况。

2.6.2 化工厂蒸馏塔开裂泄漏失效分析（环境勘查）

1. 实地勘查情况

（1）事故调查情况　江苏一家生产乙二醇的企业长期受困于生产线主要设备——蒸馏塔的泄漏事故。蒸馏塔的用材为耐蚀性较好的 304（美国牌号，相当于我国的 06Cr19Ni10）不锈钢，发生泄漏的位置均位于蒸馏塔的上段，如图 2-6a 中箭头所示。由于泄漏，企业几乎每年都会被迫停产，需要更换上段塔体，给正常生产带来较大影响。

该蒸馏塔的开裂泄漏失效分析结果表明，塔体发生了应力腐蚀，裂纹起源于塔体外表面，向内扩展穿透塔壁造成泄漏，腐蚀性元素主要为 S 和 Cl。该分析结论让企业的技术人员百思不得其解，因为该企业从原料到产品接触的物质中均不含有这两种元素。为了查明事故的真正原因，相关分析人员前往事发现场进行了现场勘查。

（2）实际勘查情况　经现场勘查，该企业所在地原来为海边滩头，经过填海改造后修建，厂区和大海仅隔一条马路，如图 2-6a 所示；勘查期间突有东南风刮起，蒸馏塔的上部（腐蚀泄漏部位）顿时被一团水蒸气笼罩，如图 2-6b 所示，寻找水蒸气的出处，是附近一个换热器冷却塔中温度较高的循环水蒸腾所致，如图 2-6b 中箭头所示。至此，造成蒸馏塔应力腐蚀泄露的主要"元凶"已经找到，S 和 Cl 元素来源于海洋性气氛，并随风飘至事发区域，又溶于水雾并笼罩蒸馏塔形成腐蚀性环境，从而导致蒸馏塔发生应力腐蚀破裂失效。后来该企业通过抬高附近换热器冷却塔的位置，避免水蒸气与塔体接触，从而大大延长了蒸馏塔的使用寿命。

a) 泄露位置

b) 蒸汽笼罩

图 2-6　蒸馏塔开裂泄漏现场勘查

2. 现场勘查的应用

1）通过现场勘查发现事故发生地紧邻大海，所处环境与海洋性环境气氛有关（S 和 Cl 元素的来源）。

2）蒸馏塔分为上段、中段和下段，材料使用和工作环境基本相同，但泄漏发生在上段，说明上段所处的外界环境存在特殊性。

3）现场观察到蒸馏塔上段被水雾笼罩，从而找到了上段不锈钢罐体发生应力腐蚀破裂的腐蚀性环境因素。

2.6.3　塔吊钢丝绳断裂失效分析（结构勘查）

1. 实际勘查情况

（1）事故调查情况　2014 年 11 月 3 日 20 时左右，在上海市沪闵路某工地的一台 120t 塔吊在针对 b418 孔位进行冲抓斗抓土作业，于 21 时 10 分抓土作业结束。然后安排进行下一步作业，更换冲抓斗，使用冲锤进行管内板破除。21 时 30 分，把抓斗完全摆放至地面后，拆除抓斗上钢丝绳连接件。而进行拆除作业的三名施工人员亦在下方操作。与此同时，120t 塔吊变幅钢丝绳突然发生断裂，两名工人及时逃离，一名工人因为躲闪不及，被塔吊主钩砸至地面后顺势倾倒压在右腿上，吊钩钢丝绳弹至其头部致重伤，后经医院抢救无效而死亡。断裂的钢丝绳型号规格为 $6 \times 29Fi + IWR$，公称直径为 20mm，公称抗拉强度为 1870MPa，钢丝公称直径为 1.14mm 和 1.33mm，为光面钢丝。

（2）实际勘查情况　2014 年 11 月 5 日，受委托方邀请，相关专家前往事发现场进行实地勘查和取样。现场观察到该钢丝绳用于一台履带式塔吊，其主臂已经坍塌，如图 2-7a 所示。位于塔吊卷筒上的钢丝绳排列比较整齐，未观察到断丝和抽丝。钢丝绳表面钢丝存在不同程度的磨损，呈现出一个个较小、光亮的小平面。钢丝绳断头处钢丝比较集中，断口比较平齐，绳股呈散开状。靠近滑轮的钢丝绳断头处钢丝呈散开状，如图 2-7b 所示，同时看到该部位有 4 个定滑轮，有三个滑轮上没有钢丝绳，有一个滑轮上有钢丝绳，也就是事故中发生断裂的钢丝绳。

经试验室检测，同批次未使用的钢丝绳质量符合技术要求。断裂的钢丝绳断口宏观呈松散状，绳芯外露；断口主要为呈"杯锥状"的颈缩断口和破断面与钢丝的轴线成 45°角的剪切断口，部分为损伤断口，扫描电子显微镜（SEM）形貌均为韧窝。这证明该钢丝绳的断裂是由过载引起的一次性韧性断裂，是操作时减少了钢丝绳的数目而引起的。

a) 事故现场   b) 断裂的钢绳

图 2-7　塔吊钢丝绳断裂现场勘查

2. 现场勘查的应用

1）该案例的关键是工地负责人一再声明，塔吊当时提吊的冲锤重量在起吊范围之内，认为该事故是由于钢丝绳质量不符合要求所致。由于该起事故涉及人员伤亡，事发后现场受到了保护。实地现场时看到了坍塌的塔吊和冲锤、固定桅杆和拉绳处共有四个滑轮，但只有一个滑轮上有钢丝绳，也就是断裂的钢丝绳，说明该塔吊实际操作时减少了钢丝绳数目。

2）现场发现钢丝绳的断口呈松散状，断丝参差不齐，初步可判断钢丝绳断裂性质为过载。

3）通过调查，该塔吊使用的钢丝绳来源于一家国际知名钢丝绳制造企业，钢丝绳使用时间在规定的期限内，说明钢丝绳本身使用符合要求。

2.6.4　"长庆 16"货轮沉江事故分析（痕迹勘查）

1. 实际勘查情况

（1）事故调查情况　2012 年 7 月 11 日凌晨 1 点左右，某海运公司所属的"长庆 16"货轮在镇江港海轮锚地抛锚期间，发生了突然倾斜的侧翻沉没事故，船上 10 余人全部罹难。由于当时正值长江洪水期，直到 2013 年 4 月 3 日长江流域处于枯水期时才将沉船打捞出水，然后置于船坞上。

（2）现场勘查情况　2013 年 4 月 26 日，专家组受邀前往故障船停放地点进行现场勘查，看到故障船停放在船坞上，整体姿态正常，未见明显弯曲和扭曲现象。正对船首方向的左侧面发生了较大区域的凹陷变形（见图 2-8a），凹陷区域存在一处较为明显的裂纹，船底和船侧面交界处裂纹较宽（见图 2-8b）。侧面裂纹部位已被局部切除，暴露的船侧面夹层中充满了黑色粉状矿砂，船舱里集存的江水还在通过这些裂纹往外泄漏。船底部一条明显的凹陷横跨整个船底，凹陷部位存在多处裂纹，一条主裂纹横跨整个船底，和船首方向大致垂直，开裂部位存在明显的 V 字形凹陷变形，裂纹基本上位于 V 字的尖角部位，分析认为是船发生了弯折所致。船首方向的左侧龙骨翼板向下弯折，几乎和船侧面成一平面。船甲板上的设施也受到了不同程度的损坏，船舱中的矿砂已被清除，但见船舱的底部靠近船侧面存在数个尺寸大约为 70mm×200mm 直通船侧箱体的孔洞。

a) 船侧的凹陷痕迹

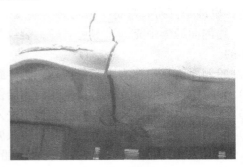

b) 船底的开裂情况

c) 修复中的沉船

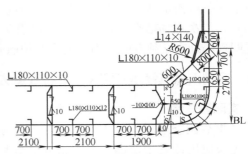

d) 货轮开裂部位货仓的局部横剖面设计图

图 2-8　货轮事故现场勘查情况

2013 年 5 月 3 日分析人员再次前往故障船停放地点时，发现货轮此时已进行了较大规模的修复工作，从图 2-8c 中看到船侧面的钢板拆除后，夹层中的隔板已经严重变形，存在大量聚集的矿砂，图中虚线框标识区域为开裂部位。图 2-8d 所示为货轮开裂部位货仓的局部横剖面设计图，由该图可见，船底部由多个彼此隔开的箱体式结构组成。

据调查，该货轮交付服役后，长期运输铁矿砂，航运频率较高。事发时，装船是严格按照操作规程进行的，铁矿砂经检测，含水量未超标，装载量未超过额定值。当天运输时货轮逆江而上，航行期间未发现异常，抛锚时船首正对长江上游。

经过现场勘查和分析，船侧面凹陷较为严重的区域裂纹较宽，为裂纹起始位置，裂纹部位钢板无明显减薄，存在明显的人字纹，为脆性开裂特征；船底部贯穿的 V 字形裂纹为船沉入江底后整体姿态发生改变弯折形成的。通过对船体使用的钢板和焊接质量分析，结果均符合船级社 CCS 技术标准。综合分析后认为，货船在长期运输矿砂的过程中，货仓底部靠近船侧面被装卸料斗挖出了孔洞，矿砂从孔洞进入船侧箱体，湿的矿砂随着船的摇晃还会形成泥浆，更容易流入箱体，导致船向一方倾斜，这又加速了矿砂进入侧面箱体，当进入的矿砂达到一定的数量时，船失去平衡，发生侧翻并沉入江中。

2. 现场勘查的应用

1）船侧面龙骨翼板向下弯曲现象是船下沉后和江地面撞击所致。

2）船底部 V 字形凹陷是船发生弯折所致。

3）船侧面凹陷区域存在一处较为明显的裂纹，为故障始发位置。

以上三条可判断货轮下沉时底部和侧面交界处先着地，然后发生弯折（也许在江底已经弯折，也许是打捞时弯折，但均为后期发生）。

4）船侧面箱体中充满了黑色矿砂，裂纹位于船外侧，船舱中的矿砂正常情况下是进不了箱体的。

5）船侧面箱体中充满了黑色矿砂，会导致船两边重量不同，侧翻与这些矿砂有关。

6）船舱中发现数个孔洞，这些孔洞和船侧面箱体相通，矿砂会进入。

7）该货船长期运送矿砂，矿砂会累积进入船侧箱体。

8）装船按照正常规程进行，表面上装载质量均匀分布于货仓，但实际上船的一侧因矿砂进入，已经失去平衡，即按照正常规程装船后船也向一侧偏斜。

9）船的偏斜量越大，船舱里的矿砂越容易进入箱体，使船的偏斜程度更加加剧。

以上几条可初步判断货轮的侧翻与矿砂进入一侧箱体有关。

10）第二次现场勘查时间和第一次仅隔 7 天，但现场情况和第一次就发生了很大的变化，说明现场勘查必须及时，而且需及时拍照和进行必要的记录。

2.6.5 钢制天然气管道开裂失效分析（受力勘查）

1. 实际勘查情况

（1）事故调查情况　某天然气钢制弯管刚安装不久还未使用即发生泄漏。该管道安装好后曾进行了 37.5MPa 的打压试验，合格后放置 7~8 个月再注入 2.0MPa 的 N_2 后无法保压，后经检查发现泄漏，泄漏位置靠近弯管的底部。该弯管材质为 L245，规格尺寸为 $\phi273.1mm\times7.1mm\times90°$，直角转弯处半径 $R=5D$（D 为弯管直径）。

（2）现场勘查情况　现场勘查时可见该管道安装后其附近在进行路面修复，安置处呈泥浆状，开裂的弯管部位以下无任何支撑，如图 2-9 所示。经测量，弯管部位管子外径为 275mm，内径为 259mm，壁厚为 8mm。弯管上的裂纹基本上呈周向分布，穿透管壁厚，长度约 290mm，轴向距离约为 35mm，分布在 3~7 点钟方向之间（见图 2-10a）。裂纹中间较长区域大致和轴线垂直，基本

图 2-9　失效管线的服役现场

上位于 6 点钟方向附近。肉眼观察到该区域存在较明显的锈蚀痕迹，说明该区域曾经积存过腐蚀性液体。

该管道安装好后曾进行了 37.5MPa 的打压试验，合格后放置 7~8 个月后经检查发现泄

漏，说明该弯管上的穿透性裂纹是在安装后出现的，开裂具有延迟性。该弯管铺设位置为土质结构，弯管两头的直管下面存在建筑支撑，处于固定状态，弯管部位无建筑支撑。挖掘和安装会导致弯管部位土质松软，临近路面修复过程中载重工程车碾压会导致弯管部位承受较大载荷向下产生微小移动，载重车辆经过后弯管又恢复原始位置。该过程反复多次后，弯管底部和土壤之间会形成间隙而处于"悬空"状态，底部土壤将不会再对它产生支撑作用，弯管上方土质层和弯管自重将使弯管部位处于非平衡的受力状态。Ansys 计算结果表明，弯管底部内表面承受最大的拉应力（见图 2-10b 和封三中的图 1）。剖面金相检验结果表明，弯管内外表面均存在点腐蚀坑，会形成应力集中，使得弯管局部承受更大的拉应力。管内壁检查也发现，6 点钟方向部位锈蚀相对严重。氧化产物是氢的陷阱，会聚集较多的氢原子，材料内部的氢或环境中的氢原子也会向应力集中明显的点蚀坑处聚集，形成局部氢浓度的升高。弯管金相组织检验结果为马氏体+少量铁素体，该组织对氢脆型断裂比较敏感。拉伸试验结果显示，抗拉强度和屈服强度均高出技术要求上限较多。强度越高对氢的敏感性越大。该弯管从安装就位到发现开裂泄漏经历了 7~8 个月，具有延迟型断裂特征。开裂面 SEM 形貌观察表明，开裂面主要特征为沿晶+少量韧窝+准解理，沿晶面上存在"鸡爪纹"和二次裂纹。延迟型断裂和"鸡爪纹"为氢脆型断口的典型特征。

2. 现场勘查的应用

1）靠近失效管线正在新修公路，重型载货汽车频繁经过。

2）管线弯头安装区域为松软的土质结构。

3）弯管和直管交接处有支撑，弯管区域无支撑。

4）管线安装完毕后做过水压试验，当时正常。

前 3 个因素导致弯管产生附件应力，第 4 个因素导致管内壁腐蚀。

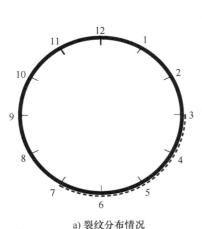

a) 裂纹分布情况

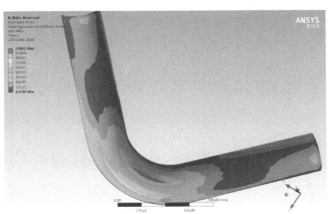

b) 管子受力数字模拟

图 2-10　裂纹分布与受力分析示意图

注：图 2-10b 的彩色图见封三中的图 1。

参 考 文 献

［1］师昌绪，钟群鹏，李成功．中国材料工程大典：第 1 卷 ［M］．北京：化学工业出版社，2005.

［2］王荣．机械装备的失效分析－现场勘查技术 ［J］．理化检验（物理分册），2016，52（6）：361-369.

［3］王荣．产品质量检验与当事人合法权益保护 ［J］．理化检验（物理分册），2014，50（8）：580-585.

［4］杨星红，王荣．不锈钢真空塔开裂失效分析 ［J］．金属热处理，2015，40（增刊）：106-109.

第 3 章

宏观分析技术

3.1　引言

在机械装备的失效分析中,深入细致的宏观分析可以缩小分析范围,确定分析对象,明确分析方向,能使分析人员有的放矢,合理规划分析项目,少走弯路,在整个失效分析过程中具有引领作用。宏观分析技术主要是采用人的肉眼或借助低倍放大镜对失效件进行观察,对得到的各种信息进行归类,然后按照失效分析的思路和步骤进行逻辑推理和判断,初步确定构件的失效模式,它和分析人员的经验与专业知识密切相关,但也有一定的规律性。宏观分析最重要的内容之一就是痕迹分析。机械失效往往从表面或表面层损伤开始,并留下某些特征痕迹。痕迹标记包括表面形貌(花样)、成分(或材料迁移)、颜色、表层组织、性能、残余应力以及表面污染状态等的变化。痕迹分析不仅可对事故和失效的发生、发展过程做出判断,还可为分析结论提供可靠的依据。另外,机械构件的许多失效都是因为开裂或断裂引起的,在裂纹分析和断口分析方面,宏观分析技术也起着非常重要的作用。一般企业更注重产业化生产,在分析仪器和分析手段方面力量往往较弱。但每个企业都有自己专业领域的带头人,对各种质量问题有丰富的处理经验。他们更注重时间和成本,对于各种产品在生产过程中出现的不良品的处理并不是每个都要做深入细致的失效分析,而是利用以往的经验和宏观分析技术,在最短的时间内、利用最低的成本判断出构件的一级失效模式和失效原因,进而制订预防措施和质量事故的归零处理。

3.2　宏观分析的特点和作用

宏观分析技术一般不需要借助复杂的工具,它和分析人员的经验与专业知识密切相关,在一级失效模式的判定和主裂纹或断裂源的判定方面有广泛的应用,特别在变形失效、腐蚀失效和磨损失效方面具有特别重要的作用和意义。

3.2.1　宏观分析的特点

宏观分析技术最显著的特点是:

1)可直接判断出一级失效模式(有时需要借助断口分析和金相分析配合)。

2)判断主裂纹和断裂源的位置。

3)对于一些由缺陷引起的失效问题采用宏观分析技术基本上就可以确定,如原材料缺陷(夹渣、残余缩孔等),焊接缺陷(未熔合、未焊透、气孔等),加工缺陷(锻横轧、铸造疏松、锻造缺陷等），老裂纹（老裂纹往往有上道工序留下的特殊痕迹，如电镀层成分、涂层、渗层成分、焊渣、氧化与脱碳等）。

3.2.2 宏观分析的作用

1. 判断一级失效模式

（1）延性断裂失效　当构件所承受的实际应力大于材料的屈服强度时，将产生塑性变形，应力进一步增大，就会产生断裂，称为延性断裂失效。蠕变断裂也属于延性断裂的一种方式，但其断裂机理与室温下延性断裂不同。蠕变断裂是在高温和载荷作用下，随着作用时间增长而逐渐发生变形，最后导致断裂的。

延性断裂通常是指室温下的断裂，其特征是在裂纹或断口附近有明显的宏观塑性变形，或者在塑性变形处有裂纹出现；延性断裂的一种典型断口是拉伸试样的杯锥状断口，杯部呈纤维状特征，锥部呈浅灰色的光滑区，并与杯部成 45°角。图 3-1 中 1#拉伸

图 3-1　拉伸试样的延性断裂和脆性断裂

试棒在断裂前发生了明显的颈缩和伸长现象，即产生了明显的塑性变形，为延性断裂；2#拉伸试棒在断裂前未见明显的颈缩和伸长，具有脆性断裂的宏观特征。

（2）脆性断裂失效　脆性断裂是指断裂前几乎不产生显著的塑性变形。脆性断裂是一种危险的突发事故，危害性很大，断裂时所受应力较低，常低于材料的屈服强度，低于设计许用应力。

脆性断裂的特点是：

1）构件破坏之前没有或只有局部的轻微的塑性变形。

2）断口宏观形貌比较平坦，断面与拉应力方向垂直。

3）断口上一般有放射状条纹，放射状条纹的收敛点为断裂源。当构件为管材或板材时，断口上有人字纹条纹，人字的头部指向断裂源。

4）断口上有时有闪光的"小刻面"。

5）断裂源总是发生在缺陷处（尤其是焊接缺陷）或几何形状突变的凹槽、缺口、加工刀痕等处，也有裂纹源由疲劳损伤处引起。

6）一旦发生开裂，裂纹便以极高的速度扩展，其扩展速度可达声速，因此带来的后果常常是灾难性的。

图 3-2 所示为一个直径为 1400mm 的大齿轮开裂情况，开裂面上放射纹的收敛处即为开裂源区，开裂起源于工艺孔的表面，如图中标识所示。

（3）疲劳断裂失效　机械零件在循环交变应力的作用下引起的断裂称为疲劳断裂。在机械构件的断裂失效中，疲劳断裂所占的比例最高，达 70%以上。

疲劳断裂的类型较多，常见的疲劳断裂主要有高周疲劳、低周疲劳、热疲劳、接触疲劳、腐蚀疲劳、微振疲劳、蠕变疲劳等。

疲劳断裂最典型的宏观特征是：

1）断裂面大致和轴线方向垂直。

2）断裂处无明显塑性变形。

a) 裂纹形貌　　　　　　　　　　　　　　b) 裂纹面形貌

图 3-2　大齿轮的开裂情况

3）断裂面上有时可见贝壳纹或海滩花样。

夹固螺栓服役于全程减震气垫运输车（见图 3-3），货物在垂直方向和水平方向均安置有气垫。经过大约两周时间的长途运输，在外包装完好的情况出现夹固螺栓断裂的情况。断裂位置位于螺纹和光杆部位的过渡处，基本上位于第一扣螺纹位置，断裂面大致和轴向垂直，未见明显塑性变形，具有脆性断裂的宏观特征；断口宏观形貌具有疲劳断裂的典型特征，疲劳区域呈月牙状，较为细腻，过渡区域比较明显，大致位于半径的一半处，按此进行计算可知疲劳区域的面积约占整个断裂面积的 1/5，这说明造成螺栓断裂的应力较大。

图 3-3　夹固螺栓的服役和断裂情况

经事故调查，断裂的夹固螺栓用于货物运输中的固定连接。起初发现断裂的情况如图 3-3 所示，断前位置见图中箭头所示。货物是通过一个铰链和固定在基板上的夹固螺栓连接的。螺栓断裂后，连接铰链处于自由悬挂状态，夹固螺栓断裂的两部分之间存在一定的位移量。

该螺栓正常服役时，车辆在起动和制动时货物会产生惯性力，该力会使夹固螺栓承受一个弯曲应力。露出基座和光杆（带环的一端）交界的第一扣螺纹处承受的弯曲应力最大，螺纹根部又是应力集中部位，所以首先从该处产生疲劳裂纹源，在车辆多次起动和制动后，螺栓在反复的弯曲应力作用下最后发生了弯曲疲劳断裂。

（4）磨损失效　磨损是零部件失效的一种基本类型，是相互接触并做相对运动的物体，由于机械作用所造成的材料迁移及分离的破坏形式，也称为磨损失效。磨损失效往往采用宏观分析技术就可以比较准确地进行判断，其造成的危害可分为三种情况：

1）全丧失原定功能。

2）功能降低和有严重损伤或隐患。

3）继续使用会失去可靠性及安全性。

所有滑动或滚动的零件均会受到磨损，如轴承、齿轮、导轨、活塞环、花键、制动器、离合器等。磨损失效虽不像断裂失效及腐蚀失效所造成的损失巨大，然而也发现一些灾难性的事故根源来自磨损失效，如飞机起落架和液压控制筒在活塞与液压缸、活塞杆与密封之间发生微动磨损，最后导致飞机起落架无法放下而发生机毁事故。

磨损失效具有如下特点：

1）总是和摩擦相伴，存在材料损失或迁移。

2）需要一定的时间。

3）磨损不等于磨损失效，需要一个量变到质变的转化过程。

4）磨损与构件的大小无关。

钢的磨损失效分析是对磨损零件残体等进行分析，判明磨损类型，揭示磨损机理，追溯磨损发生、发展并导致工件磨损失效的整个过程，是一个从结果到原因的逆向分析过程。

按照磨损的破裂机理，常见的磨损失效主要可分为：

1）黏着磨损。

2）磨粒磨损。

3）疲劳磨损（接触疲劳）。

4）腐蚀磨损（微动磨损）。

实际分析中往往会有多种磨损失效形式同时存在，但一般只有一种是主要的。

图3-4所示为电梯扶手带驱动轴黏着磨损失效的情况。由该图可见，配合部位轴尺寸明显变小直至断裂，该部分的材料以黏着屑的形式转移到驱动轮的卡环上。

（5）腐蚀失效　金属与其表面接触的介质发生反应而造成的损坏称为腐蚀。腐蚀失效的特点是失效形式众多，失效机理复杂。而且腐蚀失效占金属机械构件失效事故的比例相当高，仅次于疲劳断裂，尤其是在化工、石油、电站、冶金等工业领域中，其腐蚀失效的事故较多，造成的损失较大。因此，对腐蚀失效的研究和预防在失效分析中是非常重要的工作。

腐蚀失效与介质、材料结构、应力、温度与介质流速等有密切关联，失效主要由局部腐蚀引起，包括点蚀、冲蚀及应力腐蚀开裂（SCC）等，其中SCC易造成突发事故。大多数腐蚀失效采用宏观分析技术就可以初步确定其一级失效模式。

（6）变形失效　变形失效都是逐渐发生的，一般都属于非灾难性，但是忽视变形失效

a) 卡环上的黏着屑　　　　　　　　　　b) 黏着磨损后的驱动轴

图 3-4　电梯扶手带驱动轴黏着磨损失效的情况

的监督和预防，也会导致很大的损失。在室温下的变形失效主要有弹性变形失效和塑性变形失效。高温下的变形失效主要有蠕变失效和高温松弛失效。

1）使用过程中的变形。一般在使用过程中，发生的变形若通过校正可恢复其使用功能，则可重新使用；变形后若无法校正，或因永久性的机械碰伤或损伤，丧失了使用功能时则可报废，原因比较清晰，不需要进行失效分析。

2）冷加工过程中的变形。对于一些精密的杆类或薄板类零件，冷加工过程极易产生变形。加工过程、加工后的放置、库存方式以及加工造成的残余应力消除等均影响零件的变形。

3）热处理淬火变形。零件淬火时尺寸或形状发生变化称为淬火形变。淬火变形一般有尺寸变化和形状变化两种。尺寸变化是淬火时由于相变引起膨胀或收缩使零件尺寸发生变化，主要指伸长、缩短、变粗、变细等。形状变化主要是由于热处理应力（组织应力和热应力），或者零件的自重引起下垂和应力变化，引起形状发生变化，如翘曲、弯曲、扭曲等变形。

淬火形变缺陷较难控制，在精密淬火中属于严重缺陷。

2. 断裂源分析

在机械事故分析中，有时会碰到在同一断裂失效件上出现多个断口或多条裂纹，这就要求从中准确地找出首先开裂的部位，即主断口或主裂纹。一般来说，在同一零件上出现多条裂纹或存在多个断口时，这些断裂在时间上是依次陆续产生的，也就是说，形成断裂的时间是有先后的。

常用的裂纹先后顺序判断方法主要有以下几种。

（1）T形法　若一个零件上出现两块或两块以上的碎片时，可将其合拢起来（注意不要将其断面相互碰撞），其断裂构成 T 形，如图 3-5 所示。在通常情况下，贯穿型裂纹 A 为主裂纹。因为 A 裂纹最先形成，阻止了 B 裂纹的向前扩展，故 B 裂纹为二次裂纹。

（2）分叉形法　机械零件在断裂过程中，往往在出现一条裂纹后，要产生多条分叉或分支的裂纹，如图 3-6 所示。一般裂纹的分叉或分支的方向为裂纹的扩展方向，其反方向为裂纹的起始方向。也就是说，分叉或分支裂纹为二次裂纹，汇合裂纹为主裂纹。在图 3-6 中，A 为主裂纹，B、C、D 为二次裂纹。

在机械装备构件的失效分析中，最常见的分叉型裂纹为应力腐蚀裂纹，有时也称树枝状或树根状裂纹，其形态是判断应力腐蚀开裂性质的重要依据之一。

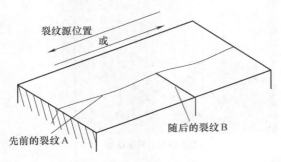

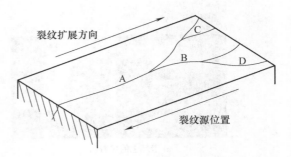

图 3-5 判别主裂纹的 T 形法　　　　图 3-6 判别主裂纹的分叉形法

（3）变形量法　当零件在断裂过程中断裂成多块，有的部位没有明显的塑性变形，而有的部位塑性变形明显，则无塑性变形的区域为首先断裂区；当所有断裂部位均为延性断裂时，可根据各断口部位的变形量大小来确定主裂纹，其中变形量大的部位为主裂纹，其他部位为二次或三次裂纹。

（4）氧化颜色法　机械零件产生裂纹后在环境介质与温度的作用下发生氧化与腐蚀，并随时间的增长而趋严重。由于主裂纹面开裂的时间比二次裂纹要早，经历的时间要长，氧化腐蚀程度要重，颜色要深，因此可以判定，氧化腐蚀比较严重、颜色较深的部位是主裂纹部位，而氧化腐蚀较轻、颜色较浅的部位是二次裂纹部位。

图 3-7 所示为一台内燃机曲轴连杆上的两个断裂的连杆螺栓，其断口形貌如图 3-8 所示。由图 3-8 可见，2#螺栓整体锈蚀程度较轻，断口也比较洁净，1#螺栓头部可见锈蚀，断口存在氧化锈蚀，因此可以判断 1#螺栓是先发生断裂的。

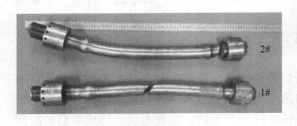

图 3-7 断裂的连杆螺栓　　　　　　图 3-8 连杆螺栓的断口形貌

（5）疲劳裂纹长度法　在实际的机械零件断裂失效中，往往在同一零件上同时出现多条疲劳裂纹或多个疲劳源区。在这种情况下，一般可根据疲劳裂纹扩展区的长度或深度，疲劳弧线或疲劳条带间距的疏密来判断主断口或主裂纹。疲劳裂纹长、疲劳弧线或条带间距密者，为主裂纹或主断口，反之为次生裂纹或二次断口。

（6）裂纹宽度法　若裂纹和表面相通，为开放型裂纹，则裂纹往往起源于表面或次表面。若裂纹和表面不相通，则裂纹相对较宽的地方往往是最先开裂的地方。若构件尺寸较大，裂纹又是封闭型的，此时可以任选一段裂纹进行解剖，可根据裂纹面上的信息（如放射纹、人字纹、贝壳纹等）先判断裂纹的扩展方向，再在起先开裂的区域取样，采用相同的方法判断，逐步缩小范围，直至找到开裂源区。

3.3　无损检测方法

在机械装备的失效分析中，特别是在材料的内部缺陷分析，以及表面、次表面的一些肉眼不容易观察到的缺陷分析方面，经常先要采用无损检测的方法进行定位，然后针对性地进行取样，再采用理化检测的方法对缺陷进行具体分析和定性。无损检测以不损坏被检验对象的使用性能为前提，应用多种物理原理和化学现象，可对各种工程材料、零部件、结构件进行有效的检验和测试，借以评价它们的连续性、完整性、安全可靠性及某些物理性能，包括探测材料或构件中是否有缺陷，并对缺陷的形状、大小、方位、取向、分布和内含物等情况进行判断，还能提供组织分布、应力状态以及某些物理量等信息。

失效分析中最常用的无损检测方法有好几种，如射线检测、超声波检测、磁粉检测、渗透检测及导电材料的电磁（涡流）检测。所有这些试验方法都可用来检查表面裂纹和不连续性缺陷。所采用的其他具有放射性的无损检测方法，主要是用来检查材料内部缺陷及实用应力分析，测定能够引起构件失效的载荷及零件所受的应力。

就无损评价（NDE）与无损检测（NDT）相比而言，无损评价所考虑的问题要复杂得多。在失效分析研究的基础上，首先无损评价采用的检测技术通常不是单一技术，往往是同时采用几种检测技术。其次，无损评价是利用传感器获取被检对象的信息，再将这些信息转换成材料性能和/或缺陷的参数，并对其进行模拟、分析等，以便对被检对象的使用状态进行评价。

3.3.1　射线检测

1. 射线检测的定义

射线检测（Radiographic Testing，缩写为 RT）是指用 X 射线或 γ 射线穿透试件，以胶片作为记录信息的器材的无损检测方法。该方法是最基本、应用最广泛的一种非破坏性检验方法。早期的射线照相一般都需要底片，评定时需要专门的看片装置，但随着计算机技术的应用和发展，现在基本上已不需要底片，而是在计算机显示器上直接观察和评定。

例如，某零件材料为 ZL114A 高强度亚共晶铝硅合金，状态为 T6，加工期间发现裂纹（见图 3-9a）。为了了解裂纹的扩展情况便于后续的切割取样，对故障件裂纹附近进行了 X 射线分析（见图 3-9b）。

2. 射线检测的原理

X 射线（或 γ 射线）能穿透肉眼无法穿透的物质并使胶片感光。与普通光线一样，当 X 射线或 γ 射线照射胶片时，能使胶片乳剂层中的卤化银产生潜影（一种肉眼看不见的影像），必须将胶片进行显影操作才能使潜影转化为可见的牢固影像。当胶片显影时，结构已发生变化的卤化银晶体便转化为黑色金属银颗粒的聚结体，从而产生影像——负像。胶片上那些没有感光的，也就是没有发生结构变化的晶体即被一种称作定影剂的化学品洗去，使这些部分呈现浅灰色或透明状，其结果是：负像上黑暗（厚的）部分就是曝光较多部分；明亮（薄的）部分就是曝光较少部分；全透明部分就是没有受到光照射的部分。这就是黑白胶片记录影像的基本过程。由于不同密度的物质对射线的吸收系数不同，照射到胶片各处的射线能量也就会产生差异，这样就可根据经暗室处理后的底片上各处黑度差来判别缺陷。

a) 裂纹宏观形貌　　　　　　　　　　　　b) 裂纹 X 射线照片形貌

图 3-9　裂纹形貌

3. 射线检测的特点

射线检测的优点和局限性如下：

1）可以获得缺陷的直观图像，定性准确，对长度、宽度尺寸的定量也比较准确。

2）检测结果有直接记录，可长期保存。

3）对体积型缺陷（气孔、夹渣、夹钨、烧穿、咬边、焊瘤、凹坑等）检出率很高，对面积型缺陷（未焊透、未熔合、裂纹等），如果照相角度不适当，容易漏检。

4）适宜检验厚度较薄的工件而不宜较厚的工件，因为检验厚工件需要高能量的射线设备，而且随着厚度的增加，其检验灵敏度也会下降。

5）适宜检验对接焊缝，不适宜检验角焊缝及板材、棒材、锻件等。

6）对缺陷在工件中厚度方向的位置、尺寸（高度）的确定比较困难。

7）检测成本高，速度慢。

8）具有辐射生物效应，能够杀伤生物细胞，损害生物组织，危及生物器官的正常功能。

总的来说，射线检测的特性是定性更准确，有可供长期保存的直观图像，但总体成本相对较高，而且射线对人体有害，检验速度较慢，效率较低。

3.3.2　超声波检测

1. 超声波检测的原理

超声波检测（Ultrasonic Testing，缩写为 UT）是指通过超声波与试件相互作用时，其反射、透射和散射的波形的变化，对试件进行宏观缺陷检测、几何特性测量、组织结构和力学性能变化的检测和表征，并进而对其特定的应用性进行评价的无损检测方法。

超声波检测的基本原理主要是基于超声波在试件中的传播特性，具体如下：

1）采用专用声源产生超声波，用一定的方式使超声波进入试件。

2）超声波在试件中传播并与试件材料以及其中的缺陷相互作用，使其传播方向或特征被改变。

3）改变后的超声波通过检测设备被接收，并可对其进行处理和分析。

4）根据接收到的超声波的特征，评估试件本身及其内部是否存在缺陷及缺陷的特性。

如图 3-10 所示，超声波异常波形就是材料中的缺陷所致，据此可以得到缺陷的当量尺寸和相对位置。

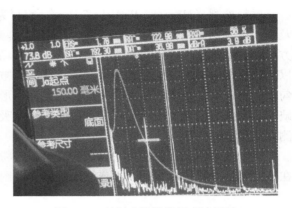

图 3-10　材料中缺陷的超声波显示

2. 超声波检测的优点

1）适用于金属、非金属和复合材料等多种制件的无损检测。

2）穿透能力强，可对较大厚度范围内的试件内部缺陷进行检测。如对金属材料，可检测厚度为 1～2mm 的薄壁管材和板材，也可检测几米厚的钢锻件。

3）缺陷定位较准确。

4）对面积型缺陷的检出率较高。

5）灵敏度高，可检测试件内部尺寸很小的缺陷。

6）检测成本低、速度快，设备轻便，对人体及环境无害，现场使用较方便。

3. 超声波检测的局限性

1）对试件中的缺陷进行精确的定性、定量仍须做深入研究。

2）对具有复杂形状或不规则外形的试件进行超声波检测有困难。

3）缺陷的位置、取向和形状对检测结果有一定影响。

4）材质、晶粒度等对检测有较大影响。

5）以常用的手工 A 型脉冲反射法检测时结果显示不直观，且检测结果无直接见证记录。

6）需要参考标准，检测结果受检测人员的专业水平影响较大。

4. 超声波检测的适用范围

1）从检测对象的材料来说，可用于金属材料、非金属材料和复合材料。

2）从检测对象的制造工艺来说，可用于锻件、铸件、焊接件、黏结件等。

3）从检测对象的形状来说，可用于板材、棒材、管材等。

4）从检测对象的尺寸来说，厚度可小至 1mm，也可大至几米。

5）从缺陷部位来说，既可以是表面缺陷，也可以是内部缺陷。

在原材料复检或者产品工序间的无损检测中，超声波检测常常可以发现材料的内部缺陷，并能确定出其当量尺寸和相对位置，这样就可以对工件进行准确解剖，并在带有缺陷的试块上利用打磨或抛光的方法精确地找到缺陷，然后再对缺陷做 SEM 形貌观察和 EDS 能谱定量分析，也可以对缺陷附近的组织和性能进行研究，还可测量缺陷的大小和进一步对缺陷性质的判定。

3.3.3　磁粉检测

1. 磁粉检测的原理

铁磁性材料或工件被磁化后，由于不连续性（如缺陷）的存在，使工件表面和近表面的磁力线发生局部畸变而产生漏磁场，吸附施加在工件表面的磁粉，形成在合适光照下目视可见的磁痕，从而显示出不连续性的位置、形状和大小。

　　磁粉检测（Magnetic Particle Testing，简写为 MT）是利用磁场来找出铁磁材料中表面以及表面以下不连续性缺陷位置的无损检测方法。受验材料或零件，在磁化时一般暴露在磁场方向上的不连续性缺陷会在零件表面形成漏磁场。这种漏磁场，即不连续性缺陷的出现，可以利用撒在表面上的细磁粉来检测。一些磁粉被漏磁场聚集起来并将它吸住，聚集的磁粉可勾画出不连续性缺陷的轮廓，显示出其尺寸、形状和轻重程度。由于缺陷的漏磁场有比实际缺陷本身大数倍乃至十倍的宽度，故而磁粉被吸附后形成的磁痕能够放大缺陷，这在缺陷检测方面是有利的。

　　实际检测中，经常会把一种荧光材料与磁粉配合使用，也就是荧光磁粉检测，这样就会在紫外线下面很快地观察到不连续的缺陷，如图 3-11 所示。

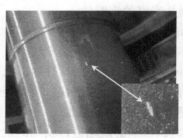

a) 零件表面的纵向裂纹显示　　　　　　　　　　b) 表面缺陷显示

图 3-11　缺陷的荧光显示

2. 磁粉检测的优点

　　1) 磁粉检测是检查表面裂纹最好、最可靠的方法之一，特别适合检查细而窄的裂纹以及被外物填塞的裂纹。

　　2) 磁粉检测技术容易掌握，操作简单，成本较低，效率高。

　　3) 磁粉痕迹直接产生在零件表面上，是不连续性缺陷的真实磁粉图像，无须标定和处理。

　　4) 对受验零件的尺寸或形状要求不高。

　　5) 对预清洗要求不高，而且透过薄油漆层或其他的非金属覆盖层也能良好地检测。

　　6) 对裂纹面影响程度小，便于清洗，不影响后期裂纹面 SEM 形貌观察以及 EDS 能谱分析结果。

3. 磁粉检测的适用性

　　1) 磁粉检测灵敏度较高，可以检测铁磁性材料表面和近表面尺寸很小、间隙极窄（如可检测出长 0.1mm、宽为微米级的裂纹）、采用目视难以看出的不连续性。

　　2) 磁粉检测的使用范围较宽，可对原材料、半成品、成品工件和在役的零部件检测，还可对板材、型材、管材、棒材、焊接件、铸钢件及锻钢件进行检测。

　　3) 能显示材料中的各种缺陷，如裂纹、夹杂、发纹、白点、折叠、冷隔和疏松等缺陷。

4. 磁粉检测的局限性

　　1) 对探测完全处于表面以下的不连续性缺陷不是十分可靠。

　　2) 磁场必须处在截断不连续性缺陷的主平面方向内。

3）需防止电接触点处的表面过热和烧伤。

4）磁粉检测不能检测奥氏体不锈钢材料和用奥氏体不锈钢焊条焊接的焊缝，也不能检测铜、铝、镁、钛等非磁性材料。

5）对于表面浅的划伤、埋藏较深的孔洞和与工件表面夹角小于 20°的分层和折叠难以发现。

6）磁粉检验完毕后要对零件退磁。

3.3.4　渗透检测

1. 渗透检测的原理

渗透检测（Penetrant Testing，缩写为 PT）的原理是：零件表面被喷涂含有荧光染料或着色染料的渗透剂后，在毛细管作用下，经过一段时间后，渗透液可以渗透进表面开口缺陷中。经去除零件表面多余的渗透液后，再在零件表面喷涂显像剂，同样，在毛细管的作用下，显像剂将吸引缺陷中保留的渗透液，渗透液回渗到显像剂中，在一定的光源下（紫外线或白光），缺陷处的渗透液痕迹被显出（黄绿色荧光或鲜艳红色），从而探测出缺陷的形貌及分布状态。由于液体本身通常都有一种很鲜艳的色彩或者含有荧光剂，所以材料中的不连续缺陷在紫外线下显得特别醒目。如图 3-12 所示，一批 UNS NO8825 镍基合金板（ASME SB-424：2015）在做渗透检测时，1/2 厚度位置出现了缺陷显示。

2. 渗透检测的优点

1）可检测各种材料，包括金属和非金属材料，以及磁性和非磁性材料。

2）适合各种不同的加工方式，包括焊接、锻造、轧制等加工方式。

3）具有较高的灵敏度（可发现 0.1μm 宽的缺陷）。

4）显示直观，操作方便，检测费用低。

3. 渗透检测的缺点及局限性

1）不连续性缺陷必须与表面连通，只能检测出表面开口的缺陷。

图 3-12　缺陷显示

2）试样在试验前后必须清洗干净，否则会腐蚀金属。

3）不适于检查多孔性疏松材料制成的工件和表面粗糙的工件。

4）渗透检测只能检测出缺陷的表面分布，难以确定缺陷的实际深度，因而很难对缺陷做出定量评价。检出结果受操作者的影响也较大。

5）表面薄膜层会妨碍对不连续性缺陷的检测。

6）由于渗透剂含有一些着色染料，而且和材料结合力较强，一旦进入较为粗糙的缺陷表面后就很难再清除干净，在失效分析时会影响后期的断口观察或断面能谱分析结果。

3.3.5　涡流检测

1. 涡流检测的原理

涡流检测（Eddy Current Testing，缩写为 ET）的原理是：将通有交流电的线圈置于待测的金属板上或套在待测的金属管外，这时线圈内及其附近将产生交变磁场，使试件中产生呈旋涡状的感应交变电流，即涡流。涡流的分布和大小，除与线圈的形状和尺寸、交流电流的大小和频率等有关外，还取决于试件的电导率、磁导率、形状和尺寸、与线圈的距离，以及表面有无裂纹缺陷等。因此，在保持其他因素相对不变的条件下，用一个探测线圈测量涡流所引起的磁场变化，就可推知试件中涡流的大小和相位变化，进而获得有关电导率、缺陷、材质状况和其他物理量（如形状、尺寸等）的变化或缺陷存在等信息。但由于涡流是交变电流，具有趋肤效应，所检测到的信息仅能反映试件表面或近表面处的情况。

2. 涡流检测的应用

按试件的形状和检测目的的不同，可采用不同形式的线圈，通常有穿过式、探头式和插入式线圈三种。穿过式线圈用来检测管材、棒材和线材，它的内径略大于试件，使用时使试件以一定的速度在线圈内通过，可发现裂纹、夹杂、凹坑等缺陷。探头式线圈适用于对试件进行局部探测。应用时线圈置于金属板、管或其他零件上，可检查飞机起落架构件和涡轮发动机叶片上的疲劳裂纹等。插入式线圈也称内部探头，放在管子或零件的孔内做内壁检测，可用于检查各种管道内壁的腐蚀程度等。为了提高检测灵敏度，探头式和插入式线圈大多装有磁芯。涡流检测主要用于生产线上的金属管、棒、线的快速检测，以及大批量零件如轴承钢球、汽门等的无损检测（这时除涡流仪器外尚须配备自动装卸和传送的机械装置），材质分选和硬度测量，也可用来测量镀层和涂膜的厚度。

3. 涡流检测的优点

1）表面和表面以下的缺陷都可以检测。

2）检测时线圈不需与被测物直接接触。

3）不需要特殊的操作技能。

4）适合于连续监控。

5）基本上可以自动化，检测效率高。

4. 涡流检测的局限性

1）不适用于形状复杂的零件。

2）穿透的深度浅，只能检测导电材料的表面和近表面缺陷。

3）检测结果易于受材料本身及其他因素的干扰。

4）需要参考标准。

3.3.6　实用应力分析

断裂（或开裂）是机械构件的主要失效形式之一，而应力则是导致断裂（或开裂）的重要因素。构件服役时的机械力可以通过计算求得，但其内部的残余应力则只能通过实际检测的方法获得。

残余应力测试有多种方法，它们都能用来测定可能引起零件失效的应力和载荷。

1. 应力涂层法

应力涂层法的主要特点如下：

1）可标出小范围的高应变位置。

2）确定主应变的方位。

3）测出拉伸和压缩应变的大概数值，尽管有许多机械、光学以及电气设备都可以测定应变值，但是粘贴的电阻应变片已经成为普通实验室和野外使用的标准工具。

2. 光弹性涂层法

这项技术是用一种反射胶，将一定厚度的双折射涂层粘贴在受验零件上，其光学分析类似于普通分析，但是需要特殊设备，可以用单张拍照或连续拍照的照相机记录在彩色胶片上。

3. X 射线衍射法

X 射线衍射法是一种仅适用于晶体材料表面残余应力的直接无损测量法。应力是通过受应力后的晶体材料所衍射出来的一个 X 射线的角度来测量的。

3.4　漏点检测方法

在机械装备的失效分析中，有一类问题需要对其做泄漏原因分析。此时，失效分析首先要解决的事情就是对于泄漏点的检测和准确定位。若构件比较小，或者缺陷位置的区域比较明确时，可采用无损检测法（如磁粉检测、渗透检测）进行缺陷的准确定位；但若设施比较大，如输水、输气管线，压力容器，换热器管等，无损检测往往会无从下手，而且漏点附近表面状态往往较差，对于较小的漏点，肉眼观察（包括内窥镜等）也不容易发现。此时可将被检设施一端密闭，从两一端向内充入气体或水，并达到一定的压力后保持一段时间，通过观察和设施连通的压力表的变化来判断设施内部压力的变化情况。若在规定时间内压力下降较多，则表明其存在泄漏点。日常生活中对橡胶轮胎刺漏点的检查时，会先向轮胎中充气，然后将其置于水中，泄漏部位就会冒出气泡。失效分析中的漏点检查也是采用了这个原理。

3.4.1　充水检测法

对压力容器的检漏一般都采用充水检测法。该方法对水的要求不高，一般的河水、江水，甚至海水都可以使用。对于大型的压力容器（如大型专用罐船），若采用充水试验，可降低检测成本。当充水并达到一定的压力后，如果容器不能保压，可通过观察容器外部是否出现刺漏或湿润，就可以找到泄漏点（见图 3-13a）。

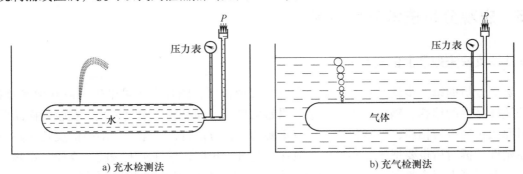

a) 充水检测法　　　　b) 充气检测法

图 3-13　泄漏点的检测方法

充水检测法的缺点是检测完后要对容器内做干燥处理，以免引起腐蚀。有些容器不允许有残留水，特别是含有腐蚀性介质的水，若残留在容器内很容易导致局部腐蚀引发失效。

3.4.2 充气检测法

充气检测法的原理是：将设施侵于水中，向内部充气并达到一定的压力，然后观察是否有气泡冒出，并进一步查找气泡冒出的具体位置，这样便可查出泄漏点。

输气管线由于大多都埋于地下，不方便直接观察，一般采用充气检测法检测漏点。具体操作时可利用管线上的阀门分段检测，尽量缩小范围，然后再用图 3-13b 所示的方法找到具体的漏点。

真空设备由于比较忌讳水，所以一般都采用充气法检测。检查时先向容器内部充气，并在容易出现漏点的区域（如焊缝、法兰连接处等）涂上肥皂水，有漏点时，肥皂水就会产生气泡。

检查时也可以加入一些芳香类气体，这样就可根据泄漏气体的气味找到源头，也可以根据添加气体的特殊性质，采用专业检漏仪查找漏点。如居民日常使用的燃气中都加入了一种刺激性较强的气体，管路上一旦出现煤气泄漏，立刻就可以闻到。煤气公司的安检人员也会采用专业仪器定期对居民家中的煤气管路进行安全检查。

在实际生产中还有一种情况，即正常使用时构件内部有一个空腔，并要求密闭。但若该构件存在细小的漏点，也无法向其内部充水或气体进行检漏。这时，可利用气体受热后体积会膨胀，容器内部压力会增大的原理进行检漏。具体操作时，可先在一个盘子里中加入一些黏度较低的油（如食用油），将其加热到 200℃ 左右（保持在沸点以下，也不能超过其闪点），然后将构件放入油中，此时构件温度升高，其内部压力增加，漏点处即会产生气泡，如图 3-14 所示。

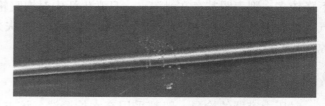

图 3-14　泄漏点的检测

用充气检测法检查泄漏点的优点是使用范围较广，也不会污染被检对象；缺点是成本较高，实际操作时也比较烦琐。

3.5 宏观分析技术应用举例

3.5.1 反映失效件上的重要特征

宏观分析的第一步就是对样品做全方位的宏观拍照，图片上尽量带标尺或其他参照物，要关注样品上的铭牌、钢印、生产厂家等原始信息。若样品属于法院委托，在收到样品后先要对原始包装进行拍照，包括包装上比较重要的委托方信息，要用照片清晰的反映法院封印的原始性，拆封后也要把样品和外包装放在一起进行拍照，最好附上法院的委托鉴定函。若样品上有当事人双方签名（见图 3-15a），看不清楚时要做特写（实际鉴定报告中有），以能看清晰为原则。对重要的、看不清楚的标识也可采用文字描述（见图 3-15b），必要时可根据产品上的标识追踪产品的档案，做进一步深入调查，了解更多的对失效分析有益的信息。要用不同的角度和选择不同的参数进行拍照，把分析对象的原始形貌特征用图片记录下来，把对失效分析有用的、重要的特征清楚地反映出来，要让当事人确信样品就是他们提供的，在这方面图片往往比文字描述更加有效。

a) 当事人签名

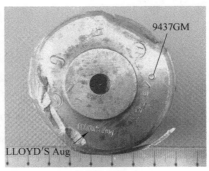
b) 制造标识

图 3-15　失效样品上的标识

在对失效件进行宏观分析时，经常会采用失效件和未经使用的正常构件进行比较，有时还会做一些必要的机械加工，以能明显地反映构件的变化特征为原则。某地铁列车在运行过程中，其闸瓦和车轮均发生了较为明显的异常磨损。为了反映车轮的磨损情况，将新旧车轮通过中心线沿半径方向切割取样，采用相同的方法进行加工和试验，然后将其叠在一起（见图 3-16），可看到新旧车轮尺寸存在明显的差异，从图 3-16 中的标尺上看到磨损后车轮轮辋部分的径向尺寸减少了 35mm。

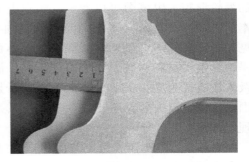

图 3-16　新旧车轮的尺寸对比

3.5.2　判断主裂纹

内部装有绝缘清漆的油漆桶在运输前未见裂纹，汽车运往目的地时发现桶底部开裂并导致内部油漆泄漏。经检查发现油漆桶底部有两处开裂，分别用检测点"1"和检测点"2"标识。经实际测量，油漆桶高度为 890mm，外径为 570mm。检测点"1"位置的裂纹较宽，存在明显的错位，最宽处错位为 5mm；检测点"2"位置的裂纹相对较窄，无明显错位现象。

从图 3-17 中看到，两处裂纹均不止一条，这就需要判断开裂次序，需要找出最先产生的裂纹。

根据 T 形法判断，检测点"1"处较长的裂纹为先产生裂纹（主裂纹），边缘凹槽部位（过渡圆弧处）沿径向扩展的相对较短的裂纹为次生裂纹。检测点"2"处沿周向较短的裂纹为先产生裂纹（主裂纹），延径向较长的裂纹为次生裂纹。

3.5.3　判断一级失效模式

对于变形失效和一些由腐蚀和磨损导致的失效，由于现象比较直观，肉眼可以观察到，有经验的专业技术人员单凭宏观分析技术就可判断其一级失效模式，甚至二级失效模式。

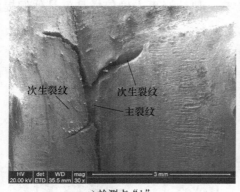

a) 检测点"1"

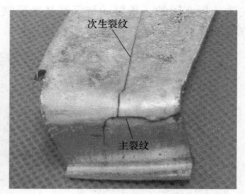

b) 检测点"2"

图 3-17　主裂纹和次生裂纹的判断

　　案例 1：图 3-18 所示一个电梯曳引机上失效的涡轮形貌。由该图可以看出，涡轮上的蜗齿基本上已经被"剃光"，涡轮端面和涡轮轴上肉眼可见大量金属碎屑，显然是从涡轮上脱落的，说明涡轮发生了材料转移，属于磨损范畴。涡轮的一级失效模式为磨损失效。当然，要判断是什么原因造成该磨损失效，还要进一步做一系列相关的理化试验和综合分析。

图 3-18　曳引机上失效的涡轮形貌

　　案例 2：2012 年 6 月 12 日江苏淮安某化工企业合成车间发生了 4#6M32 机二级曲轴箱被顶坏、二级连杆螺栓断裂事故。该断裂的连杆螺栓设计总长度为 484mm，断裂部位直径较大，公称直径为 ϕ50mm，其两侧直径较小，为 ϕ43mm。经调查，6M32 机设计参数低于现有工艺，一级吸气压力为 0.035MPa，正常操作时均在 0.038~0.040MPa 之间。4#6M32 机从开始投产就发现其曲轴箱的噪声比较大，并多次出现故障，该企业请专业单位对其进行过一次缩缸改造和部分零件的加强改造，连杆螺栓材料由最初的 42CrMo 改为 40CrNiMo，并规定设备运行 8 个月后主动更换该连杆螺栓。该次 40CrNiMo 连杆螺栓为首次断裂，为 2012 年 2 月 7 日所换，服役时间为 4 个月零 6 天。4#6M32 机组设计曲轴转速为 375r/min，发生事故时操作报表数据显示：一进压力为 0.038MPa，一出压力为 0.0331MPa，二出压力为 1.35MPa。

　　2012 年 6 月 15 日受邀前往出事地点进行现场勘查，发现连杆大头切合面发生了较严重的挤压变形，同一个连杆上的两个连杆螺栓均发生了断裂，一部分螺栓还保留在连杆中和连杆结合紧密，无法完整取出。1#螺栓的断口离连杆切合面大约 30mm，同时其螺栓头部差不多也距离连杆结合面 30mm；2#螺栓的断口离连杆切合面较近，其螺栓头部也离连杆结合面较近。将连杆大头中的螺栓断裂部分取出后进行拼接，如图 3-19 所示，1#螺栓断裂位置位于螺栓中部较粗的 ϕ50mm 区段，断裂处未见明显塑性变形，两断口可良好吻合，无缺失，为脆性断口，后经过进一步断口分析判明其断裂性质为因微动磨损导致的疲劳断裂；2#螺栓断裂位置为 ϕ43mm 处，靠近螺栓中部较粗的 ϕ50mm 区段，存在明显的颈缩和弯折变形，整体长度有较多的伸长，断口非常粗糙，有明显的剪切特征，是剪切应力和轴向应力共同作用下发生的一次性韧性断裂。

案例 3：疲劳磨损由于其规律性比较强，特征比较独特，主要出现在齿轮、轴承、凸轮等表面承受循环压应力的构件，通常由于构件工作在有油的环境里，而且表面一直处于接触和摩擦状态，几乎不会发生腐蚀。其失效特征主要是接触表面出现鱼鳞状凹坑（有时也称麻坑），起初会导致设备噪声增大；严重时凹坑会连成一起，导致设备

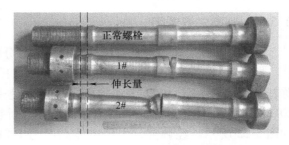

图 3-19　正常螺栓和断裂螺栓宏观形貌

无法继续运行。图 3-20 所示为某动车转向机构齿轮输出端轴承外圈的内表面形貌。根据其表面明显的变色和鱼鳞状凹坑，基本上就可以确定该轴承外圈为磨损疲劳（或称接触疲劳）的二级失效模式。

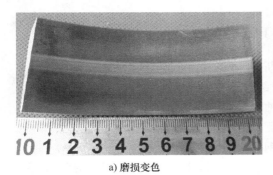

a) 磨损变色　　　　　　　　　　　b) 鱼鳞状凹坑

图 3-20　轴承外圈的内表面形貌

案例 4：爆裂的过热蒸汽管规格尺寸为 $\phi273mm \times 9mm$，材料为 15CrMoG，执行标准为 GB/T 5310—2008（已被 GB/T 5310—2017 替代）《高压锅炉用无缝钢管》。管内通过热蒸汽，管外采用保温材料保护。管子正常使用温度为 420～450℃，最高使用温度设计不高于 500℃，使用压力为 3.5～3.9MPa，设计寿命为 15～20 年，实际使用一年半时发生爆裂。从现场收集到的温度记录显示，过热蒸汽管曾在 553～648℃温度范围内工作过，温度记录上还有一个峰值为 703℃的短期温度显示，当时管内压力为 3.31MPa。

从爆破管现场情况来看，爆破口明显变粗，破口胀得很大而呈现大喇叭形，如图 3-21 所示。整个管道除一处爆破外，还存在多处鼓胀现象。破口处整个断口比较平整，断面与径向约成 45°角，断口边缘锋利，有锈蚀，具有剪切韧性断裂特征。对破口处进行厚度测量，发现厚度变化不一，断口处厚度为 1.5～4.0mm，远离断口处最厚为 8.5mm，均小于管子的原始厚度 9mm。宏观分析结果表明，该蒸汽管一级失效模式为韧性开裂。

进一步的理化检验结果表明，该过热蒸汽管

图 3-21　过热蒸汽管爆裂现场

二级失效模式为使用不当导致的超温爆破。

3.5.4　判断失效诱因

案例 1：高层建筑避雷系统杆体断裂失效分析（焊接熔珠）

断裂失效的高层建筑避雷系统杆体（以下简称杆体或旗杆）于 1999 年和大楼主体同时建造，2012 年 8 月杆体于最高的混凝土抱箍处齐根断裂，如图 3-22 所示。经调查，大楼主体高度为 102m，安装旗杆的塔标高 130.5m，旗杆标高 149.2m，旗杆总长 37.7m。杆体材料为 304 不锈钢焊接管，有一处变径，上部尺寸：直径为 200mm，厚度为 5mm，长度为 7700mm，其余部分杆体直径为 300mm，厚度为 5mm。杆体断裂处的标高为 125m。断裂后，杆体还有小部分连接，倾倒部分悬挂于楼体外壁。

断裂位置

图 3-22　避雷杆体断裂现场

将起始断口切割取下，如图 3-23 所示，断口部位的管壁无明显减薄，断口上存在大量台级，大部分区域平坦、细腻，呈磨光状态，有腐蚀产物覆盖，具有多源疲劳断裂的宏观特征。经测量该部分断口的外圆周长为 455mm，近断口处钢管外圆周长测量值为 958mm。由此可见，初始断裂

图 3-23　近断口处外表面的金属熔珠

部分差不多占总断裂截面的一半。初始断裂部位的内表面靠近断口处污染程度相对较重，分析认为该现象与断口附近雨水滞留有关。其外表面存在纵向机械擦伤，无明显锈蚀，靠近断口处存在金属熔珠（见图 3-23），局部区域金属熔珠较为密集，熔珠上还黏附有少量灰白色的水泥残留，断口其他部位也存在金属熔珠，同样可见黏附在金属熔珠上的少量灰白色水泥残留。

进一步的断口分析和金相分析结果表明，该避雷杆体断裂性质为腐蚀疲劳断裂，疲劳裂纹萌生于断裂部位的金属熔珠，是施工人员不正确的焊接操作方式导致了该次失效事故的发生。

案例 2：200t 冷箱 DN150 液氮铝管线断裂失效分析（焊接气孔和未熔合）

2008 年 6 月中旬，某化工企业的 200t 冷箱主塔分馏塔上部的液氮管线（DN150 铝管）从根部的焊缝处断开，导致液氮外漏和冷箱跑温事故。据调查，该冷箱于 2003 年 5 月完成安装后管线系统便开始运行。在 2005 年 4 月检修时未发现异常现象。2008 年 6 月 18 日，该 200t 冷塔装置因电网限电停车。停车时，冷箱上的密封器也相应停止，塔外的空气可通过冷箱多个位置进入塔内，停车前装置运行良好。2008 年 6 月 25 日 10：00 时，空压机大修结束后正常开车，至 28 日早上 5：00 发现冷箱内温度一直降得很慢，主塔内也未产生液体，于是组织维修人员上塔检查，发现冷塔跑温严重，于是确定扒砂检查。在扒砂检查过程中，发现主塔上部的珠光砂保温材料结冰严重，并且发现主塔上部的液氮管线（DN150 铝管）从根部的焊缝处断开，如图 3-24 中箭头所示。该液氮管线的材料设计为 5A02-O 铝合金，内径为 φ150mm，图样设计要求其焊缝应符合 JB/T 4730—1994（已被 NB/T 47013.1～13—2015 替代）

中Ⅲ级要求。断裂的液氮管线总长度约30m，断裂部分位于冷塔上部，其长度约1.7m。

该冷塔的液氮传送管线均为铝合金焊接而成，管线和罐体为刚性焊接连接，其余部分管线彼此间采用拉杆等柔性连接，分馏塔罐体由混凝土底座直接支撑。正常工作时，管线内部为液氮，温度为-196℃，压力为0.4MPa，管线外部填充有粉状的珠光砂保温材料（珠光砂密度为50~60kg/m³），并持续通入氮气或干燥空气进行保温，以防止塔外空气进入。停车后密封器也会相应停止，氮气停止供给时，塔外空气可通过冷箱多个位置进入塔内。

肉眼观察可见，管线上的断口位于和罐体顶部连接的弯管处，断裂面位于焊缝上，断裂面整体上比较粗糙，无明显塑性变形，断裂面基本上位于焊缝区域，外圆面有轻微凹陷变形，整个断口呈脆性断裂特征。在LEICA S8APO型体视光学显微镜下观察可见，断口上存在大量气孔，靠近管内壁的区域还存在自由表面，此为单面焊接未焊透或焊缝根部未熔合，属于焊接缺欠。该处断口上纤维状区域很少，断口上的自由表面经测量其径向距离为2.4mm，该处的径向距离（壁厚）为5.8mm，自由表面占该处截面径向尺寸的41%，断口上还存在大量气孔，如图3-25所示。

图3-24 冷塔内段断裂的管线

图3-25 断裂面上的缺陷

综合分析后认为，由于管线和罐体之间的焊缝焊接质量不符合技术要求，冷塔正常运行和停车会产生较大的温差，罐体高度接近30m，由热胀冷缩现象导致的尺寸变化将比较大，管线焊接接头处将会产生较大的拉应力，该拉应力造成焊缝缺陷严重的区域产生开裂，导致液氮泄漏。管内的液氮泄漏会导致罐体顶部区域的珠光砂温度更低。停车后塔外空气通过冷箱多个位置进入塔内，空气中的水蒸气遇冷会凝集并和珠光砂一体结成冰，塔顶温度较低的区域其结冰程度较严重。随着罐体顶部珠光砂结冰程度的加重，管线和罐体焊接部位所受的拉应力不断增加，最终导致在该处首先发生断裂。直管段上的断口是后发生的。

参 考 文 献

［1］王荣. 飞机起落架结构钢真空热处理［J］. 金属热处理，2003，（28）12：58-61.

［2］李喜孟. 无损检测［M］. 北京：机械工业出版社，2001.

［3］王荣. 机械装备的失效分析——现场勘查技术［J］. 理化检验（物理分册），2016，（52）6：361-368.

［4］王荣. 过热蒸汽管爆裂原因分析［J］. 理化检验（物理分册），2008，44（2）：90-93.

［5］王荣. 高层建筑避雷杆体断裂失效分析［J］. 理化检验（物理分册），2013年49（增刊2）：66-72.

第 4 章

断口分析技术

4.1　引言

　　断口是断裂过程信息的承载体，断口特征是构件所经受的应力、环境、材料三要素综合作用的结果。构件的材料不同、经受的环境条件不同、承受的载荷不同，断口表现出来的特征也不同。失效分析中的断口分析技术就是根据断口上反映出来的各种特征来判断构件所承受的应力，或者经受的环境，再结合材料的具体特性进行综合分析和判定，主要以失效的残骸为分析对象，是一个逆向分析和判断的过程。一般认为，断口分析技术对于断裂失效的模式，特别是对于典型的一级断裂失效模式的诊断比较准确。断口分析最常用的设备仪器是扫描电子显微镜（SEM），有些失效分析案例通过对断口的宏观和微观分析，必要时辅以能量色散谱仪（EDS）分析微区化学成分，还可以达到对二级失效模式的判定。

4.2　断口的分类

　　金属构件或零件的失效分析，通常需要鉴别其断裂失效模式。断裂失效模式根据需要或其表观特征可以有很多的分类方法，可事实上却没有一种逻辑上满意的断裂失效的分类方法。例如，低碳钢试样在强烈拉伸后的解理断裂，既可以归入脆性断裂，也可以划分为韧性断裂。由显微孔洞聚合而引起的高强度铝合金的灾难性低能断裂，也是不容易分类的，因为虽然断裂能低，而且破坏又是由脆性质点的断裂或脱黏造成的，但是显微孔洞的生长和聚合必须由塑性变形造成。另外一个困难是，解理断裂也可能来源于位错的交互作用，这一点按理也牵涉到塑性。一般认为，解理裂纹的扩展是脆性的，不管塑性变形是在裂纹扩展的同时或是在裂纹扩展以前就已发生，都认为是脆性的，但主要由显微孔洞聚合引起的任何断裂都认为是韧性的。因此裂纹的扩展机理必然属于塑性变形的范畴。

　　为有利于系统地分析研究断口，有必要对断口进行分类。断口一般从宏观进行分类或从微观进行分类。根据宏观形貌来给断口分类，可找到断口形貌最主要的特征和加载方式之间的关系；根据断口微观分类分析，可推断材料成分、组织结构和环境介质等对断口形貌的影响。因此，对断口进行分类分析时，应该同时进行宏观及微观的分类分析。试验室中和使用中碰到的断裂类型，可以用许多断口要素来解释和分类。这些要素包括：加载条件、裂纹扩展速率、断口表面的宏观和微观形貌等。失效分析时，常常发现从宏观尺度上宜将断口分为：韧性断裂、脆性断裂、疲劳断裂，以及由应力和环境综合作用引起的一些断裂。

　　断裂失效模式根据需要或其表观特征可以有很多的分类方法，其中主要的分类方法有以下几种。

1. 按断裂性质分类

（1）延性断裂　单调加载，断裂前有明显的塑性变形（宏观塑性变形），一般塑性变形量在 5% 以上的断裂称为延性断裂。延性断裂在断裂之前均有一定的变形，容易被发现，一般不会造成较大的危害。

（2）脆性断裂　单调加载，断裂前无明显的塑性变形（宏观塑性变形很小），一般塑性变形量小于 3% 的断裂均可称为脆性断裂。脆性断裂在断裂前一般没有明显的征兆，往往容易引起突发性事故。

（3）疲劳断裂　在交变载荷反复作用下引起的断裂称为疲劳断裂。

（4）环境断裂　在侵蚀性环境条件和恒定载荷作用下的延迟性断裂称为环境断裂。属于这种断裂的有应力腐蚀开裂、氢脆断裂、液态金属致脆断裂、固态金属脆化和辐射损伤等。

2. 按断裂路径分类

（1）穿晶断裂　大多数金属材料在常温下的断裂均为穿晶断裂。穿晶断裂包括解理断裂、滑移和延性断裂、韧窝断裂等。

（2）沿晶断裂　金属沿着晶界面分离断裂的模式称为沿晶断裂。沿晶断裂大多为脆性断裂，如回火脆性断裂、氢脆断裂、应力腐蚀断裂、淬火开裂、液态金属致脆断裂等。

3. 按宏观分类

在宏观范畴内，可按断口表面宏观变形状况和断口的宏观取向进行分类。断口宏观分类说明见表 4-1。

表 4-1　断口宏观分类说明

断口宏观分类依据	宏观断口类别	特征说明
按断口表面宏观变形状况	脆性断口	断口附近没有明显的宏观塑性变形。形成脆性断口的断裂应变和断裂功（断裂前所吸收的能量）一般都很小
	韧性断口	断口有明显的宏观塑性变形。形成韧性断口的断裂应变和断裂功一般都比较大
	韧-脆混合断口	介于脆性断口和韧性断口之间的断口。在电子显微镜下，可观察到解理、准解理和韧窝等多种形貌特征
按断口宏观取向	正断断口	与最大正应力方向垂直的断口称为正断断口。断口宏观形貌较平整，微观形貌有韧窝、解理花样等
	切断断口	与最大切应力方向一致的断口称为切断断口。断口的宏观形貌较平滑，微观形貌为抛物线状的韧窝花样
	混合断口	正断与切断断口相混合的断口称为混合断口。韧性材料圆柱试样拉伸获得的杯锥状断口即为混合断口

一般情况下的断口为混合形貌断口，例如，解理、疲劳和韧窝共存，疲劳和沿晶共存，韧窝和准解理共存等。有时宏观断口的不同区域会显示不同的微观特征。

4. 按微观分类

在微观尺度（扫描电子显微镜下）内，可按断口微观走向路径和断口微观形貌分类。

表 4-2　断口微观分类说明

断口微观分类依据	微观断口类别	特征说明
按断口微观走向路径	沿晶断口	多晶体沿不同取向的晶粒界面分离就形成了沿晶断口。沿晶断口大部分是脆性的，但是沿晶断口不等同于脆性断口，如由过热引起的沿原奥氏体晶界开裂的断口是沿晶韧性断口
	穿晶断口	断面穿过晶粒内部扩展就形成了穿晶断口。大多数合金材料在常温下断裂形成的断口一般为穿晶断口。韧窝、解理断口等都属于穿晶断口
按断口微观形貌	解理断口	在正应力作用下，由于原子间结合键的破坏而造成的穿晶断裂。通常沿一定的、严格的晶面（解理面）断裂，有时也可沿滑移面或孪晶界解理断裂
	准解理断口	被认为是一种复杂的解理断裂的变种，与解理面无确定的对应关系，由大量高密度短而弯曲的撕裂棱线条、点状裂纹等组成
	韧窝断口	断面上分布着微坑，由局部微小区域剧烈变形而形成。延性材料断口一般均为韧窝断口，但微观韧窝断口不一定是宏观韧性断口
	晶间断口	由多晶体沿晶粒界面彼此分离而形成，为脆性开裂特征
	疲劳断口	断面上出现有滑移带，扩展区会有大致平行分布的疲劳辉纹

5. 按断裂过程的微观机制分类

（1）解理断裂　金属在正应力作用下，由于原子结合键的破坏而沿一定的晶体学平面（即解理面）快速分离的过程称为解理断裂。

（2）准解理断裂　准解理断裂是介于解理断裂与韧窝断裂之间的一种过渡型断裂形式。

（3）韧窝断裂　金属在微区范围内塑性变形产生显微空洞，经形核、长大、聚集，最后相互连接而导致的断裂称为韧窝断裂。

（4）滑移断裂　金属以位错滑移变形为机理的断裂称为滑移断裂。

常用的断裂分类方法及其特征见表 4-3。

表 4-3　常用的断裂分类方法及其特征

分类方法	名　称	断裂示意图	特　征
根据断裂前塑性变形大小分类	脆性断裂		断裂前没有明显的塑性变形，断口是光亮的结晶状
	韧性断裂		断裂前产生明显的塑性变形，断口是灰暗色纤维状
根据断裂面的取向分类	正断		断裂的宏观表面垂直于最大正应力方向
	切断		断裂的宏观表面平行于最大正应力方向
根据裂纹的扩展途径分类	穿晶断裂		裂纹穿过晶粒内部
	沿晶断裂		裂纹沿晶界扩展

（续）

分类方法	名　称	断裂示意图	特　征
根据断裂机理分类	解理断裂		无明显塑性变形，沿解理面分离，穿晶断裂
	微孔聚集型断裂		沿晶界微孔聚合，沿晶断裂；在晶内微孔聚合，穿晶断裂
	纯剪切断裂		沿滑移面分离剪切断裂（单晶体）；通过缩颈导致最终断裂（多晶体，高纯金属）

4.3　断口的基本形态

4.3.1　韧性断口

1. 韧性断口的宏观特征

根据宏观断口上的花样形貌区域，除分出纤维区、放射区及剪切唇这三个断口的基本要素外，有时还会有人字纹和海滩花样等。

（1）断口的基本三要素　非脆性钢标准拉伸试样在静拉伸过程中，一般要经历均匀塑变→断面处缩小、长度增加→缩颈→最后断裂的过程，断口处收缩，断口呈杯锥形，如图 4-1 所示。

在这种光滑圆试样拉伸断口上，通常可分为三个区域：纤维区、放射区和剪切唇，常称为断口特征三要素，如图 4-2a、b 所示。

图 4-1　光滑拉伸试样的断后形貌

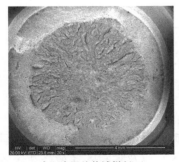

a) 实际光滑拉伸试样断口

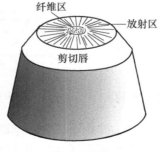

b) 断口三要素

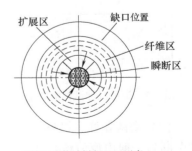

c) 缺口拉伸试样断口三要素

图 4-2　韧性断口的特征

通常情况下，金属材料的断口上均会出现这三种形貌特征，但三个区域的位置、形状、大小及分布各有不同。有时在断口上只出现一种或两种，即断口三要素有时不同时出现，这和材料的种类、强度或硬度高低、环境温度、受力状态等因素有关。断口上纤维区较大表明材料的韧性较好，放射区增大表明材料的韧性降低，脆性增大。对于极脆的材料，几乎看不到纤维区。

1) 纤维区：一般位于断口中央，呈粗糙纤维状，为裂纹核心形成区。在应力作用下形成显微空洞，并不断长大，相互连接发展，留下纤维状形貌。

2) 放射区：在纤维区外延方向，有明显的放射状花样，表示裂纹扩展速度较快。花样呈45°山脊状突起长条，表明剪切造成，放射方向与裂纹扩展方向一致，逆指向裂纹源。放射花样进一步可分为放射纤维和放射剪切。放射纤维呈纤维状，始终很直，而放射剪切有时弯曲呈菊花状，并且山脊顶有裂纹。

3) 剪切唇：通常在断裂最后阶段形成的区域，其表面相对光滑，与拉伸应力轴交角约为45°。当对称断裂时，一侧断面上剪切唇区域呈杯状，而另一侧呈锥状。

材质不同，试验条件不同，则断口上三个区域所占比例、相关形态均会发生变化。若纤维区较大，则表明材质塑性、韧性较好；若放放射区增大，则表明材料脆性增大。

若圆试样外周带缺口，由于缺口处的应力集中，裂纹直接在缺口或缺口附近产生。如图4-2c所示，其纤维区不再在试样的中央，而沿圆周分布。裂纹将从该处向试样内部扩展。若缺口较钝，则裂纹仍可首先在试样中心形成。但由于试样外表面受到缺口的约束而大大抑制了剪切唇的形成。

拉伸时不出现颈缩的脆性金属材料，如钢材在存在缺陷或在较低温度下拉伸时，则会出现结晶断口。结晶断口是由一个个穿过晶粒的结晶小平面组成的，这种小平面成为微观上的解理面，在阳光下转动断口时可看到解理小平面的闪光。出现结晶断口表示材料很脆。

(2) 人字纹　拉伸试样如果是矩形或T形截面，断口表面常出现人字纹，如图4-3所示。

人字纹相当于圆柱试样的放射区，因裂纹主要向宽度方向发展，因此可根据人字纹尖端所指方向去找到裂纹源。但如矩形截面极窄，两侧有缺口时，由于裂纹扩展时在两侧缺口处的速率比中间大（无缺口时，中间部分裂纹扩展先于两侧），因此人字纹尖端指向是与裂纹扩展方向一致，与上述无缺口的光滑试样正好相反，裂纹源应从人字纹的尖端的反方向去找，如图4-4所示。当构件为管材或板材时，断口上有人字纹条纹。

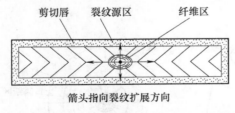

图4-3　矩形拉伸试样断口上的人字纹形貌

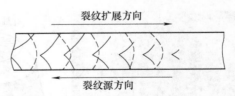

图4-4　裂纹源区及裂纹扩展方向

(3) 海滩花样　机械构件在交变应力作用下，裂纹不断扩展形成的断口称为疲劳断口。疲劳断口一般由疲劳核心（源）区、疲劳扩展区（海滩花样区）以及瞬断区（最终断裂区，常呈粗糙纤维状）组成。其中海滩花样（也有称贝壳花样）是疲劳断口的特征要素，海滩弧形凸向裂纹扩展方向，其起始区则为裂纹源区。

（4）冲击试样断口 在冲击载荷作用下，试样断裂处受到的应力状态与静载荷下差异较大，致使断口形貌发生较大变化，但三个基本要素不变。

如图 4-5a 所示，在缺口附近形成裂纹源，然后是纤维区、放射区及剪切唇，剪切唇沿无切口的其他三侧边分布。纤维区同放射区或剪切唇相连接的边界常呈弧形。

冲击断口的另一特征是，由于在摆锤的冲击下，缺口一侧受拉应力，不开缺口的另一侧受压应力，在整个断面上受力方向不同，所以当受拉应力的放射区进入受压应力区时可能消失而重新出现纤维区。于是出现了放射区两侧同时存在纤维区的断口形貌。若材料的塑性足够好，则放射区完全消失，整个截面上只有纤维区及剪切唇两个区域。

断口上二次出现纤维区的主要原因是，当裂纹进入压应力区时，压缩变形对裂纹的扩展起着阻滞作用，使扩展速度显著降低。如果受压应力区的塑性变形区很小，则二次纤维区消失，代之以放射区。但可以看到，当快速扩展的放射区进入受压应力区时，新的放射区与先前的放射区将不在同一平面上，存在一定程度的高度差异，如图 4-5b 所示。

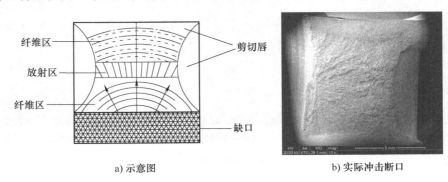

a) 示意图　　　　　　　　b) 实际冲击断口

图 4-5　V 型缺口试样的冲击断口

钢材冲击断口的形貌可以只有纤维区和剪切区（包括放射区、剪切唇），这是韧性断口；也可以只有结晶区，这是脆性断口；还可以是由韧性断口到脆性断口全都出现的混合断口。这是由于冲击试验有缺口效应，加载速率（或变形速率）大，因此，从冲击试样的断口形貌上更容易看到由韧性断口到脆性断口的变化。也就是说，拉伸时出现韧性断口的试样，在冲击时可能表现出脆性断裂的形貌。缺口冲击断口的这一特性在研究材料的韧-脆转变温度方面具有较为广泛的应用。

在实际断口分析中，尽管断口上也存在断口的三要素，但因为受到材料、环境、外力等的不同作用和影响，断口上表现出来的特征可能不十分明显，甚至较为模糊，这时就要发挥分析人员的观察能力和专业技术知识。

2. 韧性断口的微观特征

韧性断口微观形态主要为韧窝。构件受到的应力类型不同，断口上的韧窝形貌也不同。图 4-6 所示为裂纹的三种张开类型和受力情况。Ⅰ型裂纹的微观特征为正韧窝（见图 4-7a），Ⅱ、Ⅲ型裂纹的微观特征为剪切型韧窝（见图 4-7b、c）。韧窝也称微坑，其大小与形核数量、材料韧性、环境温度，以及应变速率有关；材料韧性好，夹杂或第二相粒子少，环境温度高，应变速率慢，则韧窝尺寸较大；反之，则韧窝尺寸较小。夹杂物或第二相粒子是韧窝（微坑）的形核位置，其大小及密度决定了韧窝的大小，但并不是所有的夹杂物都是形成微坑的核心，在图 4-7a 中几个较大的韧窝中才观察到夹杂物（或第二相颗粒），而在图 4-7c 中大多数微坑中都存在夹杂物颗粒（或第二相颗粒）。

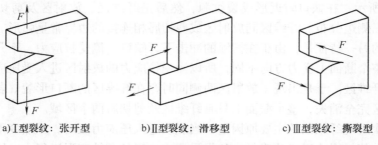

a) I型裂纹：张开型　　　b) II型裂纹：滑移型　　　c) III型裂纹：撕裂型

图 4-6　裂纹的三种类型和受力情况

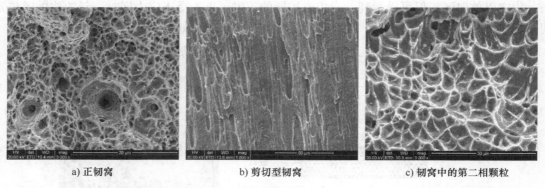

a) 正韧窝　　　　　　　b) 剪切型韧窝　　　　　　c) 韧窝中的第二相颗粒

图 4-7　韧窝的形态

4.3.2　脆性断口

1. 脆性断口的宏观特征

脆性断口比较平坦，匹配面可良好吻合，断裂面比较平直，与正应力方向垂直，断口上看不到纤维区和剪切唇，只存在放射区，放射状条纹的收敛点为断裂源。放射纹和人字纹花样总是垂直于裂纹前沿每一瞬时的轮廓线，并逆指向裂纹的起源点，这是材料在大应力作用下一次性快速断裂时留下的特征。图 4-8 所示为弹簧断口形貌。从图 4-8 中可看到明显的放射条纹，放射条纹的收敛位置为断裂源区，如图中椭圆形标识区域。

图 4-8　弹簧断口形貌

2. 脆性断口的微观特征

脆性断裂按裂纹扩展的路径可分为穿晶断裂和沿晶断裂。穿晶断裂的开裂面穿过了晶粒，如图 4-9a 所示，主要指解理断裂和准解理断裂。在室温和没有腐蚀介质的情况下，疲劳裂纹通常表现为穿晶断裂。裂纹沿晶粒界面扩展而造成金属材料的脆性断裂称为沿晶断裂，如图 4-9b 所示，很多金属在环境介质侵袭下（如应力腐蚀开裂、氢脆和液态金属脆化等）常发生沿晶断裂，形成晶界断裂断口。

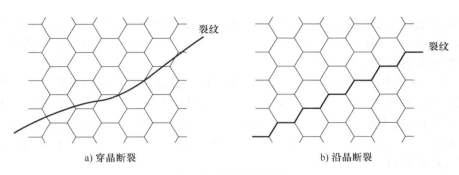

a) 穿晶断裂　　　　　　　　　　　　b) 沿晶断裂

图 4-9　脆性断裂特征

（1）解理断裂特征　解理断裂是金属在正应力作用下，沿一定的、严格的晶面（即解理面）断裂，有时也可沿滑移面或孪晶界解理断裂。体心立方结构的解理面为 {100}，密排六方结构的解理面为 {0001}，金刚石晶体的解理面为 {111}。面心立方晶系的金属一般不发生解理断裂。解理断裂面在太阳光下转动时可观察到反光的小刻面。低温、高应变速率、应力集中（如有缺口时）及粗大晶粒均有利于解理的发生。纯解理断口上无人字形花样，呈结晶状断口，但由于在实际材料中一般会存在各种缺陷，断裂并不是沿单一晶面解理，而是沿一组平行的晶面解理，于是在不同的晶面上平行的解理面之间就形成了所谓的解理台阶。解理断裂的特征以河流花样最为突出，针对每一个解理面，裂纹源在河流的上游，顺流方向为裂纹的扩展方向，如图 4-10 所示；在解理断口上经常还可以看到舌状花样，有时还可以看到羽毛花样，或称解理扇花样，以及青鱼骨状花样。极脆的金属解理断裂时会出现一种所谓瓦纳线的解理特征。瓦纳线与宏观人字形花样相似，但其扩展方向恰恰相反，它是裂纹快速扩展时裂纹尖端与弹性冲击波相互干涉时所造成的。

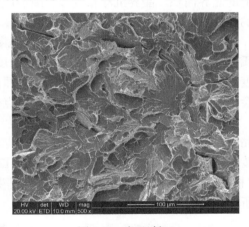

图 4-10　解理断口

（2）准解理断裂特征　准解理断裂常在回火马氏体组织中出现。最初发现这种断裂特征时，因为没有能从准解理面上辨别出结晶学平面，但其断裂特征与解理断裂相似，在宏观上通常都表现为脆性断裂，故被命名为准解理断裂。后来的研究证明了准解理面也主要发生在马氏体的 {100} 晶面。迄今为止，还不能认为准解理是一种真正的断裂机制，它可能是一种复杂的解理断裂的变种。准解理并不是独立的，它是解理断裂机制和微孔聚合两种机制的汇合，其形貌是由解理台阶逐渐过渡到撕裂棱，断裂面由平直的解理面逐渐过渡到凹凸的韧窝（见图 4-11）。按断裂形

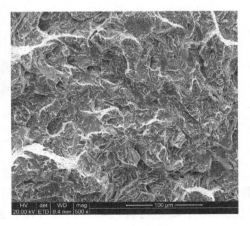

图 4-11　准解理断口

态，准解理断裂介于韧性断裂和解理断裂之间，其韧性比解理断裂好，但比韧性断裂差。断口宏观形貌呈瓷状，具有细小的放射状条纹，断口微观形态也有河流花样，但其河流短而不连续，并能观察到较多的撕裂岭特征。

（3）沿晶断裂特征　金属材料沿晶界开裂的现象称沿晶断裂或晶界断裂。沿晶断裂的特征为其断口在宏观上呈颗粒状，有时能观察到放射状条纹。断口微观形貌呈"冰糖状"，如图 4-12a 所示。在某些情况下，例如由于过热而导致的沿原奥氏体晶界开裂的石状断口，在石状颗粒的表面上有明显的塑性变形存在，呈韧窝特征，而且韧窝中常有夹杂物，这种断口称为延性沿晶断口。

金属学理论通常认为晶界的键合力高于晶内，只有在晶界被弱化时才会产生沿晶断裂。通常情况下造成晶界弱化的基本原因有两个方面：一是材料本身的原因，另一方面是环境介质或高温的促进作用。

常见沿晶断裂按其引起晶界弱化的原因可分为以下几种：

1）晶界沉淀相造成的沿晶断裂。这类沿晶断裂是由晶界上的夹杂物或第二相沉淀析出所致。晶界上的析出相通常是不连续的，呈球状、棒状或树枝状，有时覆盖面可达 50% 以上的晶界面积。晶界沉淀相越多，断裂应力越低，越容易发生沿晶断裂。$Cr_{23}C_6$ 是不锈钢中的晶界面上经常出现的碳化物析出相。

2）杂质元素在晶界偏聚造成沿晶脆断。Sb、Sn、P 等杂质元素在脆性处理时会向原奥氏体晶界偏聚，其浓度比钢中的平均浓度要高出 500～1000 倍，从而降低了晶界的断裂强度。这也是某些钢产生回火脆性的主要原因。除此之外，还有一些金属元素在晶界偏聚时也会引起沿晶脆断，如铜脆、镉脆等低熔点金属脆。

3）环境介质侵蚀而引起的沿晶断裂。这类断裂以高强度钢的氢脆型断口为代表，其沿晶断口上经常会出现一种"鸡爪纹"，其本质上是一种塑性变形在晶界上留下的韧性撕裂棱，是氢脆型断口独有的特征，如图 4-12b 所示。有些沿晶型应力腐蚀断口上会出现一种"核桃纹"似的沿晶分离形貌，其本质是受到应力和腐蚀性介质的联合作用，即系应力腐蚀所致，如图 4-12c 所示。

a)"冰糖状"特征

b)"鸡爪纹"特征

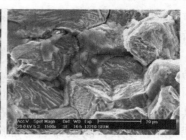
c)"核桃纹"特征

图 4-12　沿晶型断口特征

断口除呈现晶间断裂特征外，还有微坑，此种沿晶断裂称为韧性沿晶断裂。其特征是晶界面上分布有若干细小的、往往因晶界面不同形成排列方向不一致的韧窝。韧性沿晶断裂产生的原因主要是材料过热、高温环境，或承受三相应力状态下，晶界结合强度低于晶内强度。

4.3.3　石状断口

1. 石状断口的特征

1）石状断裂宏观上表现为脆性断裂，但有的石状断口其高倍 SEM 形貌为韧窝，宏观上也表现为韧性和脆性之间的过渡型断裂。

2）石状断口表面凸凹不平、无金属光泽，断口呈灰白色、有棱角，如同砂石镶嵌在断面上，程度轻微时只有少数几个，严重时分布于整个断面。

3）石状断口表征钢材已经严重过热或已经发生过烧，使钢的塑性及韧性降低，特别是韧性降低尤为显著。钢材一旦出现石状断口，通常无法挽救。

2. 石状断口的形成机理

石状断口的形成原因是加热温度过高，奥氏体晶粒过于粗大，冷却时沿原奥氏体晶界析出了第二相质点或薄膜，以及晶界结合力减弱等。

按照生产工艺可将石状断口的形成原因分为以下几种情况：

（1）**热处理工艺不当**　某些材料使用时要求具有较高的强度或硬度，其合金元素含量也往往较高。热处理时为了增加合金元素的固溶效果，其加热温度往往会接近熔点。但若温度控制不当，就容易发生过热，严重时产生过烧现象，此时的断口形貌为沿晶型。若晶粒长大特别严重时则变为石状断口。生产中的铝合金、高速工具钢等容易在热处理过程中出现过热、过烧现象。因过热、过烧导致的石状断口的晶界面一般呈光面特征。

（2）**铸造工艺不当**　浇注时温度过高，钢液满型后冷却又过于缓慢，在较高温度下停留的时间过长，会造成铸件晶粒粗大，同时发生晶间氧化。若铸件上尺寸变化较大的区域因铸造应力而引发开裂，其开裂面即呈石状断口。某 ZG42CrMo 铸钢车轮在轮辐和轮面交界处产生了开裂，如图 4-13 所示，裂纹宏观上呈明显的沿晶特征。采用稀盐酸对裂纹区域进行轻微腐蚀后可见晶粒异常粗大（晶粒尺寸在 1~10mm 之间），彼此之间已经分离。铸件上观察到的裂纹实际上就是较宽的晶界连在一起时的情况，如图 4-14 所示。

图 4-13　开裂的车轮铸件

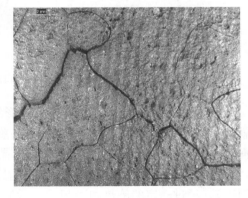

图 4-14　裂纹形貌

（3）**锻造工艺不当**　当锻造温度过高，锻造比又较小时锻件容易出现过烧现象。锻件的过烧断口和热处理过程中的过烧特征相似，轻度过烧时它们仅出现在锻件表面或棱角处，严重过烧时则遍及整个截面。锻件过烧断口在宏观上也是一种石状断口，断口表面极为粗糙不平，呈浅灰色，无金属光泽，分布有一层氧化物或低熔点化合物。

终锻温度过高，锻造结束后冷却又较为缓慢时，容易导致石状断口。此时断裂的主要原因是晶粒异常粗大，而且晶界上还有较多的夹杂物析出，这也进一步减弱了晶粒之间的结合力。

根据晶界析出的夹杂物类型，将有 AlN 析出的断口称为棱面断口，将有 α-MnS 析出的断口称为石状断口。

1）石状断口与棱面断口在宏观形貌上是相似的，都是沿粗晶粒的晶界断裂。由于沿粗大的原奥氏体晶界析出的第二相（包括非金属夹杂物）不同，其断裂形态又可分为沿晶韧性断裂和沿晶脆性断裂。

2）若第二相质点沿晶界析出的密度很高，再加上晶粒粗大时都会发生沿晶韧窝型断裂。沿晶韧窝形成的原因与穿晶韧窝相同，这种断裂的显微裂纹是沿着或穿过第二相质点形核的。显微裂纹的扩展和连接伴随有一定量的微观塑性变形，在断口表面可看到许多位向不同、无金属光泽的"小棱面"或"小平面"。这些"小棱面"或"小平面"的尺寸与晶粒尺寸相对应（如果晶粒细小，则断口表面上的"小棱面"或"小平面"用肉眼无法看到或不明显）。在电子显微镜下观察"小棱面"或"小平面"，它是由大量韧窝组成的，韧窝底部往往存在有第二相质点（或薄膜），如图 4-15 所示。

 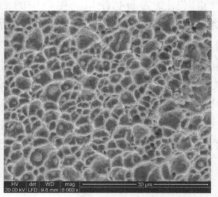

a) 体视显微镜观察　　　　　　　　　　　　　　b) SEM形貌

图 4-15　石状断口的形貌（50CrMo 钢锻件）

3）沿晶脆性断口上几乎没有塑性变形的痕迹或仅看到极少的韧窝。过热、过烧后的断口就是沿晶界氧化物薄膜发生的一种沿晶脆性断裂。石状断口中，如果"小棱面"或"小平面"不是贯穿整个断面，断口常常是沿晶和穿晶混合断口。

（4）组织遗传　钢的组织遗传性是指原始为过热非平衡组织（马氏体、贝氏体、魏氏组织等），经过一定的施热和冷却后，所形成的晶粒组织恢复了原始粗大晶粒组织的特性。组织遗传性对原始组织为非平衡组织的合金钢是一个较为普遍的现象。对于大型铸锻件及焊接件，这种现象较为常见。

钢的组织遗传常常是因为工件经多次重复淬火，期间又未经过中间预处理（正火或退火）所致。

3. 石状断口的影响因素

过热后冷却速度对形成稳定过热石状断口有重要影响。对于不同钢材，石状断口上析出的物质也不同。大多数合金结构钢形成石状断口时的主要析出相是 MnS。Cr-Ni-Mo-V 钢大型锻件在 1180～1200℃ 加热锻后缓冷时，沿原奥氏体晶界析出大量薄片状的 AlN；而在 1380℃ 以上加热锻后冷却时，则沿原奥氏体晶界析出大量精细的 α-MnS。棱面断口的形成除与加热温度过高、保温时间过长有关外，主要是锻后缓冷造成的。若锻后快冷（油冷），则可避免棱面断口的出现。石状断口和棱面断口能降低钢的塑性和韧性。这一类断口，特别是严重的石状断口，用一般的热处理方法是不易改善和消除的，是一种不允许的缺陷，要求评级后使用。

伪石状断口也是属于粗晶粒的沿晶界断裂的断口。其宏观形貌类似石状断口。它与石状断口的主要区别是，在原奥氏体晶界上没有或仅有极少量的第二相质点析出。伪石状断口与石状断口一样，能降低钢的塑性和韧性。对于晶界无析出相的伪石状断口，用一般热处理可以改善或消除，因此它是一种不稳定的过热特征。

4. 石状断口失效分析举例

某设备固定架的压脚采用 ZG270-500 制造，在使用过程中发生了断裂。肉眼观察，断口较为粗糙，凹凸不平，呈石状断口。由图 4-16a 可见，石状断口的 SEM 形貌有沿晶断裂特征，晶粒较为粗大，其尺寸远大于 1mm；由图 4-16b 可见，晶面上存在韧窝特征。

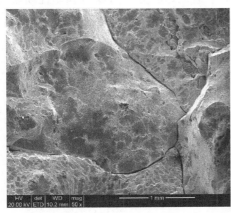 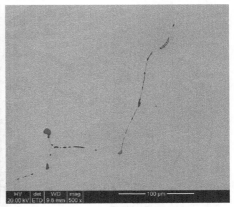

a) 断口SEM形貌　　　　　　　　　　b) 晶界上析出物形貌

图 4-16　石状断口的微观特征

从断裂的压脚上靠近断口处切割取样做拉伸试验，结果见表 4-4。由表 4-4 可见，所有检测数据均不符合技术要求，尤其是韧性指标明显较低。断口处和远离断口处的金相组织相同，均为魏氏体+铁素体+珠光体。抛光态可见晶界上存在灰色的非金属夹杂物，如图 4-16b 所示，采用 EDS 对晶界上的夹杂物做元素的无标样定性和半定量分析，其化学成分（质量分数）为 S37.48%，Mn25.03%，Fe37.50%（与基体的干扰有关），可见该夹杂物主要为 MnS。

结合事故调查结果分析得出，该缺陷产生的原因是铸造温度过高，钢液满型后冷却速度过慢，造成奥氏体晶粒粗大，冷却时 MnS 沿粗大的奥氏体晶界析出，造成晶界严重弱化。

表 4-4　拉伸试验结果

性　能	抗拉强度 R_m/MPa	规定塑性延伸强度 $R_{p0.2}/\text{MPa}$	断后伸长率 A（%）	断面收缩率 Z（%）
测试值	274	177	5.5	4
	207	183	4.0	1
	208	185	2.0	3
技术要求	≥500	≥270	≥18	≥25

4.3.4　疲劳断口

1. 疲劳断口的宏观特征

疲劳断裂是损伤积累的结果，大多数疲劳断口为穿晶型断裂，属于脆性断裂的范畴。疲劳断裂处一般无明显塑性变形，断裂面和主应力方向垂直，两断裂面可良好吻合。疲劳断口一般比较平整、细腻，大多数疲劳断口都可观察到贝壳纹或疲劳弧线。

典型的疲劳断口按照断裂过程有三个特征区域（见图 4-17a）：裂纹源区、疲劳扩展区和瞬时断裂区。图 4-17b 所示为一个曲轴断裂失效后的疲劳断口形貌，疲劳扩展区可见明显的呈褐色的贝壳状纹路，瞬断区域较大，呈新鲜的银灰色。无论是低周疲劳还是高周疲劳，宏观上裂纹起始区都没有剪切唇边，在失效分析中这也是区分疲劳断裂和韧性断裂的一个重要标志。

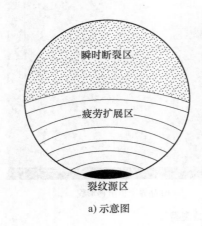

a) 示意图　　　　　　　　　　　b) 疲劳断口形貌

图 4-17　单向弯曲疲劳断口形貌

疲劳断口的宏观特征与材料的类型、强度、受力状态、应力、应变幅的大小有关。图 4-18 所示为电梯驱动轴（材料为 Q345）的旋转弯曲疲劳断口。由图 4-18 可见，疲劳从表面开始，瞬断区靠近中间位置，呈椭圆状，为旋转弯曲疲劳断裂的典型断口形貌特征。图 4-19 所示为汽车生产线桁车上双向吊钩的双向弯曲疲劳断口。由图 4-19 可见，瞬断区靠近断口中间区域；疲劳起源于吊钩柄第一扣螺纹处，为线源疲劳断裂；断口大部分区域为比较平整、细腻的疲劳扩展区，具有双向弯曲疲劳断口的典型特征。

2. 疲劳断口的微观特征

疲劳断口的微观特征是断口上存在疲劳辉纹或大致平行的二次裂纹，但断口上没有观察到疲劳辉纹或二次裂纹也并不代表就不是疲劳断裂。疲劳辉纹或二次裂纹是疲劳断裂的充分条件，但不是充分必要条件，实际分析时要结合实际情况，综合考虑，避免判断错误。

图 4-18　旋转弯曲疲劳断口

图 4-19　双向弯曲疲劳断口

对于一些强度（或硬度）较低的材料，如奥氏体不锈钢、铜合金、铝合金、钛合金，以及一些强度较低的合金钢构件，其高周疲劳断口上往往可观察到连续的、比较柔和的疲劳辉纹（见图 4-20a）。疲劳辉纹的特点是大致平行，没有分枝与交叉。对一些强度（或硬度）较高的材料，如轴承钢、弹簧钢和超高强度钢等，其高周疲劳断口上往往只能观察到大致平行的二次裂纹，疲劳辉纹很少（见图 4-20b）；一些高温环境或者腐蚀环境中的疲劳断裂，因断口受到不同程度的氧化和腐蚀，有时只能观察到二次裂纹，而看不到疲劳辉纹。在一些塑性较好的材料中，在疲劳扩展区和瞬断区的交界处，往往会因为一次性断裂时的塑性变形而在断口上留下大致平行的滑移线（见图 4-20c）。滑移线会相交，比较生硬，但疲劳辉纹永远都不会相交，而且比较柔和，在具体观察时要正确地把它们区分开来，避免混淆。

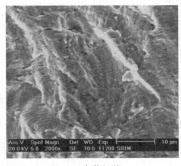

a) 疲劳辉纹

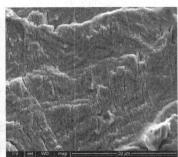

b) 二次裂纹和少量疲劳辉纹

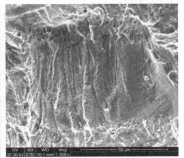

c) 滑移线

图 4-20　疲劳断口的微观特征

对于应变型低周疲劳，很难在断口上观察到疲劳辉纹，但往往疲劳断裂的宏观特征却比较典型，如飞机起落架构件上的主要承力件的疲劳断口形貌。低周疲劳断裂微观断口的变化主要是由于宏观塑性变形较大，在断口上出现了各种静载断裂所产生的静载形态。在一般情况下，当疲劳寿命小于 90 次时，断口上为细小的韧窝，没有疲劳条带出现；当疲劳寿命大于 300 次时，出现轮胎花样；当疲劳寿命大于 10000 次时，才出现疲劳条带。

4.4 失效模式及其诊断

4.4.1 失效模式的概念

所谓失效模式，是指失效的外在宏观表现形式和过程规律，一般可理解为失效的性质和类型。失效模式按其所定义的范围、属性、标准和参量，可分为一级失效模式、二级失效模式、三级失效模式等。模式准确，就是要将失效的性质和类型判断准确，尤其是要将一级失效模式和二级失效模式判断准确。

失效模式的判断应首先从对事故或失效现场痕迹及残骸的分析入手，并结合对结构的受力特点、工作和使用环境、制造工艺、材料组织与性能等进行分析，其中对肇事件的确定和分析是最为重要的判定依据。对肇事件残骸的分析应首先从对痕迹、变形、断口及裂纹的分析入手。失效模式的判断分为定性和定量分析两个方面。在一般情况下，对一级失效模式的判断采用定性分析即可。

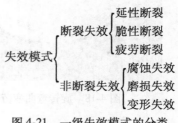

图 4-21   一级失效模式的分类

一级失效模式的分类如图 4-21 所示。

对二级甚至三级失效模式的判断，就要采用定性和定量、宏观和微观相结合的方法。例如，某内燃机曲轴在第三曲拐处发生了断裂，通过断口的宏观特征确定一级失效模式为疲劳断裂失效；然后通过对断裂源区和扩展区的特征分析和比对，再结合有限元应力分析等，可做出该曲轴的断裂模式为起始应力较大的高周疲劳断裂的判断，即相当于做出了三级失效模式的判断。

二级失效模式分类所依据的标准和参量繁杂多样，其判断也要比一级模式难得多。以疲劳断裂为例，根据零件在服役过程中所受载荷的类型与大小，加载频率的高低及环境条件等的不同，可将疲劳断裂分为如图 4-22 所示的类别，据此可以判断疲劳断裂的二级失效模式。

4.4.2 失效模式的诊断

1. 延性断裂模式诊断

（1）宏观变形诊断   延性断裂和脆性断裂是根据断裂件的宏观塑性变形来分类的。延性断裂的前提是塑性变形，即延性断裂在断裂位置附近有明显的变形，而脆性断裂的变形不明显。因此失效件的失效模式是否为延性断裂，主要应该从宏观上来判断其有无明显的塑性变形。例如，常见的拉伸断裂试件，不但有明显的伸长变形，而且断裂处还有明显的缩颈。

（2）表面颜色诊断   当断裂后没有介质和温度作用的情况下，断口应该是干净的，没有附着物，并具有一定的金属光泽。

（3）断口的宏观特征诊断   典型延性断裂件的断口宏观上呈"杯-锥"状断口特征，断口上存在三个特征区域，即裂纹起始的纤维区、裂纹扩展的放射区和最后断裂的剪切唇区。纤维区较为粗糙，一般位于断口中心部位。当失效件表面存在缺口时，也可能位于表面附近；放射区放射线的发散方向指向裂纹的扩展方向；纤维区和放射区均基本与应力轴线垂直，而剪切唇区一般与应力轴呈 45°角。韧性材料的过载型断裂均具有此种典型的断裂特征，但构件的形状、材质、受力状态及表面有无缺口等对断口的宏观特征有很大的影响。

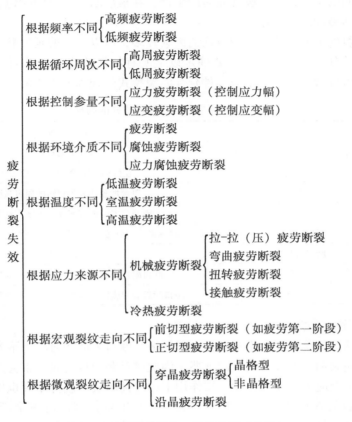

图 4-22　疲劳失效的二级失效模式分类

　　在实际失效分析中，零件的形状，特别是表面有无缺口对断口三要素的位置影响很大。对一般光滑拉伸试样断口，纤维区一般在断口中心位置。当表面有缺口、台阶、螺纹时，由于裂纹首先从缺口根部的应力集中处产生，因此，纤维区就不再位于断口中心位置，而是沿外表面分布，放射区放射线收敛的方向指向裂纹扩展方向（见图 4-2c）。

　　（4）断口微观特征诊断　在宏观上，延性断裂的前提是塑性变形；在微观上，金属的塑性变形是位错在滑移面上增殖运动和挤出滑移面的结果。在塑性变形过程中，因为位错的塞积或交替作用会造成微裂口，在外力的作用下，微裂口逐渐长大并连接起来，最后导致断裂。这些微裂口的微观形貌即为韧窝，也就是说，金属的延性断裂的断口微观形貌均表现为韧窝，其中纤维区属于正断型断裂，为等轴韧窝，而剪切唇区为拉长韧窝，韧窝拉长的方向与匹配断口上韧窝拉长的方向正好相反。在碳化物强化的钢件上，韧窝底部还会有碳化物颗粒（见图 4-7c）。

　　（5）参数诊断　根据应力-强度干涉模型，在结构设计中，明确要求材料的屈服强度大于许用应力。因此，从设计上来说，正常使用中是不应该出现延性断裂的。但当工况超过使用限制时，即工作参数超过使用限制时，则会导致零件的延性断裂。材料的屈服强度达不到要求时，结构尺寸小于规定尺寸时，相当于增大了工作应力，也可能导致延性断裂。同时，从应力变化上来说，延性断裂的应力是一次性的或变化缓慢，且次数很少，而不是其他类型的应力。

最后需要说明的是，即便是脆性断裂的零件，在最后断裂区也同时包含有局部的延性断裂方式，如疲劳断裂的瞬断区域。

由于影响材料的失效模式和断裂特征的因素较多，所以一般的延性断裂不一定具备以上全部特征，在失效分析中也不一定需要确定以上所有特征才能做出诊断。一般从断口的宏观、微观特征即可以做出判断。金属零件延性断裂模式的判据见表4-5。

表4-5　金属零件延性断裂模式的判据

序　号	内　容	特　征
1	材料	延性金属材料
2	温度	在材料的韧-脆转变温度以上
3	应力状态	单调加载，大于材料的屈服强度
4	宏观特征	断裂位置附近有明显的宏观塑性变形
5	断口宏观形貌	粗糙、色泽灰暗、呈纤维状；边缘有与构件表面成45°角的剪切唇
6	断口微观形貌	韧窝花样
7	组织	断口附近表面金相组织有明显的变形痕迹
8	表面状态	断口附近表面脆性的镀层、涂层等表面覆盖膜破裂

2. 脆性断裂模式诊断

脆性断裂是断口部位无明显宏观塑性变形特征、断口表面相对较为平齐的一类断裂失效模式。由于其在断裂前一般没有明显的征兆，因此该类断裂很危险，常会造成较大的损失。

脆性断裂包括低应力脆断和环境介质作用下的脆性断裂。疲劳断裂也属于脆性断裂的一种，由于这类断裂失效模式在实际生产、生活中发生得较多，占整个断裂失效的70%~80%，同时其断裂过程又有其本身的特殊性，工程界对其研究较多，因此，常把疲劳断裂模式作为一类单独的失效模式进行研究。环境介质作用下的断裂失效模式近年来越来越普遍，已引起了广泛的关注。关于由环境引起的断裂模式诊断可参见第2章和第3章中的相关内容。这里主要讨论低应力作用下的脆性断裂失效模式。

低应力脆性断裂通常是指在弹性应力范围内，在许用应力条件下，一次性加载引起的脆性断裂。零件受载时的加载速率、环境温度、几何形状、应力集中等外部因素与材料内部的宏观缺陷（如裂纹、孔洞、大块夹杂、疏松等），以及材料本身存在的低温脆性、蓝脆、回火脆性、不锈钢中的475℃脆性、σ相脆性等因素均会对零件是否发生脆性断裂有较大的影响。

（1）参数诊断　由于低应力脆性断裂具有突然性，在实际使用中是不允许的，也是不正常的现象，因此，其使用条件经常会超出设计限制范畴，在使用参数上往往可以找到依据。工作在韧-脆转变温度以下的零件在较低的应力下就可能导致脆性断裂。在载荷作用速度大、应变速率快的条件下，也容易出现脆性断裂，如受冲击载荷作用的断裂。

（2）宏观变形诊断　脆性断裂与延性断裂的区分是宏观变形量的大小或有无。根据脆性断裂模式的定义可知，脆性断裂的零件，断裂部位在宏观上塑性变形很小或几乎看不到。

（3）断口宏观特征诊断　由于断裂具有突然性，断裂部位没有明显的宏观塑性变形，因此断口的两部分的匹配性良好；同时由于断裂过程经历的时间短（不包括疲劳断口），因此断口比较干净，没有其他损伤和污染（不包括断裂后的二次污染）。

常见的脆性断裂断口宏观形貌特征如下：

1）结晶状断口：断面平整，在阳光下转动可观察到反光的小平面——解理小平面。这是典型的脆性断裂断口。

2）石状断口：这是一种典型的脆性断裂断口。其表面粗糙，凹凸不平，颜色灰暗，属于沿晶断裂。

3）放射状断口：断口上存在从一处或多处发射的放射状条纹，其收敛位置为裂纹源。在板材断口上，出现的放射状断口，其放射状条纹形成"人字纹"特征，"人字纹"头部指向裂纹源；两侧有缺口的板材，其"人字纹"方向与无缺口板材的相反。

（4）断口微观形貌诊断　严格的脆性断裂，其微观形貌应只有沿晶断裂、穿晶解理和穿晶准解理三类，其中沿晶断裂形貌与宏观上的石状断口对应，解理断裂形貌与宏观上的结晶状断口对应。通常遇到的脆性断裂的微观形貌主要为准解理断裂形貌。

以上三种微观断裂形貌在前面已有详细的叙述，在此不再重复。

（5）材质诊断　晶粒度粗大、夹杂物多、脆性相沿晶界分布及脆性大的材料容易出现脆性断裂。此外，含有裂缝、孔洞、疏松等缺陷的材料也容易发生脆性断裂。

脆性断裂失效模式的判据见表4-6。

表 4-6　脆性断裂失效模式的判据

序　号	内　容	特　征
1	材料	晶粒度粗大、夹杂物多、脆性相沿晶界分布及脆性大的材料，含有裂缝、孔洞、疏松等缺陷的材料均容易出现
2	温度	在材料的韧-脆转变温度以下
3	应力状态	断裂发生时常有动载荷存在，或有冲击载荷作用
4	宏观特征	断裂位置及其附近均无明显（或很小）的宏观塑性变形
5	断口宏观形貌	断口匹配面吻合好，断面粗糙
6	断口微观形貌	通常可见解理、准解理、沿晶等特征
7	起裂部位	在应力集中部位或有表面缺陷、内部缺陷处
8	其他	断裂过程具有突然性

3. 疲劳断裂模式诊断

（1）疲劳断裂的定义　疲劳断裂是材料（或构件）在交变应力反复作用下发生的断裂。所谓交变应力是指应力的大小、方向或大小和方向同时随时间做周期性改变的应力。这种改变可以是规律性的，也可以是不完全规律性的。

（2）疲劳断裂的特点及诊断

1）多数机件承受的应力都是周期性变动的（称为循环交变应力）。据统计，这些零件60%~80%的失效属于疲劳断裂失效。

2）疲劳破坏表现为突然断裂，断裂前无明显变形。不用特殊的检测设备，无法预察损坏迹象。除定期检查外很难防范

3）造成疲劳破坏时，循环交变应力中的最高应力一般远低于静载荷下材料的强度极限；有时也低于屈服强度，甚至低于最精密测定的弹性极限。

4）零件的疲劳断裂不仅取决于材质，而且对零件的形状、尺寸、表面状态、使用条件、外界环境等都非常敏感。加工工艺也对疲劳强度有很大影响。材料内部宏观、微观的不均匀性对材料疲劳强度的影响也比较大。

5）很大一部分机件承受弯曲扭转应力，这种机件的应力分布都是表面应力最大。而表面状况，如切口、刀痕、表面粗糙度、氧化、腐蚀、脱碳等都对疲劳强度有很大的影响，会增加疲劳损坏的机会。

在一般情况下，通过宏观分析即可大致判明该断口是否属于疲劳断裂，断裂源区的位置，裂纹的扩展方向以及载荷的类型与大小。

4.5　断口样品的获取

4.5.1　断口的现场取样

发生断裂（开裂）失效事故后首先要赴现场进行现场勘查，掌握第一手资料。到事发现场后先进行大范围的勘查，然后再聚焦到肇事失效件周围的小范围。要观察和断裂（开裂）件关联构件的情况，注意断裂（开裂）件的方位和具体位置，观察周围有无异常，靠近断口的区域有无刮擦痕迹，有无碰伤、变形，颜色上有无变化等。要将这些信息用相机记录下来，若条件许可则尽可能采用比例拍照，然后再制订断口的切取方案。切取断口时应首先考虑冷切割，切割时要避免断口受到腐蚀。若受条件限制只能采用火焰切割等热切割方式时需留足加工余量，一般边距余量≥40mm，以避免断口或其他检测样品受到切割热的影响。现场取样时还要考虑满足其他检测项目的试样要求，要尽量保证断口的完整性，相匹配的两部分尽量都要取到。若现场勘查后不能立即取样，应对断口进行保护，避免断口受到腐蚀和二次损伤。断口切取后要妥善处理和保护，不要立即清理断口，要防止断口在运往实验室的过程中受到二次损害。

4.5.2　断口的保护及清理

要正确分析断口，必须清除断口上与断裂原因无关的外来物。一方面要保护好断口避免二次损伤，另一方面还要正确清理断口。

1. 断口的保护

1）断口在取样、运输、保存过程要避免机械损伤及化学（腐蚀、氧化）损伤。

2）断口要避免相互间或与其他物体的撞击，避免不必要的断口对接。

3）保护断口避免腐蚀较常用的方法之一就是在断口上涂覆盖层，可以用润滑脂直接涂在断口上，也可以用醋酸纤维复型塑料保护等。不建议采用胶带保护，因为很多胶黏剂都难以清除，而且会吸潮腐蚀断口。断口在分析前，最好用干燥的压缩空气将断口吹干，防止断口产生氧化腐蚀，然后放置在干燥器中，或连同干燥剂一起包好存放。

2. 断口的清理

（1）小断口样品　断口样品取回实验室后，要对断口原貌进行整体比例拍照，对断口上每一个细节都要进行仔细观察和拍照，包括断口上的污染物、氧化锈蚀等，必要时还要提取断口上的异物留作辅助分析使用（如做 XRD、EDS、XPS 分析等）。这些工作完成后，才可清洗断口。清洗断口的原则是不破坏断口的原貌，如清洗轴承、钢丝绳等存在厚重油污的样品时可先选用航空煤油，并用柔软的毛刷进行反复刷洗；断口污染程度较轻时，可采用丙酮和超声波清洗。若断口长期处于雨水环境中并受到了严重的氧化腐蚀，可采用醋酸纤维酯进行多次处理。

案例：材料为 20MnTiB 的高强度螺栓规格为 M24，强度等级为 10.9 级，其服役地点为某沿海地带，气候较为潮湿、闷热。同批次投入使用的螺栓大约有 30 万套，螺栓服役 20 个月时经检查发现有螺栓断裂现象。刚收集到的螺栓断口氧化锈蚀比较严重，但经过多次醋酸纤维酯处理后，断口上的放射纹路也清晰地显现出来，进行 SEM 微观观察时，也清晰地观察到了沿晶晶面上的细微特征，如图 4-23 所示。事实上，氧化腐蚀和厚重的异物覆盖也是某种失效特有的断口特征，如应力腐蚀、高温蠕变、热疲劳和腐蚀疲劳等，具体分析时不必要非得清理掉这些异物覆盖层，可采用其他分析手段进行间接的断口分析；若必须清理掉这些异物时，可采用电解方法，或采用化学试剂等进行处理，但使用这些方法时，必须先把对分析失效原因有价值的信息全部采集后才可进行这些操作。

a) 刚收集到的断口　　　　b) 清理后的断口宏观形貌　　　　c) 清理后的断口微观形貌

图 4-23　螺栓断口形貌

（2）大断口样品　用相机对断口上的所有特征进行比例拍照，并提取断口上的可疑异物，再对断口进行粗略处理，然后再次做宏观观察。根据断口上的宏观特征对断口进行切割规划，对各区域断口进行编号，设计分析取样方案，绘制取样图，然后再将大断口切割成可放入仪器观察的小样品。分割断口样品时首选线切割，其次为带冷却的锯床，尽量不选用砂轮切割或火焰切割，避免断口上的有用信息受到损害，或影响断口附近的组织和性能分析。

案例 1：在处理一起重要的跨国失效分析案例中，因样品所在的企业实验室采用砂轮片切割失效的齿轮轴，这就意味着有 3~5mm 宽的断口样品被砂轮片磨成碎屑而损耗。事实上现场将整个裂纹面打开后，断裂面上的种种宏观特征均表明断裂起源处正好位于砂轮片的切割线上，但却始终没有找到引起断裂的直接证据。最后在场的技术人员一致认为，断裂源处的材料缺陷被砂轮片"吃掉了"！可见不合适的断口切割方法，会人为地造成珍贵的断口信息证据丢失。

案例 2：图 4-24 所示为一个失效齿轮相匹配的断口分析和理化分析样品，断口外形轮廓尺寸约为 488mm×395mm。分析时，先对样品做整体规划并编号，然后再利用线切割进行加工。

图 4-24　断口分析和理化分析样品

在断口清理时，无论采用哪种清理方法，都应该以既能除去断口表面的附着物，又不损伤断口的原始形貌特征为原则。常用的断口清理方法见表 4-7。

表 4-7　常用的断口清理方法

清理方法	清理程序	清理范围
清洗有机溶剂和超声波	用甲苯或二甲苯浸泡	清除油、脂
	用丙酮浸泡	清除漆、胶
	用乙醇浸泡或冲洗	清除染料、脂肪酸
AC 纸覆膜	用 AC 纸（醋酸纤维）在断口上反复粘贴揭开	清除不溶性废屑和氧化物
水基洗涤剂	适当浓度白猫洗涤剂+超声波清洗	清除腐蚀产物和氧化物
化学浸蚀	10%（体积分数）H_2SO_4 水溶液+缓蚀剂+超声波清洗	合金钢、碳钢、不锈钢、耐热钢和铝合金断口
	0.5%（质量分数）乙二胺四醋酸钠水溶液（EDTA）	铝合金、钛合金、合金钢、不锈钢、耐热钢断口
	50%柠檬酸水溶液+50%柠檬酸铵水溶液中浸渍或超声波清洗	严重锈蚀的钢制断口
	丙酮+1%（体积分数）HCl 中浸渍或超声波清洗	严重锈蚀的钢制断口
	70mL 正磷酸+32g 铬酸+130mL 水	铝合金断口
	断口在 78mL 水+16g 氢氧化钠+6g 高锰酸钾中煮沸 5~30min 后，取出放入 60~70℃ 的饱和草酸水溶液中清洗，然后在丙酮溶液中超声波清洗	铁基、镍基、钴基高温合金的高温氧化断口
真空蒸发法	在真空炉中加热蒸发，除去断口表面层的低熔点金属附着物	液态金属致脆断口

4.6　断口的分析手段

4.6.1　断口的宏观分析手段

断口宏观分析的主要手段是人的肉眼、普通放大镜和体视显微镜。体视显微镜的主要特点是放大倍数较低，景深较大，观察到的影像具有较强的立体感，能够观察较为粗糙的表面，给人以整体而真实的图像。目前，国内外一些专业显微镜生产厂家生产的体视显微镜均可自动生成标尺，可进行编辑和测量，通过调整拍摄条件可获取不同特征的图片（包括彩色图片），通过专用软件还可以进行图像的三维一体化处理，可以对断口上观察到的凸出物高度或凹坑深度进行测量。由于体视显微镜观察具有较强的真实感和立体感，观察者完全可以凭直观感觉来理解在体视显微镜中看到的图像。在具体的失效分析中，体视显微镜是连接人的肉眼和微观观察的桥梁。

4.6.2　断口的微观分析手段

断口微观分析一般指在放大数十倍至上万倍下对断口进行的观察分析。断口的典型微观形貌主要有：沿晶断口、解理断口、准解理断口、韧窝断口及疲劳断口等。实际断口观察中，单一机制、典型形貌的断口是少数，不典型的形貌占多数，而且常处于中间状态，需要抓住重点进行综合分析与判断。目前，对断口进行系统分析的手段主要有：宏观分析技术、微观分析技术（见表4-8）、辅助分析技术（见表4-9）及定量分析技术（见表4-10），其中断口的宏观分析技术及微观分析技术是目前最常用的断口分析手段。

表 4-8　断口的微观分析技术

类　别	工　具	特　点	应　用
光学显微分析技术	光学显微镜	光学 倍数较高（<1000倍），分辨力为0.1μm，景深小	显微组织观察，分析平整解理面，局部观察组织结构的偏振光分析
透射电子显微分析技术	透射电子显微镜	透射电子或电子衍射 分辨力高（0.2nm），放大倍数高（$10^3 \sim 10^7$），薄试样或复型，景深中等	断口关键局部显微形貌观察，断口表面物相分析，纳米尺度的观察（断裂机理研究），原位动态观察
扫描电子显微分析技术	扫描电子显微镜	二次电子或背散射电子 分辨力高（0.5nm），放大倍数高、范围广（$10 \sim 10^6$），景深大，可进行三维观察	断口显微分析的主要工具，断口显微形貌观察（断裂模式、断裂原因、断裂机理研究），断口三维观察

（续）

类　别	工　具	特　点	应　用
表面微区成分分析技术	X射线能谱仪	特征X射线	最常用表面微区成分分析技术，但是对超轻元素分析比较困难
	电子探针	背散射电子	平坦表面从铍到铀微区成分分析
	俄歇电子谱仪	俄歇电子	极薄表层（5个原子）除氢、氦以外的所有元素的微区分析

表4-9　断口的辅助分析技术

类　别	工　具	特　点	应　用
剖面术	光学显微镜扫描电子显微镜	截取与裂纹扩展方向垂直的剖面进行深度方向的观察	分析断口形貌与显微组织之间的关系，二次裂纹的走向和分布等
金相术	金相显微镜	光学成像	与断口相关的显微组织分析
蚀坑术	光学显微镜扫描电子显微镜	不同晶体在一定的腐蚀介质下产生特定形状的腐蚀坑	判断断裂面晶体学取向，通过位错密度的测定获得断口应变数据

表4-10　断口的定量分析技术

类　别	工　具	特　点	应　用
一维形貌定量分析技术	扫描电子显微镜	利用体视学原理把一维投影尺寸转变为真实一维尺寸	断口一维特征形貌的确定（条带间距、韧窝深度等）
二维、三维形貌定量分析技术	扫描电子显微镜、激光共焦扫描显微镜	利用体视学原理把投影像尺寸转变为真实图像	断口二维（面积）、三维形貌（真实相貌）的观测
分形分析技术	剖面法、扫描电子显微镜	分形几何	断口表面粗糙度及分形维数与断裂参数、断裂性质的关系
组织分析技术	光学显微镜、扫描电子显微镜	图像学原理	组织（尺寸、分布等）的定量分析
计算机模拟技术	计算机软件	计算机原理	模拟断口形成过程、形成机理等

　　由于断口高低起伏较大，在断口微观分析方面，目前使用最为广泛的仪器是扫描电子显微镜。扫描电子显微镜是一种观察物体表面形貌的电子光学仪器，它的主要特点如下：

1）分辨力高，可优于5nm，目前最高可到0.5nm。

2）放大倍数范围广，从几倍到几十万倍，目前最高可到80万倍。

3）景深大，适于观察粗糙的表面，如断口、表面腐蚀形貌等。

4）可对样品进行直接观察而无需特殊制样。

5）可以配置X射线能谱仪，可将形貌观察和微区成分分析结合起来。

6）可进行尺寸、角度、过渡圆弧半径等测量。

采用扫描电子显微镜对断口进行观察时应该注意以下事项：

1）先用较低的放大倍数对断口进行初步的观察和分析，对断口的整体形貌、断裂特征区有一个全面的了解，并确定重点观察位置，必要时可绘制断口分析区域图，并采用导电胶带在断口上做特征标记。

2）在整体观察的基础上，找出断裂起始区，并对断裂源区进行重点深入的观察与分析，包括源区的位置、形貌、特征、微区成分、材质冶金缺陷、源区附近的加工刀痕及外物损伤痕迹等。

3）对断裂过程不同阶段的形貌特征逐一观察，找出断裂形貌的共性与个性。

一般来说，一个断口的观察结果应包括：断口的全貌照片和断裂源区、扩展区、瞬断区的照片。断口的全貌照片可提供断裂形貌的整体特征，一般用较低放大倍数的照片反映。在全貌照片上应标明各特征区域的微观形貌特征照片的对应位置。当在断裂面上观察到涂层、镀层、自由表面、夹杂等时，可采用 X 射线能谱仪做微区成分的辅助分析。

对非金属材料做电子显微镜断口观察时，一般选用低真空，所用电压一般控制在 5 ~ 20kV。原因是低真空和低电压观察时可减轻荷电效应，降低断口污染，不损伤断口表面，可观察到断口上的细微特征。高电压观察时分辨力高，但易损伤断口。此外，在观察某一部位时，也不宜停留时间过长，扫描速度也不宜太慢，以免损伤断口。

在失效分析过程中，发现基体材料中夹裹了异种物质，在同一视场的情况下，高真空观察时，由于异物导电性较差，不易观察到异物表面的细节（见图 4-25a）；采用低真空观察时，荷电效应明显降低，异物表面形貌特征比较清晰、真实（见图 4-25b）。

a) 高真空   b) 低真空

图 4-25　不同真空状态下的 SEM 形貌

4.7　断口的分析方法及技术

4.7.1　断口的宏观分析方法及技术

1. 断口的宏观分析方法

断口的宏观分析是指在各种不同照明条件下用肉眼、放大镜和体视显微镜等对断口进行直接观察与分析。断口的宏观分析以断口的整体形貌特征为出发点，然后根据各种形式的断裂所反映出来的规律进行更进一步的分析和判断。断口的宏观分析使用的放大倍数一般不超过 60 倍。

2. 断口宏观分析的任务

断口宏观分析的主要任务是：

1）判断断口的基本特征、变形情况和裂纹的宏观走向。

2）确定断裂的类型和方式，为断裂失效模式诊断提供依据。

3）寻找断裂起源区和裂纹扩展方向。

4）估算断裂失效时的应力情况。

5）观察断裂源区有无宏观缺陷等。

总之，断口的宏观分析可为断口的微观分析和其他分析指明方向，在断裂失效分析中起着非常重要的作用和地位。

3. 断口宏观观察及记录

断口宏观分析的第一步是目视检测断口形貌特征及相关失效件的全貌。

要观察失效件上与断口的相关区域、断口附近的机械损伤痕迹与变形状况，以及相关的其他腐蚀等损伤痕迹。

断口上需重点关注的特征有：断口的花样特征（人字纹、海滩花样等）、断口粗糙程度、光泽及色彩、断面与最大正应力的倾斜角度、特征区的划分以及可能的材料缺陷等。

最后对主要特征区用放大镜或体视显微镜进一步观察分析，并确定用扫描电子显微镜重点分析的部位。

在宏观分析时，通常要将断裂失效件的外观、断口全貌及重点部位照相记录，或按照适当的比例绘制成详细的草图，测量并标明各部位的尺寸。照相时要根据断口的特点选择最佳的照明条件，包括亮度、衬度、入射灯光的角度等，以便使断口的全貌，特别是源区的特征能够清晰地显示出来。

由于断口往往凹凸不平，要将这种起伏形态逼真的拍摄下来，关键是如何选择断口表面的照明条件。在通常情况下，采用斜光照明，可利用其阴影效应有效地将凹凸形貌显现出来。斜光照明的倾斜角，可根据断口表面的起伏情况及性质来确定，一般以 10°~45° 的角度投影到断口表面上为适度，对较复杂的断裂失效件，可用多个侧向照明光源进行照相。

具体照明条件应根据实际断口进行布置、调整，以达到最佳表现效果。

在室内拍摄时，对于大件，首选自然光源，应灵活运用光线的照射方向。当天气条件不理想时，室内顶上放置一定宽度的荧光灯也可提供满意效果；而对于小件，应放在摄影台上，一般的方法是把一个光源放在相机的侧上方，用 45° 的角度照明断口，并在相机的另一旁，约与相机同水平放置第二个光源作为一个补充照明，有时在断口稍后处放置第三个灯光作为背照明用。

当使用多个灯光源时，若拍摄彩照，则要注意灯光色温的一致性，否则拍摄的照片会出现无法修正的色差。

为能更好地记录断口的全貌以及断口在构件上所处的位置，更好表达断口局部的细节，除了要求数码相机具有一定的像素、一定的感光度（ISO）外，一般还要求有手动调节拍摄条件功能和较大的光学变焦功能，对于专业机构，还应配置近摄镜头。

在拍摄宏观断口时，应注意放置标尺，这对后期的量化分析十分重要。

4. 断口的宏观特征及判断

根据宏观断口的基本要素，可以对断口进行区域划分和基本性质的识别，但要进行宏观断口的较全面分析并做出正确判断，需要全面综合宏观断口的各个特征。

（1）宏观断口上的花样　观察断口上是否存在放射状花样及人字纹。这种特征一方面表征裂纹在该区域的扩展是不稳定的、快速的；另一方面，沿着放射方向的逆向或人字纹尖顶可追溯到裂纹源所在位置。

观察断口上是否存在弧形迹线（海滩花样）。这种特征表明裂纹在扩展过程中，由于应力状态（包括应力大小的变化、应力持续时间）的变化、断裂方向的变化、环境介质的变化，以及裂纹扩展速度的明显变化都会在断口上留下此种弧形迹线，如疲劳断口和应力腐蚀断口上常会出现这种痕迹。

（2）断口的粗糙程度　实际断裂失效件的断口表面是由许多微小断面组成的，这些小断面的大小、曲率半径以及相邻小断面的高度差（台阶），决定了整个断面的表面粗糙度。不同的材料、不同断裂方式，其表面粗糙度可能有很大的差异。一般情况下，断口越粗糙，即表征断口特征的花样越粗大，则剪切断裂所占的比例越大；如果断口较为细腻、多光泽，或者花样越细，则晶间断裂、解理断裂所起的作用也越大。

（3）断面的光泽及色彩　由于构成断面的许多小断面往往具有特有的金属光泽与色彩，所以当不同的断裂方式所造成的这些小断面集合在一起时，断面的光泽及色彩会发生微妙的变化。例如：准解理、解理断裂的金属断口，常可以看到闪闪发光的小刻面。如果断面有相对的摩擦、氧化以及受到腐蚀时，断口的色泽将完全不同。

（4）断面与最大正应力的夹角（倾斜角）　不同的应力状态，不同的材料及外界环境，断口与最大正应力的夹角不同。在平面应变条件下断裂的断口与最大正应力垂直。在平面应力条件下，断裂的断口与最大正应力成 45° 夹角。

（5）特征区域的特点　包括断口特征区域的划分和位置、分布及面积的大小等。

（6）材料缺陷在断面上所呈现的特征　若材料内部存在缺陷，则缺陷附近存在应力集中，因而会在断口上留下缺陷的痕迹。

（7）宏观断口的基本判断　根据上述断口的各个特征，可从宏观角度对断口所属断裂模式进行判断。

在失效分析中一般把断裂分为韧性断裂、脆性断裂及疲劳断裂三类模式。表 4-11 为三类断裂模式的宏观断口特征及其判断。

表 4-11　三类断裂模式的宏观断口特征及其判断

特征参量		韧性断裂		脆性断裂		疲劳断裂	
		正断型	切断型	缺口型	低温脆断	低周	高周
花样	放射花样	不出现	一般不出现（高强度钢会有）	明显	不甚明显	较不明显，板材上有近于平行的人字纹	极细
	海滩花纹	无	无	无	无	应力大时明显	有（应力幅小时不明显）

（续）

特征参量	韧性断裂		脆性断裂		疲劳断裂	
	正断型	切断型	缺口型	低温脆断	低周	高周
表面粗糙度	粗糙	较光滑	粗糙	粗糙	表面粗糙度在扩展区与扩展速度成正比	
色泽	暗灰色	较弱金属光泽	白亮近金属光泽	结晶状金属光泽	在扩展区，扩展慢则趋白亮	
与最大正应力交角	呈直角	45°	直角	直角	扩展慢时为直角，扩展快时约为45°	直角

4.7.2　断口的微观分析方法及技术

断口的微观分析指用电子显微镜、光学显微镜等对断口或裂纹进行观察、鉴别与分析，可有效地确定断裂类型及机理的过程。在断口观察过程中，发现、识别和表征断裂形貌特征是断口分析的关键。在观察未知断口时，往往是和已知的断裂形貌加以比较来进行识别。各种材料在不同的外界条件下的断裂机理不同，留在断口上的形貌特征也不同。掌握这方面的知识与经验，是进行断口观察的前提与基础。断口的微观分析由于放大倍数较高，在电子显微镜下一般难以准确地确定观察的位置。因此，应在微观分析之前，熟练地掌握断口的宏观形貌特征，并以此来指导微观观察。

1. 断口微观观察的内容

韧性断裂断口的微观形貌均表现为韧窝。其中纤维区属于正断型断裂，为等轴韧窝；而剪切区为拉长韧窝，韧窝拉长的方向与匹配断口上韧窝拉长的方向正好相反。根据剪切韧窝的变形反向可以反推剪切断裂时的受力方向。脆性断口的微观形貌有沿晶、解理和准解理三类。疲劳断口的微观形貌较为复杂，主要有疲劳辉纹、平行的二次裂纹带、韧性带、轮胎花样和疲劳擦伤等。

在对断口形貌的观察中，要区分开一些容易被混淆的现象，如铸铝构件的断口上往往会观察到一些小平面，很容易和解理面混淆，实际上它们是共晶硅颗粒脱落后留下的结合面；有些球墨铸铁由于石墨的球化效果较差，在断口上会出现一些致密性较差的凹坑，很容易和材料中的疏松缺陷混淆；疲劳辉纹和滑移带是初学者最容易混淆的断口特征，实际上它们是由两种性质完全不同的断裂造成的。珠光体的片层结构反映在断口上是也称条带状，但其特征和疲劳辉纹有较大的差别。另外，在断口上还往往能观察到老裂纹面、疏松、夹杂物、气孔等，对于这些缺陷一定要分析它们和断裂起源的关系，要客观地评价它们对断裂造成的影响，切不可妄下定论而"让真正的罪魁祸首逍遥法外"。

2. 断口微观分析的方法步骤

扫描电子显微镜在进行断口分析方面具有极大的适应性，首先是景深大，分辨力较高，放大倍率可在一定的范围内连续变化，并且可以直接观察尺寸较大的断口（大样品室扫描电子显微镜可观察的断口尺寸达 80~120mm）；另外，可进行微区化学成分、晶体取向测定等一系列分析工作。虽然用于断口直接观察的还有其他的电子仪器，但扫描电子显微镜仍是目前观察断口最实用的工具。在使用扫描电子显微镜观察断口过程中除要充分利用这些特点外，还需要掌握一些基本的操作方法和步骤。

1）首先对断口在扫描电子显微镜较低的放大倍率（5~50倍）下做初步的观察，以求对断口的整体形貌、断裂特征区有较全面性的了解与掌握，进而确定重点观察部位。

2）在断口宏观分析的基础上，找出断裂起始区，并对断裂源区（包括源区的位置、形貌、特征、微区成分、材质冶金缺陷、源区附近的加工刀痕以及异常外物损伤痕迹等）进行重点深入的观察和分析。

3）对断裂过程不同阶段的形貌特征要逐一观察。以疲劳断口为例，除了对疲劳源区要进行重点观察外，对扩展区和瞬断区的特征均要依次进行仔细的观察，找出各区域断裂形貌的共性特性。

4）识别断裂特征。在断口观察过程中，发现和识别断裂形貌特征是断口分析的关键。在观察未知断口时，往往是和已知的断裂形貌做比较来进行识别的。各种材料在不同的外界条件下的断裂机制不同，留在断口上的形貌特征也不同。掌握这方面的知识与经验，是进行断口分析的前提与基础。在识别断裂形貌特征的基础上，还要注意观察各种形貌特征的共性与特性。例如，对于疲劳条带则需要区分是塑性还是脆性条带，以及条带间距的疏密等。

5）拍摄断口照片。一般来说，一个断口的观察结果要用以下几个部分的照片来表述：断口的全貌、断裂源区照片，以及反映扩展区、瞬断区特征的典型照片。

6）对于判定断裂机理的微观形貌特征要用合适的放大倍率拍摄，以充分显示形貌特征细节为原则。对于不同区域疲劳条带间距的变化，最好采用同一放大倍率拍摄，这样便于比较，能使人一目了然。

4.8 断口分析技术的主要作用

4.8.1 判断二级失效模式

对于腐蚀失效、磨损失效、变形失效，通过宏观分析技术就可以比较准确地判断出其失效的一级模式。采用 SEM，通过对于失效部位更进一步的观察和分析，也可以判断出二级失效模式。例如：磨粒磨损会在磨损表面留下"犁沟"；疲劳磨损会在磨损表面留下"鱼鳞状"凹坑；严重的黏着磨损失效则会有明显的材料转移，甚至直接导致构件断裂；磨损面上光滑的"水波纹""沟槽"和"马蹄形"特征则是冲蚀磨损的典型特征。

弹簧因其特殊的使用需要，强度和硬度往往较高，近几年一些汽车发动机上用60Si2CrA 钢制作的气门弹簧硬度高达 55~57HRC，金相组织为屈氏体。另外，无论拉簧还是压簧，服役过程中弹簧的不同部位都会受到拉应力（或压应力）以及剪切应力作用，计算结果表明弹簧的内侧承受最大的拉应力和剪切应力，断裂也往往起源于弹簧的内侧。弹簧的断裂形式主要有脆性断裂和疲劳断裂。前者一部分是由于弹簧表面存在某种缺陷形成应力集中点导致脆性断裂，其 SEM 形貌主要为解理+韧窝；另一部分是在弹簧在制造过程中经历了吸氢环节而没有充分除氢导致氢脆型断裂，其 SEM 形貌主要为沿晶断裂。弹簧的脆性断裂宏观断口特征和其他构件相似，均比较平整。生产过程中弹簧因过量吸氢导致的氢脆型断裂往往会断成多段，同批次的弹簧也会无一幸免。弹簧的疲劳断口较为特殊，宏观上断口凹凸不平，呈明显的剪切特征，疲劳区域一般很小，瞬断区域较大；疲劳区域的微观 SEM 形貌一般只能观察到大致平行的二次裂纹，基本看不到疲劳辉纹；瞬断区主要为韧窝。还有一种由板材制作的碟型弹簧，其服役载荷较大，但应力循环周期较长，疲劳裂纹往往萌生于表面或次表面的微小缺陷或损伤处，一旦疲劳裂纹萌生，却因为极高的应力集中和较长的循环周期，受力状态接近恒定载荷，还有对氢脆较为敏感的屈氏体组织，瞬断区往往具有氢致延迟性断裂的微观特征，SEM 形貌主要为沿晶+准解理+少量韧窝。

在过热蒸汽管的失效分析中，最常见的就是高温蠕变破裂和过热爆裂，前者管子宏观无明显鼓胀，破口呈"鱼嘴"状，断口处壁厚无明显减薄，断裂面上氧化腐蚀严重。后者整个管子则出现明显的鼓胀现象，破口较大，呈喇叭状，破口边缘也很锋利，成剪切特征，壁厚有较多减少，氧化腐蚀现象也不很严重。根据这些特征基本上就可以判断过热管为超温导致的韧性破裂的二级失效模式。对于断裂（开裂）失效，根据断裂部位的塑性变形情况基本上就可以判断出失效的一级模式，通过对断口更进一步的微观分析，如通过韧性断口上正韧窝和剪切韧窝的形貌特征，则可判断是在正应力还是剪切应力作用下的韧性断裂的二级失效模式。通过对断口上疲劳辉纹及其间距、断口上疲劳区域和瞬断区域的相对大小等，可以判断引起疲劳断裂的应力循环频次和应力相对大小等，从而给出其二级疲劳失效模式。在氢致开裂的失效分析中，由于对氢的准确测量（特别是引起氢致开裂的扩散氢）技术迄今还没有得到较好的解决，还需要材料工作者不懈努力，甚至期盼一种技术创新来解决这一世界难题，故断口分析在判断氢致开裂机理中起着非常重要的作用。钢的氢脆断口微观形貌没有固定形式，它与裂纹前沿的应力强度因子 K_I 值及氢浓度 C_H 有关。

4.8.2　判断断裂源和裂纹扩展方向

1. 断裂源的表现形式

断裂源一般都是从应力集中最为明显的区域开始，总是发生在缺陷处（尤其是焊接缺陷）或几何形状突变的凹槽、缺口等处。在同一个失效构件上可能有多处疲劳断裂，在一个疲劳断口上也可能有几个疲劳断裂源。疲劳源区一般从表面开始（接触疲劳源区位于次表面），除非内部存在某种缺陷。

断裂源的表现形式一般有三种：点源、线源和面源。

（1）点源　在外力的作用下，当零件结构上有尖角、夹杂、疏松、气孔、夹渣、凹坑等时，由于缺陷范围较小，往往会产生较大的应力集中点，对于脆性断裂往往是放射纹明显的收敛位置，对于疲劳断裂则是贝壳纹的逆指向位置。点源在断口上留下的特征比较明显，相对容易判断。

（2）线源　线源比较常见，一般发生在无明显缺陷的构件上，与产品的结构和表面质量有关，如螺纹根部、表面加工刀痕、过渡圆弧、热处理缺陷等应力集中区域，在断口上往往会留下多个台阶特征，台阶的数量、相对凸出高度及分布间隔与构件的材料特性、受力大小以及应力集中程度有关。

（3）面源　面源在断裂失效中也经常遇到，主要是指服役前就已经存在的老裂纹和一些热工艺留下的面缺陷等，如未熔合、未焊透等焊接缺陷和疏松、冷隔等铸造缺陷。构件在安装服役前一般都要做无损检测，确保合格后方才投入使用。但当零件的表面状态较差，如零件热处理后表面存在氧化皮、明显的机械加工刀痕、螺纹根部、复杂零件的过渡圆弧等区域在无损检测时很容易漏检或因缺陷显示不明显而误判。有些表面缺陷经过抛丸、喷砂等工艺处理后，表面原有的一些缺陷会被隐藏起来，但当外界条件一旦成熟，这些缺陷便会以断裂源的形式出现。老裂纹在断口上的特征比较明显，它们在断口上的颜色、粗糙程度以及断口的新鲜程度等和新断口均存在差异，老裂纹面上往往还会留下上一道工序的某些特征，如表层锻造缺陷会留下明显的氧化、脱碳、未熔合、未焊透等焊接缺陷，在断口上会出现自由表面或严重的氧化腐蚀特征。在断口上检测到电镀层或其他表面涂层成分则是判断老裂纹的常用方法，在这方面，EDS 微区成分分析往往也起着非常重要的辅助作用。

2. 断裂源的判断

在断口分析中可利用断口的三要素判断断裂源位置和裂纹扩展方向。

（1）判断断裂源位置　在通常情况下，正应力作用下的韧性断裂源区位于纤维区的中心部位，因此找到了纤维区的位置就可以确定断裂源的位置。另一种方法是利用放射的形貌特征进行判断。在一般情况，放射条纹的收敛处为裂纹源位置。

（2）判断裂纹的扩展方向　通常裂纹的扩展方向是由纤维区指向剪切唇区方向，在放射区的放射条纹指向裂纹扩展方向。如果是板状零件，断口上放射区的宏观特征为人字纹，其反方向为裂纹的扩展方向。断口上有两种或三种要素区域时，剪切唇区是最后断裂区，一般和剪切唇相对的位置就是断裂源区。

图 4-26a 所示为一个 T 形截面铸铝构件的断口，依据断口上的人字纹收敛方向判断出断裂的起源点位于左侧的下表面区域，如图中椭圆形标识；图 4-26b 所示为一个低碳钢板的断口，根据断口上明显的人字纹收敛方向可以判断出裂纹源位置和裂纹扩展方向。

 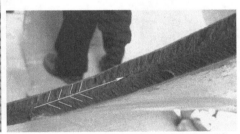

a) T形截面铸铝构件的断口　　　　　　b) 低碳钢板的断口

图 4-26　断口上人字纹及裂纹扩展方向

4.9　断口分析技术应用举例

1. 判断裂纹扩展方向和裂纹源位置

一辆轿车行驶经过一个颠簸路面后，听到发动机右舱传来异响。打开发动机舱盖检查时发现发动机右前支架已经断裂。如图 4-27 所示，从其断口上较为明显的人字纹判断断裂起源于零件上凸起的"筋"端面，该区域存在撞击痕迹。

该断裂失效的发动机右前支架材料为 EN AC-46000（AlSi9Cu3）。拉伸性能试验结果：

抗拉强度等均符合技术要求，但断后伸长率较低，为 1.0%（属于技术要求下限，技术要求≥1.0%）。由此可见该材料塑性指标较低，在受到异物撞击后极易产生开裂。

2. 判断二级失效模式

风力发电机组变桨轴承外圈在使用 2~3 年时发生断裂，断裂面穿过了螺孔，其断口形貌如图 4-28 所示。宏观观察，断裂面整体上比较平坦、细腻，存在明显的疲劳贝壳

图 4-27　裂纹扩展方向和裂纹源判断

纹。根据贝壳纹的逆指向判断疲劳开裂起源于螺孔内表面，如图 4-28b 中椭圆形标识。该区域存在数个台级，为多源特征，存在螺纹挤压压痕和机械损伤，台级式疲劳源处观察到数个颜色较深的半圆状痕迹，螺孔内表面存在锈蚀特征。

将轴承外圈断裂面切割取下充分清洗后进行 SEM 形貌观察，断口上大部分区域可见明显的疲劳辉纹和二次裂纹，疲劳断裂源区域的断裂面上发现数个凹坑，凹坑区域存在明显的放射纹路，放射纹收敛于这些凹坑。由此可见，该轴承外圈的疲劳断裂起源于这些凹坑。在放大较高倍数下观察，凹坑中存在异物，经 EDS 微区成分分析为氧化腐蚀产物。根据这些断口特征和能谱分析结果，得出了该轴承外圈为由点腐蚀坑引起的疲劳断裂的二级失效模式。

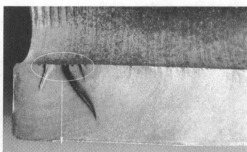

a) 断裂的变桨轴承　　　　　　　　　　b) 宏观断口

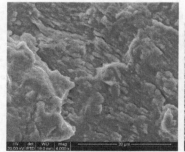

c) 疲劳辉纹　　　　　　d) 疲劳源区　　　　　　e) 点腐蚀坑

图 4-28　变桨轴承的断口形貌

3. 重大事故中的断口分析技术

2011 年 8 月 1 日，某化工企业发生了毒气泄漏事故，造成周边村庄几百人生病住院和企业停产，直接经济损失达 1000 万元以上。经过事后调查和分析，造成该次事故的直接原因是一台富气离心压缩机变速箱齿轮断齿所致。受司法部门的委托，对其做了大、小齿轮断齿的失效分析。

该大、小齿轮材质均为 35CrMoVA 钢，调质后进行渗氮处理。送检时的大、小齿轮如图 4-29a 所示，可见局部已经过了切割取样。宏观观察，大齿轮上几乎没有一个完整的齿，均存在不同程度的断齿情况，断齿面上可观察到明显的人字纹，人字纹收敛于齿根部位（见图 4-29b、c）；微观观察，断裂面 SEM 形貌主要为解理+少量韧窝（见图 4-29d），齿根部位存在明显的磨削痕迹和撞击痕迹（见图 4-29e、f）。

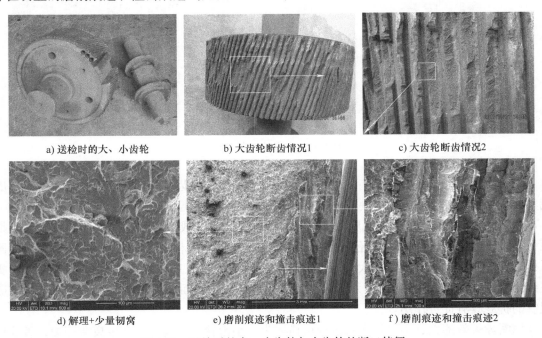

a) 送检时的大、小齿轮　　b) 大齿轮断齿情况1　　c) 大齿轮断齿情况2

d) 解理+少量韧窝　　e) 磨削痕迹和撞击痕迹1　　f) 磨削痕迹和撞击痕迹2

图 4-29　送检时的大、小齿轮与大齿轮的断口特征

大齿轮断齿面的宏观特征和微观特征表明其断裂性质为大应力一次性断裂。通过对大齿轮根部 SEM 形貌分析和齿根表层 EDS 能谱分析，判断齿根部位靠近齿面处在渗氮处理后进行了磨削加工，渗氮层基本上被加工去除了。根部金相组织分析结果与硬度梯度检查结果和该分析结论一致。齿表面明显的变色特征和片状撕裂韧窝特征表明，未断裂的齿在变形的同时还发生了黏着（咬合）磨损；变形的齿面上大量细小的微裂纹与齿面硬度较高的马氏体白亮层以及渗氮白亮层有关。

小齿轮整个外圆几乎磨成圆柱形，已经看不到齿的特征，靠近端面处有数个断裂面具有疲劳断裂的宏观特征，贝壳纹逆指向于齿根部位，为断裂源区（见图 4-30a～c）。SEM 形貌观察，齿痕部位临近齿根的两侧存在明显的磨削痕迹，中间区域为导电性较差的原始渗氮白亮层组织（见图 4-30d），靠近齿根的断裂面上观察到明显贝壳纹、疲劳辉纹和二次裂纹（见图 4-30e、f）。

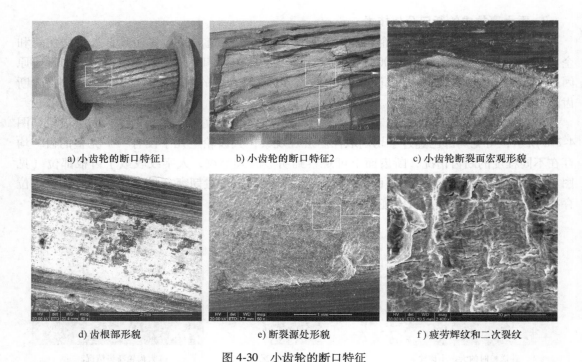

a) 小齿轮的断口特征1　　　　　b) 小齿轮的断口特征2　　　　　c) 小齿轮断裂面宏观形貌

d) 齿根部形貌　　　　　　　e) 断裂源处形貌　　　　　　f) 疲劳辉纹和二次裂纹

图 4-30　小齿轮的断口特征

　　进一步的试验分析表明小齿轮断裂性质为疲劳断裂；小齿轮根部在渗氮处理后经过了磨削加工，距表面 0.10mm 处的硬度为 400~407HV0.3，渗氮层深度为 0.17mm，低于 0.35~0.70mm 的图样技术要求。渗氮层深度不足，硬度偏低，造成疲劳强度降低，容易发生早期疲劳断裂；断裂源处除观察到轻微的加工刀痕和变形痕迹外未见其他异常；齿根部位过渡圆弧处存在应力集中，并承受最大的弯曲应力，是疲劳裂纹源产生的主要部位；材料中 A 类夹杂物级别较高，其附近的 Cu 元素偏聚、富集于夹杂物表面，增加了材料的脆性，对疲劳裂纹的扩展具有促进作用。

　　该断齿失效的大、小齿轮失效过程可描述为：小齿轮部分齿首先产生疲劳开裂，裂纹扩展到一定尺寸时使运动平稳性降低，引起"轴振稍微增大"→随着时间的延长，小齿轮局部齿首先发生疲劳断裂→小齿轮齿形不完整，部分齿冲击大齿轮局部齿面，因应力集中而彼此发生变形或断裂→随着断齿量的增多，运动平稳性越来越低，"轴振逐渐增大"→断齿数量增加和弯曲变形程度加剧，部分断齿或变形（卷曲）占据了两齿之间的间隙，啮合传动方式转变成滑动或滚动方式，摩擦热剧增，齿面温度急剧升高，引发黏着（咬合）磨损，失效进程加剧并导致齿表面变色和振动增大，直至设备跳闸停机。

　　该失效分析的结论为：

　　1）大、小齿轮的化学成分和力学性能均符合相应的技术要求。

　　2）大、小齿轮金相组织均为回火索氏体+少量铁素体，为 35CrMoV 钢调质处理后的正常组织。

　　3）大齿轮奥氏体晶粒度检验结果为 8 级；小齿轮从近表面到中心区域，奥氏体晶粒度均为 8.5 级。晶粒均匀、细小。

4）大齿轮断裂性质为大应力一次性断裂；小齿轮最初的断齿性质为弯曲疲劳断裂；小齿轮断齿在前，大齿轮断齿在后。

5）引起小齿轮早期疲劳断裂的主要原因是其根部渗氮层深度不够，不符合图样要求，降低了疲劳强度；同时，小齿轮 A 类夹杂物级别较高、存在组织偏析均会对疲劳断裂产生促进作用。

参 考 文 献

［1］王荣，李玲．连接螺栓断裂失效分析［J］．金属热处理，2007，32（增刊）：301-304.

［2］王荣，巴发海，李晋．大型柴油机曲轴断裂失效分析［J］．内燃机，2007（1）：21-24.

［3］师昌绪，钟群鹏，李成功．中国材料工程大典：第 1 卷［M］．北京：化学工业出版社，2005.

［4］杨辉．气门弹簧断裂的影响因素及原因分析［J］．内燃机，2010（2）：39-40.

［5］王荣，李晋，杨力．蒸汽管爆裂原因分析［J］．理化检验（物理分册），2008，44（2）：90-93.

［6］王荣．10.9 级高强度螺钉断裂失效分析［J］．理化检验（物理分册），2010，46（4）：263-266.

第 5 章

金相分析技术

5.1 引言

1885 年，英国冶金学家索比（H. C. Sorby）首先在光学显微镜下应用直射光源，清晰地看到了珠光体的片层结构，并预测厚的片层为纯铁（即 α 铁素体），薄的片层为渗碳体（即 Fe_3C），这就是传统光学金相技术的雏形，也标志着传统金相学的诞生。在随后的 10 多年时间里，传统光学金相技术得到了迅猛发展。随着科学技术水平的不断提高，新一代高分辨力数码相机的相继问世，取代了烦琐的暗室工作，在图像记录处理及测量的同时，配合多种金相应用模块可得到准确的分析结果，能得到光学相机无可比拟的金相图片，大大减轻了广大金相工作者的劳动强度。

在传统金相学诞生后的近 100 多年时间里，科学家们几乎把所有的关注点都放在了利用光学显微镜对材料的显微结构做研究。但光学显微镜的景深与物镜的数值孔径成反比，随着放大倍数的提高，景深迅速下降，只能在专门制备的试样上最多放大到 1500 倍来研究金属及合金的组织结构，极大地制约了传统光学金相技术的发展。对此，科学家们又寻求另一种新的方法继续对金属的显微结构做更深层次的研究。1932 年，德国柏林工科大学高压实验室的 M. Knoll 和 E. Ruska 研制成功了第 1 台实验室电子显微镜，这是后来的透射电子显微镜（TEM）的雏形。1940 年英国剑桥大学首次试制成功扫描电子显微镜（SEM），1965 年英国剑桥科学仪器有限公司开始生产商品化的 SEM。20 世纪 80 年代以后，SEM 的制造技术和成像性能有了很大程度的提高，目前高分辨型 SEM（如日立公司的 S-5000 型）使用冷场发射电子枪，分辨力已达 0.6nm，放大率达 80 万倍。电子显微镜的发明和发展，直接把观察能力提高到在原子级别对金属的显微结构做研究，大大丰富了金相分析技术的内涵和应用范围，标志着金相学的研究领域从传统的光学显微技术延伸到了电子显微技术。

5.2 宏观金相分析技术

宏观金相分析是指用肉眼或借助 30~50 倍以下的放大镜对金属的组织和缺陷进行检查。一般要经过化学试剂的腐蚀，腐蚀方法主要有冷蚀、热蚀和电解腐蚀，腐蚀所用的化学试剂应依据材料种类按标准中的规定选取。在失效分析中应用较多的有两种情况：一种是按标准对产品的质量进行评定；另一种是通过低倍试验，显示失效件的结构、断裂位置、断裂面以及断裂源区的特征，为更深层次的微观分析确定取样位置和分析方向。

5.2.1 产品质量评定中的宏观金相分析

1. 评判依据

首先以合同中双方约定的技术条件为评定依据。若合同中没有约定,鉴定人员可以参考企业标准、行业标准、国家标准或者国际标准(ISO)、美国相关标准(如 ASTM、ASM)等标准,但在确定评定依据前需征得双方同意。试验方法应和选取的评定依据相对应,优先选择被相关机构认可的试验方法。对于样品的数量、尺寸、位置和取样时的具体要求应严格按照标准中的要求进行。在对缺陷进行评级时,首选和试验方法对应的评级图,较常用的评级图有:GB/T 1979—2001《结构钢低倍组织缺陷评级图》、YB/T 4002—2013《连铸钢方坯低倍组织缺陷评级图》、YB/T 4003—2016《连铸钢板坯低倍组织缺陷评级图》等,具体评级时要注意样品的状态和原始规格,要使用和其对应的评级图进行评定。试验使用的仪器设备应通过鉴定,并保证在合格试用期内,试验操作人员、报告审核人员以及报告批准人员应持有相关试验的有效资格证书。

2. 试验方法

酸蚀试验方法主要有热酸蚀法、冷酸蚀法和电解蚀法三种。

(1)热酸蚀试验 热酸蚀一般要求检测面的表面粗糙度 Ra 不低于 $1.60\mu m$,若无特别说明,以热酸蚀试验为准。热酸蚀的试验结果应按相关标准进行评级,如 GB/T 226—2015《钢的低倍组织及缺陷酸蚀检验法》。热酸腐蚀试验是仲裁试验规定的方法,在原材料质量检验和失效分析中具有广泛的应用。

热酸蚀试验的基本要素为:侵蚀剂、侵蚀温度、侵蚀时间及试验检验面的表面粗糙度。

热酸蚀试验的基本操作方法如下:

1)先将一定量的水倒入容器中,再将一定比例的酸缓缓倒入容器,边倒入边搅拌。硫酸倒入时更要缓慢,以防升温过快造成酸液飞溅。严谨将水倒入酸中。

2)用汽油或四氯化碳将试样上的油污刷洗干净(尤其是检验面),用水冲洗,吹干,不要用手触摸试验面。

3)将酸液加热到所需的温度。

4)将样品放入酸液中,注意检测面朝上,且容易放入和取出,要保证试样必须全部被酸淹没,试验面不要和其他东西接触,以免腐蚀不均匀。

5)样品放入酸液后,当温度到达标准的下限时开始计时,整个热蚀期间要保证酸液的温度在标准规定的范围内。

6)热蚀时间到后,将试样取出,用热水和毛刷洗去试验面的腐蚀物,然后可用标准规定的碱性溶液进行清洗和中和残留的酸液,用清水冲洗后再用热风或压缩气体吹干,对试验面进行观察。若腐蚀程度过轻,低倍组织不够明显,可将试样放在热酸水溶液中继续腐蚀,按上述方法再做一遍,直到试验面上能清新地反映材料的低倍组织形貌为止。若腐蚀程度过重,则必须将试样面进行重新加工,试验面至少去除 1mm 的余量,重新调整酸蚀时间,直到能清晰地反映材料的低倍组织形貌为准。

(2)冷酸蚀试验 冷酸蚀不需要加热设备,比较适合于要保证原始外形的大型锻件和其他机械构件。采用冷酸蚀时,样品表面粗糙度 Ra 一般要求不低于 $0.80\mu m$。冷酸蚀比热酸蚀灵活,适用性广,可在现场进行,但冷酸蚀显示钢的偏析缺陷时,其反差对比度较热酸蚀效果差一些，其结果评定也有一些不同。

（3）电解腐蚀试验　电解腐蚀试验是近些年发展起来的一种试验方法，其原理不同于热、冷酸腐蚀。电解腐蚀较常用的腐蚀液为15%～30%（体积分数）的工业盐酸水溶液，电解液的温度为室温。使用的电压小于36V，电流在400A以下，电解时间一般为5～30min，以清晰地显示材料的低倍组织缺陷为准。电解腐蚀一次可放入多个样品，但须保证试验面和电极板之间的距离，试验面和电极板相对，且平行放置。电解腐蚀具有操作简便、效率高、酸的挥发度和空气污染小的特点，比较适合于批量检验和原材料的入库复验。

5.2.2　失效分析中的宏观金相分析

1. 一般遵循的原则

用于失效分析时的低倍试验操作和产品质量评定中的要求相同，但对样品和试验方法无统一要求，一般应遵循以下原则：

1）能清楚地反映断裂部位的特征。

2）方便机床装夹和加工。

3）便于试验操作。

要考虑实际酸侵槽的尺寸，样品太大时可先切割成可以放入酸槽试验的尺寸，采用统一的试验条件，完成全部试验后进行拼接和拍照。样品不宜过厚，以免太重而不便操作。

案例1：风力发电机组变桨轴承外圈材料为42CrMo4V钢，在使用约8个月时发生断裂。失效分析时为了了解失效件的结构、材料质量和热加工工艺，对其做了剖面低倍检查。从图5-1中看到，轨道面和齿面经过了表面硬化处理，整个检测面组织均匀、细腻，未见其他明显缺陷。

案例2：开裂失效的船用输出齿轮外形尺寸为：$\phi1395$mm（外圆直径）×395mm（齿轮厚度），内孔直径为$\phi420$mm，以自由锻件供货。在进行锻造质量评定时，由于受加热酸槽尺寸的限制，也为了减轻样品重量利于操作，把整个试验面分割成6块分别试验，然后进行拼接。从图5-2中看到，除标注的两部分表面未见渗碳层特征外，其他区域的表面均存在渗碳层特征，整体上组织均匀、细腻，未见铸造枝晶和其他明显低倍缺陷。

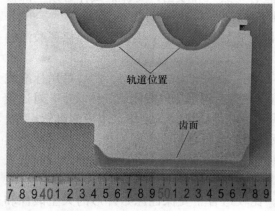

图5-1　轨道面和齿面的淬火硬化层特征

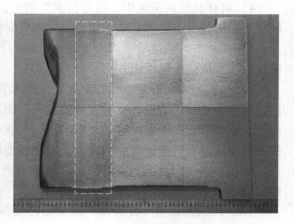

图5-2　齿轮的表面渗碳层特征

2. 失效分析中的应用

（1）显示断裂部位的结构特征　在失效分析过程中，断裂处的实际位置，断裂面的平整程度，以及和轴向的夹角，断裂部位的尺寸变化，过渡圆弧的形状大小，断裂面附近是否存在二次裂纹或内裂纹，断裂部位是否存在明显的塑性变形、是否有损伤等，这些在判断失效模式和进一步分析失效原因时都非常重要。分析时首先选择最能反映断裂面位置和特征的试验面，选取最合适的加工方法和侵蚀试剂，然后进行试验和观察。

案例：材料为 35 钢，强度等级为 8.8 级的螺栓在装配时，扳手扭矩还没有达到规定的 9N·m 时即发生断裂（见图 5-3a）。经调查，该螺栓的加工流程为：35 钢热轧盘圆 ϕ12mm→球化退火→冷拔到 ϕ11.05mm→磷化→冷镦成形→热处理（水淬）→数控车外圆→磨外圆→滚压螺纹→镀锌，发生断裂（或开裂）的螺栓数量接近同批次总数量的 1%。由图 5-3b 可见，断裂面和螺栓横剖面大约呈 30°角。从图 5-3c 中看到，靠近螺栓头部梅花形内孔一侧的裂纹相对较宽，裂纹还没有延伸到螺柱外表面，说明开裂起源于螺栓头部梅花形内孔一侧。后续的检测中发现，开裂面上存在较高含量的 Zn，说明裂纹在镀锌处理前就已经存在。宏观金相分析发现裂纹较细，很少分叉，刚劲有力；微观金相分析发现裂纹穿晶扩展，源区无明显增碳、脱碳现象，这些都是热处理淬火裂纹的典型特征。因此，该螺栓断裂的主要是由热处理裂纹引起的。

a）断裂的螺栓

断裂面

b）断口剖面形貌

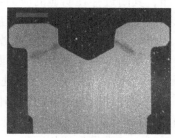

c）裂纹形貌

图 5-3　螺栓断裂处形貌

（2）显示断裂部位的工艺特征　在实际失效分析过程中发现一些经营者往往受成本或利益驱使，本来设计采用锻件的却使用了铸件；本来设计为无缝管，但实际上却使用了焊接管；本来设计为调质态使用，但实际上却为正火态；钢板本来应该纵向承力，但实际制造时主要承力方向却变成了横向；设计不允许补焊，但却舍不得报废产生了瑕疵的高价值产品而采用了局部补焊，而且补焊时还省略了必要的热处理工序；对于一些特殊环境使用的构件要求严格的表面防护，本来设计多层不同的表面涂层，但实际上却只有两层，甚至一层，而且涂层厚度还往往不满足设计要求，涂层下面的基体表面质量到底如何？它们在外观上用肉眼难以区分，但却都直接影响材料的组织性能和正常的服役情况。以上这些工艺不当将使零件过早失效。对于该类型的失效分析，金相分析技术将发挥很大的作用。

案例 1：反映铸造工艺情况。开裂件大臂为 35MnMo 铸钢零件，浇铸温度为 1550 ~ 1560℃，一次性补缩，该零件在热处理工序回火后发现开裂现象。经调查，该零件的加工流程为：铸造→清理→正火→去冒口→喷丸→去毛刺、精整→喷丸→磁粉检测→热处理（淬火、回火）→喷丸→磁粉检测。热处理采用燃气炉加热，加热温度为 910℃，到温后保温

5h，然后水淬，冷却水温为 24~38℃，淬火后硬度检验结果为 415~601HBW；回火温度为 540~600℃，保温时间为 5.5h，空冷，回火后硬度检验结果为 241~285HBW；淬火与回火工序间隔时间小于 1h。采用相同的热处理工艺共处理该零件 300 余件，出现开裂的零件有 6 件，开裂部位均在浇冒口附近（见图 5-4a）。

 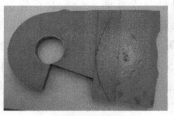 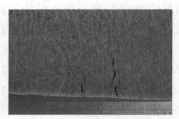

a) 大臂上的裂纹　　　　　　　b) 裂纹处的铸造疏松　　　　　　c) 微裂纹和铸造枝晶

图 5-4　大臂开裂处形貌

分析时从裂纹部位切取剖面试样，加工后做 1∶1 热盐酸腐蚀，发现裂纹呈圆弧状，内弧侧存在密集的疏松缺陷，靠近零件边缘存在沿铸造枝晶扩展的微裂纹（见图 5-4b、c）。更进一步的失效分析发现，该零件铸造过程中补缩不足，铸造缺陷集中的冒口没有彻底去除干净，其附近存在明显的应力集中。35MnMo 为合金调质结构钢，淬火方式一般为油冷却，水冷却会加大淬火时的热处理应力，容易导致淬火开裂。

案例 2：反映焊接工艺情况。材料为 Q235B 的起重用吊耳为焊接件，最终表面处理为热镀锌。该吊耳在起吊大约 16t 重物时（最大起重设计为 30t），重物还未离地，吊耳即发生了断裂。由图 5-5a 可见，断裂处有焊接特征的断裂面上存在镀锌层。

断裂件和未断裂件相同部位焊缝低倍形貌见图 5-5b、c，从图 5-5b 中看到，断裂件靠上边的一条焊缝几乎不存在焊肉，靠下边的一条焊缝存在焊接痕迹，但焊肉很少；从图 5-5c 中看到，正常吊耳的相同部位的焊缝形状比较正常，焊肉比较饱满。由此可见，该断裂的吊耳焊接质量较差，焊接熔合区较少，起吊时吊耳有效承力截面不足导致过载断裂。

 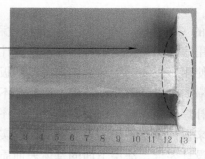 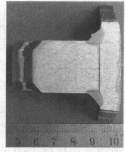

a) 断裂的吊耳　　　　　　　b) 断裂吊耳上的焊接接头　　　　　　c) 正常吊耳的焊接接头

图 5-5　吊耳断裂处形貌

案例 3：反映热处理工艺情况。某采煤机滚筒齿座材料为 15CrNi3MoA 钢，其加工工艺为：锻造→正火→高温回火→内孔端面加工→渗碳（焊接部位做防渗处理）→盐浴淬火→局部退火（焊接部位）→抛丸→焊前焊接部位打磨→焊接。该滚筒齿座在使用两个月后发生开裂，开裂的比例较高。

　　经肉眼观察，滚筒齿座断口未观察到明显塑性变形，断口上可见清晰的贝壳状纹路，具有疲劳断裂典型的宏观特征。贝壳纹的汇聚区域存在多处凹坑，宏观可见焊接特征，为疲劳起源区。由此可见，焊接区域的凹坑和疲劳起源具有直接的关系。为了弄清楚疲劳源区凹坑的产生原因，从断裂的滚筒齿座上通过源区的凹坑沿纵向取样，经磨削加工后做热酸侵蚀试验，可见焊接部位的母材表面存在渗碳层特征（见图 5-6a），焊接熔合线和焊缝中存在微裂纹和气孔缺陷（见图 5-6b）。因此可以判断，滚筒齿座疲劳源区的凹坑是由焊接缺陷引起的。

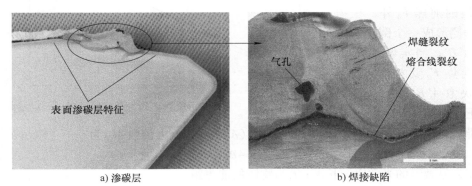

a) 渗碳层　　　　　　　　　　　　　　b) 焊接缺陷

图 5-6　焊接部位的形貌特征

　　焊接构件中碳的质量分数一般不超过 0.6%（失效件基体中碳的质量分数实测值为 0.17%，焊接工艺性较好），碳含量过高时焊接工艺性会明显变差。即便是 45 钢，若焊接工艺不当时，也会引发疲劳开裂。渗碳后表面的碳含量较高，大大超过 45 钢的碳含量，焊接工艺性会明显降低，很容易产生焊接缺陷。由此可见，该滚筒齿座的断裂原因是：热处理渗碳时焊接部位的防渗工艺未做好，使焊接工艺性变差，产生焊接缺陷，引发了疲劳断裂。

5.3　微观金相分析技术

　　微观金相分析技术主要包含以传统光学显微镜为主要手段的经典金相分析技术和以电子显微镜为主要手段的现代电子显微分析技术，关于电子显微镜的介绍在后面的第 8 章 电子光学分析技术里将做详细介绍，该章主要介绍经典金相分析技术中使用的光学显微镜。

5.3.1　光学显微镜及分析技术

1. 显微镜简述

　　随着现代科学技术的发展，显微镜已日益成为各个领域的科技工作者不可缺少的研究工具之一。对观察不透明物体的反射照明显微镜一般统称为金相显微镜。很久以前人类就采用各种方法来研究金属与合金的性质、性能和组织之间的内在联系，以便找到保证金属与合金的质量和制造新型合金的方法。但只有在显微镜问世以后，才具备对金属材料深入研究的条件。现代的金相显微镜已发展到相当完善和先进的程度，已成为金相组织分析最基本、最重要和应用最广泛的研究方法之一。

2. 光学显微镜的放大原理

光学显微镜是由两块透镜（物镜与目镜）组成，并借物镜、目镜两次放大，使物体得到较高的放大倍数，如图 5-7 所示。

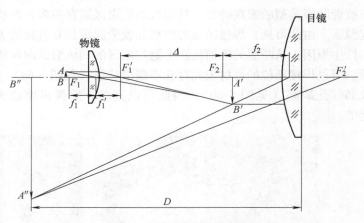

图 5-7　显微镜的光学成像原理

（1）放大倍数　物体 AB 置于物镜的前焦 F_1 外，在物镜的另一侧形成一个倒立的放大实像 $A'B'$，当实像 $A'B'$ 位于目镜前焦 F_2 以内时，则目镜又使映像 $A'B'$ 放大，得到 $A'B'$ 的正立虚像 $A''B''$。

按照几何光学定律，经物镜放大后的像（$A'B'$）的放大倍数 $M_物$ 为

$$M_物 = \Delta / f_1 \tag{5-1}$$

式中，Δ 为显微镜的光学镜筒长度；f_1 为物镜的前焦距。

经目镜将 $A'B'$ 再次放大到 $A''B''$ 的放大倍数 $M_目$ 按下式计算：

$$M_目 = D / f_2 \tag{5-2}$$

式中，D 为人眼睛的明视距离（250mm）；f_2 为目镜的前焦距。

$A''B''$ 是经过物镜、目镜两次放大后得到的，其放大倍数应为物镜放大倍数与目镜放大倍数的乘积，所以显微镜的总放大倍数为

$$M = M_物 M_目 = \frac{\Delta}{f_1} \times \frac{250}{f_2} \tag{5-3}$$

由式（5-3）式可知，放大率与物镜和目镜的焦距乘积成反比。高倍时，物体与物镜靠得很近，因而射到物镜上的光束不是近轴光束，而是非常扩散的光束，为了提高成像质量，一般物镜会由数个透镜组成。每台显微镜都备有若干套目镜和物镜，以便得到不同的放大倍数。

（2）鉴别率　显微镜的鉴别率是指显微镜对于所观察的物体上彼此相近的两点产生清晰像的能力，可用下式表示：

$$d = \lambda / A \tag{5-4}$$

式中，d 为两点间的距离，在显微镜中此两点的像可以区别；λ 为波长（μm）；A 为数值孔径。

由式（5-4）式可看出，物镜的数值孔径及波长对于显微镜的鉴别率是有影响的，数值孔径越大，波长越短，则显微镜的鉴别率就越高，这时在显微镜中就可以看到更细的粒子。

（3）数值孔径　数值孔径通常以 NA 表示，它表征物镜的集光能力。物镜的数值孔径越大，表示透镜面积越大，像就越鲜明。这说明显微镜的鉴别能力主要取决于进入物镜的光线所张开的角度，即决定于其孔径角的大小。那么如何提高孔径角呢？主要是采用使物镜的焦距缩短的办法达到增加角孔径的目的。数值孔径的表达式如下：

$$NA = \eta \sin\psi \tag{5-5}$$

式中　η 为介质的折射率；ψ 为孔径角的一半（°）。

式（5-5）说明，数值孔径的大小不仅与孔径角大小有关，还与光所通过介质的折射率有关。介质的折射率大，则物镜的数值孔径亦大，即鉴别率就相应提高。

3. 金相显微镜的光学系统

（1）物　镜　物镜是显微镜最主要的部件，它是由许多种类的玻璃制成的不同形状的透镜组所构成的。位于物镜最前端的平凸透镜称为前透镜，其用途是放大，在它以下的其他透镜均是校正透镜，用以校正前透镜所引起的各种光学缺陷（如色差、像差、像弯曲等）。

1）物镜按其所接触的介质可分为干系（介质是空气）物镜、湿系或油浸系（其介质是高折射率的液体，在设计物镜时这一液体已被考虑在内）物镜。油浸系物镜外面的金属壳上一般都以文字或符号表示，如外壳上涂一层黑圈或标有 OiL、OL、HI、O1 等。

2）物镜按其光学性能又可分为消色差、平面消色差、复消色差、平面复消色差、半复消色差物镜和供特殊用途的显微硬度物镜、相衬物镜、球面及非球面反射物镜等。这些物镜的功能是为了尽可能消除物镜的各种光学缺陷或适应在特殊条件下工作。

（2）目　镜　目镜主要是用来对物镜已放大的图像进行再放大。目镜又可分为普通目镜、校正目镜和投影目镜等。

1）普通目镜是由两块平凸透镜组成的。在两个透镜中间、目透镜的前交叉点处安置一个光圈，其目的是为了限制显微镜的视场即限制边缘的光线。

2）校正目镜（或称补偿目镜），它具有色"过正"的特性（过度的校正色差），以补偿物镜的残余色差，它还能补偿由物镜引起的光学缺陷。该目镜只与复消色差和半复消色差物镜配合使用。

3）投影目镜专门供照相时使用，用来消除物镜造成的曲面像。

（3）照明系统　光学显微镜中主要有两种观察物体的方法，即 45°平面玻璃反射和棱镜全反射。这两种方法都是为了能使光线进行垂直转向，并投射在物体上，起这种作用的结构称为垂直照明器。在金相工作中的照明方式分为明场和暗场照明两种。

1）明场照明是金相分析中常用的一种照明方式。垂直照明器将来自光源的水平方向光线转成垂直方向的光线，再由物镜将垂直或近似垂直的光线照射到金相试样平面，然后由试样表面上反射来的光线又垂直地通过物镜给予放大，最后由目镜再予以第二次放大。如果试样是一个镜面，那么最后的映像是明亮一片，试样的组织将呈黑色映像衬映在明亮的视域内，因此称为明场照明，分为两种情况：①正射照明。正射照明的折光构件为平面玻璃，置于物镜下面与物镜光轴呈 45°，如图 5-8a 所示。水平方向射入的照明光，经平面玻璃反射后成垂直方向光线，经物镜射向试样表面，其直射光造像清晰平坦，能真实地显示各种组织，但缺乏立体感。因平面玻璃反射光线的损失较大，故需在玻璃反射面上涂一层硫化锌、硫化银或其他高反射系数的材料，制成"半透半反"的玻璃片，使 50% 的光线能反射至试样表面，以提高照明效率。但当光线由试样表面返回物镜，又经平面玻璃面转入目镜筒时，又有一半光线损失，即使用最好的平面玻璃反射，最后到达目镜筒内的光线也只有 25%。用平面玻璃反射，映像的亮度较棱镜反射要弱，映像的衬度也较差，但其所得到的鉴别能力却远比棱镜反射高。②斜射照明。采用显微的光轴构成 30°（或 30°以上）角度的光线照明试样的方法，称为斜射照明。由光学原理可知，斜照明时由于物镜的孔径角可充分地利用，以及可有更多的衍射光进入物镜，故能提高分辨力，呈现更多的组织细节，并使图像具有凹凸感。如果调节反光装置的角度，或调节孔径光阑中心，使之偏向一边，以改变入射光方向，则也可得到斜照明，见图5-8b。

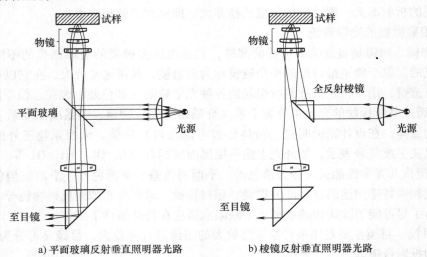

a) 平面玻璃反射垂直照明器光路　　　b) 棱镜反射垂直照明器光路

图 5-8　明场照明光路

2）暗场照明的光线经聚光镜获得平行光束，经环形光阑（或遮光反射镜）后变成环形光束，再由暗场环形反射镜垂直反射。环形光线不经物镜而直接照射到罩在物镜外面的曲面反射镜上，以极大的倾角反射到试样表面上。当试样表面为平整镜面时，射到试样上的光线仍以极大的倾角反射回来，它们不通过物镜，故目镜筒内看到一片黑暗；如果试样表面有凹凸不平的显微组织或夹杂物时，会造成光线的漫反射，部分漫反射光线通过物镜，使黑暗的背景上显示出明亮的映像。图5-9所示为暗场光路。图5-10所示为在暗场下拍摄的TC11钛合金退火态组织，在明场呈白色的α相在暗场呈黑色。

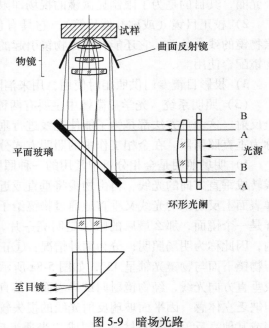

图 5-9　暗场光路

（4）光阑　在光学显微镜中常安置有两个可变的光阑，使用时可调节光阑大小，其目的是为了提高映像的质量。光学显微镜中一般应用的有孔径光阑和视域光阑。

1）孔径光阑是位于光源聚光透镜前的可变光阑，可以控制入射光束的粗细，以改变物镜的数值孔径，故称为孔径光阑。

孔径光阑的大小对显微图像的质量影响较大，主要是：①对分辨力的影响。当孔径光阑缩小时，进入物镜的光锥角减小，即数值孔径减小，仅物镜的中心部分起放大作用，使得物镜的鉴别能力降低，影响细微组织的分辨。②对物像清晰度及衬度的影响。扩大孔径光阑，可使物镜的数值孔径增大，有利于鉴别组织细节。但若孔径光阑开启过大，会降低物像的衬度。因此孔径光阑不宜开足，以免影响物像的清晰度和衬度。孔径光阑大小的合适程度应依照光束充满（或略小于）物镜的后透镜为宜。具体可根据观察时所见物像的清晰程度来选定光阑的大小。同时在更换物镜后，孔径光阑应做相应的调整。

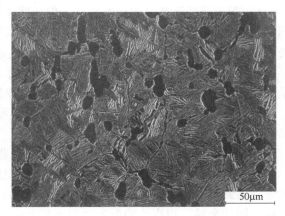

图 5-10　TC11 退火态组织（暗场）

2）视域光阑处在孔径光阑之后，经光学系统后造像于金相磨面上。因此调节视域光阑能改变观察视域的大小，此外视域光阑还能减少镜筒内部的反射与眩光，提高映像衬度。视域光阑宜缩小到最小限度。视域光阑越小，映像的衬度越佳。

由此可见，孔径光阑和视域光阑都是为了改进映像的质量而设置于光学系统中的，应根据映像的分辨能力和衬度的要求妥为调节，充分发挥其作用，切勿仅用以调节映像的明暗而失去应有效应。

（5）滤色片　滤色片是光学显微镜摄影时的一个重要辅助工具，其作用是吸收光源发出的白光中波长不合需要的光线，而只让所需波长的光线通过，以得到一定色彩的光线，从而得到能明显表达各种组成物的金相图片。滤色片的主要作用如下：

1）对彩色图像进行黑白摄影时，使用滤色片可增加金相照片上组织的衬度或提高某种带有色彩组织的细微部分的分辨能力。如果检验目的是要分辨某一组成相的细微部分，则可选用与所需鉴别相同样色彩的滤色片，使该色的组成相能充分显示。

2）校正残余色差。滤色片常与消色差物镜配合，以消除物镜的残余色差。因为消色差物镜仅于黄绿光区域校正比较完善，所以在使用消色差物镜时应加黄绿色滤色片，复消色差物镜对波长的校正都极佳，故可不用滤色片或用黄绿、蓝色等滤色片。

3）提高分辨力。光源波长越短，物镜的分辨能力越高，因此使用滤色片可得到较短波长的单色光，提高分辨力。

4. 偏光和相衬在金相检验中的应用

（1）偏光装置及其调整　显微镜的偏光装置就是在入射光路和观察镜筒内各加入一个偏光镜（分别为起偏镜及检偏镜）而构成，如图 5-11 所示。起偏镜是把光源照射来的自然光变为偏振光；检偏镜的作用是分辨被偏振光照射于金属磨面后出射光的偏振状态。要正确地使用偏光装置，还需要能够对其进行正确的调整和校正。

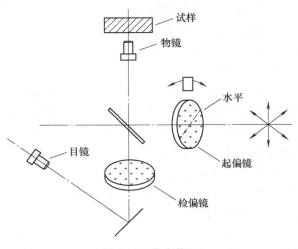

图 5-11　偏光装置

1）起偏镜的调整。起偏镜装在入射光路中可转动的圆框中，将经抛光而未侵蚀的各向同性金属试样（如不锈钢）放在载物台上，从目镜内观察聚焦后试样磨面上的反射光强。转动起偏镜，光强发生微弱的明暗变化，反射光最强时即为起偏镜正确位置。

2）检偏镜的调整。插入检偏镜，做90°转动，从目镜中观察到的最暗的像消失时，就是起偏镜与检偏镜正交位置；观察到光强最大时，就是两镜呈平行的位置。

3）校正载物台中心位置。载物台中心位置应与光学系统主轴重合，以保证载物台做360°转动时，观察目标不离开视域。

（2）偏光在金相检验中的应用　偏光在金相检验中的应用主要有以下几个方面。

1）组织与晶粒的显示。各向异性金属组织因晶粒的光轴位置不同，经检偏镜后，从目镜中观察到具有不同亮度的衬度。这对难于显示晶粒组织的金属，是很好的组织显示方法；对各向同性金属，当直线偏振光照射到其表面时，因反射光仍为直线偏振光，因而在正交检偏镜中，呈现消失现象。而各向同性金属经较长时间侵蚀后，因各晶粒位向不同，较易受蚀的某一晶面，便以不同倾斜度呈现于试样表面，与入射偏振光斜交，反射光变成了椭圆偏振光，不同程度地透过正交的检偏镜，使各晶粒显示出不同的亮度深浅。

2）多相合金的相分析。若两相合金中一相为各向同性，另一相为各向异性，则极易由偏振光鉴别。两相都属各向同性，经适当化学侵蚀后，使其中一相被腐蚀后具有各向异性，而另一相不变，即可分辨。

3）非金属夹杂物的鉴别。非金属夹杂物的鉴别往往需要多种方法，金相法是最常用的方法之一。在正交偏振光下各类夹杂物将有不同的反射规律：①各向同性不透明夹杂物的反射光为线偏振光，在正交偏振光下呈黑暗一片，转动载物台一周无明暗变化，如 FeO 夹杂物。②各向异性不透明夹杂物在线偏振光照射下，部分光线通过检偏镜，转动载物台一周观察到四明、四暗现象，如 FeS 夹杂物。③各向同性透明夹杂物在正交偏振光下可观察到与暗场相同的颜色，如 MnO 夹杂物。④各向异性透明夹杂物在正交偏振光下可观察到包括体色和表色组成的色彩，如钛铁矿（FeO·TiO_2）。⑤透明球形夹杂物除可显示透明度和色彩外，还可看到黑十字效应及等色环，如球状玻璃质的 SiO_2 夹杂物及铁硅酸盐（2FeO·SiO_2）。

（3）相衬装置与结构（见图5-12）　在光学显微镜中加入两个特殊光学零件：在光源系统光阑位置上，换上一块单环或同心双环遮板；在物镜后焦面上放一块相板，它是一块透明的玻璃片，在环形透光狭缝处，真空喷镀氟化镁和银，称为相环，它起移相和降低振幅的作用。当光线经遮板后，光线变为环形光束，调整遮板使其聚焦在相板上，并使环形光束与相板上环形镀层吻合。

环形光束通过相板后经物镜投射到试样表面上，如果试样表面平整光滑，那么反射光进入物镜光线必然仍与相环吻合；如果磨面上有凹凸，则不同部位的反射结果不同，凸出部分的反射光重新又投入相环上。凹陷部分的反射光包括直射光与衍射光两

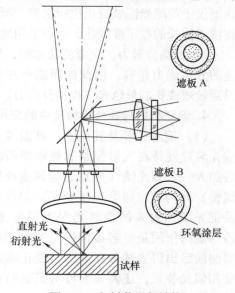

图5-12　相衬装置与结构

部分，直射光透过相环而衍射光则由各个方向投射在整个相板上（衍射光通过相环面积比整个面积小得多，故可忽略不计），通过相环部位的直射光因移相和降幅而达到提高衬度的效果。

相衬装置按移相的不同，分为负相衬（明衬）和正相衬（暗衬）两种。正相衬比较常用。

（4）相衬在金相检验中的应用　金相磨面上的两相高度差在 10～150nm 范围内，用相衬法鉴别较为适宜。高度差太大或太小，相衬效果不佳。用特殊相板，可使相衬鉴别能力提高到 5nm 高度差程度。相衬分析用的金相试样要求制备得很好，表面无磨痕、曳尾、蚀坑。不同相的高度差要尽量小，浅腐蚀则比较适宜。

相衬在金相分析中的作用有：

1）高速工具钢淬火后因碳化物与基体的高度差较小，碳化物溶解程度的检查比较困难，用正相衬法，可以使微凸的碳化物明亮地分布在较暗的基体上。

2）用相衬方法可鉴别某些明场不易辨别的组织。如低碳钢中马氏体、珠光体和铁素体的复合组织，侵蚀后马氏体与铁素体均为浅色，不易区分。但若用正相衬观察，马氏体呈白色，铁素体呈暗黑色，衬度较大。

3）成分复杂的铸造合金，一般都会产生晶内偏析，要用特殊试剂才能显示出偏析情况。利用合金元素富集处的硬度与晶内其他部分不同，于抛光后会形成小高度差，用相衬观察，偏析情况能清晰地显示出来。

此外，用相衬法还可显示非常细小的滑移带等。

5. 光学显微镜的操作与维护

光学显微镜属于精密光学仪器，因此一定要细心操作，精心维护，保证设备仪器的正常使用。

（1）操作注意事项　光学显微镜的操作应注意：

1）操作者必须充分了解仪器设备的结构原理，使用方法，严守操作规程。

2）操作时双手要干净，试样的观察表面应用乙醇冲洗并吹干。

3）操作显微镜时，对镜头要轻拿轻放，不用的镜头应随时放入盒中，不能用手触摸镜头。

4）调整焦距时，应先轻轻转动粗调，使物镜和观察面尽量靠近，并从目镜对焦，然后轻轻转动微调，直到调节成像清晰为止。在调节中必须避免显微镜的物镜和试样磨面碰撞而损坏镜头。

5）显微镜使用完毕后，应将电压调低，然后切断电源。

（2）维护注意事项　光学显微镜的维护应注意：

1）光学显微镜的工作地点必须干燥，少尘，少振动，不应放在阴暗潮湿的地方，也不应受阳光曝晒。

2）不宜靠近挥发性、腐蚀性等化学药品，以免造成腐蚀环境。

3）在显微镜工作时，样品上的残留液体、油污必须去净，如不慎沾污了镜头，应立即用棉花擦净。油镜头用毕应立即用二甲苯揩净。

4）不常使用的物镜、目镜一般应放在干燥皿中，如有灰尘可用吹灰球吹净，然后用擦镜纸揩净。

5）阴暗潮湿的空气对显微镜危害很大，会造成部分零件生锈、发霉，以致报废。在梅雨季节，显微镜的各个零件都应注意防霉。

6）机械部分不要随意拆卸，并应经常加润滑油脂，以保证正常运转。

5.3.2 电子显微镜及分析技术

电子显微分析技术在机械构件的失效分析方面，其主要应用是可以从深层次（可达到原子级别）研究构件失效的本质，包括材料的晶体结构、组分、表面微观形貌及各种特性等。TEM 技术诞生较早，是电子分析技术的基础，和其他谱仪合用，它可以进行结构、形貌及成分等多种分析。但 TEM 对样品要求较高，限制了其实际应用范围和发展。能量色散谱仪（EDS）和电子背散射衍射探测器（EBSD）是 SEM 的基本配置。EDS 的信息来源是 SEM 入射电子束轰击试样表面时产生的一些不连续光子组成的特征 X 射线，从其诞生发展至今，分辨力已达到 130eV 左右，分析元素范围为 4Be～92U。EDS 可以对构件上的微小区域进行材料的定性和半定量化学成分分析，还可以分析样品某一区域某一元素的线分布或面分布情况，在机械构件的失效分析中起着非常重要的作用。EBSD 分析技术被誉为是近十年来材料微观分析技术中最重要的发展，其应用已渗透到材料科学、冶金、地质矿物学、微电子器件等诸多科学研究领域和加工制造行业，利用背散射电子像观察，可观察到第二相、夹杂物等对裂纹萌生与扩展的影响，对机械构件失效机理的深入研究具有重要意义；二次电子（SE）由于其产额大，成像分辨力高，能够很好地反映样品的表面形貌特征，SEM 分析技术在断口形貌方面具有无可替代的作用和地位。俄歇电子谱仪（AES）在材料的表面物性分析方面具显著的优越性，在磨损失效和腐蚀失效的机理研究方面具有重要意义。

5.3.3 金相试样的制备及分析技术

金相试样的制备包括取样和试样被检验面的加工两部分。金相检验都有其特定的目的，只有合理的取样，才能保证被检验对象具有充分的典型性和代表性。用于产品质量鉴定的金相试样取样应按技术协议、图样或相关标准进行，用于失效分析的金相试样应以最能反映材料组织性能特征的位置和方位，并采取合适的切割方法取样。金相试样的制备质量直接关系到显微组织的显示及观察的真实性，其制备过程主要包括：取样及编号→镶嵌→磨光→抛光→组织显示几个部分。

1. 取样及编号

取样位置、方向以及数量主要取决于检测的目的。例如，在锻件的热处理质量评定中，金相试样的取样位置应和力学性能试样的取样位置一致，这样当力学性能检测结果出现异常时，可以借助金相组织对其原因进行分析。若为失效分析取样，则应尽量在裂纹起源处或缺陷部位切取样品，切取的样品观察面一般有纵向（沿着轧制方向）和横向（垂直于轧制方向）两种。

纵向取样的检测项目有：非金属夹杂物评级、带状碳化物评级、碳化物液析、不锈钢中高温铁素体、组织变形情况、双相钢相比例等。

横向取样的检测项目有：金相组织，晶粒度评级，晶界析出物评级，脱碳层、渗碳层、渗氮层、涂层（镀层）厚度测定，网状碳化物评级，裂纹深度测量等。

切取金相试样时，尽量选择对原始状态影响小的方法。原材料检验可选取锯削的方法，试样尺寸一般为 10mm×10mm×10mm 的立方体，或者 φ10mm×10mm 的圆柱体。失效分析中的金相试样尺寸一般无统一要求，尽可能选取线切割，而不是选取对断口或缺陷损耗较大的砂轮片或锯床切割。

当切取的金相试样较多时，应对样品进行编号，并表明样品的具体位置，有时还要标明纵向、横向。图 5-13 所示为一个直径为 φ50mm 的螺栓断口处金相分析取样位置及编号。图 5-13a 中箭头所指的方向为观察面，也就是镶嵌后的磨抛面。

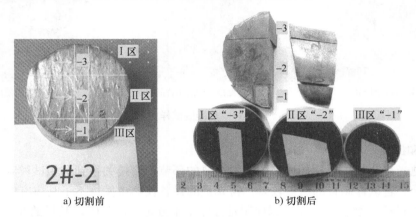

a) 切割前　　　　　　　　　　　　　b) 切割后

图 5-13　螺栓断口处金相分析取样位置及编号

2. 镶嵌

当试样的尺寸比较适合磨抛和观察，检测目的又与试样边界无关时，可以直接制样，而不需要镶嵌。需要对样品进行镶嵌的情况有：①尺寸过分细薄，有尖角、利刃等不好直接磨抛的样品，如薄板、带、片、箔、薄管、细线、丝材等。②需要检查表面薄层组织，如氧化层、脱碳层、渗碳层、渗氮层、金属镀层等。③使用自动磨抛机时试样夹具对试样的尺寸有特定的要求，需将试样镶嵌。

金相试样的镶嵌方法有机械镶嵌法、热镶嵌法和冷镶嵌法。

（1）机械镶嵌法　机械镶嵌主要是利用机械夹具来固定试样，便于磨光和抛光。机械夹具的形状主要由被夹试样的外形、大小，以及夹持保护的要求决定。常用的夹具有平板夹具、环状夹具和专用夹具。制作夹具用的材料通常为低碳钢、不锈钢、铜合金及铝合金等具有一定强度又有一定韧性的材料。

（2）热压镶嵌法　热压镶嵌法是将试样面朝下装入圆形模具中，再加入适量热镶嵌粉，在加热加压的条件下使之固化成形。这是一种广泛使用的镶嵌方法，但它不适用因受热或受压而发生组织变化的试样。热镶嵌法需要用镶嵌机来完成，镶嵌材料通常用聚氯乙烯、聚苯乙烯和电木粉等。

（3）冷镶嵌法　冷镶嵌法是先将样品的观察面朝下放入专用模具中，再将按一定比例混合的树脂制成糊状，倒入模具中，在室温静置一段时间固化而成。有时为了提高镶嵌质量，或缩短镶嵌时间时也可以将未固化的样品放入密闭容器中进行抽真空处理。冷镶嵌不需要加压，无需专用的镶嵌机，所用设施简单，并容易满足各种样品的制样要求，比较适宜不宜加热加压、形状复杂、多孔、多缝隙以及较脆的样品。

图 5-14 所示为几种热镶嵌试样。试样镶嵌后要及时在背面的树脂材料上做标识，多个

样品同时镶嵌时也要进行标记以示区别。对特别薄的带材进行截面观察、厚度测量镶嵌时，可采用专用样品夹以固定样品，保证观察面和轧制方向垂直。

a) 同时镶嵌多个样品 　　　　b) 不好直接磨抛的小样品 　　　　c) 样品夹的使用

图 5-14　热镶嵌试样

3. 磨光和抛光

磨光和抛光是金相试样制备过程中非常重要的环节，直接关系到金相试样制备的质量好坏和观察效果。若试样制备的质量较差，再先进的设备仪器也发挥不了其应有的作用。

（1）金相试样的磨光　磨光是试样制备程序中十分重要的步骤，其目的在于：

1）使试样的被检测面磨成初步平整光滑的表面。

2）去除由于取样时造成的被检测表面的变形层或热影响层。

试样的磨光可分为磨平和砂纸打磨。磨平一般在砂轮机上进行，尽量选择有水冷却的砂轮机或砂带机。磨平前首先要磨去试样上尖锐的毛边，以免受到伤害。砂轮或砂带要始终保持锋利的磨削状态，砂轮还要注意磨面平整，出现凹槽时要及时修整或更换。砂轮的型号、硬度和砂轮粒度的选择应和被磨的样品相适应。砂轮磨平过程中不可用力过大，要不断沿砂轮半径方向移动样品并及时冷却，不要把样品一直放在同一个位置上，磨削量以得到平整的试验面为原则。磨平过程中样品温度不能升得太高，以不烫手为原则。

样品磨平后即可进行砂纸打磨，目的是要把砂轮磨平时产生的较粗的磨痕以及较严重的表面变质层去除掉。砂纸打磨选用由粗到细的顺序打磨，一般可从 150 号砂纸起磨，手法有推磨手法和拉磨手法，推磨手法的力度较难控制，相比之下后者较易掌握。拉磨时先将砂纸放在干净的玻璃板上，再将试样放在砂纸上，轻轻垂直下压并将试样匀速拉向自己胸前，数次后观察磨面，待磨痕方向一致时再将样品转动约 90° 继续打磨，直至观察不到上道磨痕为止，反复 1~2 次后即可更换细一号的砂纸。砂纸要注意经常清理，避免较粗砂纸上的砂粒掉落在较细的砂纸上。对于奥氏体或铁素体基体的材料可磨至 800 号水磨砂纸，对于钛合金、铝合金等可磨至 1000 号水磨砂纸。打磨除手工砂纸打磨外，还可以采用金相预磨试验机辅助打磨，打磨过程中要注意水冷却，避免磨面过热。

（2）金相试样的抛光　抛光的目的在于去除金相磨面上由砂纸打磨留下的细微磨痕及表面变形层，使磨面成为无划痕的光滑表面。金相试样的抛光方式有机械抛光和电解抛光。

1）机械抛光是靠磨料的磨削和滚压作用，把金相试样抛成光滑的镜面。抛光时磨料嵌入抛光织物的间隙内，这相当于磨光砂纸的切削作用。

机械抛光所使用的设备主要是抛光机，常用的磨料有氧化铬、氧化铝、氧化铁和氧化镁，将抛光磨料制成水悬浊液后使用。现在比较常见的抛光磨料是金光石研磨膏和金刚石微粉喷剂，它们的特点是抛光效率高，抛光后表面质量高。

抛光织物对金相样品的抛光具有重要的作用，依靠织物与磨面间的摩擦使磨面光亮。在抛光过程中，织物的纤维间隙能贮存和支承抛光粉，从而产生磨削的作用。通常粗抛织物用帆布，细抛和精抛织物用海军呢、丝绒和丝绸等。

抛光操作时，应先对试样边缘进行打磨倒圆，避免刮伤抛光织物或引起样品脱手。对试样所施加的压力要均衡，应先重后轻。在抛光初期，试样上的磨痕方向应与抛光盘转动的方向垂直，以利于较快地抛除磨痕。在抛光后期，需将试样缓缓转动，这样有利于获得光亮平整的磨面，同时能防止夹杂物及硬性相产生拖尾现象。

2）电解抛光是采用电化学溶解作用达到抛光的目的。电解抛光速度快，一般试样经过320 号砂纸磨光后即可进行电解抛光。经电解抛光的金相试样能显示材料的真实组织，尤其是硬度较低、极易产生加工变形的金属或合金，如奥氏体不锈钢、高锰钢等适合采用电解抛光；对于偏析较为严重的金属材料、铸铁以及夹杂物检验的试样则不适合电解抛光。

电解抛光需在电解槽中进行，并需要一台直流电源。先在电解槽中注入适当的电解抛光液，并以试样作为阳极，以不锈钢作为阴极。接通电源后使用适当的电解温度、电压、电流密度和抛光时间，使试样磨面由于阳极的选择性溶解而逐渐被平整和光滑。

4. 金相试样的侵蚀

大部分金属材料的显微组织均需要经过不同方法的侵蚀才能显示出各种组成相。常用的金属组织侵蚀方法有化学侵蚀法和电解侵蚀法。

（1）化学侵蚀法　化学侵蚀前必须冲洗清洁检测面，侵蚀的方法有侵入法和揩擦法。

1）侵入法是将试样的检测面朝上浸入盛有侵蚀液的容器中，试样需全部浸入并不断摇动容器，或用镊子夹住试样在容器中来回晃动，避免腐蚀产物在观察面上聚集，注意观察检测面的颜色变化。当检测面的颜色变暗、失去金属光泽时，应迅速将样品取出并用自来水冲洗，然后用乙醇冲洗，再用电吹风机吹干，然后进行观察。若侵蚀较轻，组织显示不明显，则可重新侵蚀，直到清晰地观察到金相组织为止；若因侵蚀过度而影响观察效果时，则要从砂轮磨平开始重新制样，并重新腐蚀。

2）揩擦法是用蘸有侵蚀剂的棉花在试验面上轻轻揩擦以达到腐蚀的目的，可直接在大型工件和大样品进行检验，而无须进行切割加工，比较适用于现场金相检验。当腐蚀程度比较合适时，应迅速采用水冲洗，然后再用乙醇冲洗，最后用电吹风机吹干试样，再进行观察或做覆膜处理。在进行不锈钢、铜合金等有色金属的金相组织显示时，揩擦法也是一种不错的选择。

（2）电解侵蚀法　电解侵蚀的工作原理基本与电解抛光相同。由于金属材料中各组成相之间以及晶粒之间的析出电位不一致，在微弱电流的作用下各相的侵蚀深浅不同，因而能显示各相的组织特征。

图 5-15 所示为笔者在失效分析过程中制作的几种材料的金相组织。

关于金相组织的侵蚀剂在许多资料上都有相关介绍，但在实际分析中发现，除普通使用的侵蚀剂外，侵蚀一些不常见金相组织时，如显示某种材料调质处理状态下的实际晶粒度时，即便是日常工作中使用非常普遍的金相图谱，其中介绍的侵蚀剂配方和最终的试验结果也与图谱相差甚远。金相试样的侵蚀不但与化学试剂的配方有关，还与时间、

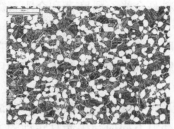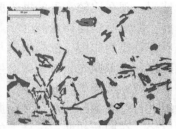

a) TC4 钛合金退火组织　　　　　b) ZL104 铝合金金相组织　　　　　c) 双相不锈钢金相组织

图 5-15　几种材料的金相组织

温度，甚至磨抛表层的残余应力有关。笔者在实际工作中发现，在显示铂的实际晶粒度时，腐蚀液的温度选择 80℃ 和 100℃ 时的效果就截然不同，有些相还需要采用不同的试剂进行多次腐蚀，并采用不同的照明方式观察才能准确确认，要尽量将自己关注相的形貌特征和其他相区分开来。只有自己亲自动手才会知道其中的差异和操作要领，才能真正地掌握这门传统的经典技术。

5.4　彩色金相技术

5.4.1　传统的彩色金相技术

20 世纪 40 年代美国金相学家 E. Berha 等人发明了彩色金相技术，其主要原理是利用热氧化法和某些化学浸蚀剂，把金属或合金的显微组织染成五颜六色，从而可以更加直观的研究金属及合金的显微组织结构。E. Beraha 和 B. ShPigler 等著的《彩色金相》一书，对化学腐蚀沉积干涉膜技术进行了深入系统的论述，介绍并发展了多种系列的彩色显示试剂，同时对各种化学试剂的作用做了系统的论述，并对采用化学方法获得的彩色衬度和非均厚膜的薄膜干涉理论进行了解释。

从某种意义上讲，彩色金相技术最先起源于钢中非金属夹杂物和矿物质的分析与鉴别，因为这些天然的矿物质大多具有天然的固有色彩，同时还具有明显的光学各向同性和各向异性效应，因此通过观察各类夹杂物本来色彩的差别和变化，可作为鉴别钢中非金属夹杂物的重要依据之一，这完全是一种天然的彩色金相。1980 年我国出版的《钢中非金属夹杂物图谱》一书，首次列举了钢中各类非金属夹杂物光学特征的彩色图片共 72 幅，如实地纪录和反映了钢中各类非金属夹杂物本来色彩和光学特征，使其更有直观的参考价值。

5.4.2　计算机彩色金相技术

1. 计算机彩色金相的主要特点

计算机彩色金相的突出特点不仅是色彩艳丽，衬度鲜明，美丽悦目，更重要的是计算机彩色金相对组织的分辨能力比黑白金相高出了许多倍，大大提高了金相鉴别能力，增加了试样表面可提供的信息量，组织鉴别清晰，可靠性和重现性也好，有利于揭示材料微观世界的奥秘。利用计算机彩色金相技术可以发现许多新的实验现象，提示合金基体组织的一些重要细节，为发展新型高性能合金材料奠定了基础，有利于揭示材料微观世界的奥秘，为金相技术满足现代科技的需要展现了广阔的前景。随着现代科学技术的飞跃发展，计算机彩色金相必将取代传统黑白金相。

计算机彩色金相的主要特点如下：

1）计算机彩色金相系统引入了合金材料的金相检测，可大大提高鉴别力及对各种组织的区分能力，对准确做出金相分析提供了依据，为探索新型合金的凝固机理开辟了一条崭新的途径。

2）由于光的薄膜干涉对于显微区域中的成分偏析、晶粒位向以及应力状态等都很敏感，因此，彩色金相能够提供更加丰富的显微组织及其他很有意义的信息。

3）彩色金相是显示难以侵蚀的合金或复合材料组织的有效方法，而黑白金相往往无能为力，计算机处理的彩色金相图像在组织识别和分析上又更进了一步。

4）由于彩色金相具有鉴别能力强、组织显示精确、信息量丰富等特点，为计算机处理金相图像以及金相图像计算机管理提供了方便。

图 5-16 所示为利用 ZEISS Observer Z1m 光学显微镜拍摄的纯铜金相组织。

2. 彩色金相技术的应用

在金属材料的被观察表面上，影响各种组织结构的因素可以概括为：成分的差别、晶体结构的差别、晶体位向的差别、晶体缺陷的差别、应力应变状态的差别。这些差别可以独立存在，但大多数情况下则是交叉并存的。例如，不同的合金相，成分、结构、位向、晶体缺陷、应力应变状态都可有或多或少的差别；对于成分显微偏析而言，则主

图 5-16　纯铜的金相组织（α+β）

要是成分的差别；对如某些非扩散型相变产物而言，例如马氏体和残留奥氏体，则成分上没有差别，而在晶体结构、位向和晶体缺陷方面存在差别；对于片状马氏体和板条状马氏体而言，成分和结构都无差别，只在亚结构或晶体缺陷上存在差别等。所有这些组织结构的因素，都可以通过颜色衬度利用计算机成像技术反映出来。

彩色金相技术在材料分析中的应用如下：

（1）成分偏析的显示　由于合金的大多数相变都是扩散型相变，在相变过程中都发生着成分重新分布，因此，在微观区域中，普遍地存在着成分不均匀的现象，而彩色衬度能把它们鲜明地显示出来。薄膜干涉所产生的颜色衬度对基体组织的成分最为敏感，所以计算机彩色金相系统对于成分偏析的显示很有特色。无论枝晶偏析、带状偏析，都可产生鲜明的颜色衬度，即使是微小的晶内偏析，或者扩散型相变中相界附近的成分不均匀性，也可能显示出颜色的差别，而且各种偏析显示，不会被基体组织所掩盖，组织和成分偏析能同时显示清楚。这是计算机彩色金相技术最重要的特点之一。

（2）马氏体、贝氏体和残留奥氏体识别　钢中马氏体和下贝氏体组织都是针叶状，在黑白金相中难以清楚区分开来，在中低碳合金钢中，残留奥氏体也很难显示出来，然而彩色金相通过颜色衬度利用计算机图像识别技术，使这些问题得到了较好的解决。通过计算机彩

色图像显示，下贝氏体呈黄青色针，马氏体为棕红色，残留奥氏体为浅橙色。

（3）铸铁组织的彩色显示　铸铁的性能不仅取决于其中石墨的形态和分布，也取决于基体的组织结构。为了获得一些特殊的性能，往往在铸铁中加入某些合金元素，形成合金铸铁。铸铁的组织往往比钢还要复杂。用传统黑白金相的方法，铸铁组织中的细节是显示不清楚的。计算机彩色金相系统却可以帮助人们认识到铸铁中各种复杂的组织状态，对进一步研究组织和性能的关系提供了极大的方便。

（4）用彩色金相方法显示晶体位向　在计算机彩色金相技术的实践中发现，颜色衬度对晶体的不同位向有很好的表现。在单向合金中，用适当的彩色显示方法，可以把不同的晶粒染成不同的颜色。通过用蚀坑的方法得到不同的颜色，它们分别对应于不同的晶粒位向。

图 5-17a 所示为通过显微镜摄像头获取的原始金相图，图 5-17b～d 所示分别为通过计算机处理后的晶粒大小分布图、晶界分布图和 Cr_7C_3 相分布情况。相应的彩色金相组织形貌如封三中的图 2 所示。

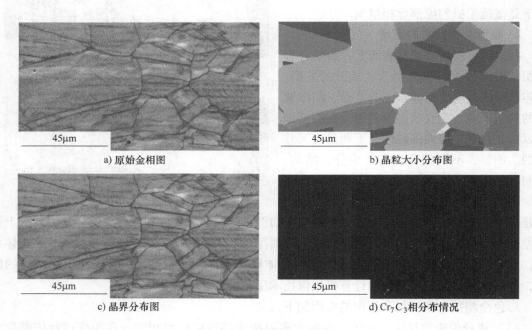

a) 原始金相图

b) 晶粒大小分布图

c) 晶界分布图

d) Cr_7C_3 相分布情况

图 5-17　金相组织形貌

3. 彩色金相的定量分析

计算机彩色金相技术的发展为定量金相奠定了良好的基础，材料的宏观性能与其微观组织结构之间的依赖关系，已经随着材料科学的发展由定性评估过渡到定量分析的阶段。计算机彩色金相由于能对相的类型、形貌、尺寸及分布提供较准确、较丰富的信息，从而使计算机彩色金相在建立组织与性能的定量关系中发挥出更大的作用。随着计算机彩色金相系统的进一步开发和完善，彩色金相的定量分析技术在材料研究和失效分析中的作用和地位也会越来越显得重要。

5.5　现场金相技术

5.5.1　现场金相分析的特点

1. 无损

传统的材料微观结构分析时，试样制备通常需要在材料上切割一块试样，因破坏了待检验材料的原貌，故这种方法并非处处适用。许多金相检验都要求进行材料微观结构分析试样制备时不能破坏待检验构件的正常使用性能。钢结构件的体积一般都较大，而且其应用也越来越广泛，如车站、体育场、桥梁、海上油田平台，还有大型货轮、建筑物等，当出现局部火灾事故时，为了评估火灾对设施的影响范围，经常需要对其做显微组织的无损检测。热处理生产中出现混料时，可以通过现场金相检验方便的区分出是否经过了规定的热处理工序，而不至于将零件破坏。

2. 方便灵活

随着数码技术和计算机技术的发展，目前市场上的现场金相检验设施体积越来越小，可实现远程观察，使用也越来越方便，再配合先进的现场制样设施和制样技术，现场金相检验的效果往往和实验室取样检测的效果不差上下。由于现场金相检验无须切割取样，其操作更为方便灵活。现场金相检验尤其适合于发电站、石油平台、桥梁和飞机等领域的质量检验。

5.5.2　现场金相分析的步骤

1) 选择粒度适宜的小砂轮，插入电动手磨机上并固紧。

2) 开启手磨机将工件上欲检测的部位磨平，局部打磨深度一般控制在 $1 \sim 2mm$，打磨范围一般为：长度为 $100 \sim 150mm$，宽度为 $10 \sim 20mm$，并以保证被检件尺寸不超差，并能真实地反映其金相组织为原则。

3) 在手磨机的磨头上贴上砂纸贴片，在被检测部位细磨，并由粗到细更换几种不同粒度的贴片，直到细磨完成。

4) 最后在磨头上贴上抛光布贴片，并加研磨膏抛光，直至被检测部位光亮为止。

5) 组织侵蚀。用棉花蘸上少许化学侵蚀剂在被检测部位轻轻擦拭，侵蚀完毕用乙醇冲淋并用吹风机吹干。

6) 组织观察。观察组织时可用便携式金相显微镜；对于无法用显微镜观察的部位，制样后采用覆膜的方法将需要观察处用 AC 薄膜复制出来，带到实验室观察。如需拍摄，再在显微镜上装上摄影仪或摄影照相机，可直接采用电子文档记录观察部位的金相组织。

7) 获得满意的金相图片或 AC 覆膜后，再将打磨部位的边缘区域整修，使其和基体圆滑过渡，尽量减小使用过程中可能产生的应力集中，然后采用自来水反复清洗腐蚀部位数次后再用乙醇清洗，最后用电吹风吹干打磨部位，并采取相应的表面防护措施，以免因检测而产生不应该的腐蚀。

5.5.3　现场金相分析应用举例

一艘在建船舶的螺旋桨（镍铝青铜）表面在船检时发现缺陷，如图 5-18a 中箭头所示。为了判明该缺陷的性质和形成原因，并将因检测造成的影响减小到最低程度，对缺陷部位进行了现场金相检验（见图 5-18b）。

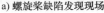

a) 螺旋桨缺陷发现现场   b) 现场金相检验

图 5-18 螺旋桨表面缺陷现场金相分析

肉眼观察，螺旋桨上缺陷位于水面以上，直径约 9mm。对缺陷处进行打磨、抛光后，缺陷处呈现灰色。采用化学试剂侵蚀后进行观察，缺陷处与基体颜色明显不同，缺陷和基体之间存在明显的界线。对缺陷部位做金相覆膜试验，AC 纸（醋酸纤维纸）覆膜带回实验室后置于光学显微镜下观察，缺陷周围未见焊接特征，近缺陷处的基体组织较为清晰，未观察到组织变形特征（见图 5-19a）；靠近缺陷处的基体金相组织为 α+β+Fe 相（见图 5-19b）。

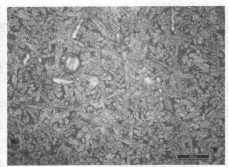

a) 缺陷和基体交界处的显微组织   b) 基体的显微组织

图 5-19 缺陷处的金相组织

综合分析后认为，螺旋桨表面缺陷为铸造过程中形成的夹渣类缺陷。

5.6 金相分析技术在失效分析中的应用

5.6.1 光学金相技术在失效分析中的应用

1. 抛光态检测的应用

非金属夹杂物的检验及铸铁中的石墨检验均无须侵蚀，可直接在抛光态下进行观察。对于一些表面镀层以及涂层的检测和测量，也可直接在抛光态下进行。在失效分析中，一些微裂纹在抛光态下观察反差较大，干扰小，比较直观，特征显示比较明显；有些合金的组成相若以游离态存在时，在抛光态下会显示不同的颜色；还有材料中的疏松、表面的点蚀坑形貌、聚集的非金属夹杂物（或称夹渣）等都适宜在抛光态下观察。

图 5-20 所示为笔者在失效分析过程中拍摄的几种材料的抛光态金相组织。

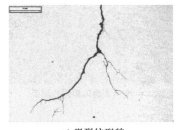 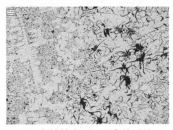 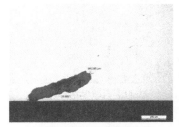

a) 微裂纹形貌　　　　　　b) 灰铸铁中不同形态的石墨　　　　　c) 锻件中聚集分布的夹杂物

图 5-20　抛光态金相组织

2. 侵蚀态检测的应用

材料中的各种组成相及晶界在化学试剂中或电解时的腐蚀速度不同，腐蚀后试样表面会留下能反映材料组织特征的显微凹凸，它们对光的吸收和反射存在差异，从而在光学显微镜中反映出各种各样的金相组织。在失效分析中，除正常观察各种材料的金相组织，对各种组成相进行评级，对各种化学热处理后的表层金相组织显示等外，在分析氧化脱碳层、表面硬化层、焊接接头各区域的特征、铸态组织、表面组织变形等各种缺陷时都要进行侵蚀。材料不同，其金相组织不同；同一种材料热处理状态不同，其金相组织也不同。金相组织的显示一般按标准方法进行，侵蚀不可过轻，也不可过重。在失效分析中，要根据不同的需求和关注点选取侵蚀剂和侵蚀时间。例如：一个由合金钢和不锈钢焊在一起的异种金属焊接接头，很难使用一种侵蚀剂同时显示出两种材料的显微组织，这时就要看重点关注那一个，若关注合金钢，则按合金钢的要求侵蚀，反之，则按不锈钢的要求侵蚀。若要判断裂纹附近是否存在氧化脱碳，一般选择腐蚀较深一些，这样反差会更强烈一些，是否存在氧化脱碳让人一目了然。若是要观察不锈钢的奥氏体晶界是否存在碳化物析出，不但要轻腐蚀，最好还要采用电解腐蚀，最理想的情况是碳化物刚好显示清楚，但却没有脱落。

在失效分析中，通过金相分析可以间接地了解材料的类型和热处理状态，通过一些典型的金相组织特征还可以判断构件的失效模式。在一起列车车轮异常磨损的失效分析中就发现，车轮踏面设计要求进行表面淬火处理，金相组织应为硬度较高的回火马氏体，但实际检测发现踏面表层金相组织为珠光体+少量铁素体，显然未进行表面淬火处理，从而导致车轮踏面硬度较低，耐磨性差，产生异常磨损。金属之间因强力摩擦发生黏着磨损时表层材料会发生变形，不同种材料之间还会发生"冷焊"，组织明显细化（见图 5-21a），严重时还会出现马氏体白亮层。材料中的碳只有在较高温度和较长时间的情况下才会和环境中的氧起反应，并以 CO_2 的形式从材料中逸出，导致材料表层碳含量降低，形成脱碳层。在实际生产中，可通过热处理硬化钢的淬火温度一般不超过 900℃，不会产生明显脱碳；而铸造和锻造工艺经历的温度较高，一般在 1200℃ 以上，在高温环境中经历的时间也比较长，材料的表面会产生较为明显的脱碳（见图 5-21b），组织呈白亮色。分析裂纹起始部分是否存在氧化脱碳也是判定开裂失效原因的一种重要手段。材料热处理后的机械加工，如磨削工艺不当时，零件表面就会产生较多的磨削热，形成磨削表面的组织变质层（见图 5-21c），严重时可产生磨削裂纹。

a) 黏着磨损表层组织　　　　　b) 裂纹开口处的脱碳层　　　　　c) 磨削表面的组织变质层

图 5-21　侵蚀态金相组织

3. 宏观分析和微观分析结合使用

在失效分析中要采取宏观分析和微观分析相结合的方法。宏观分析可以确定缺陷或失效点的位置，可以分析它们和失效之间的关系。例如：在对一船用柴油机曲轴连杆螺栓进行失效分析时，对同批次的螺栓断裂部位做低倍检查时发现螺栓光杆和第一扣螺纹处存在微裂纹，微裂纹沿螺纹根部呈周向分布，垂直于表面向内扩展（见图 5-22a、b）。而螺栓实际上也为横向断裂，断裂位置也和该缺陷相吻合，有必要对该缺陷做进一步分析，并对同批次螺栓的服役情况做进一步排查。高倍下观察发现该微裂纹内部充满灰色氧化物，裂纹尾部的组织存在明显的流线变形，裂纹侧面未见明显增碳、脱碳现象（见图 5-22c）。由此可见，该缺陷是在螺栓在挤压螺纹的过程中形成的。

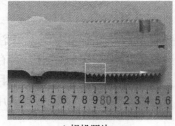  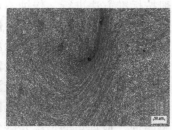

a) 相机照片　　　　　b) 体视显微镜照片 (7.8×)　　　　　c) 金相组织

图 5-22　螺栓螺纹处缺陷形貌

明确了分析方向后，就要在螺栓断口的源区寻找该缺陷留下的直接证据，找到了才能证明该螺栓的断裂与该缺陷有关，那就要召回该批次的所有螺栓，或采取应急措施，并建议对螺栓的加工工艺进行改进，以免再次产生此类缺陷。若没有在断裂源区找到该缺陷，则还需要修正分析方向，继续展开分析，直到找到断裂的真正原因。

4. 利用各组成相的颜色差异进行分析

光学显微镜一个重要的特点就是能反映被观察对象的实际色彩，这一点在金相分析中具有非常重要的作用。如铝合金中的 α-Si 相呈灰色，Mg_2Si 相呈浅蓝色，Al_2Cu 相呈橘红色，AlFeMnSi 相呈黑色，再结合它们各自不同的形态就很容易判断这些相组成。在钢的金相组织分析中，往往会在贝氏体基体，甚至在珠光体+铁素体的基体中混入少量的马氏体，这时往往是利用马氏体区域呈淡黄色这一特性进行区分的。通常情况下，碳化物呈亮白色，珠光体呈黑色，这些差异在准确判断钢的金相组织方面也起着重要作用。若材料的组织比较均匀、单一，在抛光态下的颜色是一致的，但若夹带了其他材料组成，在颜色上也会产生较大差异。在实际失效分析中，曾经发现锌铝合金涡轮中掺杂了未溶的铸铝，黄铜方体阀中发现了呈块状分布的纯铜，铅黄铜阀门中发现了聚集的块状游离铅，不锈钢三通中发现了呈颗粒状分布的游离铬，它们都是材料冶炼不充分产生的缺陷，会破坏材料性能的连续性，且可形成应力集中，可直接导致产品的早期失效。

　　某公司生产的压力容器封头筒体母材为 304 不锈钢，在超声波检测时发现环焊缝区域存在缺陷显示。分析时从缺陷显示部位垂直于钢板表面做横剖面试样，磨抛后直接观察可见存在红色异物区域，存在从该区域产生的微裂纹（见图 5-23a）；侵蚀后观察，红色区域和基体组织界线比较明显，从红色区域发出的微裂纹中也存在红色异物（见图 5-23b）。后经 EDS 能谱分析，该红色异物的主要成分为 Cu。经调查，该企业在焊接过程中，为了防止封头筒体损伤，在地板上铺设了较软的纯铜板进行防护。焊接过程中粗糙的焊缝在移动过程中刮下了部分纯铜并在二道焊接时裹入焊缝。铜的熔点为 1083℃，焊接时熔池金属温度为 1770℃±100℃，近焊缝区温度一般在 1350℃ 以上。若焊缝区域受到铜污染或夹裹了铜屑，焊接时铜会在高温条件下产生渗透和扩散，并在奥氏体晶界富集，使晶粒之间的结合力降低，随后在焊接残余应力的作用下产生“铜脆”而开裂失效。

 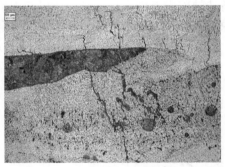

a) 抛光态金相形貌　　　　　　　　　　　b) 侵蚀态组织形貌

图 5-23　缺陷处金相组织

5.6.2　电子金相技术在失效分析中的应用

　　光学金相显微镜一般只能观察平面图像，较高倍数观察时，试样面轻微的不平整都会影响图片质量，试样的边缘或者偶然落在检测面上的异物也无法观察清楚，除非使用图像采集功能。扫描电子显微镜具有景深大、放大倍数高的特点，它观察到的图像往往具有一定的立体感，更加直观，而且放大倍数可以到几万倍，甚至更高，在断口分析技术中起着重要的作用。在金相分析中，只需解决因镶嵌带来的样品被绝缘问题，就可以利用扫描电子显微镜直接观察试样边缘的细微特征，如试样表层的微裂纹或点腐蚀坑，还可以区分材料本身存在的夹杂物和落在试验面上的异物，必要时可方便地利用 EDS 能谱仪做微区成分分析进行辅助判断。但扫描电子显微镜是利用二次电子成像，以接收到反射电子能量的多少作为成像依据，一般得到的是黑白图像，对于金相组织的辨别不如光学显微镜方便。认识了光学金相显微镜和电子显微镜的优缺点后，在失效分析中充分利用各自的优势，将二者结合起来进行使用往往会得到意想不到的效果。

1. 疏松、气孔、裂纹等材料缺陷分析

铸造疏松、气孔以及铸件、粉末冶金构件中的孔隙在光学显微镜下观察往往表现为颜色相对较深的黑点或黑色区域，无法观察到其细节，只能看到缺陷分布的区域；在电子显微镜下观察，则可以看到其细微特征，从而进一步判断出缺陷性质。如铸造疏松的 SEM 形貌往往显得比较粗糙，有时还可观察到颗粒状的最后结晶组织；气孔类缺陷的底部则比较光滑，有时可以观察到气体收缩时留下的条纹状痕迹；粉末冶金的孔隙 SEM 形貌观察则可以看到细粉末彻底熔合而留下的微粉边界等；微裂纹在光学显微镜下观察，往往就是一条黑线，但在电子显微镜下观察则可以看到裂纹内部的情况。在利用电子显微镜进行缺陷性质判断时，还可以利用仪器上配置的 EDS 能谱仪对缺陷区域做微区成分分析，辅助判断缺陷性质。

地铁列车上的车钩钩头法兰为重要的结构受力件，设计为整体铸件，不允许焊接和补焊。新品在投入使用前的磁粉检测中发现法兰接头处存在磁粉聚集现象。为了分析磁粉聚集的原因，从磁粉聚集区域切取数个样品做金相分析，结果发现试验面有焊接特征，焊缝的底部以及基体中均存在缺陷（见图 5-24a），对抛光态下的缺陷进行电子显微镜观察可以看出，该缺陷为铸造疏松（见图 5-24b）。事后调查得知，钩头法兰的生产厂家铸造后发现了铸造疏松缺陷，但舍不得报废该零件，随后采用机械方法将缺陷挖除，然后又采用焊接工艺焊补，但铸造缺陷没有彻底挖干净，所以在无损检测中被发现，在随后的金相检测中还发现了补焊现象以及焊接缺陷，这是一起严重的质量责任事故。

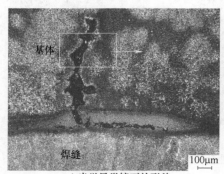
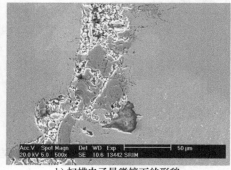

a) 光学显微镜下的形貌   b) 扫描电子显微镜下的形貌

图 5-24 疏松组织形貌

2. 晶界析出物分析

电子显微镜具有更高的放大倍数和景深，在金相分析中有时能得到光学显微镜无法比拟的效果。早期高温蠕变中三角晶界处的蠕变孔洞用光学显微镜观察，很容易和原材料中的缺陷混淆，但在扫描电子显微镜下观察，根据蠕变孔洞独特的形貌特征就比较容易区分。某304 不锈钢制品在服役过程中产生了沿晶腐蚀断裂，光学显微镜下放大 1000 倍观察，只可观察到晶界变粗，疑似有碳化物析出（见图 5-25a），但在电子显微镜下放大到 25000 倍，则可以清楚地观察到晶界上析出的碳化物形貌以及晶界的开裂情况（见图 5-25b）。

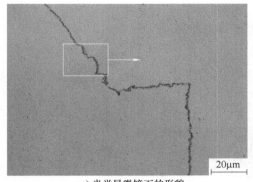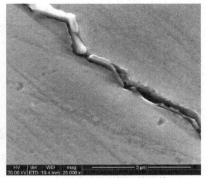

a) 光学显微镜下的形貌　　　　　　　　　b) 扫描电子显微镜下的形貌

图 5-25　晶界析出物形貌

3. 微区成分分析辅助诊断

材质为 304L 不锈钢的三通在热处理酸洗后发现比较密集的细小裂纹状缺陷，随后对细裂纹进行打磨处理，发现表面细裂纹越打磨越深。分析时从缺陷部位切取剖面试样，抛光态 SEM 形貌如图 5-26a、b 所示，EDS 能谱分析结果缺陷中的异物 Cr 的质量分数高达 50.26%（见图 5-26c），大大超出 TP304L 不锈钢的技术要求（Cr 的质量分数为 18.0%~20.0%）。因此可以判断该缺陷是铸造时原料未充分溶解混合而形成的夹料缺陷。

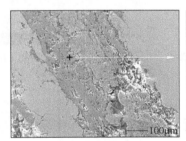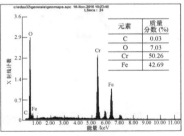

a) 剖面低倍形貌　　　　　　　b) 剖面高倍形貌　　　　　　　c) 能谱分析结果

图 5-26　缺陷形貌及分析

5.7　金相分析技术在失效分析中的应用举例

5.7.1　Q345R 复合钢板的带状缺陷分析

Q345R 复合钢板在无损检测时发现内部存在带状缺陷。分析时先从缺陷处截取剖面低倍试样，经磨床磨光后采用 GB/T 226—2015 中推荐的 1:1 盐酸水溶液进行热酸蚀，经目视观察，可见形貌特征明显不同的两层钢板，在下部较厚的钢板中存在带状缺陷（见图5-27）。从缺陷处截取剖面金相试样，经镶嵌、磨抛后置于光学显微镜下做高倍观察，可见明显的疏松缺陷，缺陷周围聚集着较多非金属夹杂物（见图 5-28a）。将金相试样置于扫描电子显微镜下观察，可见明显的疏松缺陷和缺陷周围的非金属夹杂物（见图 5-28b）。

综合分析后判断：该 Q345R 复合钢板在较厚的钢板内部存在的带状缺陷（无损检测时

发现的缺陷）是由缩孔残余造成的。

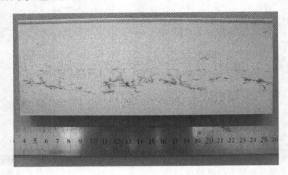

图 5-27　低倍组织形貌

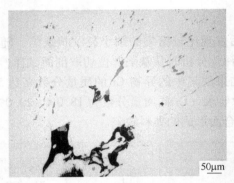
a) 光学显微镜下的形貌

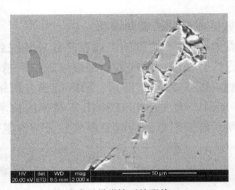
b) 电子显微镜下的形貌

图 5-28　缺陷的高倍形貌

5.7.2　铸造阀盖断裂失效分析

断裂失效的阀盖如图 5-29 所示。从阀盖断口形貌特征判断 A 区域为断裂起始区域，除起始区域之外的为 B 区域，如图 5-29b 所示。

a) 全貌

b) 断口形貌

图 5-29　断裂失效的阀盖

从 B 区域剖面的低倍金相组织，即正常区域的金相组织（见图 5-30a）可见，组织比较均匀，游离 Pb 呈弥散分布；从 A 区域剖面的低倍金相组织，即非正常区域的金相组织（见

图 5-30b）可见，存在较大的灰色块状相和密集分布的较小的颗粒相，靠近螺纹区域则较少。将 A 区域剖面金相样品置于 Quanta400FEG 扫描电子显微镜下观察，可见断口和靠近断口的内壁均存在疏松（见图 5-30c、d），呈白色的块状相成分为 90%（质量分数）以上的 Pb。

经实际检测，断裂的阀盖主要化学成分（质量分数）为：Cu53.69%，Zn39.91%，Pb4.46%，Fe0.51%，杂质总和为 1.43%。金相分析结果显示，断裂起源区域的金相组织和远离源区的金相组织差异较大，断裂源区存在聚集状分布的、较大的块状 Pb 相和较小的、密集分布的 Fe 相，断裂面上和靠近断裂源区的阀盖内孔表面存在疏松，断裂面上有连续分布的 Pb 相。铅黄铜中若 Pb 的质量分数超过 3% 后，其强度、硬度及断后伸长率会明显下降。Pb 分布对黄铜的性能影响较大。聚集状分布的、较大的块状 Pb 相造成局部强度和塑性降低，表面的疏松还会形成局部应力集中。若阀门在水环境（弱电解质）中服役，由于游离 Pb 和 Cu-Zn 合金之间的电位不同，还会导致电化学腐蚀，促使阀盖断裂。

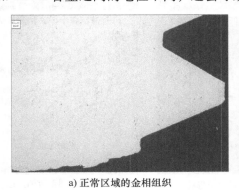

a) 正常区域的金相组织

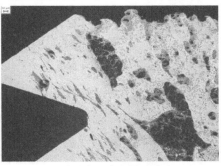

b) 非正常区域的金相组织

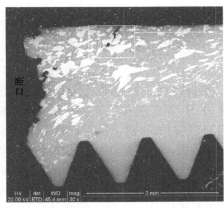

c) 源区 SEM 形貌

d) 源区 SEM 疏松形貌

图 5-30 断裂部位的金相组织

5.7.3 活塞杆断裂失效分析

活塞杆材料为 38CrMoAlA，首先经过自由锻，锻件按照 JB/T 6908—2006 中Ⅱ类锻件验收，调质处理后于零件端头取样检测，其力学性能符合技术要求。在调质处理后矫直过程中发生断裂，断裂位置过渡处技术要求为 $R10mm$（见图 5-31a）。分析时从断裂部位过轴线切取低倍样品做低倍检查，可见铸造枝晶比较明显，断裂部位未见随形的锻造流线（见图 5-31b）。断裂部位过渡圆弧半径 R 测量值为 0.58mm/2 = 0.29mm（见图 5-31c），远小于设计要求的 R10mm。扫描电子显微镜下观察，过渡圆弧部位存在点腐蚀坑，基体抛光态可见铸造疏松，如图 5-31d、e 所示，可见图 5-31e 更为直观地反映了铸造疏松的形貌特征。图 5-31f 清楚地反映了过渡圆弧部位表面的点腐蚀坑形貌。

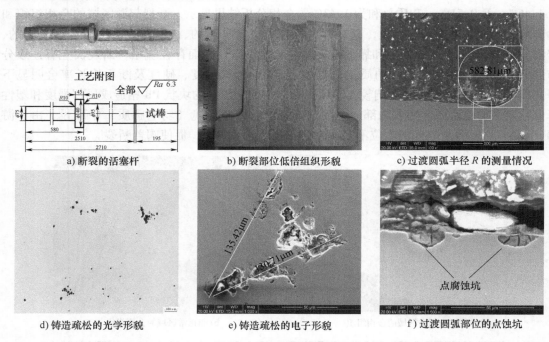

a) 断裂的活塞杆　　　　b) 断裂部位低倍组织形貌　　　　c) 过渡圆弧半径 R 的测量情况

d) 铸造疏松的光学形貌　　　e) 铸造疏松的电子形貌　　　f) 过渡圆弧部位的点蚀坑

图 5-31　活塞杆断裂处形貌

5.7.4　吊车拉杆断裂失效分析

一台 400t 履带吊车在会展中心工作结束后，准备将吊车拆除退场，臂杆在无起吊重物的情况下发生了断裂。事故经过为：2012 年 6 月 11 日 13 点左右吊车参展方按操作规程将副臂缓缓放到副臂小车上，然后慢慢将主臂下降至 25° 左右的时候，吊车厂家一名技术人员到副臂顶端检查电路，另一名技术人员在操作室查看数据。一直到 17 点左右吊车厂家技术人员检查完毕，参展方打算将臂架完全放下进行拆除。这时发现前方场地不够平整，由于此时已接近下午下班时间，挖掘机不能来整理场地，就和厂家技术人员商议第二天进行拆除。参展方吊车司机和厂家技术人员一同检查吊车停车状态并拍照后于 18：00 左右一同离开现场。离开时吊车主臂角度在 25° 左右，副臂放在副臂小车上完全接触地面，超起配重处于离开地面的状态。6 月 12 日 4 点左右接到电话说吊车出事了，待参展方于 5：30 左右赶到现场，看到臂架已全部倒下，超起配重托盘被甩至吊车前方，超起配重被甩到吊车前方和中部，其中一块砸中驾驶室，将驾驶室砸坏。

现场勘查后判断吊车拉杆为该起事故的肇事失效件。现场拍摄到的吊车拉杆断裂情况如图 5-32 所示。

断裂部位的金相分析过程如图 5-33 所示。

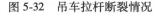

| a) 事故现场 | b) 断裂的吊耳端 | c) 断裂的拉杆端 |

图 5-32　吊车拉杆断裂情况

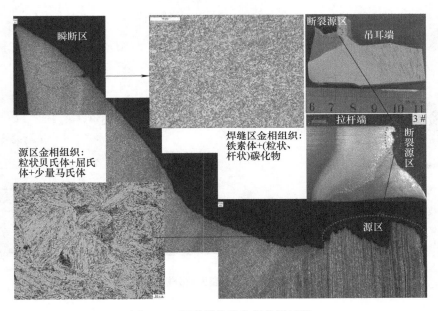

图 5-33　断裂部位的金相分析过程

（1）宏观金相分析　从吊耳端以及拉杆端垂直于焊缝切取纵向试样，加工后做热酸侵蚀。对热酸侵蚀后的试样观察可见，断裂位于焊接部位，剪切唇位于焊缝区，和轴线大致垂直的少部分断口位于母材热影响区，为起始断裂位置。

（2）微观金相分析　从断裂源部位切取试样，经镶嵌、磨抛和侵蚀后置于光学显微镜下观察可见，源区明显的带状组织特征，瞬断区金相组织均匀，均位于焊缝区域，未见明显异常。图 5-33 中断口处的金相组织形貌采用了组合技术。进一步放大后观察，源区金相组织为粒状贝氏体+屈氏体+少量马氏体；焊缝区域金相组织为铁素体+（粒状、杆状）碳化物。

失效分析结果表明，该事故主要是由于操作不当和焊接质量不佳导致的氢致延迟性脆性断裂。

5.7.5　锻造钢坯开裂失效分析

半径为 55in（1in＝25.4mm）的 20CrMnMoAH 钢坯经加热后在 4500t 液压机上拔长开坯

为550mm×550mm的方钢，锻造温度为（1240±10）℃。开坯后装入保温炉内经48h后发现表面出现纵向裂纹。

该钢坯开裂失效分析过程如图5-34所示。由于该钢坯尺寸较大，不方便将整个钢坯的裂纹面打开。分析时首先从钢坯的端部将裂纹部分取出，肉眼观察可见靠近表面处裂纹相对较宽，该区域用1#标识，裂纹尾部相对较窄，用3#标识，2#位置位于两者中间。分别从这三个区域切取裂纹样品做裂纹面形貌观察。

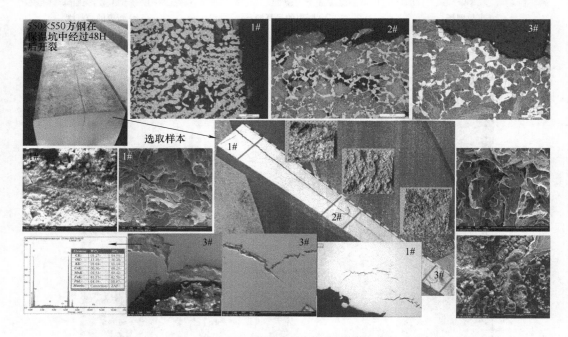

图5-34　钢坯开裂失效分析过程

失效分析过程分析如下：

1. 裂纹面形貌观察

（1）宏观形貌观察　采用超声波清洗仪将三个裂纹面样品进行充分清洗后肉眼观察。1#样品除钢坯表面小部分区域外，其他大部分区域呈新鲜的金属色；2#样品裂纹面基本上全部为新鲜的金属色；3#样品表面呈黄褐色或黑色，存在异物覆盖。

（2）裂纹面SEM形貌观察结果　1#样品裂纹面高倍SEM形貌存在明显的高温氧化特征，大部分区域比较洁净，为解理+少量韧窝；2#样品裂纹面高倍SEM形貌为解理+少量韧窝；3#样品裂纹面大部分区域SEM形貌存在明显的氧化腐蚀特征，部分较小区域比较洁净，为解理+少量韧窝。由此可见，3#样品裂纹面既存在洁净的解理特征，也存在致密的氧化锈蚀产物特征。

2. 金相分析结果

1）1#样品近表面处和开裂面处的金相组织中铁素体数量相对于2#样品和3#样品要多，为锻造过程中产生的部分脱碳现象。

2）1#、2#、3#样品抛光态下检查其非金属夹杂物级别均不高。

3）1#、2#样品抛光态时近开裂面处可见微小内裂纹。

4）1#样品金相组织为珠光体+铁素体，2#、3#样品金相组织为珠光体+铁素体+少量贝氏体。

5）2#、3#样品近开裂面处未见明显脱碳现象。

3. EDS 能谱分析

3#样品靠近开裂面处存在微小缝隙，其中有异物填充。经 EDS 能谱分析，缝隙中的异物主要成分（质量分数）为 Fe81.37%，O11.30%，Pb4.19%。

4. 综合分析

该钢锭在保温炉内经过 48h 后发现开裂，说明钢锭开裂具有静载荷作用下的延迟性断裂特点，此为氢致开裂的典型特征。裂纹开口部位和靠近心部均存在新鲜的断裂面，说明钢坯是在较低温度下开裂的，开裂前 3#样品位置和 1#样品位置并不相通，3#样品位置不会接触到外界的氧化性气氛。3#样品 SEM 形貌可见致密的氧化腐蚀产物，经能谱分析主要为 Fe 的氧化物，它们是在钢坯开裂前就已经存在的。3#样品剖面 SEM 形貌可见微小缝隙，其中充满了灰色异物，和非金属夹杂物形态差异较大，其本质是钢坯中的疏松经过锻打后形态由铸态时的微小孔洞变为微小的缝隙，跟微裂纹形态相似，具有极高的应力集中效应。钢坯在凝固过程中，高熔点部分先凝固，材料中的气体和一些低熔点杂质元素（如 S、P、Sb、Te、Pb 等）会被后凝固的钢液带到心部，随着温度降低其在钢中溶解度大幅度降低而析出，最后凝固时其中较多的气体被先凝固金属封闭而无法逸出，同时后凝固的心部因无充足液态金属补充形成疏松，从钢中析出的氧化性气体在较高温度下与其附近的金属发生反应形成氧化腐蚀产物，并成为金属中的氢陷阱。1#样品和 2#样品近开裂面处微小的内裂纹是氢致裂纹的又一个典型特征。1#、2#和 3#样品的显微组织主要为珠光体+铁素体，基本上未发生组织变化。钢坯由锻造温度降低到室温时主要表现为热应力型残余内应力，具体为心部受拉应力，表面受压应力。当钢坯心部微小缝隙处的氢浓度或该处的应力强度因子达到氢脆断裂的门槛值后便会发生氢致延迟性开裂。

5. 结论

该钢坯开裂性质为氢致延迟性开裂。开裂的主要原因是铸锭心部存在的疏松缺陷经锻打后形成和微裂纹形态相似的微小缝隙，充当了裂纹源并形成高应力集中区域，在钢中氢和残余内应力的共同作用下发生了氢致延迟性开裂。

参 考 文 献

[1] Ling Li，Rong Wang，Failure analysis on fracture of worm gear connecting bolts［J］. Engineering Failure Analysis，36［2014］：439-446.

[2] 王荣. 液压油缸外筒爆裂分析［J］. 理化检验（物理分册），2011，47（9）：570-574.

[3] 王荣，陈华锋，陆萍. 包胶辊开裂原因分析［J］. 理化检验（物理分册），2018，44（9）：585-587.

[4] 任颂赞，叶剑，陈德华. 金相分析原理及技术［M］. 上海：上海科学技术文献出版社，2012.

[5] 王广生，石康才，周敬恩，等. 金属热处理缺陷分析及案例［M］. 2 版. 北京：机械工业出版社，2007.

[6] 王荣. 30CrMo 油管接头开裂原因分析［J］. 金属热处理，2006，31（4）：73-76.

[7] 王荣. 导辊外圆表面剥落开裂原因分析［J］. 物理测试，2006，24（5）：49-51.

[8] 机械工业理化检验人员技术培训和资格鉴定委员会，中国机械工程学会理化检验分会．中国金相检验 [M]．北京：科学普及出版社，2015．

[9] 黄延．地铁列车车钩钩头法兰磁粉聚集原因分析 [J]．理化检验（物理分册），2013，49（4）：251-254．

[10] 李炯辉，林德成，金属材料金相图谱：下册 [M]．北京：机械工业出版社，2006．

[11] 孙明正，王荣，杨星红．履带吊车超起桅杆拉杆断裂失效分析 [J]．理化检验（物理分册），2013，49（增刊2）：174-179．

第 6 章

定量分析技术

6.1　引言

　　机械装备的失效原因较多，一般包括：设计、冷加工、冶金因素及材质、热加工、环境因素、装配与使用问题。这些失效原因都可以用化学元素含量、各种缺陷的等级、各组成相的数量、尺寸、角度、温度、时间、压力、速度、浓度等参数进行定量表征，它们在设计图样、冷热加工工艺、装配工艺以及使用规程中都会有明确规定，是产品正常加工和使用的保障。在具体的失效分析中，这些数据可以在现场勘查，或在事故调查过程中，通过观看各种监测录像、过程控制记录以及工序检验记录等技术资料获得，也可以通过在实验室对收集到的失效体进行检测获得。机械装备的实体是由各种材料制成的构件，材料的化学成分、组织结构、性能和受力情况等都直接关系到构件的服役状况。机械装备失效分析的对象是已经失效的残骸，分析手段除宏观分析技术外，主要是对残骸进行各种理化性能检测，还包括受力分析、断口分析和金相分析等。理化分析主要包括化学成分分析、力学性能检测和各种物理性能的检测，它们都可以通过标准规定的试验方法实现量化表征。钟群鹏等在断口分析技术的定量分析研究方面做了大量工作，取得了一定的成果。对失效体表面的涂层、镀层、表面淬硬层、氧化脱碳层、渗碳层、渗氮层等的成分组成、厚度、硬度等做定量分析，或者对失效部位的硬度、表面粗糙度、尺寸、过渡圆弧或倒角等进行检测，再将分析或检测结果与技术要求做比对也是失效分析中经常使用的方法之一。

　　产品在选材、设计、制造、装配和使用等环节中均可做定量控制，通过科学的管理，尽量排除各种人为干预和各种未知的影响因素，可保证每个环节的唯一性和可控性，可实现产品的跨国或跨区域生产，可实现远程操控，实现产品的规范化和规模化生产，保证产品的质量稳定如一或进一步改进提高。随着科学技术的不断进步，各种分析仪器的精度、可靠性以及生产管理、质量管理水平不断提高，定量化分析技术涵盖的范围也越来越宽。机械装备从设计到失效的每一个环节都包含着定量化技术要求。定量分析技术不仅可以对产品质量的优劣进行评定，还可以对产品的服役环境和受力情况进行量化和再现。定量分析技术在机械装备的失效分析中具有非常重要的作用和地位。

6.2　化学成分定量分析技术

　　在材料的化学分析领域，分析目的的不同也需要不同的分析方法，各种分析方法对样品的要求也不相同。20 世纪 50 年代前，以精密分析天平和滴定管为主要仪器的重量分析和滴定分析方法解决了主成分和高含量组分的定量测定，这种分析方法一般对样品的质量有一定的要求。分光光度分析、发射光谱分析和极谱分析的发展使材料分析出现了微量组分分析和快速分析的新局面，这种分析方法比较适合具有一定尺寸的固体试样。原子吸收光谱分析、ICP 光谱分析、质谱分析、X 射线荧光光谱分析及其他仪器分析法推进了高纯材料的痕量组分测定、微损或无损分析。红外光谱和各类色谱分析的发展使材料的有机组分测定有了有力的手段，主要用于非金属材料或复合材料的成分分析。热分析使材料中热不稳定组分的测定成为可能，流动注射分析使化学分析可在非平衡状态下实现。辉光放电光谱/质谱解决了材料表面到内部的逐层分析的问题。在这些成分分析方法中有一些已经有很长的历史，并且已经成为普及的常规分析手段。各种分析方法及其连用以及多种方法的组合使用，现在已经能成功满足常量、微量、痕量组分的测定，疵痕、微损或无损分析，多元素同时或顺序测定，分布分析，化学形态分析，以及快速分析等多种分析目的的需要。

材料的化学成分不同，其性能特点不同，使用要求也不同。另外，对失效件表面的附着物进行化学成分分析也可以间接地了解失效件经历的环境；对材料中一些未知相做成分分析还可以帮助对其定性，从而进一步分析它们和失效之间的关系；有时还要对一个区域或者某种元素的线分布情况进行分析，还要对样品表层做无损化学成分分析，或者对细微的痕迹或残留物做成分分析等，具体分析时要根据分析的目的和样品的实际情况选择合适的分析方法。

一般的企业都有自己的理化实验室，化学成分分析是其最基本的分析内容之一。当出现失效事故时，当事人第一反应往往就是分析材料，如果发现材料用错了，他们往往就不会再往下深究。但事实上，在很多失效分析过程中发现，尽管构件的某种化学元素含量不符合其技术要求，但这并不是导致构件失效的根本原因，必须客观地看待化学成分不合格带来的后果。

实际失效分析过程中发现因化学成分不合格导致的失效案例不多，主要有以下几种情况：

1. 设计选材不当造成失效

一般情况下，设计选材时都会按照构件的技术指标和使用情况，根据设计手册选取材料，重要的设计图样也会经过审核、评审、批准等环节。因此，一般只有一些新产品开发或某种特殊情况下才会出现设计选材不当造成失效。

2. 以假乱真导致构件早期失效

在处理一起由法院委托的司法鉴定中，某钢材贸易公司供给某镁矿加工企业的压铸模具的外形尺寸为 900mm×900mm×900mm，其重量约 6t，总共 8 套。模具使用次数不到 100 次（设计次数约 5 万次）即发生开裂失效。经事故调查，购销合同中双方约定的材料为 H13（美国牌号，相当于我国的 4Cr5MoSiV1）热作模具钢，该材料具有较好的耐热疲劳性能，广泛应用于各种压铸模具，其价格较高。经现场取样带回实验室进行化学成分分析，其结果不符合 H13 钢的技术要求。经查阅大量材料标准并进行比对，发现失效模具实际使用的材料为 45 钢，属于普通碳素结构钢，不具备热作模具钢 H13 的使用特点，从而导致了模具的早期失效。显然这是一起受利益驱使，人为更换材料导致的早期失效。

3. 以次充优，以低价格材料替代高价格材料导致构件早期失效

304 不锈钢以其较低的 C 含量和较高的 Cr、Ni 含量而具有较好的耐蚀性，具有较为广

泛的应用。另外，还有一种锰含量较高的 2XX 系列不锈钢，该类不锈钢用一部分较便宜的 Mn 代替了较贵的 Ni，故产品价格较低，但耐蚀性不如 304 不锈钢好，更容易受含有 S、Cl 元素的介质腐蚀。在实际检测中发现不锈钢因化学成分不合格导致的失效案例较多，但化学成分不合格不一定就会导致失效。许多与腐蚀有关的不锈钢失效案例中材料的化学成分检测结果都是合格的。Cr、Ni 等化学元素不合格会导致耐蚀性下降，但失效形式也不是都与腐蚀有关。

这些都要结合构件当时的服役环境和受力特点进行具体的分析，再根据实验室的各种检测结果做综合判断，举例如下：

1）某地铁站候车室屋顶梁用抱箍材料设计为 304 不锈钢，于 2006 年竣工后开始服役，于 2015 年进行安全检查时发现多处开裂，如图 6-1 所示。

抱箍化学成分分析结果见表 6-1，失效分析结果为应力腐蚀破裂。

2）上海某电梯上的不锈钢梯级轴安装使用不到一年就发生了断裂，如图 6-2 所示。

图 6-1　屋顶开裂失效的抱箍

图 6-2　断裂的电梯梯级轴轴销

该轴设计材料为 304 不锈钢。实际化学成分分析结果见表 6-1，失效分析结果为疲劳断裂。

表 6-1　化学成分分析结果

项目		化学成分（质量分数,%）							备注
		C	Si	Mn	P	S	Cr	Ni	
实测值	抱箍	0.16	0.52	3.02	0.028	0.014	16.57	7.35	应力腐蚀失效
	轴销	0.075	0.40	5.18	0.030	0.013	16.36	6.51	疲劳断裂失效
	蝶阀	0.16	1.38	5.49	0.031	0.012	14.67	4.80	晶间腐蚀失效
	压棒	0.14	0.29	1.47	0.032	0.037	17.57	8.35	应力腐蚀失效
标准值		≤0.08	≤1.00	≤2.00	≤0.045	≤0.030	18.00~20.00	8.00~10.50	ASTM-304
偏差		±0.01	—	±0.04	+0.005	±0.20	±0.10	GB/T 222—2006

3）某公司生产的海洋货轮船舱"NE097 不锈钢压棒"设计材料为 304 不锈钢，单根长度为 6m，在舱盖上焊接成 18m 长，焊接后未做任何处理。该压棒在使用近一年时发现开裂，如图 6-3 所示。

经调查，轮船服役中存在海水浸没该压棒的现象。压棒实际化学成分分析结果见

表6-1，失效分析结果为应力腐蚀破裂。

4）3CRF011VC蝶阀用于某沿海核电站排水管线，服役环境为海水，温度为室温，管内压力为0.2MPa。该蝶阀安装使用9～10个月时发现阀瓣断裂，一部分连在阀体上，另一部分在下游的海水中找到，如图6-4所示。

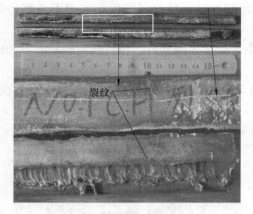

图6-3　货轮船舱不锈钢压棒

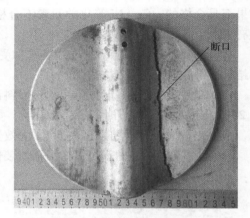

图6-4　开裂的阀瓣

阀瓣设计材料为304不锈钢，实际化学成分分析结果见表6-1，失效分析结果为晶间腐蚀断裂。

4. 制造工艺不当，冶炼质量较差，组分混合不均匀

材料总体上各组分配比合适，但在较小的区域成分不符合要求，甚至存在夹料，形成局部应力集中，导致失效。TP321不锈钢钢锭重约5.6t，锻造成ϕ340mm的圆钢，在后续切割时发现中间有裂孔，20多件中有10多件存在该情况。裂孔的低倍形貌如图6-5a所示，存在孔洞及裂纹，未见其他低倍缺陷。对锻件做化学成分分析，结果见表6-2，所分析的化学元素含量均符合ASTM A276/A276M标准中对TP321不锈钢的技术要求。

a) 低倍形貌

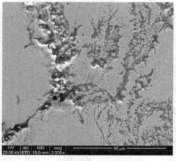
b) 高倍形貌(SEM形貌)

c) 呈游离态分布的未熔异物(SEM形貌)

图6-5　材料中的缺陷形貌

从缺陷位置切取金相试样，经镶嵌和磨抛后置于扫描电子显微镜下观察，可见裂纹附近存在聚集的灰色异物，放大后进一步观察灰色异物，呈小块状分布（见图6-5b、c）。采用EDS对观察到的灰色异物做化学元素的定性及半定量分析，灰色异物中含有质量分数为

7.55%的 O 和质量分数为 54.87%的 Cr，这和表 6-2 中的元素含量的测试值差别较大。这说明该灰色异物为未完全熔化和充分混合的冶炼组分，为冶炼工艺不当所致。

表 6-2　化学成分分析结果

元素	化学成分（质量分数,%）							
	C	Si	Mn	P	S	Cr	Ni	Ti
测试值	0.038	0.60	0.36	0.015	0.002	17.40	9.30	0.27
技术要求	≤0.08	≤1.00	≤2.00	≤0.45	≤0.30	17.0~19.0	9.0~12.0	5C~0.70

5. 管理不善产生混料

这种情况往往在热处理工序中就会发现。若将合金钢误认为碳钢，热处理淬火时会采用水冷却，很容易产生淬火开裂失效；若将碳钢误认为合金钢，则淬火往往会采用油冷却，会引起硬度、强度达不到要求，在工序检验时就会被发现。另外，混料也会导致热处理工艺和实物不对应，即便淬火时没有开裂，也可能在后面的工序检验中被发现。

6.3　力学性能定量分析技术

常规力学性能检测包括：硬度、拉伸性能、冲击性能、弯曲性能、扭转性能、剪切性能、疲劳性能、蠕变性能、断裂韧性等检测，比较重要的结构件在加工期间或零件交付时都会对其做相关力学性能检测，不合格时将会按不良品处理。力学性能不合格导致的产品失效比较容易判断，企业自己的实验室就可以进行。

6.3.1　力学性能不合格的常见原因

金属材料的力学性能主要受热处理过程控制。实际失效分析中发现，力学性能不合格往往表现在局部，是由于原材料偏析、冷加工或热加工工艺不当或管理不善所造成的，大概归纳如下：

1）热处理工序安排不合理，淬透性较低的材料热处理后机加工余量过大，热处理有效硬化层被随后的机械加工去除了，造成工作面使用性能达不到设计要求，导致早期失效。

2）由取样位置或取样方式引起。

比较重要的结构件一般都会采用锻件，其性能保证措施是一般会在锻件上设计一个延伸段，专门用于性能检测。大型锻件往往是由一个钢锭锻造而成的，其头部和尾部、表面和中心各种化学元素的偏析程度、夹杂物种类和聚集程度都存在较大的差异，不同部位的疲劳性能和力学性能也存在较大的差别。力学性能试样取样位置如图 6-6 所示，试样拉伸试验结果见表 6-3。因此，采用这种方法评定时，锻件的延伸部分是否能真实地代表锻件本身的性能，这和钢锭的冶炼质量有很大的关系。

有些锻件或铸件在设计图样或工艺规范上会标出用于性能检测的取样位置。如棒料取样位置常根据其外圆尺寸可在 $R/3$、$R/2$ 或中心位置，但在具体加工试样时的操作方法对检测结果却会产生较大的影响。例如，有些锻件由于尺寸较大，取样时往往采用锯床或火焰切割，这就会产生较大的位置偏差。铸造时，由于表面冷却速度较快，首先形成细小的等轴晶粒，强度和韧性较好；铸件心部由于冷却速度较慢，晶粒较为粗大，强度和韧性较差。越靠近表面，性能越好。锻件也具有这个特性，即越靠近表面时其力学性能越容易合格。在对争议产品进行质量评定或失效分析时一定要按照技术图样的要求，大样品取样时要先在样品上标识出准确位置，然后先采用锯床将大料加工成小料，再用线切割的方法精确取样。例如，在对一起 ZG35CrMo 模铸件失效分析时发现，取样位置离边缘的距离小于 10mm 时结果合格，而距离超过 10mm 时结果就不合格，可见取样位置对检测结果具有较大的影响。

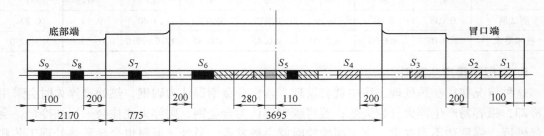

图 6-6　力学性能试样取样位置

表 6-3　试样拉伸试验结果

试样部位	取样方向	R_m/MPa	$R_{p0.2}$/MPa	A（%）	Z（%）
S_1	纵向	750	905	19.7	55.5
S_2	纵向	753	900	20.0	60.0
S_3	纵向	748	908	19.7	56.5
S_4	纵向	738	895	18.0	54.5
S_5	纵向	734	880	16.5	48.2
S_6	纵向	732	863	15.7	47.2
S_7	纵向	735	855	20.0	64.1
S_8	纵向	748	867	21.3	66.5
S_9	纵向	711	821	20.8	63.8

当产品的批量较大时，对其力学性能的检测往往采用抽检的方式，此时抽检的比例对于产品的总体质量控制影响较大。

3）碳含量较高的构件焊接工艺不当，产生焊接缺欠，造成局部组织发生变化，产生高硬度显微组织，形成应力集中，导致早期失效。

4）冷加工导致形变硬化，产生内应力，导致变形失效，不锈钢零件还容易引发应力腐蚀失效。

5）磨削工艺不当，磨削面温度升高较多，表层组织性能发生变化，导致磨削开裂失效。

6）热处理生产控制或工艺方法不当导致性能不符合规定，产生早期失效。

7）螺栓、螺钉等表面增碳、脱碳，导致早期失效。

6.3.2　应用举例

1. 表面硬度不足导致异常磨损失效

某地铁列车在运行过程中，其闸瓦和车轮均发生了较为明显的异常磨损现象。查阅车轮的技术图样发现，该车轮踏面最终热处理状态为"表面淬火+低温回火"，硬度要求为 50～55HRC，参考 GB/T 1172—1999 换算成维氏硬度，相当于 512～596HV。为了查找车轮异常磨损的根本原因，从未使用过的新车轮踏面部位沿径向切取试样，经镶嵌、磨抛后采用 2.94N（300gf）试验力做显微维氏硬度梯度测试，其结果如图 6-7 所示。由图 6-7 可见，距表面 5mm 范围内的显微硬度基本一致，为 281～292HV0.3，均低于技术要求，无明显表面硬化特征。踏面处的金相组织和远离踏面处的金相组织相同，均为珠光体+铁素体。

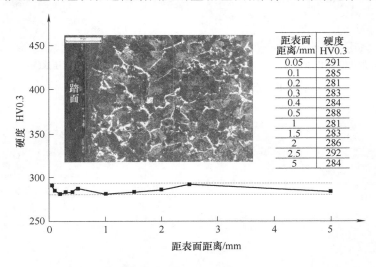

距表面 距离/mm	硬度 HV0.3
0.05	291
0.1	285
0.2	281
0.3	283
0.4	284
0.5	288
1	281
1.5	283
2	286
2.5	292
5	284

图 6-7　硬度梯度变化和近表面处的金相组织

根据车轮化学成分分析结果可知，该车轮的合金元素含量都较低，与 60 钢的化学成分相接近，该成分的钢在淬火和低温回火状态下的金相组织应为回火马氏体。由此可见，车轮踏面位置的金相组织不符合合同中约定的"表面淬火+低温回火"的金相组织，其硬度较低，耐磨性较差，是导致车轮发生异常磨损的主要原因之一。

2. 材料微区性能不合格导致加工异常和腐蚀

材料为 35CrMo 的叶片由 24mm 厚的热轧板加工而成，板材落料后经调质处理，硬度技术要求为 35～40HRC。在随后的机加工过程中发现叶片平面上出现无规则形状的比正常部位亮的条纹，宽度约为 1mm，加工人员反映在条纹处有车屑不连续现象。叶片放置数天后该条纹出现锈斑，条纹更为明显。分析时，首先对调质处理前的原材料取样做金相检查，100 倍下观察，存在明显的组织偏析（见图 6-8a）；在 500 倍下观察，组织为细片状珠光体+细点状珠光体+铁素体+针状马氏体。对带状区域做小试验力显微维氏硬度检查。带状处细点状珠光体+铁素体（图 6-8b 中较大压痕处）的硬度为 315～321HV，相当于 33.5～34.0HRC；针状马氏体（图 6-8b 中小压痕处）的硬度为 525～535HV，相当于 51.0～51.5HRC，该区域的硬度值明显高于调质态技术要求。

对出现亮线条纹的叶片做金相检查，其组织为回火索氏体+少量铁素体，100 倍下观察，也存在明显的组织偏析（见图 6-9a）；颜色较深处（图 6-9b 中较小压痕处）硬度为 356～362HV，相当于 38.0～38.5HRC，浅色处（图 6-9b 中较大压痕处）硬度为 250～257HV，相当于 24.0～25.5HRC。

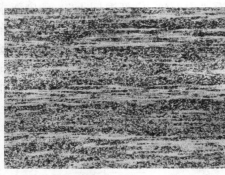
a) 带状偏析组织(100×)

b) 显微维氏硬度压痕(500×)

图 6-8　原材料中的带状组织（未调质处理）

a) 带状显微组织(100×)

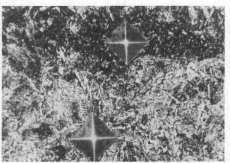
b) 显微维氏硬度压痕(500×)

图 6-9　调质处理后的带状组织

对带状区域和正常基体做 EDS 能谱分析，其结果见表 6-4。由表 6-4 可见，偏析区的 Cr、Si、Mo 元素含量均高于正常区。原材料和调质处理后的叶片上均存在合金元素（可能还有碳）偏析，说明调质处理后叶片上的组织偏析是原材料偏析造成的，与调质处理无关，是合金元素偏析造成了显微组织和显微硬度的不均匀。

表 6-4　EDS 化学成分分析结果

项　　目	化学成分（质量分数,%）				
	Cr	Si	Mo	Mn	Fe
原材料偏析区域（马氏体）	1. 24	0. 33	0. 23	0. 79	97. 41
原材料正常区（珠光体+铁素体）	0. 99	0. 29	0. 19	0. 56	97. 97
热处理后偏析区（回火索氏体，深色区域）	1. 31	0. 36	0. 27	0. 69	97. 38
热处理后正常区（回火索氏体，浅色区域）	1. 07	0. 25	0. 13	0. 76	97. 78

在亮线的横剖面上未观察到夹杂和裂纹，仅观察到多个凹坑，其分布于偏析区，该区域硬度偏高。加工面软硬不均匀会导致机加工时产生小缺口和车屑不连续现象。另外，硬度不同，合金元素含量不同都会引起其局部电极电位的差异，形成微区腐蚀原电池，在大气环境下很容易产生锈蚀。

Cr-Ni-Mo 系列高强度钢容易产生合金元素偏析，其加工面或断口上可能会出现亮带或亮线。采用磁粉检测时也可能在加工表面形成条带状磁粉聚集现象。能谱分析结果表明，磁痕显示带内合金元素 Mo、Ni、Cr、Si、Mn 和 V 都是正偏析，带内合金元素含量偏高，因此，马氏体开始转变点 Ms 就比基体的低。在淬火冷却时带周围基体先发生马氏体转变，带内后发生马氏体转变，这种转变次序的直接结果是带内马氏体比周围基体细，金相检验结果也证明了这一点。另外，带内硬度高于基体也显示出了合金元素正偏析的作用。正偏析的相变产物改变了带的磁性，于是零件经热处理在磁粉检测中出现了如前所述的磁痕显示。

有人研究表明，亮点、亮线的出现是合金元素的偏析富集造成的。由电子探针微区分析结果表明，缺陷区的 Cr、Mn、Mo、Ni、P 等的含量比基体高得多，尤其是有害元素 P 的偏析程度更为严重。

含有亮点、亮线的钢材，其断后伸长率、断面收缩率、冲击韧性稍有下降，但经几年的实践证明，只要规定的性能指标都在技术条件的要求范围内，用含有亮点、亮线的钢材制成的重要零件在使用过程中并未出现异常现象。高温扩散退火、相变热处理等措施只能减轻而不能彻底消除这种缺陷。

6.4　物理性能定量分析技术

在失效分析过程中，经常要对样品的一些物理参数做定量分析和评定。物理性能定量分析的内容较多，大致有：夹杂物评级，晶粒度评级，低倍缺陷评级，各种金相组织评级，组成相评级，铸铁中的石墨、碳化物、磷共晶等的数量和形态评级，各种镀层、涂层厚度及其显微硬度检测，密度、膨胀系数、淬透直径、各种物相、表面粗糙度及过渡圆弧的测量，硬度梯度与 XRD 物相分析，残留奥氏体和残余应力的测定等都可以进行定量化分析。目前，断口的定量分析技术已有很大发展和基础，金相定量分析的范围也在不断拓宽，分析的准确性和可操作性也在不断完善。

过渡圆弧、倒角、尖角、螺纹根部的形状尺寸、加工刀痕等尺寸过渡处往往是热处理淬火裂纹的发源地，使用中也经常会从这些区域产生疲劳断裂或氢脆型断裂。这些部位的定量分析不但可以对产品的加工质量进行评定，还有助于对失效原因的准确判断。

6.4.1　表面粗糙度超标导致失效

某风力发电机组变桨轴承内齿圈材料为 42CrMo4V，在使用约 8 个月时发生了断裂。失效分析前对断裂件进行了切割和编号（见图 6-10）。疲劳断裂起源于齿根部位的老裂纹，该区域表面存在明显的加工刀痕（见图 6-11）。对断裂起源的齿根部位（含齿面）做表面粗糙度检测，5#点表面粗糙度 Ra 测试的平均值为 10.1μm，技术要求 $Ra \leqslant 6.3$μm。由此可见，断裂源位置的 Ra 超出了技术要求。

失效分析结果表明：

1）齿根部位存在明显的加工刀痕，该区域的表面粗糙度超出技术指标。

2）疲劳断裂起源于齿根部位和加工刀痕一致的老裂纹。该老裂纹是齿圈在齿部表面淬火时形成的，其形成起因和该部位的加工刀痕的应力集中有关。

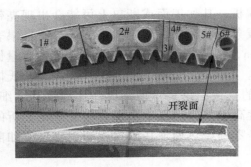

图 6-10 裂纹位置与源区域表面形貌 　　　　图 6-11 开裂源区形貌

生产方对齿根部位的表面粗糙度进行严格控制后再未出现断裂失效事故。

6.4.2 过渡圆弧加工不当导致失效

某舰船用柴油机上新研发的连杆材料为 42CrMo4，采用模锻件，最终热处理为调质处理。在柴油机出厂前的台架试验中，约运行 30 万次时（设计为 100 万次以上）发生了早期疲劳断裂。如图 6-12 所示，断裂位置位于连杆柄端的 B 处，另外连杆大盖的 A 处经无损检测也发现裂纹。经查阅该连杆的技术图样，连杆螺栓两端的平台和连杆、连杆大盖之间的过渡圆弧半径 R 设计值相同，均为 $R6mm$。但经实际测量，断裂部位（B 处）约为 $R2.2mm$，还未发生断裂的 A 处约为 $R1.9mm$（见图 6-12）。

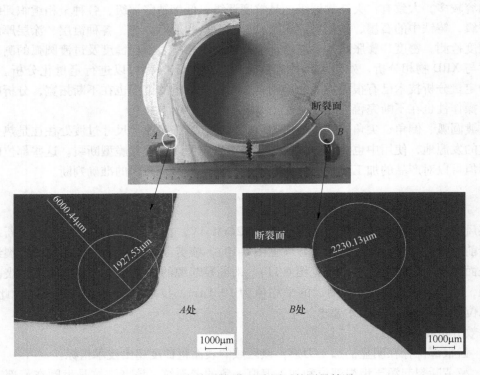

图 6-12 连杆断裂部位过渡圆弧的测量情况

结构件上尺寸发生变化的过渡圆弧处为应力集中部位，其半径 R 值越小，应力集中程度越大。该连杆断裂部位过渡圆弧半径 R 设计值为 $R6mm$，但实际加工的 R 不规则，较小部位为 $R2mm$，大大增加其应力集中程度，容易诱发裂纹源，萌生微裂纹，产生早期疲劳断裂。

6.5 结构与受力分析技术

6.5.1 传统力学计算分析

在对机械装备构件进行失效分析时，一般根据失效件的各种失效特征和理化检验结果可得出构件的失效模式和主要原因。若构件的结构和承受的载荷比较明确，则可以使用传统的理论力学或材料力学知识，先对构件进行受力分析，然后再做一些力学计算，就可以知道失效前构件的实际受力大小，从而对失效原因的判断从定量分析的层次上进行佐证。

在进行一起"过热蒸汽管爆裂"的失效分析中，外观检查、金相分析、高温瞬时力学性能试验以及断口分析均表明，该过热蒸汽管爆裂原因与超温有关，控温系统发生故障是导致该过热蒸汽管爆裂的原因所在。为了验证该结论，对过热蒸汽管做了简单的力学计算。

因过热蒸汽管轴向不受约束，可以认为管子长度不发生变化，此时管子在变形前后的横截面积应保持不变。已知管子变形前外径为 273mm，壁厚为 9mm，设变形后管子外径为 D_0，壁厚为 t_s，通过简单推导后有如下关系式：

$$D_0 = \frac{9504mm^2 + t_s^2}{2t_s} \tag{6-1}$$

经测量，管子破口处厚度为 1.5~4mm，远离断口处最厚为 8.5mm，取爆破处平均壁厚 5.0~5.5mm 进行估算，则按式（6-1）求得变形后管子外径为 438~480mm。

管子壁厚 t_s 与最后爆破时的压力 p 的关系如下：

$$t_s = \frac{pD_0}{2([\sigma]^t E_j + pY)} \tag{6-2}$$

式中，D_0 为管子外径（mm）；$[\sigma]^t$ 为设计温度下材料的许用应力（MPa）；E_j 为焊接接头系数；Y 为系数。

已知管子在最后爆破时的压力 p 为 3.31MPa，该部分管道为无缝钢管，E_j 为 1.0，根据 GB 50316—2000《工业金属管道设计规范》查得 Y 值为 0.4，按式（6-2）求得爆裂时管壁实际应力 $[\sigma]^t$ 为 130~158MPa。根据实际测量结果，705℃时管子瞬时强度为 $R_m = 145MPa$，可见爆裂时管壁实际应力 $[\sigma]^t$ 已与管子当时的实际许用应力水平相当，从而佐证了管子是由于超温而发生的爆裂。

6.5.2 数字模拟计算分析

当失效件在服役过程中承受的载荷主要为内应力，或者是一个不断变化的应力时，采用传统的力学计算就显得非常烦琐，甚至根本无法实现。但通过对失效件进行建模和网格划分，再利用各种专业的数字模拟软件进行计算，可得到构件在不同条件下的应力、应变，或者压力等变化及分布情况，这对失效原因的分析判断具有很好的辅助作用。

　　某核电站常规岛疏水阀蒸汽管线出现多处泄漏，泄漏发生于不同的管线，出现泄漏的时间长短不一。泄漏位置有弯管部位，有直管部位，有焊缝和直管交界处，有焊缝和弯管的交界处，也有焊缝区域。由此可见，该蒸汽管线的开裂泄漏具有普遍性和随机性。失效分析过程中，在靠近焊缝弯管内表面的气蚀坑中也发现了裂纹。最后的失效分析结果表明：

　　1）蒸汽管线材料质量均符合技术要求。

　　2）管线因裂纹穿透了管壁厚而导致泄漏，其开裂性质相同，均为腐蚀疲劳开裂。

　　3）管线发生腐蚀疲劳开裂主要与焊接质量有关：①焊接下榻过高会形成应力集中诱发裂纹源；②流体经过焊接下榻时也会在其附近形成负压区导致空泡腐蚀；③空泡腐蚀产生的凹坑形成应力集中点，诱发疲劳裂纹源；④空泡爆破时产生的巨大冲击应力造成管线振动，引发腐蚀疲劳破裂；⑤先产生空泡腐蚀的焊缝区域先萌生疲劳裂纹，产生穿透型疲劳开裂导致泄漏，未产生空泡腐蚀的区域会在应力集中明显的焊接下榻和母材交界处，或应力集中明显的腐蚀坑萌生疲劳裂纹，因管线的振动而发生腐蚀疲劳开裂。

　　为了验证该分析结论，对管线弯管部位做了有限元数字模拟，并按照气液两相的状态进行计算，其结果如图 6-13 所示。由图 6-13 可见，焊接下榻和弯管内侧的内表面区域均存在明显的负压特征，这是管线中产生空泡腐蚀的前提，和实际检测的结果相一致，从而有效地佐证了分析结论。

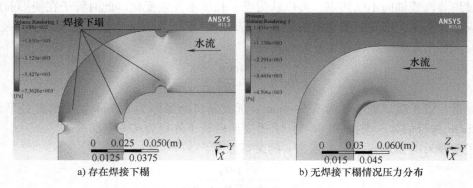

a) 存在焊接下榻　　　　　　　　　　　　b) 无焊接下榻情况压力分布

图 6-13　弯头部位服役状态数字模拟（管内水流速度 2m/s）

6.6　定量分析技术应用举例

　　材料为 BFe30-1-1，规格尺寸为 $\phi16mm\times1.25mm$ 的白铜管用于 XX 潜艇的换热器。该换热器大约服役 13 年时出现泄漏事故。经事故调查，该换热器的换热管内部通海水，外部为 63℃ 的汽轮机水蒸气（真空状态），管内添加有少量亚硫酸钠和磷酸盐以降低水中氧含量。换热器的使用具有间隔性，基本上为使用半个月，停放半个月，有时停用时间可达到 1~2 个月，设备做好后铜管未做钝化处理。

1. 定量分析

（1）金相分析（点蚀坑深度测量）　宏观分析结果表明，管子外圆表面均存在点蚀坑和均匀腐蚀现象（见图 6-14a、b）。为了观察点蚀坑的深度，对腐蚀区域切取剖面试样，经镶嵌、磨抛后置于光学显微镜下观察，可见管外表面存在明显的电腐蚀坑，点蚀坑深度经测量为 0.04mm（见图 6-14c）。

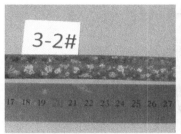
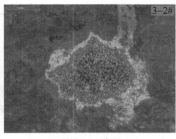
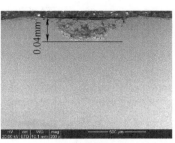

a) 宏观形貌　　　　　　　　b) 外表面点腐蚀　　　　　　　c) 点蚀坑剖面

图 6-14　白铜管表面的腐蚀形貌

（2）化学分析（化学成分的定量分析）　铜管基体的化学成分分析结果见表 6-5，所分析的元素含量均符合 GB/T 5231—2012 中的 BFe301-1-1 材料的技术要求。

表 6-5　化学成分分析结果

项目	化学成分（质量分数,%）								
	Fe	Mn	Zn	Pb	Si	P	S	C	Sn
测试值	0.59	0.80	0.048	<0.002	<0.002	<0.005	<0.005	0.006	0.005
技术要求	0.5~1.0	0.5~1.2	≤0.3	≤0.02	≤0.15	≤0.006	≤0.01	≤0.05	≤0.03

（3）EDS 能谱分析（腐蚀产物的定性和半定量分析）　对剖面金相试样上点蚀坑中的沉积物做 EDS 能谱分析，结果含有较高的腐蚀性元素 O 和 S，其质量分数分别为 18.68%、4.26%（见图 6-15）。

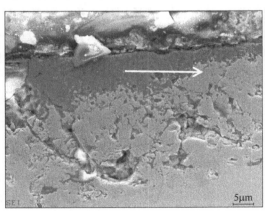
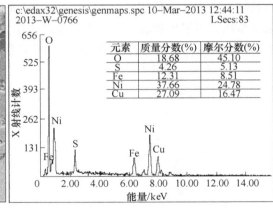

图 6-15　能谱分析结果

（4）表面沉积物 XRD 分析（腐蚀产物的定性分析）　刮取铜管上的腐蚀产物采用 XRD 对其进行物质成分分析，其主要成分为：Cu_2O、FeO、CuNi 和 C（见图 6-16）。XRD 分析对样品的数量或厚度有要求，太少或太薄时将无法进行准确分析。从该铜管表面刮下的粉状样品数量较少，无法满足 XRD 分析对样品数量的要求，一些含量较低的物质反映不出来，只能分析其主要成分。根据宏观检查时观察到的颜色和能谱分析结果，估计铜管表面的沉积物

中可能还会有 $CuSO_4$、$Cu_2(OH)_2CO_3$ 和 Fe_2O_3 等。

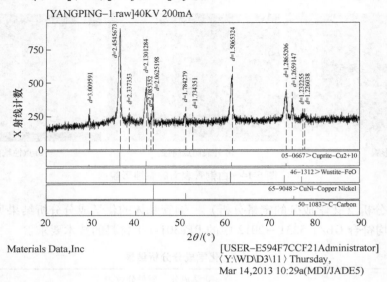

图 6-16　腐蚀产物 XRD 分析结果

（5）表面沉积物 XPS 分析（元素的价态分析）　为了弄清楚 EDS 分析出的 S 元素来源于什么物质，采用 XPS 对 S 元素的价态进行了分析（见图 6-17），分析结果存在 S^{4+}，含量为 0.56%。由此可见，铜管表面腐蚀产物中的 S 元素来源于亚硫酸盐类物质。

2. 铜管发生点蚀泄漏综合分析

在铜管的制造过程中，若采取了拉拔工艺，会有一部分润滑剂残留在管子表面，在随后的热处理过程（工序间退火）中因受到高温而形成游离碳（或称残留碳），并在铜管表面某些区域富集，电极电位较高，在电解质环境中容易形成电化学腐蚀。残留碳会恶化 BFe30-1-1 合金的耐蚀性，但铜管表面的残留碳并非产生点蚀的充分条件。铜的点蚀存在一个临界电

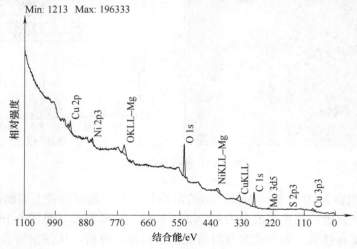

图 6-17　腐蚀产物 XPS 价态分析结果

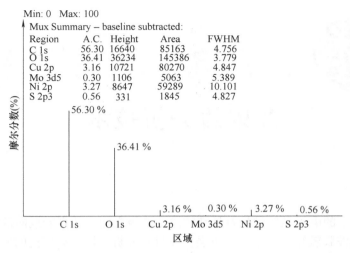

图 6-17 腐蚀产物 XPS 价态分析结果（续）

位，碳膜的作用是使铜的电位升高，当高于铜管临界腐蚀电位时将导致点蚀，S 元素的存在会加剧铜管的腐蚀。

参 考 文 献

［1］王荣 . 失效分析在司法鉴定中的应用［J］. 金属热处理，2015，40（增刊）：447-450.

［2］师昌绪，钟存鹏，等 . 中国材料工程大典：第 1 卷材料工程基础［M］. 北京：化学工业出版社，2005.

［3］杨星红，王荣 . 不锈钢真空塔开裂失效分析［J］. 金属热处理，2015，40（增刊）：106-109.

［4］陶正耀，周枚青 . 55 吨钢锭的解剖试验［J］. 大型铸锻件，1982（4）：1-22.

［5］陶正耀，蒋祖康，徐玉清 . 125000 千瓦发电机转子的质量及中心棒的解剖分析［J］. 大型铸铸锻件，1982（4）：35-47.

［6］王荣 . 机械装备的失效分析——宏观分析技术［J］. 理化检验（物理分册），2016，52（8）：534-541.

［7］王荣，陈伯行，周茂 . 飞机起落架大型锻件"磁痕显示"原因分析［J］. 理化检验（物理分册），2005，41（增刊）：509-511.

［8］冶金工业部钢铁研究院，北京钢厂，齐齐哈尔钢厂 . 合金钢断口分析金相图谱［M］. 北京 . 科学出版社，1979.

［9］王荣，李晋，杨力 . 过热蒸汽管开裂失效分析［J］. 理化检验（物理分册），2008，44（2）：90-93.

［10］中华人民共和国建设部 . 工业金属管道设计规范：GB 50316—2000（2008 版）［S］. 北京：中国计划出版社，2008.

第 7 章

X 射线分析技术

7.1 引言

X 射线是原子中的电子在能量相差悬殊的两个能级之间，从高能级向低能级跃迁时产生的一种电磁波，其波长较短，穿透能力较强，在材料分析领域具有广泛的应用。X 射线分析技术是采用专用 X 射线发生装置获取 X 射线，再用其照射被分析对象，利用一些物质的特殊性质（如吸收、衍射、荧光、感光、密度差异等），借助光电技术和现代计算机技术等对材料展开分析和研究的。在机械装备的失效分析中，利用 X 射线较强的穿透能力和不同状态物体对 X 射线吸收的差异制成的各种 X 射线检测仪器可以对零件或焊缝进行无损检测，可以确定缺陷的大小、位置，甚至缺陷的性质等。1912 年德国物理学家劳厄发现了 X 射线通过晶体时产生衍射的现象，证明了 X 射线的波动性和晶体内部结构的周期性。英国物理学家小布拉格（W. L. Bragg）经过反复研究，以更简洁的方式解释了 X 射线晶体衍射的形成，提出了著名的布拉格方程，以此为基础的各种 X 射线衍射仪很快进入商品化生产，对各种未知晶体的分析和研究工作迅速崛起。用 X 射线衍射法测量材料中的残余内应力比其他测量方法更为准确、快捷，并且无损。老布拉格（W. H. Bragg）于 1913 年发现了特征 X 射线，使得 X 射线分析技术又向前迈进了一步。人们利用 X 射线的电离作用，研制了各种 X 射线谱仪，用来进行化学元素及其价态分析，这对于失效原因的准确判断具有非常重要的作用和意义。

7.2 X 射线及 X 射线谱

7.2.1 X 射线的产生

X 射线是德国物理学家伦琴于 1895 年在研究阴极射线时发现的，由于当时未能确定其本质，故称其为 X 射线。1901 年，伦琴荣获了物理学第一个诺贝尔奖。X 射线是一种电磁波，它与无线电波、可见光和 γ 射线等其他各种高能射线无本质区别，其波长范围为 $0.001 \sim 10nm$，用于 X 射线分析的 X 射线波长为 $0.05 \sim 0.25nm$。X 射线和可见光及其他基本粒子（如电子、中子、质子等）一样，同时具有微粒及波动二重性，同样遵循普朗克定律。由于 X 射线的波长较短，X 光子能量也相对较高，因此它的微粒特性也比较明显。

7.2.2 X 射线谱

由 X 射线管发出的 X 射线可分为两种：一种是由无限多波长组成的连续 X 射线谱，这种射线谱和白光相似，所以也叫白色 X 射线；另一种是具有特定波长的 X 射线，它们叠加在连续 X 射线上，称为标识 X 射线或单色 X 射线谱（也称特征 X 射线）。

1. 连续 X 射线谱

从阴极灯丝发出的电子，在两极间的高管电压 U 作用下以高速奔向阳极，在阳极表面运动受阻，突然减速，大量动能以辐射形式发出。由于各电子减速程度不等，故辐射的能量（波长）是可以不同的，形成连续谱，如图 7-1 所示。波长由一短波限（λ_{SWL}）向长波方向伸展，强度在 λ_m 处有一最大值。λ_{SWL} 和 λ_m 只决定于管电压 U，管电压提高，λ_{SWL} 和 λ_m 降低，全谱强度提高（见图 7-1a）。管电流 i 及靶材的原子序数 z 只影响光谱的强度，i、z 提高，全谱强度提高，不影响 λ_{SWL} 和 λ_m（见图 7-1b、c）。

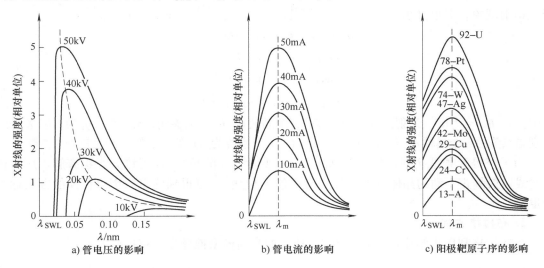

a) 管电压的影响　　　b) 管电流的影响　　　c) 阳极靶原子序的影响

图 7-1　连续 X 射线谱及其影响因素

当 X 射线仅产生连续谱时，X 射线管的效率非常低。

2. 标识 X 射线谱

在管压 U 高于阳极靶材内层电子的激发电压 U（如 K 层电子的 U_K）时，在连续谱的某些特定的波长位置上，会出现一系列强度很高、波长范围很窄的线状光谱（见图 7-2）。其波长值决定于阳极靶材的原子序数，原子序数越大，其特征谱波长越短，管电压和管电流的提高仅增强其强度，不改变其位置。各元素的特征谱均包含各自的 $K\alpha_1$、$K\alpha_2$、$K\beta$ 等谱线（其他如 L 系、M 系等谱线强度较低，一般不予考虑）。在进行 X 射线衍射分析时大多需要使用具有单一波长的 X 射线，这可以通过使用适当的滤色片或晶体单色器除去连续谱而得到。

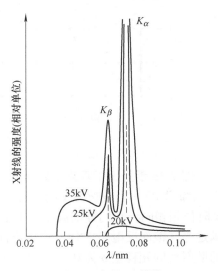

图 7-2　标识 X 射线

对于低功率（3kW）的衍射仪，在探测器是闪烁计数器并配用后置石墨单色器（或滤波片）情况下，对于钢铁试样，如用 $MoK\alpha$ 辐射，则常用的管电压为 40kV，如用 $CoK\alpha$ 辐射，则常用的管电压为 30kV，管电流则以常用仪器所能承受的最大管电流值。在探测器是高能计数器情况下，也可用 $CuK\alpha$ 辐射，管电压为 40kV，管电流为 40mA。

7.3　X 射线衍射分析的基本理论

1. 劳厄方程

1912 年德国物理学家劳厄首次通过试验证实了 X 射线通过晶体时会产生衍射，为了解释该衍射现象，劳厄推出了三维衍射方程组，或称劳厄方程，见式（7-1）。

$$
\begin{aligned}
a(\cos\alpha - \cos\alpha_0) &= H\lambda \\
b(\cos\beta - \cos\beta_0) &= K\lambda \\
c(\cos\gamma - \cos\gamma_0) &= L\lambda \\
\cos^2\alpha + \cos^2\beta + \cos^2\gamma &= 1
\end{aligned}
\tag{7-1}
$$

式中，α、β、γ 为衍射 X 射线分别与点阵的三个晶轴 a、b、c 的夹角；α_0、β_0、γ_0 为入射 X 射线分别与点阵的三个晶轴 a、b、c 的夹角，H、K、L 分别称为劳厄第一、第二和第三干涉指数。

为了获得 X 射线衍射花样，劳厄法引入了变量 λ（波长），使得该方程组有解。用白色 X 射线照射静止不动的晶体（当时还没有单色 X 射线），以得到确定的衍射花样的方法称为劳厄法。

2. 布拉格方程

小布拉格利用光学原理，采用图 7-3 所示的几何模型推导出了布拉格方程。

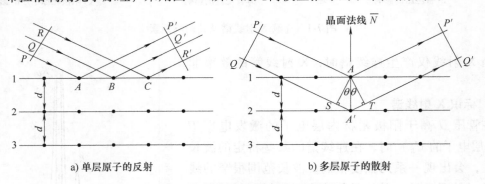

a) 单层原子的反射　　　　　　b) 多层原子的散射

图 7-3　布拉格定律的导出几何模型

图 7-3a 示意出了垂直于纸面的一列晶面族，其指数为（hkl），相邻两个晶面的间距为 d_{hkl}（简称 d）。当波长为 λ 的入射 X 射线和这些晶面相遇时，入射 X 射线束的波前在 P、Q、R 时位相相同，它们分别被晶面 1 上的原子 A、B、C 所散射。可以证明，当反射线的方向满足光学镜面反射条件时，各原子的散射线位相相同，此时任意两个相邻原子（如 A 和 B）的散射线的光程差 δ 为 0（$\delta=0$），即

$$\delta = PAP' - QBQ' = AB\cos\theta - AB\cos\theta = 0$$

因此，当入射线束受到单层原子面平面反射时，可以认为在任何投射角 θ 的情况下都可

以得到这种反射。但在包含无限多晶面的晶体中，就不能这样认为，如图 7-3b 所示的入射的 X 射线 PA 受到晶面 1 的原子 A 散射，另一条平行的入射线 QA' 受到晶面 2 的原子 A' 散射，如果散射线 AP'、$A'Q'$ 在 P'、Q' 处为同位相，则 PAP' 和 $QA'Q'$ 间的光程差为 X 射线波长 λ 的整数倍，否则它们将相互干涉抵消而不发生衍射，即

$$QA'Q' - PAP' = SA' + A'T = n\lambda$$

式中，n 为干涉基数，必为整数，即 $n = 0$、± 1、$\pm 2 \cdots$

将 $SA' = A'T = d\sin\theta$ 代入上式得

$$2d\sin\theta = n\lambda \tag{7-2}$$

式中，θ 为入射线或反射线与晶面间的夹角，也称掠射角或布拉格角；入射线与衍射线之间的夹角为 2θ，称为衍射角；n 为整数，称为干涉基数；d 为晶体晶面间距；λ 为入射 X 射线波长。

　　这就是著名的布拉格方程，或称布拉格定律。由于布拉格方程十分简洁地表明了晶面间距（d）、入射 X 射线波长（λ）和布拉格角（θ）之间的关系，所以已被广泛地应用于 X 射线衍射分析技术中。

3. 埃瓦尔德球

　　利用倒易点阵的概念也可以导出倒易空间中表示衍射条件的矢量方程式：

$$\frac{S - S_0}{\lambda} = H_{hkl} \tag{7-3}$$

式中，S_0 和 S 分别为入射方向和衍射方向的单位矢量；λ 为入射 X 射线波长；H_{hkl} 为一倒易矢量。

　　方程（7-3）也可以用几何形式来表达，如图 7-4 所示，设 λ 为入射 X 射线波长，以 $1/\lambda$ 为半径做一圆，圆心为 S，使 $SO^* = S_0/\lambda$，$SP = S/\lambda$，O^* 为倒易点阵的原点，则

$$O^*P = SP - SO^* = (S - S_0)/\lambda$$

所以　　　　　　　　　　　　　　　　$O^*P = H$

　　由图 7-4 的几何关系看出，产生衍射的几何条件时倒易点 P_{hkl}〔对应于正点阵中晶面 (hkl)〕必须在圆上，才能满足关系式 $SP = S/\lambda$，从而也一定满足矢量方程式：

$$O^*P = (S - S_0)/\lambda = H \tag{7-4}$$

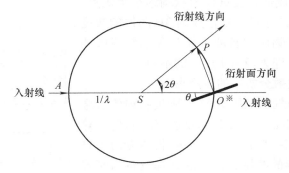

图 7-4　埃瓦尔德图解的几何关系

　　反之，若倒易点 P 在圆外或圆内，因 $SP \neq S/\lambda$，所以 $O^*P \neq (S - S_0)/\lambda$，则倒易点 P 所代表的晶面不能产生衍射。因为任何倒易点 P_{hkl} 只要和这个圆面相遇时就表示相应的晶面 (hkl) 产生衍射（或反射）。图 7-4 称为埃瓦尔德平面几何图解。用同样的方法，以 S 为原

点，以 $1/\lambda$ 为半径做一球面，在三维空间里，X 射线衍射同样遵循这个规律，任一倒易点只要落在球面上，该倒易点对应的正空间晶面就满足衍射条件，可产生衍射，衍射方向就是原点 S 与此倒易点的连线方向。这个球就称为埃瓦尔德球，也称发射球，以这种方式解决衍射方向的方法称为埃瓦尔德图解法。

7.4　X 射线分析技术在失效分析中的应用

7.4.1　X 射线检测

利用 X 射线具有较强的穿透能力，并可使照相胶片感光和不同形态物质对 X 射线的吸收不同的原理做 X 射线检测。X 射线检测是现代工业生产中质量检测、质量控制、质量保证的重要手段，一般用于金属、非金属等材料制成的零部件、铸造及焊接部件的无损检测，以确定其内部缺陷，如夹渣、裂纹、气孔、未焊透、未熔合等。在机械装备的失效分析中，特别是确定不良品的缺陷位置或对其定性时，可采用 X 射线检测进行定位和辅助定性。

1. X 射线照相法

GB/T 6417.1—2005《金属熔化焊接头缺欠分类及说明》中规定，在焊接接头中因焊接产生的金属不连续、不致密或连续不良的现象简称缺欠，超过规定值的缺欠称为焊接缺陷。缺陷区域和基体之间的密度差异（或成分差异）会导致被检工件与其内部缺陷介质对 X 射线能量衰减程度产生差异，导致射线透过工件后的强度不同，对胶片的感光不一致，于是在胶片上形成黑度不同的影像，使缺陷能在射线底片上显示出来，这就是 X 射线检测的基本原理。如图 7-5 所示，把胶片放在工件适当位置，在感光胶片上，有缺陷部位和无缺陷部位将接受不同的射线曝光。再经过暗室处理后，得到底片，然后把底片放在观片灯上就可以明显地观察到缺陷处和无缺陷处具有不同的黑度，评片的人员据此就可以判断缺陷的情况。

2. 工业 CT 检测

工业 CT 检测也称 X 射线层析成像，属于射线检测，具有较高的缺陷辨别能力、高空间和高密度分辨力，能对缺陷精确定位和 3D 成像，受试样形状制约小等优点。工业 CT 对缺陷的判断是通过扫描形成的 3D 图像的灰度值形式来表现的，不同物质的密度差异对 X 射线吸收能力不同，反映在图像上即为像素灰度值的不同。

3. X 射线检测在失效分析中的应用举例

某航天设备上的压气机采用 7055 高强度喷射铝合金材料制成，其主要加工工艺流程为：喷射沉积制坯→热挤压→热处理→精加工→模拟试验。箱体长的方向为挤压方向，也是喷射成形的圆锭轴向。热处理设备为箱式炉，热处理后进行了超声波检测，未发现缺陷，然后进行精加工，达到图样技术要求后进行模拟试验，运行约 400 万次后发现局部表面开裂。开裂部位内腔压力为 0~30MPa 脉冲，频率为 6.667Hz。失效的压气机及裂纹位置如图 7-6 所示。

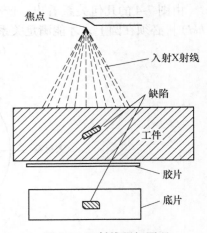

图 7-5　X 射线照相原理

由于该零件结构比较复杂，若分析前盲目进行切割，则有可能造成开裂面的不完整，其

图 7-6　失效的压气机及裂纹位置

至会导致裂纹源区重要失效信息的丢失，影响整体失效分析。对此，首先采用 X 射线对其进行无损检测，初步确定了裂纹的大概位置，发现存在两条长度分别为 46mm 和 103mm 的裂纹。然后采用工业 CT 检测对裂纹进行更精确地定位和 3D 成像，进一步了解了裂纹在零件中的具体位置和范围（见图 7-7）。

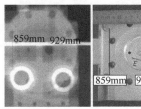 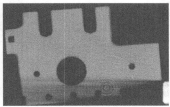 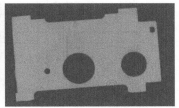

　　a) 扫描范围　　　　　b) 主要扫描面　　　　　c) 859mm 断面裂纹形貌　　　　　d) 929mm 断面裂纹形貌

图 7-7　工业 CT 检测情况

　　根据 X 射线检测、工业 CT 检测的断层扫描以及宏观观察情况，再结合该零件的设计图样，判断裂纹位置如图 7-8a 中标识位置，然后规划了切割方案，对试样进行解剖，开裂面形貌如图 7-8b 所示，开裂面比较完整，未见塑性变形，可见明显的放射纹，根据放射纹的收敛方向判断裂纹源位于图 7-8b 中椭圆形标识部位。后经进一步的失效分析，结果表明压气机在模拟试验前机身内部二级压力腔 $\phi18mm$ 通孔的 R 角处已经存在老裂纹（图 7-8a 中箭头标识），该裂纹是在热处理过程中形成的，在模拟试验过程中于交变应力的作用下产生了疲劳扩展。

7.4.2　X 射线衍射分析技术

　　X 射线衍射分析技术是确定物质的晶体结构、定性和定量物相分析、点阵常数精确测定、应力测定、残留奥氏体测定、晶体取向测定等最有效、最准确的方法。X 射线衍射分析技术的特点是：能够反映大量原子的散射行为的统计结果，此结果和材料的宏观性能有良好的对应关系。

1. 物相分析技术

　　X 射线衍射（XRD），是通过对材料进行 X 射线衍射，分析其衍射图谱，获得材料的成分、材料内部原子或分子的结构或形态等信息的研究手段。X 射线衍射是试样宏观体积

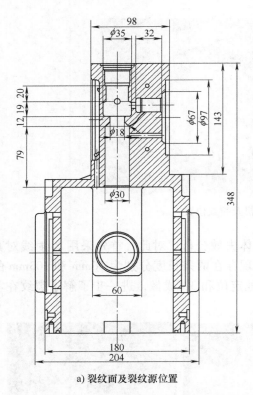

a) 裂纹面及裂纹源位置　　　　　　　　　　b) 开裂面形貌

图 7-8　压气机上的裂纹

（一般为 $100mm^2 \times 10\mu m$）内大量原子行为的统计结果，它与材料的物理性能、化学性能及力学性能有直接、密切的关系。

　　X 射线衍射能确定试样中不同的组成相，包括区分相同物质的同素异构体，也能计算各相的相对含量，这就是物相的定性和定量分析。图 7-9 所示为两种 TiO_2 晶体的结晶形态、结构模型与结构的 X 射线衍射图谱。

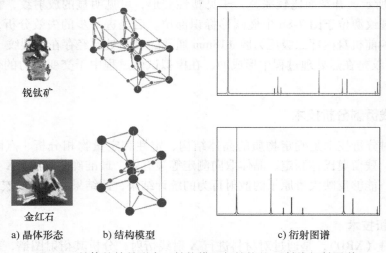

a) 晶体形态　　　b) 结构模型　　　　　　　c) 衍射图谱

图 7-9　晶体的结晶形态、结构模型与结构的 X 射线衍射图谱

　　定性相分析的基本方法是将未知物质的衍射谱中的全部晶面间距 d 和它们的相对强度 I/I_1（I 为实际测试强度，I_1 为最强线的强度）值与已知物质谱中的全部 d 和 I/I_1 值对照，依据其相符情况做出判断。定量相分析的基本依据是试样中某物相的衍射线强度与试样中该物相的含量成比例。找出这种比例关系的方法有许多种，在这种情况下，相对强度可以用任何单位度量。定性相分析和定量相分析都需要用标准衍射谱进行比对，为了使这一方法切实可行，就必须掌握大量已知的标准衍射花样。对此，世界范围内的各国科学家联合在一起，已经建立了多种物质的大量衍射数据卡组。目前，应用较广的有衍射资料国际中心（ICDD）发行的 PDF-2 和 PDF-4 两种型号的数据库，以及 2003 年新出现的晶体学公开数据库（COD），它们包含了大量的化合物晶体数据。在具体分析时，对数据卡组的检索和进行多相物质的相分析都已由计算机来完成，无论是效率还是分析的准确性方面都得到了极大的提高。

　　案例 1：某核电疏水阀管道出现多处开裂泄漏事故，泄漏位置多出现在弯管或焊接部位。在对泄漏部位管子内表面做宏观观察时，发现管内壁表面有一层异物覆盖，为了弄清楚该异物的成分组成，采用 D8 Advance X 射线衍射仪对靠近焊缝内表面附近的表面覆盖物做 X 射线衍射分析，分析结果如图 7-10 所示，可见其主要成分为 Fe_3O_4，其相对含量为 69%，其余为基体 Fe。该 XRD 分析结果的意义在于管道内壁的腐蚀只跟氧有关，可以排除其他腐蚀性介质的影响，从而缩小了分析范围。这与最后得到的空泡腐蚀引发了腐蚀疲劳的失效分析结论相一致。

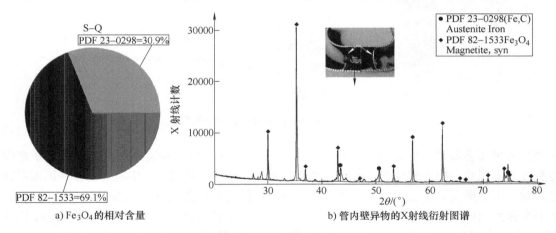

a) Fe_3O_4 的相对含量　　　　　　　　　b) 管内壁异物的X射线衍射图谱

图 7-10　焊缝附近异物分析结果

注：S-Q 表示一种半定量的分析方法。

　　案例 2：某油田的油管规格尺寸为 88.90mm×6.45mm，材料为 S13Cr110（石油管道使用的一种特殊材料，行业内部叫"超级 13Cr"），使用两年后，修井时发现外表面存在大量平行于轴向的小裂纹。失效分析结果表明其性质为应力腐蚀破裂。对油管采用扫描电子显微镜和 X 射线衍射仪对表面腐蚀产物进行分析。表面产物出现分层现象（见图 7-11），其中最外层产物主要为 $Ca_3(PO_4)_2$，第二层产物为氧化膜 $FeCr_2O_4$ 和 $CrOOH$，第三层为腐蚀产物层，腐蚀产物上层为 $FeOOH$ 和 $Fe_3(PO_4)_2$，与基体相邻的下层为 Fe_3O_4 和 $Fe_3(PO_4)_2$。

2. 残余应力分析技术

　　金属材料中残余应力的大小和分布对机械构件的静态强度、疲劳强度、耐蚀性和构件的尺寸稳定性等都有直接影响，同时对检查焊接、热处理及表面强化处理（喷丸、渗氮、渗

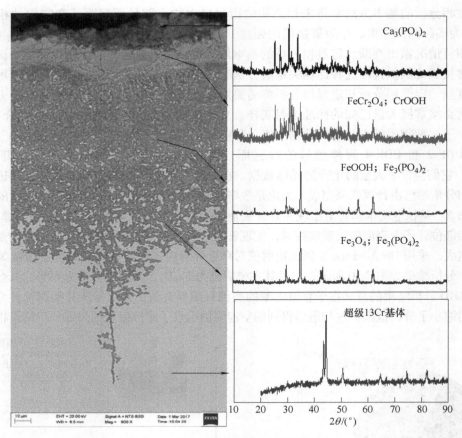

图 7-11　油管外表面腐蚀产物分析结果

碳等）等的工艺效果、控制磨削等机械加工表面质量都有很大的实际意义。通常，残余应力被分为宏观残余应力和微观残余应力两类。宏观残余应力是指当产生应力的各种因素不复存在时，由于形变、相变、温度或体积变化不均匀保留在构件内部而自身保持平衡的应力，本书中提到的残余应力均指宏观残余应力。对理想的多晶体（晶粒细小均匀、无择优取向），在无宏观应力的情况下，不同方位晶粒中的同族晶面的间距是相等的，而当平衡着一宏观应力 σ 时，不同晶粒的同族晶面间距 d 随晶面方向及应力的大小发生有规律的变化，如图 7-12 所示，其中 ψ 为同族晶面法线和测试面法线之间的夹角。平行于主应力方向的晶面间距最小，垂直于主应力方向的晶面间距 d 值最大。当 ψ 从 0→90°增大时，d 值也增大，只要设法测出不同方位（图 7-12 中所示的 ψ）上的同族晶面的间距 d，利用弹性力学中的一些基本关系，就可以求得多晶体中所平衡着的应力 σ。

测定残余应力的基础是在晶面间距随方位的变化率和作用应力之间存在一定的函数关系。建立图 7-13 所示的坐标系，其中 $OX_1X_2X_3$ 为主应力坐标系，X_1、X_2、X_3 代表三个正应力（σ_1、σ_2、σ_3）与主应变（ε_1、ε_2、ε_3）方向，$\sigma_{\phi\psi}$ 和 $\varepsilon_{\phi\psi}$ 为空间任意方向的正应力和正应变。可以认为，晶面间距的相对变化量 $\Delta d/d$ 反映了由残余应力所造成的表面法线方向的弹性应变，即 $\varepsilon_{\phi\psi} = \Delta d/d$，$\Delta d/d$ 可以用 X 射线衍射法测定。根据弹性力学的基本原理能建立待测残余应力 $\sigma_{\phi\psi}$ 与空间某方位上的应变 $\varepsilon_{\phi\psi}$ 之间的关系。若构件中内应力沿垂直于表面方向的变化很小，而 X 射线的穿透深度较浅（约 $10\mu m$ 数量级），一般可以认为 σ_ϕ 是在自由表面（表面法线方向的正应力和切应力为零）内平行于表面的应力，即假定为平面应力状态。由此得出 X 射线衍射法测定宏观残余应力的基本公式为

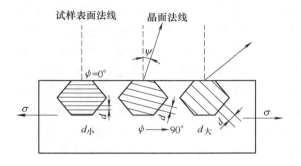

图 7-12　宏观应力与不同方位同族晶面间距离

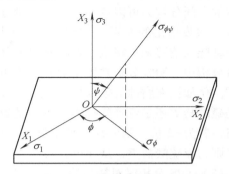

图 7-13　主应力与任意方向的正应力的关系

$$\sigma_\phi = \frac{E}{1+\nu} \times \frac{\partial \varepsilon_{\phi\psi}}{\partial \sin^2\phi} \tag{7-5}$$

式中，E 为弹性模量；ν 为泊松比。

根据布拉格方程的微分式，将 $\varepsilon_{\phi\psi}$ 转换成用弧度 θ 表示的衍射角的变化，又因 σ_ϕ 是一定值，所以 $\varepsilon_{\phi\psi}$ 与 $\sin^2\phi$ 呈线性关系。对于同种材料，当选定某一特定的晶面族和入射线波长时，应力常数 K 恒定不变（可查表或计算）。以铁基的钢铁材料为例，选铁素体的 $\{211\}$ 晶面进行测定，采用 Cr 靶作为辐射源，则 $\theta \approx 78.2°$，其中 $K = -318MPa/(°)$，所以

$$\sigma_\phi = K \times \frac{\Delta 2\theta}{\Delta \sin^2\phi} \tag{7-6}$$

式中，K 为常数；2θ 为衍射角。

根据公式（7-6），只要在同一测定平面测定不同方位的同族衍射晶面的 2θ 值，就可以求出 $\Delta 2\theta/\Delta \sin^2\phi$ 值，即在一定的测定条件下，应力常数 K 是已知的，代入式（7-6）中即得到应力 σ_ϕ。当采用最常见的同倾角法测定平面与扫描平面相重合的测定方法时，确定 ψ 角的方法有两种，即固定 ψ_0 法和固定 ψ 法。

测定残余应力的方法很多，有电测法、机械引申仪法、磁性法、超声法和 X 射线衍射法等。鉴于 X 射线衍射法具有无损、快速、精确等许多优点，其应用最为广泛。目前，采用 X 射线衍射法测量宏观残余应力的方法和设备不断有新品推出，应用越来越广泛，在产品质量控制和机械装备的失效分析中所起的作用也越来越大。图 7-14 所示为采用 X 射线衍射仪测试某船用大齿轮表面残余应力的现场情况。

图 7-14　现场测试残余应力

3. XPS 光电子能谱仪分析技术

（1）XPS 光电子能谱仪概述　当 X 射线穿过厚度为 t 的物质后，会激发出光电子。XPS

光电子能谱仪就是利用从物质的原子中激发出的光电子的特性来对被检测物质的物性进行分析的。20世纪50年代，K. Siegbahn研制成功了第一台XPS，10年后发展成为商用分析仪器。目前XPS光电子能谱仪中，采用微聚焦X射线、X射线单色化及计算机控制等技术，成像的空间分辨力可以达到1μm，能量分辨力优于0.45eV。XPS分析使用的光源阳极是Mg或Al，其发射出的K系X射线的能量分别是1487eV和1254eV。XPS分析可根据某元素光电子动能的位移来了解该元素所处的化学状态，有很强的化学状态分析功能。在机械装备的失效分析中，XPS分析常用来分析元素的价态，从而判断该元素和其他元素的化合物组合形式。例如：在腐蚀失效分析中，通过EDS分析发现腐蚀产物中S元素含量较高，但不知道是硫酸盐类还是亚硫酸盐类，或者是硫化氢类腐蚀。这时就可以通过XPS分析得出S的价态，若为-2价，则可判断腐蚀介质中主要为硫化氢，若为+6价，则为硫酸盐类，若为+4价，则为亚硫酸盐类，从而可针对性地查找腐蚀介质来源，有的放矢地制订预防措施。

（2）XPS分析时对样品的要求　XPS分析时对样品的要求为：

1）样品尺寸不宜过大，一般不大于10mm×10mm×1mm。

2）样品表面应大体上平整。

3）样品最好能导电。

4）表面应做脱脂处理，避免用手触摸。

5）样品制备好后应尽快测试，避免长时间在空气中存在。

6）粉末样品可以压成块状，或散布在胶带上；也可以将粉末溶解在适当溶剂中做成溶液，涂在样品台上，再使溶剂挥发即成试样。

7）气体、液体样品多用冷却法使其凝固。

参 考 文 献

[1] 鄢国强. 材料质量检测与分析技术［M］. 北京，中国计量出版社，2005.

[2] 王荣. 机械装备的失效分析（3）——断口分析技术［J］. 理化检验（物理分册），2016，52（10）：703-704.

[3] 马礼敦. X射线粉末衍射的发展与应用（续前）［J］. 理化检验（物理分册），2016，52（9）：630-632.

[4] 杨于兴，漆睿. X射线衍射分析［M］. 上海：上海交通大学出版社，1994.

[5] 王荣. 机械装备的失效分析（5）——定量分析技术［J］. 理化检验（物理分册），2017，53（6）：413-421.

第 8 章

电子光学分析技术

8.1 引言

L. V. Broglie（德布罗意）受到光具有波粒二象性的启发，在 1923—1924 年间提出了电子具有波粒二象性的假说，导致了薛定谔方程的建立。1927 年 C. J. Davisson（戴文逊）和 L. H. Germer（革末）用单晶体做实验，G. P. Thomson（汤姆逊）用多晶体做实验，均发现了电子在晶体中的衍射。电子在晶体中的衍射同样遵循劳厄方程、布拉格定律和埃瓦尔德图解法。由于电子具有波粒二象性，其波长在原子数量级以下，而且电子束可以用电场或磁场进行聚焦，用电子束和电磁透镜取代光束和光学透镜可以获得更高的分辨力。1932 年，德国柏林工科大学高压实验室的 M. Knoll 和 E. Ruska 研制成功了第 1 台实验室电子显微镜，这就是后来的透射电子显微镜（TEM），晶体学研究也因此进入了一个新纪元。但在机械构件的失效分析领域，TEM 观察断口形貌时需要覆膜，制样复杂，要求较高，极大地制约了其在失效分析中的实际应用。1940 年，英国剑桥大学首次试制成功扫描电子显微镜（SEM）。由于 SEM 观察对断口的要求较低，不需要覆膜和喷镀，大多数情况下都可以直接观察，载物台和观察空间也越来越大，对样品的尺寸限制也越来越小，从而使断口分析变得方便而易行，还可以在 SEM 上加装能谱仪（EDS）或电子背散射衍射谱仪（EBSD），这样，可以对样品做更多的分析和研究。俄歇电子谱仪（AES）是一种表面科学和材料的分析技术，其在与腐蚀、磨损相关的失效分析方面具有独特的作用。

扫描电子显微镜、电子探针（EPMA）等电子束显微镜分析仪器的分析基础，是探测和分析入射电子与固体相互作用产生的各种信息。一束细聚焦的电子束轰击试样表面时，入射电子与试样表面原子的原子核和核外电子将产生弹性或非弹性散射作用，并激发出反映试样表面形貌、晶体结构和化学组成的各种信息，如二次电子、背散射电子、吸收电子、阴极发光电子、特征 X 射线、透射电子和散射电子等。

8.2 电子衍射分析原理

电子束 I_0 照射到试样晶面间距为 d 的晶面（hkl），在满足布拉格定律时，将产生衍射，其电子衍射的几何关系如图 8-1 所示。

发生电子衍射时，透射束和衍射束在相机底片相交，得到透射斑点 Q 和衍射斑点 P，它们的距离为 R，由图 8-1 可知：

$$R = L\tan 2\theta \tag{8-1}$$

由于电子波长很短，电子衍射的 2θ 很小，所以

$$\tan2\theta \approx \sin2\theta \approx 2\sin\theta$$

代入布拉格公式 $2d\sin\theta = \lambda$，得

$$Rd = L\lambda \qquad\qquad (8\text{-}2)$$

式（8-2）就是电子衍射基本公式。

L 为衍射相机长度，当加速电压一定时，λ 值确定，L 和 λ 的乘积为一常数，即，

$$K = L\lambda \qquad\qquad (8\text{-}3)$$

式中，K 为相机常数。

如果 K 值已知，即可由衍射斑点的 R 值计算出晶面组的 d 值：

$$d = L\lambda/R = K/R \qquad\qquad (8\text{-}4)$$

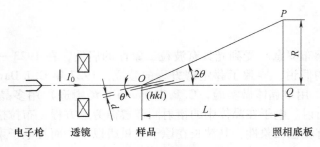

图 8-1　电子衍射的几何关系

8.3　透射电子显微镜分析技术

透射电子显微镜的信息来源是穿过试样的透射电子产生的衍射花样，由于电子穿透试样需要足够的能量，所以透射电子显微镜的功率一般较大，用于分析的试样也相对较薄。

8.3.1　透射电子显微镜的组成结构

透射电子显微镜主要由光学成像系统、真空系统和电气系统三部分组成。

1. 光学成像系统

光学成像系统包括：照明系统、放大成像透射系统和图像观察记录系统。

（1）照明系统　照明系统是产生具有一定能量、足够亮度和适当小孔径的稳定电子束的装置，包括电子枪和聚光镜等。电子枪提供透射电子显微镜所需的电子束。根据电子的波粒二象性，电子束的波长 λ 与加速电压 U 之间存在以下关系，

$$\lambda = h/(2em_0U)^{1/2} \qquad\qquad (8\text{-}5)$$

式中，h 为普朗克常数；e 为电子电荷；m_0 为电子的静止质量。在电子显微镜中，加速电压比较高，一般在几十千伏以上，必须引入相对论进行校正，这时入射电子束的波长为

$$\lambda = h/\left[2em_0U(1 + eU/2m_0c^2)\right]^{1/2} \qquad\qquad (8\text{-}6)$$

式中，c 为光速。

不同加速电压下的电子波长也可以在相关工具书中查到。

（2）放大成像透射系统　透射电子显微镜的放大成像透射系统一般由物镜、中间镜和投射镜组成。透镜的数目由所需的最高电子光学放大倍数来决定。物镜是用来形成第一个放大像，是决定透射电子显微镜图像质量最为关键的透镜。透射电子显微镜的物镜由透镜线

圈、轭铁及极靴等部分组成。在下极靴下方装有消像散器，可以对物镜产生的像散进行校正。一般采用强励磁、短焦距的物镜，这样可以降低物镜的球差。透射电子显微镜的分辨能力 d 与物镜的球差系数 C_s 和电子束波长 λ 存在以下关系：

$$d = 0.65(C_s\lambda^3)^{1/4} \qquad (8-7)$$

因此，在电子束波长一定的情况下，物镜的球差系数决定了透射电子显微镜的分辨能力。物镜光阑置于物镜的背焦面上，用以阻止大角度散射的电子，来改善图像衬度，更重要的是对晶体样品选择"操作反射"。

（3）图像观察和记录系统　透射电子显微镜的图像一般通过安装在观察室的荧光屏进行观察，传统的图像记录是采用电子感光片进行照相。电子感光片是一种对电子束敏感、颗粒度很细的溴化物乳胶底片，具有良好的灵敏度，可以满足对一般透射电子显微镜图片的记录要求。透射电子显微镜图像的观察和记录还可以采用视频摄像方式来进行，特别适合于图像的动态观察。视频摄像机由专用的荧光屏转化成光信号，再通过纤维光导板或传递透镜到达摄像元件上。

2. 真空系统

电子显微镜的镜筒必须具有高的真空度，这是因为：①若镜筒中存在气体，会产生气体电离和放电现象，影响观察效果；②电子枪灯丝容易被氧化而烧断；③高速电子与气体分子碰撞发生散射，降低成像衬度和污染样品。电子显微镜的真空度一般要求在 $10^{-6} \sim 10^{-4}$ Torr（1Torr＝133.322Pa）范围内。

3. 电气系统

电气系统主要包括灯丝电源和高压电源，以确保电子枪产生稳定的高照明电子束，还包括各个透磁镜的稳压稳流电源和电气控制电路等。

图 8-2 所示为透射电子显微镜的结构，图 8-3 所示为透射电子显微镜的电子光路和光学显微镜的光学光路对照。光学显微镜（OM）中的光源一般置于镜体的侧面，与主光轴成正交，通常需要一个垂直照明器，把光路垂直换向，一般采用 45°棱镜进行光路换向。区别于透射电子显微镜所用的试样，金相试样尺寸一般为 10mm×10mm×10mm。

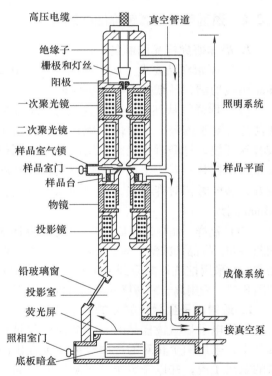

图 8-2　透射电子显微镜的结构

透射电子显微镜和光学显微镜的光学成像系统比较见表 8-1。

表 8-1　透射电子显微镜和光学显微镜的光学成像系统比较

比较部分	透射电子显微镜	光学显微镜
光源	电子源（电子枪）	可见光（日光或灯光）
照明控制	电子聚光镜	玻璃聚光镜

（续）

比较部分	透射电子显微镜	光学显微镜
样本	$\phi3mm$，观察区域厚度小于 100nm	边长约 1mm 的载玻体
放大成像系统	电子透镜	玻璃透镜
介质	高度真空系统	空气和玻璃
图像观察	利用荧光屏	直接用眼睛（接目镜）
聚焦方式	改变线圈电流或电压	移动透镜
分辨力	$0.2 \sim 0.3nm$	200nm
有效放大倍数	10^6	10^3
物镜孔径角	$<1°$	约 $70°$
景深	较大	较小
焦长	较长	较短
图像记录	照相底板或电子成像	照相底板或电子成像

8.3.2 透射电子显微镜样品的制备

1. 晶体研究样品的制备

（1）原始样品要求　原始样品为厚度 $0.2 \sim 0.3mm$、$100mm \times 100mm$ 的小薄片。可以将样品用线切割、砂纸打磨等方法处理。

（2）取样　从坯料上获取直径为 $\phi3mm$ 的一块薄片。对于陶瓷、半导体等脆性材料，由于比较容易开裂，打磨时要轻柔，用超声波切割机获得 $\phi3mm$ 圆片；对于金属等塑性材料，其延展性较好，磨样时相对容易些，可用冲压的方法获得 $\phi3mm$ 圆片。

（3）制样　制样过程如图 8-4 所示。从图 8-4a 到图 8-4b，样品预减薄到 $80\mu m$ 以下；从图 8-4b 到图 8-4c，采用挖坑仪减薄到 $10\mu m$ 以下；从图 8-4c 到图 8-4d，采用离子减薄仪减薄到 100nm 以下。

2. 透射电子显微镜样品的离子减薄

透射电子显微镜样品的离子减薄原理是在高真空中，采用两个相对的冷阴极离子枪提供高能量的氩离子流，并以一定角度对旋转的样品的单面或两表面进行轰击，当轰击能量大于样品材料表层原子的结合能时，样品表层原子就会受到氩离子击发而溅射。经较长时间的连续轰击和溅射，样品中心部分最后会穿孔，穿孔后的样品在孔的边缘处极薄，对电子束是透明的，称为薄膜样品（见图 8-5）。图 8-6 所示为采用透射电子显微镜在薄膜样品上观察到的电子衍射花样与衍射分析。

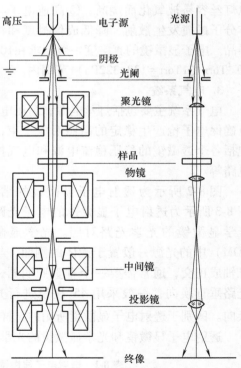

图 8-3　透射电子显微镜的电子光路和光学显微镜的光学光路对照

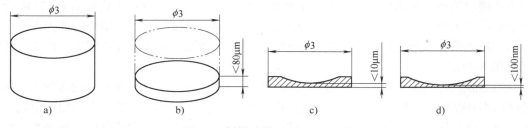

图 8-4　制样过程（a→b→c→d）

3. 断口分析样品的制备

采用透射电子显微镜观察断口形貌时，需要对断口进行间接复型制样。

复型制样方法是用对电子束透明的薄膜把材料表面或断口的形貌复制下来，常称为复型。复型方法中用的较为普遍的是碳一级复型、塑料-碳二级复型和萃取复型。

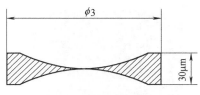

图 8-5　样品形状尺寸

对已经充分暴露其组织结构和形貌的试块表面或断口，除必要时进行清洁外，不需要任何处理即可进行复型；当需观察被基体包埋的第二相时，则需要选取适当浸蚀剂和浸蚀条件，浸蚀试块表面，使第二相粒子凸出，形成浮雕，然后再进行复型。

碳一级复型是通过真空蒸发碳，在试样表面沉淀形成连续碳膜而制成的。

塑料-碳二级复型是无机非金属材料形貌与断口观察中最为常用的一种制样方法。

复型后需要将薄膜和样品分离，然后才可进行观察。

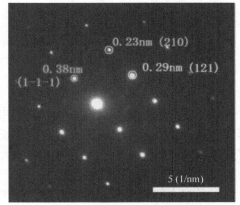

图 8-6　电子衍射花样与衍射分析

8.3.3　透射电子显微镜分析技术应用举例

目前，以粉末床为特征的选区激光熔化（SLM）技术作为一种基于激光熔化金属粉末的快速增材制造技术，以其特有的个性化、精度高、快速高效等制造优点，在航空航天、医疗器具等领域得到广泛应用。然而，由于该技术本身的成形特点，成形部件的质量受到材料因素、机械因素和激光扫描参数等众多因素的影响，通常会导致试样表面产生微裂纹、致密度低等缺陷，严重影响部件的使用性能。热等静压（HIP）技术是一种集高温高压于一体的致密化工艺，能够致密化陶瓷材料，也可用来修复金属部件的裂纹、内部疏松等缺陷，提高材料性能。该技术可以作为后处理工序来改善选区激光熔化成形部件的缺陷及性能。

对选区激光熔化成形的 GH3536 合金试棒进行研究，将其置于热等静压炉子中对其进行后处理，热等静压冷却方式为随炉冷却。未进行热等静压处理时，原件的显微组织形貌表现为选区激光熔化成形特有的熔池形貌，横向为条状熔池，表现出激光光束交叉扫描的方式，纵向为鱼鳞状熔池，呈现出金属粉末层层叠加的成形方式；选区激光熔化成形 GH3536 合金试样表面存在大小不一的裂纹缺陷，裂纹主要位于熔池内或横跨熔池，熔池内部为方向杂乱的微晶。这说明在成形过程中，熔池内部的热传递较为复杂，且残余应力较大，产生了微裂纹（见图 8-7）。

经热等静压处理后，试样内部裂纹闭合，试样的显微组织由熔池特征转变为等轴晶，熔池内的微晶不复存在，晶粒内部和晶界有大量析出物析出（见图 8-8）。晶粒内部的析出物呈颗粒状弥散分布于基体，起到弥散强化的效用，能够提高材料强度。但晶界处的析出物相对较为粗大，并且连接呈网状分布于晶界，对试样的晶界强度有不利影响，导致材料性能弱化。

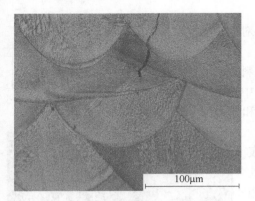

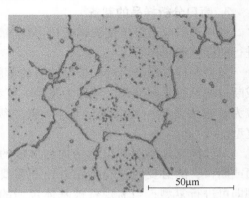

图 8-7　热等静压处理前的金相组织形貌　　　　图 8-8　热等静压处理后的金相组织形貌

经热等静压处理后试样析出物的 TEM 形貌如图 8-9 所示。晶界处的析出物比较粗大、形状不规则，能够一定程度上抑制晶粒长大，但也阻碍了材料在回复和再结晶过程中原始晶界的退化；此外，位于三角晶界处的粗大析出物，极易成为应力集中敏感区，在应力作用下萌生裂纹导致开裂，对材料性能的提升产生较为不利的影响。

对晶粒内部和晶界上的析出物进行 TEM 衍射分析（见图 8-10）的结果表明，晶界和晶内的析出物皆为 $M_{23}C_6$ 相。此析出物为脆性析出相，若细小弥散分布于晶粒内部和晶界，对材料性能提升有利，但是，若该析出相粗大、连接成网状分布于晶界，将会严重影响材料性能。因此，试样在进行热等静压处理时，应该尽量控制好晶界析出物的量和大小。

图 8-9　热等静压处理后试样内析出物的 TEM 形貌　　　　图 8-10　析出物的衍射花样

8.4　背散射电子衍射分析技术

8.4.1　背散射电子

背散射电子（BE）是被试样反弹回的入射电子，来自表层几微米深的范围，其能量较高，一般大于 50eV。背散射电子以直线轨迹逸出样品表面，故对于背向检测器的样品表面，因检测器无法收集到被反射的电子，而掩盖了许多有用的细节，故一般不用 BE 信号做断口形貌分析。

8.4.2　电子背散射衍射谱仪分析技术

1. 菊池衍射

当高速电子束入射到样品时，会与晶体原子做非弹性碰撞，发生非弹性不相干衍射。这些被散射的电子随后射到一定晶面时，在满足布拉格方程的情况下，便会发生布拉格衍射，产生衍射条带。日本的物理学家菊池正士在 1928 年进行晶体的电子显微研究时首先发现了这种衍射条带，并给出了正确的理论解释，为了纪念菊池先生的发明和贡献，这种衍射后来被命名为菊池衍射，或称菊池花样、菊池线等。

2. 菊池线的特征

1）透射菊池衍射只能发生在背散射电子最大穿透厚度的一半到最大穿透厚度之间的样品中。样品薄时，非弹性散射效应弱，菊池线强度较弱，不容易看到；样品厚度增加，非弹性散射效应增强，菊池线变得明显；但样品超过背散射电子最大穿透厚度时，电子束会被完全吸收，不产生衍射图谱。

2）晶体越完整，菊池线越明锐。当样品中位错密度高时，一些位于位错附近的晶面取向会发生变化，同名的晶面取向会有一定的分布范围，菊池衍射的锥面会有一定的厚度，所以菊池线会变宽，造成强度下降，发生漫散射现象。

3）菊池线呈明暗线对。一般情况下，菊池线对的增强线在衍射斑点附近，减弱线在透射斑点的附近。

4）菊池线对晶面的取向变化敏感。倾斜或旋转试样小角度时，菊池线同时会以相同的方向和幅度发生移动，而衍射斑点无明显变化。因此常可借助于菊池线的移动方向及大小精确判定晶体的方向。

5）菊池线对的张角总是 $2\theta_{hkl}$。不论取向如何，hkl 菊池线对与中心斑点到 hkl 衍射斑点的连线保持正交，而且菊池线对的间距与上述两个斑点的距离相当，即符合 $Rd = L\lambda$。hkl 菊池线对的中线对应于（hkl）面与荧光屏的截线，两条中线的交点称为菊池极，为两晶面所属晶轴与荧光屏的交点。

8.4.3　电子背散射衍射谱的产生

背散射电子的产额随入射电子与样品表面夹角减小而增大，故将试样大角度倾斜，可以使电子背散射衍射强度增大。电子束在一组晶面上衍射并形成一对菊池线（见图 8-11a）。发散的电子束在这些平面的三维空间上发生布拉格衍射，产生两个辐射圆锥。荧光屏和圆锥交截后产生一对平行线，或称一对菊池线，每条菊池线代表晶体中的一组平面，线对间距反比于晶面间距，所有不同晶面产生的菊池衍射花样构成一张电子背散射衍射谱（EBSP，见图 8-11b），菊池线交叉处代表一个结晶学方向。由于电子背散射衍射谱仪的探测器接收角宽度很大，它包含的菊池线对数远远大于透射电子衍射图所包含的菊池线对数，因此可以用三菊池极法测定晶体取向。多套的三菊池线对互相校正后，可更准确地确定所分析区域的晶体学取向。

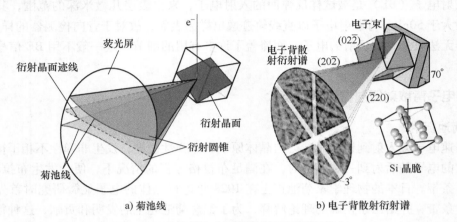

| a) 菊池线 | b) 电子背散射衍射谱 |

图 8-11　菊池线和电子背散射衍射谱的形成

8.4.4　电子背散射衍射谱的分析

电子背散射衍射谱仪分析技术于 20 世纪 90 年代开始商品化，它可以对块状样品上亚微米级显微组织逐点做结晶学分析。当电子束逐点扫描时可以得出由若干点组成的电子背散射衍射谱，由计算机代替人对其进行自动标定，大大提高了测量速度，从而使电子背散射衍射谱有了实际应用价值。图 8-12 所示为电子背散射衍射谱仪数据采集与处理的示意过程。目前商品软件中普遍采用了霍夫（Hough）变换，将 XY 空间中的一条直线转化成霍夫空间的

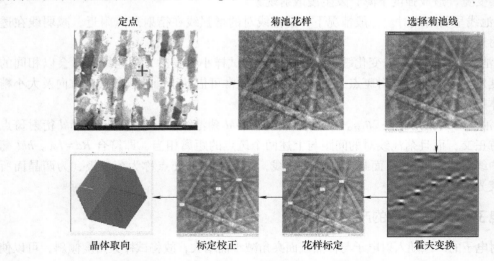

图 8-12　电子背散射衍射谱仪数据采集与处理的示意过程

正弦曲线，两个空间的坐标转换关系为：$X\cos\theta+Y\sin\theta=\rho$，$\rho$ 是 XY 空间中一条直线离原点的距离，θ 是表示该直线与 X 轴的夹角。这样菊池衍射花样中的菊池线就转变成了霍夫空间中的极坐标点（ρ，θ），然后就可以方便地对其进行标定和校正，最后得出晶体学的相关信息。

8.4.5　电子背散射衍射谱仪的制样要求

目前，电子背散射衍射谱仪分析一般在扫描电子显微镜中进行，对试样要求如下：

1）试样尺寸为 10mm×10mm×10mm。

2）要求检测面要"新鲜"，无制样引入的应力，清洁，平整，导电性良好。

3）需要绝对取向时外观坐标要准确。

4）用电解法抛光样品，研究晶界时可以不浸蚀。

5）保持检测面法线和入射电子束之间的夹角约为 70°。

8.4.6　电子背散射衍射谱仪分析的应用和特点

1. 电子背散射衍射谱仪分析的应用

电子背散射衍射谱仪分析的主要应用有：

1）晶体结构研究，包括物相鉴定、相分布和相含量测定。

2）晶体取向研究，包括取向成像，晶粒取向差测定，晶界分析，织构分析等。

3）应变分析，包括应变分布和再结晶分数等。

2. 电子背散射衍射谱仪分析技术的特点

电子背散射衍射谱仪分析技术的特点有：

1）高精度的晶体结构分析功能。

2）独特的晶体取向分析功能。

3）样品制备相对简单。

4）分析速度快，效率高（每秒钟可测定 1000 多个点），尤其是在织构分析方面具有明显的优势。

5）可在样品上进行自动线、面分布数据点采集。在晶体结构及取向分析方面，既具有透射电子显微镜微区分析的特点，又具有 X 射线衍射（或中子衍射）对大面积样品区域进行统计分析的特点。

8.5　二次电子分析技术

8.5.1　二次电子

高速电子束入射到试样表面时会产生大量出射电子，其中能量小于 50eV 的出射电子称为二次电子（SE），它是由于高能入射电子与样品原子核外电子相互作用，使核外电子电离所致。由于外层电子与原子核结合力较弱，会被大量电离形成自由电子。如果这种过程发生在试样表面，自由电子只需要克服材料的逸出功，就能离开样品成为二次电子。对于金属，价电子结合能很小，约为 10eV，其电离概率远远大于内壳层电子，样品吸收一个高能电子就能产生多个二次电子，二次电子绝大部分为价电子。入射电子在样品深处同样可以产生二次电子，但由于二次电子能量小，不能出射。出射的二次电子只限于样品的表面深度小于10nm 的范围，其范围与入射电子束直径相当。由于二次电子的产额量大，所以用二次电子成像时分辨力高，另外，它又限于试样表面，所以能够完全反映样品的表面形貌特征。

8.5.2　扫描电子显微镜

由于二次电子的产额与样品的表面形貌有关，因此可进行形貌观察。在研究样品上更多部位的形貌特征时，可以利用扫描系统移动入射电子到样品上的不同位置，然后再利用合适的探测器接收出射的二次电子及其他各种特征信息，就能够确定样品被扫描表面的形貌特征，或做微区成分分析等，这种仪器就是扫描电子显微镜（SEM）。

扫描电子显微镜由光学系统（镜筒）、扫描系统、信号检测和放大系统、图像显示和记录系统、电源和真空系统、计算机控制系统等部分组成，扫描显微镜的结构如图 8-13 所示。

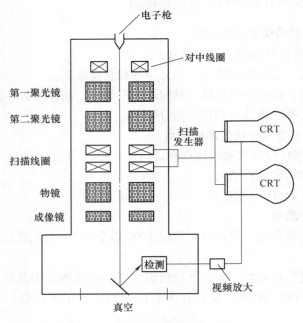

图 8-13　扫描电子显微镜的结构

1. 镜筒系统

镜筒部分主要由电子光学系统组成，包括电子枪、聚光镜、物镜、扫描系统、物镜光阑、合轴线圈和消像散器。

在扫描显微镜中，高能电子束入射到固体样品，所发射的信号强度（二次电子、背散射电子和特征 X 射线等）取决于入射电子束流的大小，而对于被测信号而言，仪器的最佳分辨力又取决于到达样品的最终束斑尺寸。因此，仪器电子光学系统要保证在尽可能小的尺寸下能获得稳定的最大束流。

（1）电子枪　其作用是提供高能聚焦的电子束源。目前市场使用的有三种：钨丝电子枪、六硼化镧（LaB_6）电子枪、场发射电子枪（FEG）。其中场发射电子枪又包括冷场发射阴极

（CFE）和热场发射阴极（TFE 或 SFE）两种。电子束源的有效直径可以控制到 $2.5\mu m$，再通过透镜缩小，CFE 可以获得优于 1nm 的束斑直径，对高倍率和高分辨力成像极为有利。

（2）聚光镜和物镜　聚光镜把电子束直径 d_0 进一步缩小，形成直径为 5~200nm 的最终束斑，然后入射样品。聚光镜系统由一个或两个透镜组成，调整聚光镜激励可以改变束流大小。聚光镜一般为轴对称结构。物镜决定了电子束最终束斑尺寸，调整物镜激励使电子束在样品表面聚焦，获得清晰的图像。

（3）扫描系统　扫描系统使电子束在样品表面和荧光屏上实现同步扫描。改变入射电子束在样品表面的扫描幅度，以获得不同放大倍率下的扫描图像。扫描系统由同步扫描信号发生器、放大倍率控制电路和扫描线圈组成。扫描线圈安装在物镜内，分为上、下两组。电子束被上扫描线圈偏转离开光轴，到下扫描线圈时又被偏转折回光轴，最后通过物镜光阑中心入射到样品上。这个过程相当于电子束以光阑孔中心为偏转轴在样品表面扫描。利用扫描线圈的电流随时间交替变化，使电子束按一定的顺序偏转通过样品上的每个点，收集每个点的信息，并通过相关处理获取整个观察面的信息，这就是扫描的作用。

2. 样品室

扫描电子显微镜样品室位于镜筒下部，内设样品台，可在 X、Y、Z 三个方向移动，并可绕自身轴转动和倾斜。有的样品室可容纳直径大于 300mm 的样品，样品的高度可达 50mm。但在具体使用时，需考虑样品的重量，避免对样品台移动的灵活性产生影响，也不能和室内的传感器或其他构件发生接触或碰撞。

8.6　X 射线能量色散谱仪分析技术

X 射线能量色散谱仪（EDS）简称能谱仪，是扫描电子显微镜的基本配置。自 20 世纪 70 年代问世以来，能谱仪发展速度很快，现在分辨力已达到 130eV 左右，选用新型的固定式有机薄膜窗口，分析元素可以从 Be 到 U。应用能谱可以对材料的化学成分进行定性和定量分析。

X 射线能量色散谱仪的信息来源是扫描电子显微镜入射电子束轰击试样表面时，原子内壳层（如 K、L 壳层）电子受激发后，外层电子跃迁过程中直接释放出的一种具有特征能量和波长的电磁辐射波，产生的一些不连续光子组成的特征 X 射线。不同元素发出的特征 X 射线具有不同的频率，即具有不同的能量。能谱仪的关键部件是锂漂移硅半导体探测器，实际上是一种复杂的电子仪器，习惯上称为 Si(Li) 探测器。X 射线光子进入 Si 晶体内将产生电子-空穴对，在 100K 左右温度时，每产生一个电子-空穴对消耗的平均能量 ε 为 3.8eV。能量为 E 的 X 射线光子所激发的电子-空穴对数 N 为

$$N = E/\varepsilon \tag{8-8}$$

探测器输出的电压脉冲高度由 N 决定。入射 X 射线光子能量不同，所激发的电子-空穴对数 N 也不同。探测器输出的不同高度的电脉冲信号在进一步放大后被送到多通道脉冲高度分析器，按脉冲高度分类计算，数据经计算机处理后把不同能量的 X 射线光子分开，并在输出设备（如显示器）上显示出脉冲数-脉冲高度曲线，纵坐标是脉冲数，即入射 X 射线光子数，与所分析元素含量有关，横坐标为脉冲高度，与元素种类有关。这样就可以测出 X 射线光子的能量和强度，从而得出所分析元素的种类和含量。为了降低噪声，能谱仪被液氮

冷却到低温，当探头不用时，可以不加液氮。目前市场推出的不需维护探头可以不用液氮，即通电后使用时能自行制冷降温。

　　近几年来，EDS分析技术发展很快，不断有新型号的能谱仪推出。计算机程序控制升温装置解决了半导体探测器表面所结的冰晶，使探头探测超轻元素的效率保持不变。EDS的分析软件除常规的定性和定量分析外，还能对收集的X射线或电子的数字图像做分析与处理，可同时给出十几个元素的面分布图像，操作控制通过适应性极强的计算机软件来实施，使用非常方便。由于能谱分析时探头紧靠试样，使得X射线收集效率提高，这有利于表面粗糙度较高及粉体试样的元素定性和定量分析。另外，能谱分析时所需的探针电流较小，故对样品的损伤也小。

　　EDS分析方法包括点分析、线分析和面分析等。点分析区域一般为几立方微米到几十立方微米范围。该方法用于显微结构的定性或定量分析，例如，对材料固定点、晶界、夹杂物、析出相、沉淀物、未知相等的组成研究等。线分析是电子束沿试样表面一条线逐点进行分析。线分析的各分析点等距并且有相同的电子探针驻留时间。电子束沿一条分析线进行扫描（或试样台移动）时，能获得元素含量变化的线分布曲线。对于电子束扫描，面分析范围一般没有限制，但电子束扫描范围太大时，均匀的元素分布会由于电子束入射角的变化而变得不均匀，一般最大分析范围可达90mm×90mm。图8-14所示为304不锈钢焊接接头熔合线附近的Cr和Ni元素的线分布；图8-15所示为焊缝区域O元素的面分布，可以看出O元素分布不均匀，具有带状分布特征。无标样定量分析方法是EDS分析常采用的一种方法。在对不平试样、粉体试样及要求不太高的定量分析中发挥了重要的作用，已得到了广泛的应用。

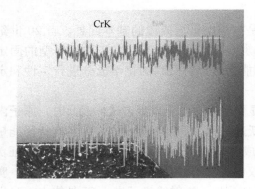

图 8-14　Cr 和 Ni 元素的线分布

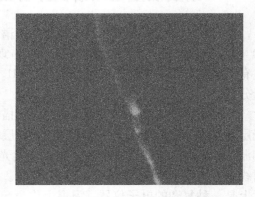

图 8-15　O 元素的面分布

　　国内外一些航空公司为了保证飞机飞行安全，例行检查时会对经过发动机的液压油进行过滤，如发现固体物质，就会对其做定性和定量分析，判断飞机的什么位置的什么构件发生了磨损或损伤，然后对该构件实施进一步的检查，对其安全性能作进一步评估，保证飞行安全。由于这些滤出物的尺寸一般都很小，数量也不多。图8-16所示为对某航空公司飞机发动机液压油滤出物的EDS分析，其液压油滤出物较大的尺寸只有0.28mm，无法满足传统的化学分析对试样质量的要求。EDS分析对样品的数量和尺寸要求都不高，而且分析速度快，可同时给出金属屑中全部的元素和含量，在保证航班整点起飞和保证飞行安全方面发挥着重要的作用。EDS分析经ZAF定量修正法修正后可以将某种特定钢种（如奥氏体不锈钢）的元素分析结果精度提高到专用分析仪器（如等离子发射光谱）的水平，可以对细微样品做比较准确的定量分析。

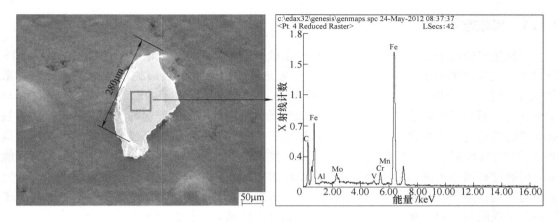

图 8-16　对某航空公司发动机液压油滤出物的 EDS 分析

EDS 分析在机械装备的失效分析中具有非常重要的作用和地位，特别是在与腐蚀有关的失效中，可以对腐蚀产物进行定性和定量分析，或者对一些引起失效的未知相或夹杂物进行分析。通过对断裂（或开裂）源处的异物进行定性和定量分析，还可以判断断裂（或开裂）源大概产生的工序。

核电某低合金钢关键零件在精加工后的超声波检测中发现异常显示。将异常部位切割取下加工成低倍试样，经热酸浸蚀后肉眼观察可见大量细小的微裂纹；对异常显示区域取样做宏观断口分析，断口上存在大致呈圆形的颜色较浅的白点。由此可见，超声波检测中发现的缺陷显示为白点，是技术要求不允许存在的缺陷。为了弄清这些白点产生的原因，对其做了进一步的分析。

由图 8-17a 可见，白点的中心部位存在异物。由图 8-17b 可见，存在和基体界线清晰的颗粒相。采用 EDS 对颗粒相进行成分分析，其主要元素为 O、Al、Ca（见图 8-17c），因此这些颗粒状物质为氧化铝或氧化钙类非金属夹杂物。由此可知，该材料中发现的白点实质上是由颗粒状脆性非金属夹杂物引起的，控制夹杂物级别是防止白点产生的重要途径。

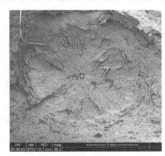

a) 缺陷低倍 SEM 形貌

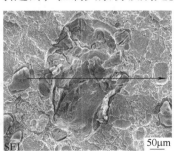

b) 缺陷心部异物形貌

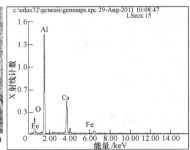

c) 异物 EDS 能谱分析结果

图 8-17　白点心部异物分析

8.7　俄歇电子谱仪分析技术

8.7.1　俄歇电子

当高速度的电子束入射试样表面时会产生俄歇电子（AE）。俄歇电子的能量一般为 50~1500eV，它在固体中平均自由程非常短，一般来说，能够逸出表面的俄歇电子信号主要来自样品表面 2~3 个原子层，即表层 0.5~2.0nm 的深度。俄歇电子的动能（特征能量）只与能级有关，而与激发初始空穴的入射粒子能量无关。俄歇电子的能量与元素的种类有关，俄歇电子的数量与元素的含量有关。利用俄歇电子谱仪（AES）做表面成分分析时，需测定俄歇电子的特征能量，然后根据谱峰的位置来鉴别对应的元素。不同元素主要俄歇群的特征能量值可通过查阅相关的谱峰表获取。标准谱峰表上的点子位置表示主要俄歇电子能量，与元素种类有关；点子大小表示不同的强弱，与元素含量有关。利用俄歇电子谱议分析时受原子核外电子数限制，对于孤立的原子来说，铍是产生俄歇效应的最轻元素。

8.7.2　俄歇电子谱仪的基本组成

典型的俄歇电子谱仪基本组成为：①分析室、快速进样系统、离子枪和多功能样品处理室；②能量可调、束流稳定的电子枪；③二次电子能量分析器；④控制系统。

8.7.3　俄歇电子谱仪在材料分析中的应用

俄歇电子谱仪是材料研究和材料分析的有力工具，其主要用途有：①原子结构及能级分析；②分析固体表面的能带结构、态密度以及表面组分；③确定材料的组分、纯度，研究材料的生长过程；④在化学领域，俄歇电子可用来研究多项催化效应，研究催化物质表面的电子结构和表面态；⑤在半导体材料和器件制造方面应用广泛。

另外，俄歇电子谱仪对阴极电子学上的应用所起的推动作用也是不容忽视的。俄歇电子谱线对表面非常敏感，对表面实施物理的和化学的处理，都强烈地影响着俄歇电子谱线。

参 考 文 献

[1] 徐祖耀，黄本立，鄢国强. 中国材料工程大典：第 26 卷［M］. 北京：化学工业出版，2006.

[2] 刘凯，王荣. 热等静压工艺对 SLM 成形 GH3536 合金组织与性能的影响［J］. 航空材料学报，2018（3）：47-52.

[3] 王荣. 机械装备的失效分析（6）——X 射线分析技术［J］. 理化检验（物理分册），2017，53（8）：562-572.

[4] 王荣. 机械装备的失效分析（5）——定量分析技术［J］. 理化检验（物理分册），2017，53（6）：413-421.

第 9 章

痕迹分析技术

9.1 引言

在机械装备的失效分析中，痕迹分析往往是一个有效而实用的分析技术和手段。通过痕迹分析并借助专业知识和经验，可以在较短的时间内对失效或事故的原因做出粗略判断，这对随后的分析方向具有重要的引领作用。例如，国内某热处理企业在一段时间里经常出现42CrMo 钢制车轮的淬火开裂现象。开裂出现于不同规格和大小的车轮，而且所占比例较高，给企业带来了较大的经济损失。失效分析时发现所有淬火开裂的车轮开裂面上均附着有一层黄褐色锈迹，如图 9-1 和封三中的图 3 所示。42CrMo 钢的淬透性能较好，热处理淬火一般采用淬火油冷却，若采用水冷却，冷却速度较快，热处理应力较大，容易产生淬火开裂。如果淬火冷却介质为油，淬火开裂后温度较高的开裂面会接触到淬火油而发生碳化，开裂面应该是炭黑色的。显然，这些开裂车轮的淬火冷却介质不应该是油。后经进一步调查，实际使用的淬火冷却介质为普通的河水。由此可见，这些车轮的热处理开裂与热处理工艺不当有关。

图 9-1　车轮断口形貌

在一些复杂的事故分析中，痕迹分析往往还能够客观而准确地判明事故起因。2015 年 10 月 27 日晚，国内某动力设备公司对某叶轮进行超声速试验时，在设备达到所要求的转速时因叶轮崩裂而发生事故，造成某型号的真空超声速试验设备的三层防爆环破裂，事故现场十分惨烈，设备完全损坏，碎块飞散到车间内外，并导致一名操作人员受伤，送医院抢救无效死亡。通过对设备的主要部件——防爆环的现场勘查，发现存在三种颜色不同的断口特征，分别用 1、2、3 标识，如图 9-2 所示。显然这三种断口不是同时形成的，2 处断口最为新鲜，是最后发生事故时形成的；而 1 和 3 处断口上存在均匀的氧化锈蚀，为陈旧性断口。这说明该防爆环在最后

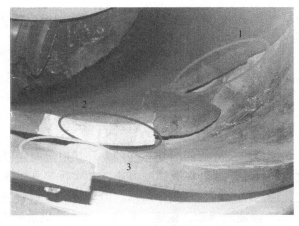

图 9-2　爆裂的防爆环断口形貌

一次使用时，内层和中间层防爆环已经受到严重损伤，造成防爆环不能有效地吸收叶轮崩裂碎块的冲击能量，从而导致了爆炸事故。显然，这是一起责任事故，由于设备维护保养不当，未对防爆环进行及时维修，所以严重受损的防爆环无法正常吸收崩裂的叶轮碎块的巨大能量，从而酿成事故。

由此可见，在失效分析中若能够充分利用各种痕迹的特征及其形成特点对事故产生的原因进行分析，不仅可对事故和失效的发生、发展过程做出判断，而且可为事故和失效分析结论提供可靠的佐证和依据，往往能起到事半功倍的效果。痕迹分析技术是失效分析中非常重要的一门技术。

9.2　痕迹及痕迹分析概述

广义地说，痕迹是指环境作用于系统，在系统表面留下的标记。在机械事故调查和失效分析中，系统指的是失效的构件或零件，而环境则是指外来的力学、化学、热学、电学等因素。因此，对于机械失效时所留下的痕迹，可以定义为：力学、化学、热学、电学等环境因素单独地或协同地作用于机械，并在它的表面或表面层留下的损伤性标记，称为机械表面痕迹，简称为痕迹。

对完整表面，痕迹的含义包括表面形貌的和成分变化、材料的迁移、颜色的变化、表层的变化、性能的变化、残余应力的变化，以及表面污染状态的变化等。痕迹分析就是对上述变化特征进行诊断鉴别，并找出其变化的原因，为事故调查和失效分析提供线索和依据的技术活动。

由于痕迹暴露于表面，容易受外来因素的干扰和破坏，因此，痕迹往往缺乏连续性，可以重叠，可以反复产生和涂抹，有时仅记录了最后一幕，因此痕迹分析需要采用综合分析的手段。

在失效分析范畴内，痕迹的具体含义可以归纳为：①痕迹的形貌（或称花样），特别是塑性变形、反应产物、变色区、分离物和污染物的具体性质、尺寸、数量分布；②痕迹区以及污染物、反应产物的化学成分；③痕迹颜色的种类、色度和分布、反光等；④痕迹区材料的组织和结构；⑤痕迹区的表面性能（耐磨性、耐蚀性、显微硬度、表面电阻、涂镀层的结合力等）；⑥痕迹区的残余应力分布；⑦从痕迹区散发出来的各种气味；⑧痕迹区的电荷分布和磁性等。

9.3　痕迹分析的程序

在一般情况下，痕迹分析应按如下程序进行：

1. 寻找、发现和显现痕迹

这是痕迹分析的前提和基础，寻找痕迹时应以现场为起点，全面收集证据。一般应首先收集能反映整体破坏顺序的痕迹，其次收集具体零部件外部的痕迹，再收集零部件之间的痕迹，最后搜集污染物和分离物。搜集时应注意痕迹所在的部位、相对关系等。

2. 痕迹的提取、固定、显现、清洗、记录和保存

痕迹的提取和固定方法有复印法、制模法、静电法、AC 纸黏附法等。痕迹的记录可以用文字、示意图和照相法等。其中照相法是最重要的方法，照相时应通过整体、局部、重点痕迹、痕迹特征点等一系列的照片来反应痕迹所处的部位、特征和相互关系。对痕迹照相时，应注意比例拍照（首选直尺，或采用一些人们熟悉的参照物，大的痕迹可采用移动方便的单车或人，小的痕迹可采用硬币、水笔、香烟等作为参照物）。照相时应注意角度和光线的因素，以保证痕迹特征清晰，同时没有假象显现。

3. 鉴定痕迹

对具体的痕迹特征进行针对性检验，从而确定痕迹的性质、产生的时间和条件等。鉴定时，应遵循由表及里、由简到繁、先宏观后微观、先定性后定量，按照"形貌—组织结构—性能"的顺序进行的原则。鉴定时，应掌握零件的工作原理、过程，有无异常现象发生等履历情况。

4. 痕迹的模拟再现试验

有时痕迹的模拟再现难度较大，需要在上述工作充分完成以后才能进行。简单的模拟试验可以在模塑制品（如塑料、蜡、特制胶泥）上进行，必要时可在产品上进行，拆检同型号的、已使用过的产品的相应痕迹加以对比也是一种更真实的试验。

5. 综合分析

由于失效往往是多种因素共同作用的结果，痕迹处于表面，更是经历了复杂的过程，因此痕迹分析需要采取综合分析的方法，要考虑到痕迹的形成过程、形成条件、影响因素，痕迹的可变性，痕迹与零件工作的关系、失效的关系等。

9.4　痕迹的发现和显现技术

痕迹的发现和显现就是将隐藏的、不明显的痕迹特征揭示出来，以确定痕迹的分布及其规律，为进一步的痕迹性质鉴定提供目标。

为了发现痕迹，首先应弄清失效件本身的表面状况，包括表面颜色、原始形貌特征、表面粗糙度、材料成分与组织等原始基本情况，当对失效情况不熟悉时，这些基本信息更需要仔细了解。由于痕迹是一种表面特征，因此寻找痕迹应在零部件的表面进行，寻找的重点也应根据地点、机件大小等情况采取不同的方法。对大的机件，如飞机、汽车、大的压力容器等的现场调查中，应着重从零部件的表面颜色变化、表面结构轮廓变化、形貌变化等肉眼易见的特征上来发现痕迹；当零部件较小、可以在实验室借助一定的仪器设备来进行分析时，在以上检查的基础上，应重点从表面粗糙度变化、细小附着物、擦痕、划痕、材料成分、组织等方面来发现痕迹特征。

由于失效时的条件一般均较复杂，因此零部件表面一般容易覆盖有很多的附着物，为了将痕迹暴露出来，需要将这些后来的附着物（痕迹）区分、去除。一般先用软毛刷将表面的浮尘、泥土等扫除干净（尽量不要用水和其他溶剂），以显现出痕迹的真实颜色特征。为了准确显现机械痕迹，应将表面的附着物清除干净，可以采用清洗、粘揭的办法，使划痕、擦痕等特征暴露无遗。材料的成分、组织痕迹一般需要切取与表面垂直的剖面才能显现出来。

9.5　痕迹的提取和保存技术

对痕迹的正确解释，常取决于对外来物（污染）影响的排除程度，因为外来物的影响使痕迹特征变得模糊，容易导致做出错误的结论。

1. 基本原则

为了得到痕迹的准确信息，对痕迹进行处理时，应遵循以下原则：

（1）避免机械损伤　在搜集、运输带痕迹的残骸时，应对残骸进行适当的包装保护，以避免碰撞和受到二次损伤，也不要用任何东西去擦拭痕迹或用手去触摸痕迹。

（2）防止化学损伤（腐蚀）可把带痕迹的残骸放于干燥器中，或浸入无水乙醇的密封容器中。不要在痕迹区涂防腐剂，以免干扰对痕迹区的鉴定。

（3）防止痕迹区的松散附着物的剥落　一般这些痕迹是说明痕迹成因的重要线索。不得已时，可将这些剥落的附着物收集以供分析。

（4）防护　避免环境中的粉尘、纤维、水汽等附着在痕迹上，以免造成假象，影响分析结果。

（5）涂层保护　当不必进一步分析痕迹上的外来物时，可用涂层的办法来保护痕迹。

（6）避免二次污染　当发现构件上有裂纹时，尽量不要用渗透剂，以免裂纹面受到污染，给后面的分析带来困难。

2. 痕迹的清理技术

清理痕迹的目的是去除保护涂层、腐蚀产物、灰尘之类的松散沉积物。常用的清理技术如下：

（1）机械刷洗法　用干燥空气吹，或用软毛刷清理。

（2）有机溶剂清洗法　主要用于去除痕迹表面的油污、有机污染物等。常用有机溶剂有汽油、乙醇、丙酮、三氯甲烷、甲苯、乙醚、石油醚等，有时可辅以超声波清洗。

（3）弱酸或碱性溶液处理法　用来去除高温氧化产物。需要注意的是，无论采用何种溶液，都应只对表面沉积物起作用，而不能侵蚀基体材料。

（4）超声清洗法　采用超声波清洗仪和适宜的溶剂进行清理。

9.6　痕迹的形貌诊断

痕迹的形貌诊断是痕迹分析的重要内容。在痕迹形貌诊断中，应首先观察痕迹的整体分布特征与规律，并画出示意图，从而进一步明确其分布规律。此阶段的分析以肉眼观察为主，观察的重点是在确定了痕迹的整体分布规律以后，重点应放在痕迹性质的确定上，以有代表性的局部痕迹鉴定为主。

1. 形成痕迹的要素

一般来说，形成痕迹包含以下三个基本要素：

（1）造痕物　它是痕迹的制造者，是直接接触并作用于机械表面的物体或介质（也称痕迹形成物），能把自身的某些特征标记遗留在机械表面上。

（2）留痕物　它是造痕物作用的对象（也称痕迹接收物），是痕迹的接收载体，在机械装备的失效分析中，一般就是指机械表面。

造痕物与留痕物是相对的，有时在两个匹配的接触面上都会留下对方的痕迹。

（3）发生相互接触或非正常作用　只有相互接触或作用，才能留下痕迹。图 9-3 所示为痕迹的形成原理。当造痕物与留痕物发生相互接触或作用，痕迹就会形成。对机械痕迹，造痕物与留痕物之间的这种作用就是力的作用，而且一般都存在压应力。

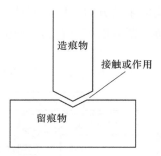

图 9-3　痕迹的形成示意图

材质为 HPb-59-1 黄铜的减压器螺母在使用中发生断裂。断裂的螺母及与其配合的阀芯如图 9-4 所示。经事故调查，断裂的螺母由六方型材加工而成，有多年生产历史，选用材料和生产流程一直未变，该螺母断裂为首次发生。肉眼观察，减压器螺母外六方表面和棱角存在机械损伤，断裂基本上发生在螺母内螺纹距退刀槽第 1 扣螺纹处，断裂面与轴线大致垂直，存在大量放射纹，为裂纹快速扩展特征；放射纹收敛方向指向内螺纹的根部，为断裂起源区。

将与螺母配合的阀芯（新、旧两个）通过中心沿轴线用线切割的方法剖开制成试样后检测，可见使用过的阀芯存在明显的塑性变形，内孔和配合弧面存在变形痕迹，低倍组织流线也存在变形痕迹，如图 9-5 所示。对阀芯的内径进行测量，新的阀芯开口部位为 7.91～8.04mm，使用过的阀芯为 5.67～6.05mm，开口部位尺寸明显变小，这是阀芯接口外表面曾受到较大的挤压作用所致。

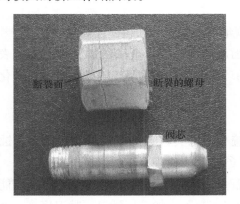

图 9-4　断裂的螺母及与其配合的阀芯

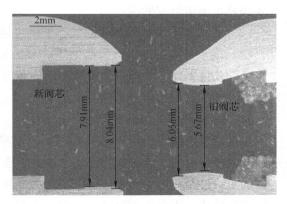

图 9-5　阀芯口部的变形痕迹

图 9-6 所示为减压器结合部位结构和工作原理。阀芯和气瓶之间的连接是通过螺母实现的。拧紧螺母时，阀芯和气瓶接口处会承受压应力而紧密结合，但此时螺母会承受轴向拉应力。在该结构中，气瓶接口和阀芯材料和性能基本相同，互为造痕物和留痕物。图 9-4 中螺母六方面上的机械损伤和阀芯明显的变形痕迹说明在使用中螺母拧得过紧，致使螺母承受的轴向拉应力过大，结果于应力集中明显的螺纹根部发生一次性快速断裂。

2. 机械的表面特征

材料的表面状态在很大程度上决定了材料的表面性能。机械上的各种痕迹均发生并存在于表面，研究痕迹、识别和诊断痕迹就必须从材料的表面形貌和状态着手。

（1）表面加工纹理　任何机械产品的表面都是加工的产物。不同的加工方法和工艺参数，会留下相应的表面形态特征，也称为表面纹理。其中加工方法等因素形成的表面微观结构的主要方向，即表面结构纹理，俗称加工痕迹。由图9-7所示断裂连杆的表面切削加工痕迹与断裂面可以看出，疲劳起源于加工刀痕根部，呈线源特征。

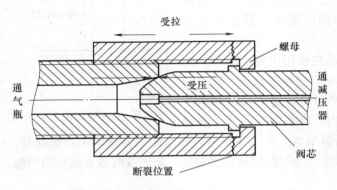

图9-6　减压器结合部位结构和工作原理　　　　图9-7　表面切削加工痕迹与断裂面

由于表面纹理对生产工序中的变化非常敏感，因此可以作为一种重要的质量检验方法来应用。通过检查加工零件表面留下的纹理，常可发现工具或车床在使用和操作中的缺点。机械痕迹分析时，首先要熟识分析对象的表面纹理，也就是原始的表面痕迹，从而才有可能判断哪些是使用中形成的痕迹。

（2）表面不平度　机械表面的不平度包括宏观形状误差、表面粗糙度和波纹度。

（3）表面的结构　机械表面的痕迹与机械表面层结构有关。金属的加工表面不仅表现出一定的几何形状，而且表面的特殊结构和所处的环境还使其在物理、力学、电学以及化学性能等方面也区别于内部基体组织。

3. 机械失效中的痕迹分类

根据痕迹形成的机理和条件的不同，可将痕迹分为七类：①机械接触痕迹；②腐蚀痕迹；③电侵蚀痕迹；④污染痕迹；⑤分离物痕迹；⑥热损伤痕迹；⑦加工痕迹。

加工痕迹是在已知生产条件下的产物，因此规律性较强。值得特别注意的是那些可能导致机械失效的非正常加工痕迹，即留在表面的各种加工缺陷，如挤压裂口、啃刀痕迹、磨削烧伤痕迹等。

4. 机械表面接触时引起的各种效应

当机械表面在力、热、电等的作用下接触时，接触表面将发生一系列的材料、物理、机械和化学性能的改变，具体表现在：①塑性变形；②温度升高；③相和组织的转变；④化学成分的变化和表面膜的形成；⑤材料的转移；⑥材料的磨损；⑦表面应力状态的转变；⑧表层材料的性能改变。

从材料的角度分析，接触面的材料可能发生：①扩散和黏着转移；②脱离成为分离物离开表面；③化学反应生成腐蚀产物；④电侵蚀时的飞溅、烧蚀；⑤附着物（如污染物、吸附物）的转移等。

9.7　痕迹的分析技术

9.7.1　机械痕迹

由于机械力的作用而在接触部位留下的痕迹称为机械接触痕迹，简称机械痕迹。机械痕迹的特点是存在塑性变形或材料转移、断裂等现象，且这些现象均集中发生在接触部位，材料的塑性变形极不均匀。

依据接触方式（接触面的形状和尺寸，接触角和方位等）和相对机械运动方式的不同，机械接触痕迹又可分为：①压入性机械痕迹；②撞击性机械痕迹；③滑动性机械痕迹；④滚压性机械痕迹；⑤微动性机械痕迹。

1. 压入性机械痕迹

造痕物压入留痕物时，法向载荷的作用缓慢而持续，变形速度一般很小，保持较长时间的接触状态或接触面不再分离，这时留下的痕迹称为压入性机械痕迹，简称压痕。压入性机械痕迹的典型形貌是容积性的压坑、压伤、压陷和压痕。

常见的最典型的压入性机械痕迹有压入法测量金属材料硬度时在金属表面留下的各种规则的印痕，在零件表面敲上的钢印编号、标记等。

在机械加工过程中留下的有害压痕，或人为压制的标识（如商标、文字等）是机械失效的重要原因之一。驱动链的作用是连接主动链轮与从动链轮，主动链轮载荷通过链条传导到从动链轮，从而驱动设备运行，因此驱动链具有固定的传动比及较大载荷力，对链条的强度及疲劳性能要求较高。某单排滚子驱动链的链板材料为 45Mn，使用中链板发生了早期疲劳断裂，断裂均位于链板中部的字头处（见图 9-8）。链板表面的字母是采用机械敲击字模形成的，其具有一定的深度，并

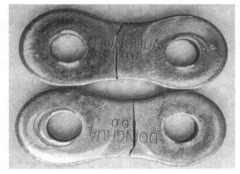

图 9-8　表面压痕导致疲劳断裂

且字痕的底部不圆整，应力集中比较明显。链条在运行过程中紧边、松边往复进行，链板承受循环拉应力，在链板表面的字头底部萌生了疲劳裂纹，发生了早期疲劳断裂。

在机械事故检查和失效分析时，最常用的压入性机械痕迹分析有：①确定发生事故（或故障）时机件之间相对工作位置的卡压痕迹；②确定仪表指示位置的卡压痕迹；③外来物的卡压痕迹；④反映解体顺序的机件印痕。

在失效件上，压入性机械痕迹往往与其他痕迹同时存在，它们之间一般具有如下的关系：

1）钢珠在镀铬零件上压入，会造成圆形的压坑，并且在压坑的底部和边缘，铬层呈现脆性的网状龟裂纹。

2）既有凹陷变形又有贯穿凹陷变形的连续划痕时，划痕一般产生于凹陷变形之前。

3）叠压痕先后顺序的判断：一般是后面的压痕覆盖前面的压痕；最后形成的压痕外形最完整（形貌完整、边界清晰、特征变异小）；最早形成的压痕外形最不完整；小坑可建立在大坑上，大坑可以覆盖小坑。

图 9-9 所示为重叠压痕形成先后顺序的判断。图中 3 号压痕的外形最完整，2 号压痕次之，1 号压痕的外形最不完整。因此，可以判断，最先形成的是 1 号压痕，其次形成的是 2 号压痕，3 号压痕最后形成。

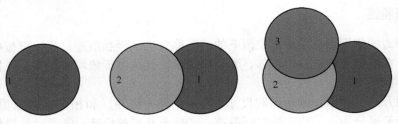

图 9-9　重叠压痕形成先后顺序的判断

根据痕迹的以下特征可判断其是否属于压入性机械痕迹，以及形成压入性机械痕迹的造痕物的外形特征。

1）压印痕一般形貌比较规则，边界比较清晰，与造痕物的接触部位的形状比较吻合，能较好地反映造痕物的几何特征。

2）压入性机械痕迹在垂直表面的方向上的变形最大，往往形成容积性的压印痕。

3）压印痕的面积大小和深度与作用在压印头上的法向载荷成正比、与压印头的接触面积成反比；在高温状态下产生的压印痕要比室温下的大，且随载荷保持时间延长，压印痕将逐渐增大。

4）纯粹的压印痕不会产生磨粒，在压印痕表面很少发现有材料黏着和转移，因此压印痕是最干净的痕迹。

5）不同性质的材料，其压印痕不同。

在具体的失效分析中，遇到的压痕其特征往往各不相同，在众多紊乱的压痕中，要选择形状完整、特征清晰的一次形成（或最后形成）的痕迹部位做深入分析。

某核电企业的装卸料机流量控制阀紧固螺栓在使用中发生了氢致延迟性断裂。肉眼观察，失效的螺栓外表面呈均匀的黑色，表面未见明显损伤和锈蚀。螺栓断裂面为靠近螺栓头部第一扣螺纹处，断裂面大致和轴线方向垂直，断口比较平整、细腻，断裂部位未见明显弯曲和塑性变形，具有脆性断裂的宏观特征。SEM 形貌观察，发现螺栓内六方孔内存在挤压痕迹和微裂纹（见图 9-10），分析认为是装配用力过大所致，同时过大的装配应力也造成了螺栓的预紧力过大，最终导致了氢脆型断裂。

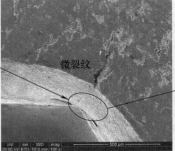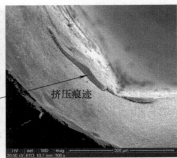

图 9-10　内六方螺栓装配不当导致开裂

某高铁上的尼龙锁紧螺母规格为 M20，执行标准 DIN 982，使用约 1 个月左右，维护保养人员发现尼龙部分有脱落现象（见图 9-11）。宏观检查时可见尼龙背面有受螺栓头部顶压的痕迹，尼龙环在螺栓安装后存在明显的偏心，受顶压部位发生了脱出。

如图 9-12 所示，经测量尼龙环下端的螺母内径 D_2 为 17.90mm，上端的尼龙垫片内径 D_1 为 17.50mm，小于 D_2。因此，在安装过程中，螺栓头部会对尼龙垫片产生向上的力 F，受顶压的尼龙圈发生偏心，并从一边开始脱出，最终发生脱落。由此可见，造成该尼龙垫片脱出失效的主要原因是该批螺母的尼龙圈内径过小所致。

图 9-11　尼龙垫片脱出情况

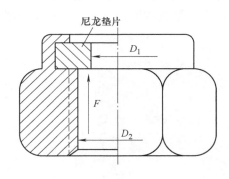

图 9-12　失效的垫片尺寸

2. 撞击性机械痕迹

造痕物原来不与留痕物接触，只在撞击时才接触，并且机械力作用的时间很短，变形速度较大，但在接触面之间以垂直接触面方向的相对运动为主，这时留下的痕迹称为撞击性机械痕迹，如飞机坠毁时的接地痕迹、鸟撞击机翼前缘的痕迹、跑道上石子打伤发动机叶片的痕迹等。在撞击载荷下，不仅会产生比静载荷要严重得多的应力状态，而且材料的性能也有重大变化。对高速运动的机件，打伤往往可能导致严重的后果，因此，应采取有效的预防措施，以避免打伤的发生。

撞击性机械痕迹又可分为：①物打伤痕迹；②多次撞击表面疲劳痕迹；③冲蚀损伤痕迹。

3. 滑动性机械痕迹

造痕物和留痕物的接触面在痕迹形成过程中不断相对移动、分离，移动速度可快可慢，机械作用力和变形方向大体上平行于接触面，这时留下的痕迹称为滑动性机械痕迹，如机械表面的各种划痕、磨痕、刮痕，飞机轮胎在跑道上留下的拖胎痕迹，以及摩擦面上留下的摩擦痕迹和磨损痕迹。

应该说，滑动性的机械痕迹都是在摩擦过程中形成的；没有摩擦，就不会产生滑动性的机械痕迹。因此，滑动性的机械痕迹又称为摩擦痕迹，它是机械表面最常见的机械痕迹。

滑动性机械痕迹按其形成机理和特征，可分为以下四类：

（1）犁痕（即划痕）犁痕是滑动性机械痕迹中最常见的一种。对于塑性材料，痕迹区只产生塑性变形，但不产生切屑。整条犁沟表面比较圆滑，沟边和前缘（犁沟结束部位）

有材料堆积，沟底材料被犁皱，如图 9-13 所示。

　　鉴别犁痕的方向时，一般可根据：①直接犁入的犁痕，起点处不但没有材料堆积，而且往往出现凹陷，如图 9-14 右边所示；②如果先形成压印痕，再发展成划痕，则起点处会留下压印痕的特征；③一次性的划痕结尾往往带有突然性，在犁痕的末端有比较明显的料堆积；④当划痕过程中途经表面凹凸处时，其形成方向可以借助该凹凸处材料的变形或堆积的位置的形状，以及划痕的中断特征来加以判断；⑤一般金属材料向犁沟外侧的两边翻起，翻起的金属毛刺的倾斜方向为表面犁沟的形成方向；⑥撞击型的犁痕，由于造痕物对留痕物的作用力逐渐减小，所以划痕宽度会由粗变细，深度会由深变浅，材料转移会由多变少，犁痕的宏观形状呈收敛形，收敛的方向就是犁痕的形成方向。

图 9-13　犁痕痕迹形貌

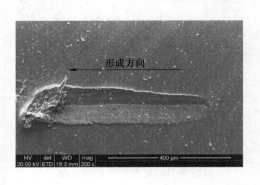

图 9-14　犁痕方向的判断

　　根据犁痕的其他一些特征，还可以对犁痕的形成过程和条件、造痕物的特征等进行判断。如果犁痕平稳，沟宽基本不变，沟底为平行的细微划痕，沟边缘成脊状，则说明犁痕的形成过程中法向载荷基本稳定，没有明显的变化。如果犁痕的宽度逐渐变窄、深度逐渐变浅，末端出现隆起，则说明形成犁痕的法向载荷在逐渐减小；反之，则说明载荷在逐渐加大。

　　在实际失效件中，经常还会遇到多条划痕相交的现象，这就需要区别这些划痕形成的先后顺序。一般情况下，相交划痕的先后顺序可以根据以下规律来进行判别：

　　1）如果第二条划痕的细划痕覆盖了第一条划痕的细划痕，这时第一条划痕沟底的细化痕在相交处突然中断（或发生转折、变形）说明第一条划痕先出现。在划痕沟底保持较好的连续而平行于沟边方向的细微划痕一般是较晚出现的划痕。

　　图 9-15 所示为三条相交划痕的次序判断。划痕 3 连续、完整，是最后出现的；而划痕 1 在与划痕 2、3 的相交处均有中断，是最先出现的。图 9-16 所示为漆层结合力试验划痕，划痕 1 是先进行

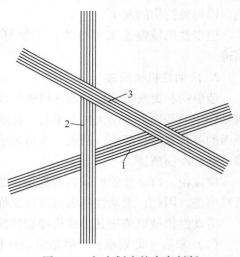

图 9-15　相交划痕的次序判断

的，划痕 2 是后进行的，可见划痕 2 呈连续状，而划痕 1 则被划痕 2 分割成小段。

2）浅划痕遇到深划痕时，则浅划痕在深划痕的沟边出现不连续现象，浅划痕呈断续状，但有时可使深划痕沟底的细划道顺划痕方向凸起。在浅划痕顺划痕方向的深划痕的沟边有可能产生涂抹材料的堆积。

3）深划痕划过浅划痕时，将迫使浅划痕中断（犁断），交叉相遇处浅划痕的沟边顺着擦划的方向变形，在交叉处出现"收口"，由此也可反推深划痕的划痕形成方向。

4）涂抹型划痕遇到原有划痕时，常使原有划痕覆盖而中断。

在一起由于曲轴表面质量纠纷的司法鉴定中，通过对曲轴表面的痕迹特征分析后认为，曲轴表面的腐蚀是最先形成的；间距较大、数量较少的划痕最为完整，为最后形成的；数量多而浅、和水平面成较小角度的划痕为精车所致（见图 9-17）。失效分析的最终结果表明：曲轴表面的腐蚀是曲轴最后一道精车工序前出现的，是由于生产管理不善，在加工期间接触到了腐蚀性介质所致。

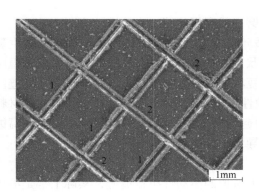

图 9-16　漆层结合力试验的划痕

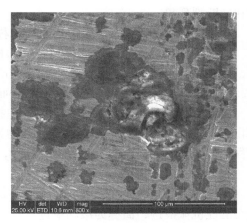

图 9-17　曲轴表面的腐蚀和磨削痕迹

（2）黏着痕迹　滑块在切向应力作用下滑过机械表面，接触面之间由于黏着接点发生局部剪切断裂，而留下的切断形貌和材料转移称为黏着痕迹。

黏着痕迹的主要特点是出现接触面的材料转移，凸起和转移处有相对应的撕脱（具有延性破坏特征凹坑），接触面变得比较粗糙。

图 9-18 所示为钢丝绳表面的磨损情况，放大后可见较多的黏屑和黏着痕迹（见图 9-19）。

在发生黏着接触时，通常是内聚力较弱的金属黏着和移附到内聚力较强的金属上。金属表面之间黏着点断开后的韧窝结构是典型的延性断口。

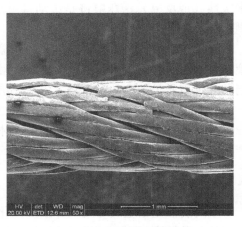

图 9-18　钢丝绳表面的磨损

实际上任何摩擦副都可能发生黏附，尤其在高速滑动时。

带漆层、镀层和涂层的造痕物，往往会在痕迹上留下相应的表面层，据此可找到造痕物。1908年，世界上第一次正式的飞行事故调查就是根据垂尾铝合金张线上抹有螺旋桨桨叶上的漆，从而得出桨叶先折断，然后打断了垂尾的张线，导致飞机失去操纵而坠毁的结论。

（3）摩擦疲劳痕迹　接触斑点在实际的随机交变接触应力作用下，由于微区疲劳断裂而留下的表面裂纹和表层材料的分离脱落（或磨屑）称为摩擦疲劳。其主要特点是接触表面出现各种封闭式微裂纹并产生磨屑。

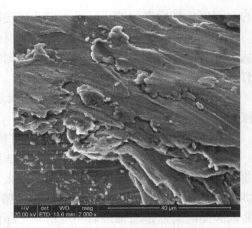

图 9-19　磨损区域的黏屑

摩擦疲劳痕迹实质上是一种复合痕迹，它不是一次或若干次微峰接触运动所能形成的，而是反复犁划、多次冲击或反复黏着等运动导致的裂纹和微断裂现象。

摩擦疲劳属于表面接触疲劳，有时也称疲劳磨损或磨损疲劳。

当摩擦材料表面的微体积受到一定的接触循环交变应力的作用时，在表层内将萌生裂纹，由于裂纹逐渐扩展到表面，导致表面产生片状或颗粒状磨屑。在摩擦时，由于表面温度升高，还可能产生热疲劳磨屑，脱落后表面形成豆状凹坑，这种磨损形态即摩擦疲劳痕迹。

（4）摩擦腐蚀痕迹　在腐蚀环境（包括腐蚀性气体、液体介质）下，由于摩擦面材料起化学反应或电化学反应（生成腐蚀产物）而引起腐蚀和磨损称为摩擦腐蚀。在摩擦腐蚀过程中，腐蚀和磨损这两个过程交替进行，最终导致了金属表面的材料转移。

4. 滚动性机械痕迹

单纯的滚动不会在机械表面留下痕迹。工程上所说的滚动性机械痕迹，实际上都是滚压或滚滑性机械痕迹，简称为滚动痕迹。

工程中最常见的一次性滚动痕迹是各种轮胎滚压痕迹和履带滚压痕迹；工程中最常见的多次性（或反复）滚压痕迹是滚动接触疲劳痕迹，其典型特征是麻点、点蚀、豆斑和片状剥落。

滚动接触疲劳是以点、线接触的摩擦副为对象，如滚动轴承和齿轮传动。因反复进行的滚动接触而引起的表面疲劳称为滚动接触疲劳。当两接触表面是纯滑动时，裂纹源在表面；当两接触表面是纯滚动时，裂纹源在表层下。

5. 微动性机械痕迹

微动就是名义上相对静止的两个固体，其相互接触的表面在法向压力作用下互相挤压并产生往复的相对滑动，相对滑动幅度在 $5\sim400\mu m$，这时留下的痕迹称为微动性机械痕迹。

9.7.2　腐蚀痕迹

金属腐蚀是指金属与周围介质发生化学或电化学作用，变成化合态物质，从而导致金属损伤的各种转变过程。这里出现腐蚀产物是一个必要条件。

当腐蚀作用使设备不能完成它设计的功能时，就是腐蚀失效。工程中常常遇到腐蚀与其他失效形式协同作用，产生更为严重的组合失效形式，如腐蚀磨损、腐蚀疲劳、热腐蚀、应力腐蚀等。

金属的腐蚀不仅使材料的刚度、强度下降，而且有可能成为新的疲劳源（见图9-20），使疲劳寿命也大大下降。

零件是否发生了腐蚀，可以从表面颜色是否发生了变化、形貌是否有改变、表面层的化学成分是否有改变、物质结构是否有变化和导电性、导热性、表面电阻等表面性能的变化等方面来鉴别。

某企业生产的洗衣机上的转轴材料为45钢，轴承为铁基粉末冶金含油轴承，在洗衣机运往国外后发现轴承和转轴之间因卡死而无法转动。将轴和轴承人工分开后，可见轴的配合部位表面发黑，其轴向尺寸正好和含油轴承的配合部分相吻合（见图9-21）。

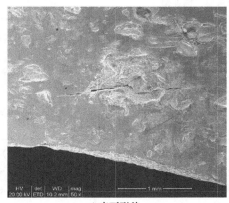

a) 表面形貌

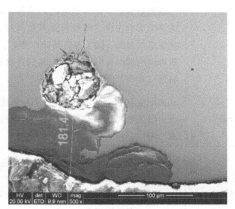

b) 剖面形貌

图9-20　点蚀坑导致疲劳开裂

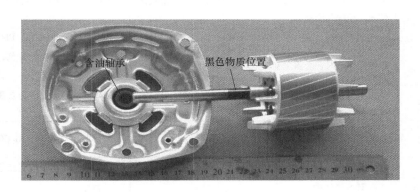

图9-21　转轴表面的异常痕迹

经事故调查，正常情况下轴和轴承之间可灵活转动，以前从未出现过此现象。将含油轴承国产化后首次出现了该现象。国内库存的洗衣机也发现类似情况。

失效分析结果表明，转轴与轴承之间卡死的原因是它们之间较小的间隙中充满了S和Fe的化合物薄膜（图中黑色物质），是含油轴承中贮存的油中腐蚀性元素S作用的结果。

当故障发生之后，如若怀疑是腐蚀与防护方面的问题所造成，往往要收集、提取有关腐蚀的各种信息和证据，其中腐蚀痕迹及其特征是最关键、最重要的。

表9-1中列举了一些金属表面的腐蚀特征。

表 9-1 各种金属表面的腐蚀痕迹特征

金属材料名称	腐蚀产物特征	腐蚀产物的颜色
钢及铸铁	开始是金属表面颜色发暗，腐蚀轻时呈暗灰色，进一步发展会变为褐色或棕黄色，严重腐蚀呈棕色或褐色疤痕甚至锈坑。去除腐蚀产物后底部呈暗灰色，边缘不规则	$Fe(OH)_3$ 为黄色，Fe_3O_4 为黑色，$FeO(OH)$ 为棕色，Fe_2O_3 为红色，FeS 为黑色，$FeCl_3$ 为暗褐色，$FeCl_2$ 为暗绿色
发蓝（氧化）和磷化的钢件	通常呈黄褐色的锈层，也有的呈点状、斑状	同上。由于发蓝、磷化后钢铁表面呈黑色或灰色，锈蚀产物的颜色有加深
铜合金	铜锈呈绿色，也有呈橘红色或黑色的薄层；铝青铜的锈蚀可呈白色、暗绿色及黑色薄层，严重时呈斑点状或层状突起，除去绿色锈蚀产物后，底部可见麻坑；铅青铜的锈蚀有时呈白色，黄铜有脱锌腐蚀、锈蚀性破裂（季裂）等	CuO 为黑色，Cu_2O 为橘红色，CuS 为黑色，$CuCl_2$ 为绿色，$Cu(OH)_2 \cdot CuCO_3$ 为绿色
铝合金	初期呈灰白色斑点，发展后出现灰白色锈蚀产物，刮去腐蚀产物后，底部出现麻坑；硬铝会出现局部腐蚀、剥蚀、晶间腐蚀	Al_2O_3、$Al(OH)_3$、$AlCl_3$ 均为白色
锌、镉、锡及其镀层	初期呈灰色斑点，发展后生成黑色、灰白色点蚀，并有灰白色锈蚀产物，除去锈蚀产物后有坑；锌、镉在有机气氛下，腐蚀产物如白霜，俗称"长白毛"；锌、镉、锡在应力及湿气作用下会产生晶须	ZnO、$ZnCO_3$、$Zn(OH)_2$、ZnS、$Cd(OH)_2$、$CdCO_3$、$Sn(OH)_3$、$Sn(OH)_2$ 均为白色，CdO、CdS 为黄色，SnS 为灰褐色
镁合金	初期呈灰白色斑点，发展后在锈蚀处出现灰白色粉末，除去锈蚀产物后底部有黑坑。锈蚀一直沿阳极区伸入，呈深孔交错状	MgO、$Mg(OH)$、$MgCO_3$ 均为白色
铅及其镀层	一般呈白色或黑色薄层，也有呈红褐色或棕色。镀层腐蚀严重时，会露出基体金属	$Pb(OH)_2$、$PbCO_3$、$PbCl_2$ 均为白色，PbS 为黑色，PbO 为黄色，PbO_2 为棕褐色，Pb_3O_4 为鲜红色
银及其镀层	在空气中易氧化变暗。常见的锈蚀呈暗灰、黑色，也有呈黄色或棕褐色	AgO 为褐色，AgS 为灰黑色，$AgCl$ 为白色
镍及其镀层	初期呈暗灰斑点，发展后锈蚀产物为绿色粉末状疏松物	$Ni(OH)_2$、$NiCl_2$、Ni_2CO_3 均为浅绿色
钴钨合金	锈蚀产物一般呈橘红色	$CoCl_2 \cdot 6H_2O$ 为玫瑰红色
铜、银或合金	在 H_2S 气体中	黑色锈色
钢铁、铜表面镀镉	在高温、多雨的梅雨季节	在气孔处出现黑色斑点

9.7.3 污染痕迹

各种污染物附着在表面而留下的痕迹成为污染痕迹。由于污染物虽与表面接触，但并不发生相互作用，因此，污染痕迹实际就是污染物的自我影像。

污染痕迹分析的内容很多、范围很广，除常规的各种理化检验方法外，主要还有气氛分析、油液分析、腐蚀产物分析和磨粒分析。

另外，机械表面存在的各种异常油迹、烟迹、灰迹等，往往是机械失效的重要证据，在失效分析时要充分加以应用，如图 9-21 中箭头所示的黑色物质，这只一个异常现象，也是失效分析的突破口。

污染痕迹分析的主要内容有成分分析、油液中磨损产物的含量与增长速度分析，以及磨损产物的粒度及形状分析等。

9.7.4　分离物痕迹

分离物主要是指接触面在物理、化学作用下从接触面上脱落下来的颗粒。它可以是机械表面的分离物，也可以是反映产物的脱落物。在机械系统中，最常见的分离物是磨屑，此外还有腐蚀产物、毛刺、剥落的涂层、镀层、烧熔溅痕等。

分离物痕迹分析主要是指分离物本身的形貌、成分、结构、颜色和磁性等方面的分析。目前颗粒鉴定已发展成为一门专项技术，其中铁谱分析技术及其应用已比较成熟。为了保证飞机的安全飞行，航空公司会对飞机中的液压油进行过滤，一旦油中滤出异物，即会立刻对其进行定性分析，然后再判断是从什么构件上分离的，再针对性地检查该零件，并对其安全性能进行评估，及时消除安全隐患。

9.7.5　热损伤痕迹

在热能的作用下，接触部位发生局部不均匀的温度变化而在表层留下的痕迹称为热损伤痕迹。金属表面层局部过热、过烧、熔化、烧穿，漆层及非金属表面烧焦都会留下热损伤痕迹。

图 9-22 所示为磨削工艺不当，由磨削热导致的磨削烧伤痕迹。

图 9-22　磨削烧伤痕迹

1. 热损伤痕迹分析内容

热损伤痕迹一般可从以下几方面进行分析：

1）颜色的变化，一般金属在不同的温度区间，具有不同的氧化膜颜色。材料不同，温度区间不同，氧化膜的颜色也不同。

2）表面层成分、结构的变化，包括氧化膜的形成，合金元素的扩散、富集和贫化。

3）金相组织的变化，如表面脱碳、晶界贫化、晶界熔化、再结晶、γ' 相长大、共晶相熔化等。

4）表面性能的改变，如硬度、耐磨性和耐蚀性等。

5）形貌特征，如变形、龟裂、碳化等。

2. 热损伤痕迹的类型

热损伤一般可分为热冲击、热磨损和低熔点金属热污染三种类型。

（1）热冲击　物体在急剧地加热或冷却过程（激变速度大）中温度急剧地变化（温差大），由此产生冲击热应力，造成破坏的现象称为热冲击。

热冲击损伤具有以下一些痕迹特征：

1）表面可能烧熔，出现铸态熔坑、几何花样、交叉滑移等。

图 9-23 所示为某链条链板侧面受到飞溅的焊渣热损伤，最后导致开裂的形貌。

2）表面烧蚀变色，失去金属光泽。

新鲜的金属加工表面在不同的温度下会产生各种不同的颜色。

表 9-2 列出了钢材加热火色、碳钢回火色与温度的关系。在实际的失效分析中，往往可以根据零件表面的颜色变化，最终找到失效的根本原因。

表 9-3 列出了不锈钢、钛合金、金属表面硝基清漆层在不同温度区间的颜色变化。

图 9-23　链条链板侧面的热损伤痕迹

表 9-2　钢材加热火色、碳钢回火色与温度的关系

钢材加热火色与温度的关系		碳钢回火色与温度的关系	
火色	温度/℃	回火色	温度/℃
暗褐色	520~580	浅黄色	200
暗红色	590~650	黄白色	220
暗樱红	650~750	金黄色	240
樱红色	750~780	黄紫色	260
淡樱红色	780~800	深紫色	280
淡红色	800~830	蓝色	300
橘黄微红	830~850	深蓝色	320
淡橘黄	850~1050	蓝灰色	340
黄色	1050~1150	蓝灰浅白色	370
淡黄色	1150~1250	黑红色	400
黄白色	1250~1300	黑色	460
亮白色	1300~1350	暗黑色	500

表 9-3　不锈钢、钛合金、金属表面硝基清漆层在不同温度区间的颜色变化

材料		温度区间与颜色						
不锈钢	温度/℃	430~480 开始变色，随温度上升						
	颜色	从黄褐色变为淡蓝色、蓝色、黑色						
钛合金	温度/℃	200	300	400	500	600	700~800	900
	颜色	银白色	淡黄色	金黄色	蓝色	紫色	红灰色	灰色
金属表面硝基清漆层	温度/℃	<200	250~300	350~425	>600			
	颜色	无明显变化	黄色	黑色	起皱			

某起重机油缸发生了多起活塞杆头部断裂事故，该活塞杆材料为 42CrMo，杆部和头部采用焊接连接，焊接后不再做后续热处理。试验室分析结果表明，断裂位置为靠近环焊缝的母材区域，呈脆性断裂机制。为了找到活塞杆发生脆性断裂的根本原因，技术人员赴现场进

行勘察和调研，无意间发现了刚刚焊接完毕的活塞杆缸头的焊接区域存在不同的颜色特征（见图 9-24），而断裂部位正好位于活塞杆部靠近焊缝的蓝色区域。技术人员当即意识到 42CrMo 钢具有第一类回火脆性，其温度大约在 300℃，而此温度回火后金属表面呈蓝色。后经进一步的试验室取样分析，证明了断裂区域存在第一类回火脆性的判断，从而找到了活塞杆脆断的根本原因。

图 9-24　焊接区域的颜色变化

企业根据此分析结论，从设计和制造方面均制订了相应的预防措施。经过多年的实际生产，再也没有出现过活塞杆的脆断事故。

3）表面龟裂，萌生热疲劳裂纹，并且出现多条热疲劳裂纹。

表面观察时，热疲劳裂纹多呈分叉的龟裂状，裂纹内充满氧化物。宏观上断口呈深灰色，并为氧化物覆盖，断裂系多源，从表面向内部发展。磨片观察时，裂缝内充满氧化物，其边沿则因高温氧化使基体元素贫化、硬度降低。裂纹多为沿晶型或沿晶+穿晶型。

（2）热磨损　当固态物体相互滑过时，甚至在中等的载荷和速度条件下都可能产生非常高的表面温度。这些高温局限在离摩擦界面很近的物体的极薄的表层内，而基体的温升是比较小的。

当滑动摩擦的摩擦表面相对移动速度较高（大于 3m/s），且单位压力也较大（约为 2.5MPa）时，金属摩擦表面层的温度急剧增高，易引起热磨损。

当产生热磨损时，互相作用的表面，在表面接触区域之间产生金属的亲和力。发生热磨损时，摩擦表面由裂纹、金属的黏着粒子和涂抹粒子所覆盖。在缺少润滑的情况下，成分和性能接近的金属材料之间更容易产生热磨损，严重时热磨损可导致结构件断裂，甚至造成大的事故。

某钢厂在库房内起吊钢材作业时，因捆扎钢材的钢丝绳突然发生了断裂，造成一人当场死亡。现场勘时发现有散落的 4 捆圆钢，每捆 14 根，重 9.27t。每根圆钢直径为 6cm，长度为 7.2m，其中 3 捆掉落在货架上的圆钢北端，超出货架 1.7m，横架在通道上方。另有 1 捆圆钢已经完全散开，圆钢坠落的货架顶端有明显的撞击痕迹和从伤亡人员安全帽上刮擦的蓝色油漆残留。

断绳一端的钢丝已散开，断口处绳股呈现蓬松状，断口上可见较严重的损伤痕迹，断口上一些钢丝断口处呈显著的蓝色和高温特征，并粘连在一起（见图 9-25）。钢丝绳另一端断口稍显整齐，但仍可见损伤和发蓝色。和断绳同期服役对称位置的钢丝绳外表面也存在断丝、磨损严重、绳股间松弛等现象。同批未用的新绳表面光洁，未见损伤、断丝等现象。

图 9-25　钢丝绳表层钢丝的损伤情况

在体视显微镜下观察断口的宏观形貌，发现钢丝绳断丝的金属丝失圆、变形、摩擦切削痕迹显著。断口主要为缩颈断裂，部分为剪切断裂。断口附近钢丝绳摩擦损伤也较为严重。从 SEM 形貌可看出，所有断丝的断口均为韧窝。经检验，新钢丝绳质量合格。

失效分析的结论表明：钢丝绳使用不当、表面严重损伤是钢丝绳发生早期断裂的直接原因。

后经进一步调查探明，操作工在使用钢丝绳捆扎圆钢时，先将钢丝绳放在地面，然后将圆钢置于钢丝绳上，若发现钢丝绳两头尺寸差异大时就用起重机拖拽钢丝绳一端，此时钢丝绳便和圆钢之间发生了剧烈的热磨损，造成钢丝绳质量严重劣化，承载能力下降而发生断裂。

（3）低熔点金属热污染　低熔点金属受热熔化时若与固体金属表面直接接触，常会使该固体金属浸湿而脆化，在拉伸应力的作用下，从表面起裂，而裂纹尖端吸附低熔点液态金属原子，进一步降低固体金属的晶体结合键强度，导致裂纹脆性扩展。这种脆化裂纹一般是分支裂纹或与主裂纹相连接的网状裂纹，裂纹源区为低熔点金属所覆盖，带有不同的色彩，常可检测出低熔点金属元素。

9.7.6　电损伤痕迹

电接触损伤痕迹包括两大类：电侵蚀（电腐蚀或简称电蚀）和静电损伤。

（1）电侵蚀　电侵蚀的形式主要取决于电流的大小，典型的电侵蚀曲线可分为三个区：第 I 区为正转移区，此时电流小于生弧极限，又称没有电弧时的阳极侵蚀；第 II 区为负转移区，也称等离子区，此时电流大于生弧极限，又称存在电弧时的阴极侵蚀；第 III 区不仅阳极产生迅速损耗，阴极也有较大损耗，此时电流很大，电弧产生的高温使接触材料熔化、汽化或喷溅。

接触元件在断开—闭合过程的不同阶段，电侵蚀的主要影响因素是不同的。没有电弧时，断开的开始阶段是形成液桥；轻微拉弧时，触点表面变色，由黄灰变黑，并有积碳，有时会产毛刺；严重拉弧时，触点烧熔，形成熔瘤熔坑（见图 9-26）。还有一种特殊的损坏形式：熔焊，就是触点在工作中突然不再断开，这是由于触点在闭合或断开时受到较大电流的冲击，使接触部位的金属局部熔化，致使触点黏合在一起。

电侵蚀的主要痕迹有电蚀坑、金属熔球、金属转移等。

（2）静电放电痕迹　由于静电放电现象而在放电部位留下的电侵蚀痕迹称为静电放电痕迹。

静电放电痕迹主要的宏观特征是：放电过程中形成的碳及碳化物，使放电部位的表面颜色发黄、发灰或发黑。局部的高温熔融，使放电部位表面颜色变成深蓝。在放电过程中，放电体上会形成形貌类似于火山口状的高温熔融微坑，称为火花放电微坑，它是静电燃爆事故残骸件上最主要的微观形貌特征。静电火灾形成的根本原因就是放电通道上所释放的静电可以成为可燃物引燃或引爆的点火源。

在微观分析中，需要准确区分火花放电微坑和电气短路微坑两者的形成条件是不同的。前者是在高电压、小电流情况下发生的静电火花放电现象，而后者是在低电压、大电流情况下发生的放电形式，是大多电路开关中常见的现象。两者的主要区别如下：

1）电气短路微坑的形状不规则，面积较大，有时用肉眼或高倍放大镜就可观察到。

2）电气短路微坑不具有火山口形貌特征，而是具有明显的贝壳几何花样、溅射花样，往往存在明显的金属粘连痕迹特征和大量的金属迁移现象，如图 9-27 中右边所示。

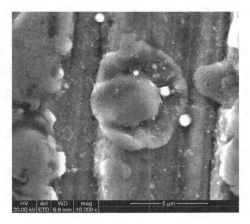

图 9-26　齿轮表面的电蚀痕迹

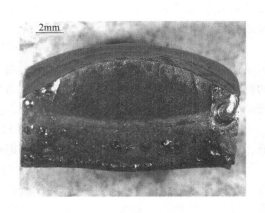

图 9-27　断口上的电蚀痕迹

9.7.7　与裂纹源有关的痕迹

与裂纹源有关的痕迹很多，概括起来主要有：冶金夹渣、挤压裂口、加工痕迹、电笔烙印、钎焊沿晶氧化微裂纹、焊接冷裂纹等。

9.8　痕迹的模拟再现

通过对痕迹的形貌、成分、组织结构等方面的分析，可以基本确定痕迹的性质和形成的条件。为了验证分析结论的准确性，一般需要进行相应的模拟试验，以使痕迹得以再现。

通常的痕迹模拟再现试验有实验室试验和现场试验两种。实验室试验可以在专门的试验机上进行，试验件可以根据试验机的要求选用同类零件或试片，但试验参数应该调整到与痕迹分析中得出的痕迹条件一致，确定无误后即可开始试验。现场试验应该是比实验室试验更准确、更可靠的模拟再现方法，其工作条件一般来说与失效时的情况更加接近，但相应的一些试验参数也应该根据前面的分析进行适当的调整。

对由模拟试验得出的痕迹，应与失效件上的痕迹进行对比分析，并判断两者是否一致。如果模拟试验得出的痕迹特征与失效痕迹特征基本一致，则基本再现了痕迹，说明对痕迹形成的条件和原因分析基本正确。如果两者不一致，则应分析导致不一致的原因，并对失效痕迹进行补充分析与完善，在此基础上调整试验参数，再次进行模拟试验，直到痕迹被再现。

对重大事故（故障），模拟再现试验一般均是必需的，尤其当分析的证据不是很充分、结论不是很可靠的时候，更需进行模拟再现试验，一方面可以验证分析结论，另一方面也可为分析开拓思路，提供依据。

9.9　痕迹的综合分析

痕迹的综合分析就是在对痕迹的形貌、成分、组织结构和性能等进行鉴定的基础上，综合考虑痕迹的模拟再现试验情况，分析确定痕迹的性质和产生条件（原因），为整个失效分析提供依据的过程。痕迹综合分析的目的就是要确定痕迹的性质和来源（产生的条件或原因）。

（1）痕迹的性质　在本章的9.6部分已对不同性质的痕迹的形貌特征、化学成分、组织结构和性能进行了详细的分析与讨论。由于不同性质的痕迹具有不同的特征，同时，不同的特征反应不同的痕迹形状，即痕迹性质与痕迹特征之间具有对应关系，所以通过对痕迹进行全面的分析，即可确定痕迹的各项特征，由此基本分析出痕迹的性质。

在分析中特别需要注意的是，切不可只根据一两个特征，或只根据宏观特征或微观特征，就确定痕迹的性质，而是需要综合考虑痕迹的各方面特征后才能做出最后的结论。

（2）痕迹的来源　痕迹的来源，即痕迹产生的原因或条件，一般是失效痕迹分析的重点。痕迹原因分析的基础是痕迹的性质分析，不同性质的痕迹具有不同的产生条件，也就具有不同的产生原因，即痕迹的性质与原因之间具有对应关系。

在基本确定了痕迹的性质后，综合考虑零件的工作原理、工况条件和生产制造工艺过程，痕迹产生的原因也就基本清楚了。通过模拟再现试验，既完善了分析过程，又验证了分析结论。

参 考 文 献

［1］师昌绪，钟群鹏，李成功. 中国材料工程大典：第1卷［M］. 北京：化学工业出版社，2006.
［2］王荣. 汽车发动机连杆总成断裂失效分析［J］. 物理测试，2009，27（1）：42-45.
［3］姜怡，王荣. 曲轴表面黑色麻点产生原因分析［J］. 理化检验（物理分册），2018，54（2）：897-900.

第 10 章

裂纹分析技术

10.1　引言

　　裂纹是材料表面或内部的完整性或连续性被破坏的一种现象，断裂是裂纹进一步发展的结果。虽然产品产生裂纹并不会立即导致失效，但裂纹进一步扩展必将导致断裂而引起失效。对于一些较为关键的零件，一般在加工完成后都要对其进行无损检测，一旦发现裂纹就会将其列入"不良品"，或者报废，但漏检的一些带有裂纹的零件很容易在服役过程中引发断裂失效。

　　裂纹分析是失效分析中非常重要的一项技术。对于一些较浅的裂纹，如磨削裂纹，可以根据裂纹的宏观和微观特征，再辅助一些其他检测手段就可对其性质进行判定，而无须将其打开观察断口。对于像热疲劳、应力腐蚀等失效分析，其裂纹往往具有更典型的特征。热疲劳是热作模具钢非常普遍的一种失效形式，其主要特征是模具经过一段时间使用后，在模具的模膛表面出现龟裂状裂纹，用肉眼就可以看到。技术人员一旦观察到该现象，就可以对其进行判定，而无须对其进行仪器分析。事实上，在几十年的失效分析经历中，尽管热疲劳的现象较为普遍，但真正做过的案例却并不多。因此，只要抓住了各种裂纹的典型特征，在具体的失效分析过程中往往能起到事半功倍的效果。

　　裂纹分析包括裂纹的无损检测、宏观分析、微观分析及裂纹打开后的断口分析等内容。

10.2　裂纹的无损检测

10.2.1　无损检测的方法和应用

　　机械装备结构件上的裂纹在很多情况下都是在维护保养中，或者通过无损检测的方法发现的。在具体的裂纹分析中，经常还要对同批次服役的产品零件采用无损检测的方法进行排查，以消除隐患；同时，还可以对裂纹存在的偶然性或普遍性进行判断。这对裂纹性质的正确判断都是至关重要的。

　　无损检测最主要的特点就是不破坏结构件的正常使用。常用的无损检测方法有：X 射线检测、磁粉检测、超声波检测、荧光检测、渗透检测、声发射检测、敲击测声法、工业 CT 等物理检测方法，其中磁粉检测、荧光检测、渗透检测等方法主要用来检查表面裂纹，而 X 射线检测、超声波检测、声发射检测、工业 CT 等可检测表面和内部裂纹。

10.2.2 无损检测时的注意事项

无损检测虽然具有很多优点，但在具体的失效分析中也有其局限性。

无损检测的方法一般只能确定缺陷的位置、形状和大小，但不能对缺陷进行准确定性。无损检测只能给出"缺陷显示"（如点状缺陷、线状缺陷等），或者"疑似裂纹"的判断，也可以按照标准对各种缺陷进行评级。但要对缺陷进行准确定性，必须采用破坏性的检测手段，需要对零件进行解剖，采用物理或化学的方法进行检测和判定。

渗透检测具有简单、方便，操作容易的特点，可以比较清晰的显示出裂纹的位置，特别适用于形状复杂的结构件，而且不受材料种类的限制，非常适合于现场检测。但着色渗透剂容易进入到裂纹内部，并黏附于裂纹面，若裂纹分析还不能判断出开裂性质，或者还不能确定出裂纹源位置，而需要将裂纹打开，更进一步的做裂纹面的 SEM 形貌分析时，这就增加了分析的难度。因为着色剂很难被清除，这样就无法观察到开裂面上的细微特征，也无法对裂纹面上的特征微区做真实的 EDS 能谱分析，所以在失效分析过程中，要尽量避免使用着色渗透检验，而优先采用不影响断口分析的其他无损检测方法。

10.2.3 无损检测在裂纹分析中的应用举例

在材料学领域，裂纹存在广义和狭义之分。广义上的裂纹范围较宽，如划痕、加工痕迹、锻造折叠、发纹等，是一个线状缺陷的统称，并不强调裂纹面的耦合性；狭义上的裂纹则比较强调裂纹面的耦合性，而且裂纹的深度（或长度）远大于其宽度，裂纹起始部位的宽度要大于其他部位，对于冷裂纹，其尖端往往非常的尖锐。在机械装备的失效分析中提到的裂纹一般都是指狭义上的裂纹，这种裂纹往往是不能接受的。划痕、加工痕迹等缺陷往往较浅，不会深入到材料内部，可以通过必要的打磨或抛光去除，而不影响正常使用。

X 射线检测或工业 CT 可以从多方位对缺陷进行观察，并且可较为直观地显示出其形貌，可以较为准确地对缺陷进行分析。但裂纹的耦合性有时会和金相组织、变形流线，甚至某一个相的形态和完整性有关，此时的 X 射线检测也显得无能为力。

案例 1：地铁列车上的中心销在列车运行 21 年后大修时，渗透检测发现螺纹部位过渡圆弧处出现缺陷显示（见图 10-1）。将裂纹打开，可见明显的贝壳纹形貌（见图 10-2），此为疲劳断裂的典型特征，后经进一步失效分析判定该缺陷显示为疲劳裂纹。

图 10-1　磁粉检测情况

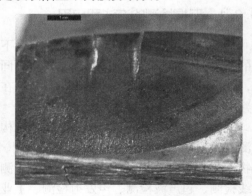

图 10-2　裂纹面宏观形貌

案例 2： 地铁上的车钩钩头是车体间连接的关键构件之一。某地铁车钩钩头法兰在磁粉检测时发现法兰接头处存在磁粉聚集现象。为了弄清该磁粉聚集的原因，对其做了失效分析。首先将有磁粉聚集的法兰接头切割取下，表面经清洗后肉眼观察磁粉聚集区域，可见一条"沟线"（见图 10-3）。垂直于"沟线"切取剖面样品，经镶嵌、磨抛后在光学金相显微镜下观察。由图 10-4 可见，缺陷的宽度远大于其深度，底部也较为圆钝，缺陷两侧面的耦合性也较差，不具备裂纹的基本特征，为人为造成的表面划痕。

图 10-3　磁粉检测情况

图 10-4　缺陷位置的剖面形貌

案例 3： 某核电厂关键零件吊篮筒体法兰（简称法兰）为大型锻件，材料为 F304H（ASTM SA336 中的一种法兰用耐热钢），外形规格为：$\phi3951mm$（外圆）×$\phi3352mm$（内圆）×357mm（高度）。制造工艺流程为：电极棒→电渣重熔→锻造粗加工→超声波检测→粗加工→固溶处理→机加工取样→化学成分检验→力学性能检验→金相检验→机加工→无损检测→尺寸和目视检验→标识→清洁→包装→运输。该法兰经过所有加工工序后进行渗透检验时发现线状缺陷显示。为了弄清其原因，对该线状缺陷做了失效分析。

理化检测结果表明该法兰化学成分符合技术要求，夹杂物级别不高，显微组织正常。该法兰上的缺陷表面宏观检查呈直线状分布，其横剖面特征细而直，宽度几乎不变，和径向基本上成 45°夹角，和表面的垂直距离为 9~12mm。缺陷附近的低倍组织存在大量呈直线状分布的疏松，大多数长度为 20~30mm，方向随机分布。缺陷打开后开裂面 SEM 形貌绝大部分为自由表面，说明该缺陷在最终固溶处理之前已经存在，缺陷开裂面已经发生了再结晶，形成了新的晶界；缺陷面比较洁净，未见腐蚀特征，EDS 能谱分析未见明显腐蚀产物，说明缺陷内部和外界氧化型气氛彼此隔绝；少数区域存在韧窝特征，说明缺陷具有不连续性。

开放型缺陷两侧的铁素体存在滑移错位现象（见图 10-5），说明该缺陷在锻造完成之前就已经存在，锻造时由于缺陷两侧的变形不同步，造成同一个铁素体发生了滑移错位。试样上未开放的呈线状分布的缺陷也具有穿越铁素体的特征，和开放型缺陷相同（见图 10-6），说明试样上开放型缺陷和未开放型缺陷的形成机理相同。

呈线状分布的未开放型缺陷在电子显微镜下观察具有明显的疏松特征，说明开放型缺陷的形成也和疏松有关。电渣重熔过程中形成的树枝晶或较为严重的枝晶偏析在锻造过程中会发生变形，同时存在于树枝晶之间的疏松也会发生变形。如果树枝晶过于粗大，枝晶间的较为严重的疏松将会在锻造过程中随着锻造变形进一步变形并扩大，并在锻造应力的作用下形成裂纹。

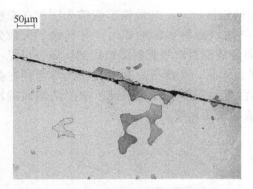

图 10-5　开放型缺陷和铁素体形态

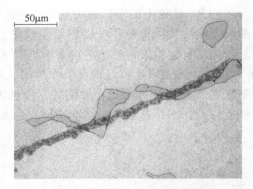

图 10-6　未开放型缺陷和铁素体形态

　　在失效分析实践中发现，无损检测中观察到的一些线状缺陷显示经过深入细致的失效分析后发现它们并非都是裂纹。只有通过失效分析，弄清楚线状缺陷显示的性质，找出其产生的根本原因，才能采取切实可行的预防措施。

10.3　裂纹产生先后顺序诊断技术

　　在断裂失效分析中，往往存在有多条裂纹，如果对所有裂纹均进行分析，往往是不现实的，也是不必要的。一般来说，在众多的裂纹中，它们的产生在时间上是有先后顺序的，而最先产生的裂纹往往是导致其他裂纹产生和整个事故发生的根本原因。因此，在失效分析中，首要任务就是从这些裂纹中确定出首先产生的裂纹，即主裂纹，然后对主裂纹进行分析。

　　常用的裂纹先后顺序判断方法主要有以下五种：

1）塑性变形量大小确定法。

2）T 形法。

3）裂纹分叉法。

4）断面氧化颜色法。

5）疲劳裂纹长度法。

　　当同一零件上出现多条疲劳裂纹时，一般可根据疲劳扩展区的长度、疲劳弧线和疲劳条带间距的大小来判断主裂纹。疲劳裂纹长、疲劳弧线或疲劳条带间距小的为主裂纹。

　　需要特别说明的是，以上的五种方法均是针对一般情况而言的，而实际失效事件中情况复杂多变。因此，在实际失效分析中，应该根据具体情况和相关条件，结合结构特点、受力状态、工作原理、裂纹扩展规律、表面痕迹特点、零件材料与性能等综合分析，才能给出准确的判断。

　　一般来说，脆性断裂可用 T 形法或分叉法来判别主裂纹与二次裂纹；延性断裂则可用变形法来判别主次裂纹；环境断裂可根据断面氧化与腐蚀程度及颜色深浅来区分主次断裂；而疲劳断裂常常利用断口的宏观与微观特征形貌加以区分。

　　裂纹先后顺序的具体判断方法参见 3.2.2 断裂源分析一节。

10.4　裂纹的形貌诊断

10.4.1　裂纹的宏观诊断

裂纹宏观诊断的目的是确定裂纹的位置、类型、外观形貌及张开情况等。

裂纹宏观诊断的主要内容有：

1）裂纹产生的部位。

2）裂纹的平直情况、分叉情况或宏观走向的变化等。

3）裂纹与主应力方向（或切应力方向）之间的关系。

4）裂纹与材料成形方向（轧制方向、流线方向）的关系。

5）裂纹的耦合情况（紧密配合，还是分离）。

6）裂纹尖端的情况（尖锐或圆钝）。

7）裂纹起始位置与零件形状的关系（是否有应力集中）。

确定裂纹产生的部位是裂纹宏观诊断首先必须解决的问题。裂纹一般容易产生于尖角、转折、几何尺寸突然变化处等应力集中部位，受力最大部位，焊缝熔合区等组织薄弱部位，材料缺陷处。其次是确定裂纹的外观形貌、张开情况和匹配情况，并根据这些情况诊断出裂纹的类型、起始源区。

确定裂纹产生的部位，是否是引起应力集中的部位，再结合应力状态，初步判断裂纹产生的条件。如果裂纹产生部位在应力集中部位，则可能与使用载荷有关；如果裂纹产生部位不在应力集中部位，则可能与材料性能、成分、缺陷和内应力等有关。

裂纹的起源位置和扩展途径决定了裂纹的宏观形貌，是构件局部受力状态、外力大小与材料强度综合效应的结果，即应力-强度干涉作用的结果。它们往往是应力较大、强度值较低的路径，如应力集中处、材料局部缺陷处等。

裂纹的宏观形貌很多，常见的有龟裂纹、线裂纹、环形裂纹、周向裂纹、辐射状裂纹、弧形裂纹等，下面分别对其进行讨论。

1. 龟裂纹

外观形貌类似于龟壳网络状分布的一类裂纹称为龟裂纹。一般情况下，龟裂纹是一种表面沿晶裂纹，其深度一般都不大。龟裂纹产生的原因是零件表面或晶界的成分、组织、性能及应力状态与中心（或晶内）不一致，在制造工艺过程中或随后的使用过程中使晶界成为薄弱环节；同时，在制造工艺过程中或随后的使用过程中还会产生很大的组织应力、热应力等内应力，在这些内应力的作用下，薄弱的晶界发生开裂，从而形成龟裂纹。根据龟裂纹的形成条件，可将其分为如下几类：

（1）铸造表面龟裂纹　这是一种不常见的龟裂纹，是浇注时金属液与模壳材料反应生成的硅酸盐夹杂物在铸件表面的初始奥氏体上析出的结果，也可能是在1250~1450℃于铸件表面形成的热裂纹。

（2）锻造表面龟裂纹　在锻件加热过程中，由于加热温度过高或停留时间过长，使锻件晶粒严重粗化，脆性增加，严重时出现晶界氧化，以至在后续的锻造加工时沿晶界出现表面龟纹状开裂的现象。这种裂纹的表面一般有氧化色，无金属光泽，断口粗糙，颜色灰暗。

当钢中硫含量较高时，在晶界会形成低熔点的硫化铁和铁的共晶体。高温锻造时，这些共晶体处于熔融状态，无法随其他金属一起发生塑性变形，从而引起锻造开裂，其表面也呈龟裂状。

当钢中铜含量过高时（质量分数大于0.2%），在锻造加热过程中，表层的金属会发生选择性氧化，即铁首先氧化，从而使得铜在晶界聚集，沿晶界形成熔点低于基体的富铜网络，锻造加工时形成铜脆龟裂纹。

（3）热处理表面龟裂纹　表面容易脱碳的高碳钢零件，当淬火温度过高、时间过长时，表面会产生脱碳层，使表面淬火强度大大降低；由于碳含量不同的奥氏体具有不同的马氏体转变温度和体积变形，以及淬火时表面先冷却，而内部后冷却，使得组织的转变不同时，从而使淬火组织应力显著增加，在表面形成很大的多向拉应力而产生龟裂状裂纹。

这种淬火裂纹在大型零件和重复淬火的高碳钢零件上经常可以看到。

（4）焊接龟裂纹　焊接龟裂纹有以下三种形式：

1）焊接热裂纹。焊接热裂纹是由于电弧焊时，起弧电流过大，引起局部热量过高，在热应力的作用下而产生的。焊接热裂纹一般产生于1100~1300℃的温度范围内，即焊缝刚刚凝固、晶界强度较低的情况下。焊接热裂纹常常产生在焊缝区或由焊缝区开始向基体金属延伸，最后成为一种沿晶粒边界分布的网状裂纹。

2）焊接冷裂纹。当焊接工艺不当时，也容易产生焊接冷裂纹，其本质为氢致延迟性破裂，严重时裂纹会遍及母材较大的区域。例如：某油缸的缸筒材料为45钢，经过调质处理后再焊接缸盖，焊接前后没有进行必要的热处理，而是焊完后直接存放于仓库。一周后发现油缸的筒体部位出现大面积的网状裂纹，轻轻敲击时，油缸筒体即分解成大量的碎块。失效分析结果表明，这是一起由于焊接工艺不当导致的焊接冷裂纹。

3）低熔点金属致脆。铜钎焊工艺不当时也很容易造成铜沿钢的奥氏体晶界渗入，形成沿晶裂纹，成为断裂失效的根源。例如：某舰艇上的输油管材料为20钢，管外有四个沿轴向分布的支撑条，其材料为H68（68黄铜）。支撑条和油管之间采用黄铜焊接。在舰艇服役期间油管发生了断裂，疲劳断裂起源于焊接部位（见图10-7）；对断裂源区垂直于断裂面切取试样，磨抛后观察可见断裂源区有沿晶界分布的黄铜（见图10-8和封三中的图4），断裂起源处的晶界上也存在黄铜。黄铜钎料渗入晶界，削弱了晶粒间的结合力，在焊接残余应力及工作应力的作用下产生沿晶裂纹，随后在外力作用下以疲劳的方式扩展，导致最后断裂。

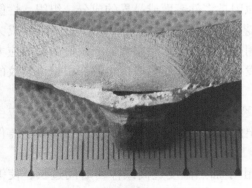

图10-7　疲劳起源于铜钎焊部位

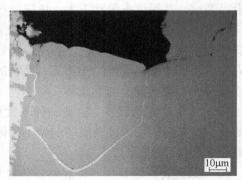

图10-8　黄铜沿晶界分布

（5）磨削龟裂纹　为了满足零件的表面要求，常常需要对零件表面进行磨削加工。由于对金属表面进行磨削加工时，不可避免地会产生大量的磨削热，这些磨削热可使被磨削金属表面迅速升温至很高温度（可达 840℃，升温速度为 6000℃/s），产生很大的热应力。当冷却不充分时，可使表层金属重新奥氏体化，随后又再次淬火成马氏体，从而在表层产生很大的组织应力。这些表面热应力和组织应力叠加，则可能导致磨削裂纹的产生。有的零件在淬火、回火后，其组织中还残留有一定数量的奥氏体，在磨削变质层（或磨削热影响区）中，这些残留的奥氏体可能转变为马氏体，引起局部体积膨胀，产生组织应力。当这种应力大于材料的抗拉强度时，则可导致磨削裂纹。

不同的原始组织对磨削裂纹的敏感性是不同的。在相同的磨削制度下，具有带状或条状分布的碳化物的钢，由于容易引起磨削应力集中，因此容易产生磨削裂纹；碳化物呈网状分布于晶界的，因促进磨削应力集中，也易形成磨削裂纹；碳化物均匀分布的钢，因不引起应力集中，故对磨削裂纹不敏感。

常见的磨削裂纹除龟裂状以外，还有与磨削方向基本垂直的、规则排列的条状形态。产生何种形态的磨削裂纹，与磨削条件、零件形状、材料质量及零件的工艺履历有关。一般因材质原因产生的磨削裂纹的形态为龟裂状，因磨削条件产生的磨削裂纹的形态为与磨削方向基本垂直的、规则排列的条状。

（6）使用龟裂纹　在使用过程中产生的龟裂纹主要有热疲劳龟裂纹（常见于热作磨具）、应力腐蚀龟裂纹和蠕变裂纹。

应力腐蚀龟裂纹是零件在使用过程中，由于拉应力和腐蚀介质的共同作用而产生的一种裂纹。其微观走向取决于金属和腐蚀介质，可能是沿晶的，也可能是穿晶的。当腐蚀性介质以 S 元素为主，或者基体材料的晶界有析出物或晶界受到弱化时容易产生应力腐蚀龟裂纹。

在高温下工作的部件可能产生蠕变裂纹。蠕变裂纹是金属在等强温度（晶界强度和晶内强度相等的温度）以上使用时，在低应力条件下，产生的沿晶界扩展的一种裂纹。

研究表明，蠕变机理是先在晶界形成孔洞、细沟或微裂纹，通过扩散使原来溶解在金属中的氧或大气中的氧进入孔洞、细沟或微裂纹，从而使晶界逐渐氧化，降低裂纹发展所需的能量，使裂纹沿晶界扩展、断裂。因此，蠕变裂纹一般从金属表面开始，起始区具有沿晶界排列的孔洞特征。

2. 线裂纹

线裂纹是指近似直线状的裂纹。最典型的线裂纹是由于发纹或其他非金属夹杂在后续工序中扩展而形成的裂纹。它们一般沿材料的纵向发展，较长，在裂纹的两侧和金属基体上一般有氧化物夹杂或其他非金属夹杂物。

图 10-9 所示为超级 Cr13 钢油田输油管道使用两年后外表面出现的应力腐蚀线状裂纹形貌。

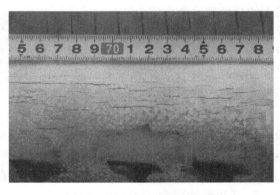

图 10-9　应力腐蚀线状裂纹形貌

发纹是钢材内部存在的非金属夹杂物沿热加工方向延伸而形成的一种纵向线性缺陷。它在塔形试样和金属制品的表面上具有近似直线状的外形。

在生产中，虽然原材料中的氧化物、硫化物及发纹等均符合要求，但在淬火中仍然可能产生纵向直线状裂纹。这种裂纹多产生于一些表面冷却比较均匀一致、心部淬透的细长工件，产生的原因是心部淬透的细长工件的组织应力和热应力等淬火应力共同作用的结果。淬火时，由于内外温度不均匀，表面首先开始冷却和收缩，但受到心部的限制，所以产生热应力，表面产生拉应力，心部产生压应力。当表面温度降到马氏体开始转变温度以下时，首先开始马氏体转变，并带来体积膨胀。同样，表面的马氏体转变也受到心部的阻碍，使表面产生压应力，心部受到拉应力，这是组织应力作用的结果。当心部受到的拉应力大到超过该温度下的屈服强度时，金属塑性变形，应力松弛。继续冷却，心部发生马氏体转变，引起心部体积膨胀，因受到已完成了马氏体转变的表层的阻碍，结果使表层受拉应力，心部受压应力。当冷却到某一温度范围内，由于热应力引起的拉应力和由于组织应力引起的拉应力相叠加，并超过材料的强度极限时，淬火裂纹就会产生。由于心部淬透的细长工件的表层切向应力总是大于轴向应力，故淬火裂纹是纵向的直线状裂纹。

对冷拔、热拔、深冲、挤压的制品，在表面还可能产生拉痕。这种拉痕是金属在拔制或挤压变形过程中，表面金属的流动受模具内壁的机械阻碍而产生的。拉痕均沿变形方向呈线性分布，具有一定的深度和宽度，尾端具有一定的圆角，两侧较为平整，整个宽度基本一致，且一般与表面垂直，拉痕附近的组织与基体组织无区别。

18CrNiMo7-6 钢是一种高强度合金渗碳钢，是目前世界上应用最好的齿轮渗碳钢之一，在欧美已有较为成熟的应用。20 世纪末、21 世纪初，随着风能发电和高铁等高新领域的发展，18CrNiMo7-6 钢最初由国外企业引入国内，如风能企业丹麦的维斯塔斯（VESTAS）和高铁行业的德国西门子股份公司（SIEMENS AG FWB）。该材料合金含量较高，淬透性较好。端淬试验结果表明，距离水冷端 40mm 处的硬度为 38～41HRC。直径为 ϕ80mm 的圆棒经过渗碳淬火和低温回火后，其表面硬度可达 58～64HRC，其心部硬度可达 35～41HRC，其淬透直径几乎是 20CrMnMoH 的两倍多。该材料广泛用于风力发电和高铁行业，主要是一些表面要求高的硬度，同时又要求整体上具有一定的韧性的产品，如各种齿轴和轴销等。为了充分利用该材料的特点，渗碳后的热处理回火温度较低，一般为 160～180℃，这会产生较大的热处理残余内应力，容易导致开裂失效。例如：风能发电设施上的输出齿轮轴，材料为 18CrNiMo7-6 钢，在热处理喷丸和加工后发现有多处开裂，裂纹形态基本相同，呈纵向分布，如图 10-10 所示。

图 10-10 裂纹呈纵向分布

通过失效分析可知，该输出齿轮轴为内裂，其主要原因是材料内部存在聚集分布的颗粒状夹杂物，破坏了材料的连续性，形成应力集中，在较大的残余内应力作用下产生开裂。

当磨削工艺不合理时，也可能产生纵向的直线状裂纹。

3. 其他形状裂纹

常见的其他形状的裂纹还有环形裂纹、周向裂纹、辐射状裂纹、弧形裂纹等。对于化学热处理的零件，由于渗层的组织与成分突然过渡，在渗层内或渗层与中心组织的过渡层内产生热应力和组织应力，从而在中心部位出现圆周裂纹。大型复杂零件淬火时，由于一些部位冷却速度较慢而未能淬透，在淬硬层与未淬硬层产生组织应力，可能在淬硬过渡层内或附近出现弧形裂纹。

铸件的浇口是最后凝固区域，材料中的一些低熔点相和铸造缺陷会在这里富集，工艺上一般都严格地规定了浇口的去除量。如果浇口切除量不足，浇口里面的各种铸造缺陷和杂质就会保留到铸件之中。缺陷较多的浇口和基体之间会产生一个近似圆形的轮廓线，形成应力集中而产生弧形裂纹。

10.4.2　裂纹的微观诊断

1. 裂纹微观诊断的内容

当宏观分析方法判断裂纹的性质困难时，或为进一步确定裂纹的性质和产生的原因，需对裂纹进行微观诊断分析。

裂纹微观分析的主要内容可概括如下：

1）裂纹的微观形态特征，其扩展路径是穿晶还是沿晶，主裂纹附近有无二次微裂纹。

2）裂纹处及其附近的晶粒度有无显著粗化、细化或大小极不均匀的现象，晶粒是否变形，裂纹与晶粒变形的方向是否一致。

3）裂纹两侧是否存在氧化和脱碳现象，有无氧化和脱碳组织出现。

4）裂纹附近是否存在碳化物或非金属夹杂物，其形态、大小、数量及分布情况如何，裂纹源是否产生于碳化物或非金属夹杂物周围，其扩展方向如何。

5）裂纹处是否存在粗大过热组织、魏氏组织、带状组织，以及其他的反常组织。

6）裂纹源区是否存在加工刀痕、材料缺陷、腐蚀损伤等。

7）产生裂纹的表面是否存在白色加工硬化层（马氏体白亮层）或回火层（过回火层）。

2. 裂纹微观诊断技术

通过对裂纹区及其附近的金相组织、晶粒度检查，可判断出裂纹起始的部位，定性判断出裂纹部位的受力大小、加工质量等。

在微观上，裂纹源区一般均是材料的薄弱环节，如零件的表面或次表面、应力集中处和材料缺陷处（有时可见到明显的缺陷）。对于一条主裂纹，由粗到细的形态就是裂纹的扩展过程。当存在放射状微裂纹时，其"收敛"点位置即为裂纹源。

裂纹的扩展途径是复杂的，既可能是沿晶的，也可能是穿晶的，还可能是沿晶与穿晶混合的。一般情况下，制造过程中产生的铸造热裂纹、过热与过烧引起的锻造裂纹或热处理裂纹、回火脆性裂纹、磨削裂纹、焊接裂纹、低熔点金属致脆，使用中出现的冷热疲劳裂纹、蠕变裂纹、热脆裂纹，环境因素引起的应力腐蚀裂纹、氢脆裂纹等均是沿晶界扩展的；而疲劳裂纹、解理裂纹、延性断裂裂纹等使用中形成的裂纹和因冷却速度过大、零件几何尺寸突变等引起的淬火裂纹、焊接裂纹等制造裂纹都是穿晶裂纹。

根据裂纹及其周围的形状和颜色，可以判断裂纹经历的温度范围和零件的工艺历史，从而找到裂纹产生的具体工序。如裂纹两侧具有明显的氧化和脱碳现象，裂纹的形成肯定与制造热工艺过程有关。淬火工件的裂纹断口颜色发黑，氧化物层厚，说明淬火加热前即已存在裂纹。淬火前就已存在的裂纹，裂纹两侧常有脱碳现象。

图 10-11a 所示为某 20Cr 圆钢经过渗碳和淬火后表层的裂纹形貌。表面渗碳层金相组织

为针状马氏体，裂纹内充满灰色氧化物，其两侧存在明显的全脱碳现象（见图 10-11b）。心部金相组织为珠光体+铁素体，微裂纹两侧也存在明显的全脱碳现象（见图 10-11c、d）。20Cr 渗碳后的淬火温度为 810℃，不会产生全脱碳现象，而渗碳过程中也不会产生脱碳现象。由此可见，该裂纹是渗碳、淬火前就已经存在的原材料裂纹。

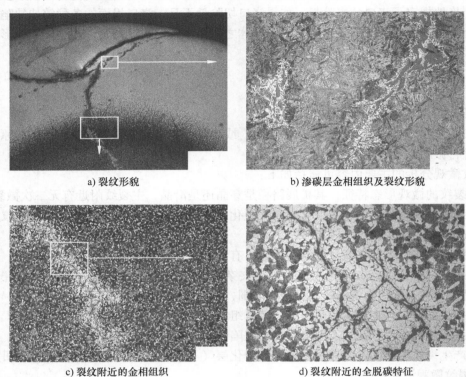

a) 裂纹形貌   b) 渗碳层金相组织及裂纹形貌

c) 裂纹附近的金相组织   d) 裂纹附近的全脱碳特征

图 10-11   20Cr 圆钢剖面金相组织形貌

在裂纹的外观分析中，还应该注意观察裂纹两侧的耦合情况。裂纹两侧的耦合性一般都很好，但发裂、拉痕、折叠及经过变形后的裂纹，其两侧的耦合性均较差。

一般情况下，疲劳裂纹的末端是尖锐的（见图 10-12）。折叠裂纹往往和表面成交小的角度，其末端粗钝，侵蚀后两侧存在明显的脱碳现象（见图 10-13）。在金相磨片下观察，拉痕、发纹的末端较为圆秃。淬火裂纹细直、线状、棱角较多、末端尖细，两侧金相组织与其他部分无异常，无氧化、脱碳现象。铸造热裂纹呈龟裂的网状，沿原始晶界延伸，裂纹内侧一般有氧化和脱碳，末端圆秃。磨削裂纹一般细、浅，呈龟裂状或规则直线排列。

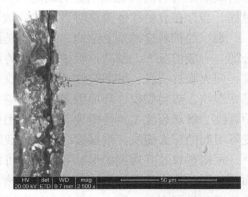

图 10-12   疲劳裂纹形貌

由于过热、过烧引起的锻造或热处理裂纹，往往晶粒粗大，并常在晶界处伴有析出物。局部应力超过材料的强度极限所引起的裂纹，裂纹处往往具有明显的塑性变形痕迹。裂纹表面的附着物对裂纹的分析也有一定的参考价值，如水淬时产生的裂纹面上会出现红锈，而油淬时裂纹面则呈黑色。

　　必要时，可对裂纹进行解剖分析。裂纹解剖分析的目的是分析研究裂纹的起始和走向、经过的路径、裂纹中有无其他物质、裂纹两侧附近区域有无材料变化，从而确定裂纹形成过程与材料显微组织之间的对应关系、断裂过程、断裂机理、变形程度、表面状态及其损伤情况等，以揭示零件在制造、加工等过程中产生的缺陷、使用状况

图 10-13　锻造折叠形貌

和环境条件等对断裂失效的影响。例如：对夹杂物、脱碳、增碳、偏析、硬化层深度、镀层厚度、晶粒大小、组织结构及热影响区等进行检查与分析。裂纹的剖面分析具有其他许多分析过程难以确定的优势，一般情况下应该进行此工作。分析过程中，一般需要沿与裂纹垂直的方向切割剖面、磨制金相试样来进行宏观、微观分析，必要时也可利用工业 CT 等无损检测手段在解剖前进行切片分析。为了尽量减少材料损失及热损伤造成的影响，应该尽量采用线切割方法来切割金相剖面，镶制金相试样来进行。

　　一般张开较大区域为裂纹的起始区，裂纹中夹有氧化物、腐蚀产物等，这说明裂纹形成后（或形成过程中）经历过复杂的环境过程，如高温、腐蚀环境等。裂纹的走向及两侧的材料变化情况往往可以对确定裂纹的性质有重要的帮助作用。如果碳钢裂纹两侧脱碳，则说明裂纹为热裂纹或开裂后经过了热工艺过程；裂纹扩展过程中有无分叉现象，对区分氢脆与应力腐蚀有重要帮助，氢脆裂纹扩展过程中一般无分叉现象，而应力腐蚀裂纹往往有分叉现象。裂纹的扩展是沿晶型、还是穿晶型等也是应该特别注意的问题。一般情况下，沿晶扩展的裂纹均与腐蚀介质的作用有关。

10.5　裂纹断口分析

10.5.1　裂纹的打开与断口切取技术

　　在对裂纹断口进行分析之前，必须人为地将裂纹打开，以获得需要的裂纹断口。有时为了实验室观察的需要，还需要对断口进行选取，需要切取断口。

　　裂纹和断口是断裂失效过程不同阶段的术语，在破断之前称为裂纹，而最终破断的断裂面称为断口。由于断口上较全面地记录了断裂过程中每一阶段的内部的、外部的、力学的、化学的、物理的诸多因素综合作用的结果，如痕迹、形貌特征等，断口分析具有比裂纹分析更加全面、准确、直观的优点。因此，往往需要将裂纹人为地打开来进行裂纹的断口分析。

　　在打开裂纹前，应做好相关的记录、测量和照相，特别是裂纹与相关结构的相对位置、表面的痕迹特征等，以保证裂纹打开后，仍能准确确定裂纹的位置、结构特点、受力状态等，为进一步的分析提供便利。

　　打开裂纹的方法很多，但不管采用何种方法，都必须满足以下要求：

1) 断面要保持原始的形貌特征，不能受到机械的、化学的损伤。

2) 断口及其附近区域的材料显微组织不能因为受热发生变化。

打开裂纹的基本原则是，根据裂纹的位置及扩展方向来选择人为加力点，使零件沿裂纹扩展方向受力，使裂纹张开形成断口，而不会在打开过程中损伤断面。常用的裂纹打开方法有三点弯曲法、冲击法、压力法、拉伸法等。当零件厚度大、裂纹小，裂纹难以打开时，可正对裂纹，在裂纹的背面预先加工出一定深度的 V 形豁口，从而可容易地将裂纹打开。但需要注意的是，加工时不能触及裂纹尖端；当裂纹尖端难以确定时，可适当多留出一些余量，以保证裂纹尖端不会被破坏。打开裂纹时，最好采用一次性快速打开方法，而不用重复的、交变的、分阶段处理的方法，如振动疲劳、反复弯曲等，以免打开时在断面上形成的特征与原始断裂特征相混淆，造成不必要的混乱。

对大型结构件，如锅炉、管道，或大型的船用轴、曲轴等失效件，为了便于运输和深入的观察分析，需要将大型零件切割成小试样。常用的切割方法有：砂轮切割、火焰切割、线切割、锯切等。对会产生高温的切割，切割位置应与裂纹保持一定的距离，并用适当的方法进行冷却，以免裂纹附近的材料组织、性能因受热发生变化，断面产生化学损伤。

10.5.2 裂纹的断口分析

裂纹的断口分析与断裂面的断口分析的技术和方法均相同，适用于断裂面断口分析的方法和手段在裂纹断口分析中均可应用，两者的形貌特征、规律也相同。因此，裂纹的断口分析技术和方法可参照前面第 7 章断口分析技术，本节在此不再赘述。

但需要注意的是，一般裂纹是断裂的前一过程，裂纹断口的扩展区一般不是太充分，当裂纹很小时，有时甚至没有扩展区。因此，裂纹断口的特征有时不是太典型，判断起来会有一定的难度，需要慎重。其次，要区分开裂纹断口上的原始断裂特征区和人为打开区，人为打开区的特征应结合打开的方法来判断。一般的裂纹原始断裂区与后续的人为打开区在断口特征上是有明显的区分界限的，宏观、微观特征均有明显的差异，可以很容易地区分开，据此特征还可以辅助诊断裂纹的起始位置。在管件或者板材的裂纹分析中，往往需要判断裂纹起源于管内壁还是外壁，或者是起源于板材的上表面还是下表面。当裂纹已经穿透，采用裂纹的长度法、宽度法以及腐蚀产物等的特征都不能较为容易的区分时，裂纹面上的分界线有时则具有独特的作用。例如：某核电厂发电机组 DC 喷淋管管嘴曾多次发生泄漏事故，为了弄清其开裂泄漏原因，对其做了失效分析。将裂纹面人工打开后可见断口上存在两种颜色区别较大的区域，靠近内壁（右下角）的部分区域较为新鲜，为人工断裂区，其余较大区域为原始裂纹面（见图 10-14）。断裂面上左边区域已经裂透，导致管线泄漏，而右边区域还未裂透，人工开裂面位于内壁，可见开裂是从管外表面开始的，同时还发现管外壁表面存在大量台级，这是多源疲劳断裂的一种特征。断口上的这些信息对整个失效分析都具有非常重要的引领作用。

有些构件壁厚较薄，其开裂面上的特征用肉眼难以观察时可在扫描电子显微镜下观察。例如：高铁上的磁性油堵零件上的铜套多次发生了开裂事故。由于铜套的壁厚较薄（0.3mm），在判断开裂起源时就采用扫描电子显微镜观察其断口（见图 10-15），断口上的颜色存在明显的差异。裂纹面上存在腐蚀产物时导电性较差，呈白色，为原始裂纹面；而人工开裂面较为新鲜，导电性好，颜色较深。根据裂纹扩展时其尖端留下的痕迹（分界线）

就可判断开裂是从管内表面开始的。

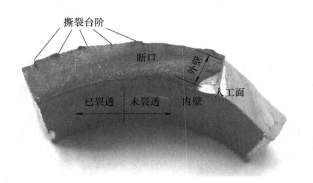

图 10-14　喷淋管裂纹面宏观形貌

图 10-15　铜套裂纹面 SEM 形貌

10.6　裂纹综合诊断

通过对裂纹的宏观、微观分析，可确定裂纹的部位、形态、裂纹源的位置，初步判断裂纹的形成时期和扩展途径，结合应力分析、制造工艺和使用条件、材料性能综合分析，可初步诊断出裂纹的性质及产生的原因。

10.6.1　裂纹的起始位置

裂纹的产生是应力作用的结果，其起始位置取决于应力集中和材料强度两方面综合作用的结果。工件结构形状上易引起应力集中的部位，如工件截面尺寸突变、厚薄不均、孔槽边缘和尖锐棱角处等，往往是裂纹出现的部位。根据裂纹存在的部位和受力状态，可以初步判断裂纹产生的条件。

若裂纹不是起始于应力集中部位，则裂纹存在的部位必然与材料的缺陷和内应力的作用有关，需在应力分析的基础上，结合加工工艺和使用条件，从断口特征、裂纹周围的显微组织缺陷等方面进行综合分析，确定削弱材料强度和引起内应力以至产生裂纹的原因。

1. 材质原因引起的裂纹

金属的表面缺陷，如夹砂、斑疤、划痕、折叠、氧化、脱碳、粗晶环等，以及金属的内部缺陷，如缩孔、气泡、疏松、偏析、夹杂物、白点、过热、过烧、发纹等，不仅本身直接破坏金属的连续性，降低材料的强度和韧性，而且往往在这些缺陷周围造成很大的应力集中，使得材料在很低的平均应力下产生裂纹。

由金属的表面缺陷和内部缺陷为源的裂纹源处，一般可以找到作为裂纹源的缺陷特征。如由砂眼引起的疲劳裂纹，在零件表面或在裂纹断口上可以找到砂眼；由于切削刀痕引起的疲劳裂纹，裂纹源是沿着刀痕分布的；由于残余缩孔引起的锻造裂纹，裂纹从缩孔开始向外扩展，并沿纵向开裂；由于白点引起的淬火裂纹，不仅可看到由白点发展成的裂纹，而且还能看到许多呈短线状的白点。

金属材料光滑表面上的疲劳裂纹多起源于驻留滑移带，而当材料表面或内部存在缺陷时，缺陷本身就成为裂纹源，因此具有缺陷（表面或内部）的金属材料往往具有低的疲劳强度或寿命。

虽然材料的偏析不破坏材料的连续性，但却使材料的力学性能变得不均匀，故偏析也能成为裂纹源。

2. 零件形状因素原因引起的裂纹

当零件由于某种原因，或者设计上的考虑不周，其几何形状上存在内外圆角、凸边或缺口时，在零件的制造和使用过程中，这些圆角、凸边或缺口的部位会产生应力集中，从而容易产生裂纹。

对需进行淬火处理的零件，不但圆角、凸边或缺口的部位容易产生淬火裂纹，而且凡是截面尺寸相差大的部位，都可因为冷却速度的差异而产生高的组织应力，加之应力集中作用而形成淬火裂纹。

在焊接件的应力集中处，也可能产生焊接裂纹。在深拉或冲压时，由于总的变形程度过大，或零件的圆角过小，或材料的晶粒度不均匀，往往在圆角根部（变形程度最大）产生裂纹。

3. 受力状况不同引起的裂纹

除了金属材料的质量和零件的几何形状影响裂纹的起始位置外，零件的受力状况也对裂纹的起源位置有重要影响。如零件的形状设计合理、材料质量合格的情况下，裂纹将在应力最大处起始。如单向弯曲疲劳情况下，裂纹一般起源于受拉一侧的最大应力处；双向弯曲疲劳情况下，裂纹一般起源于受力两边的最大应力处。

4. 裂纹起始位置诊断举例

（1）加工刀痕　加工刀痕是保留在加工表面的加工痕迹。传统的机械加工，如车、铣、刨、磨、镗等，均会在零件的加工面上留下加工刀痕。以车削加工为例，其加工刀痕的剖面如同一个 V 形缺口，很容易形成应力集中。在相同外力作用下，被加工表面的硬度越高，其应力集中程度越大，越容易引发开裂。轴径尺寸过渡处的圆弧本身就是一个应力集中部位。过渡圆弧一般采用专用成形刀具进行加工，圆弧面应平整、光滑、规则。若圆弧面加工工艺不当，存在明显的加工刀痕，则很容易由加工刀痕引发疲劳断裂，或其他形式的断裂。例如：某新研发的电梯驱动轴在使用 1 周左右时即发生了疲劳断裂，断裂的比例较高。断裂部位相同，均位于轴颈上尺寸过渡的圆弧部位（见图 10-16），圆弧加工面上存在明显的加工刀痕。

选取同批次加工和交付的未断裂的驱动轴，对其相同部位做剖面检查，同样存在明显的加工刀痕，从图 10-17 中看到从加工刀痕的底部已经萌生了疲劳裂纹。

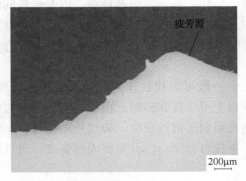

图 10-16　疲劳源区的加工刀痕

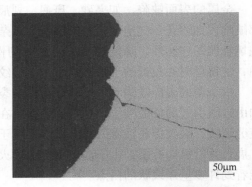

图 10-17　萌生于加工刀痕的疲劳裂纹

产生加工刀痕一般有以下几种情况：

1）设计不周密。加工刀痕在设计图样时就可用表面粗糙度进行控制，加工刀痕越深，表面粗糙度值越大。

2）加工工艺不当。零件上的过渡圆弧一般采用圆弧成形刀具进行加工，此时其加工表面一般较为圆整，不会有较明显的加工刀痕。但在实际生产过程中，特别是批量较少，或者圆弧半径设计值和成形刀具的圆弧半径不匹配时，操作者往往采用普通车刀直接加工圆弧，此时过渡处的轮廓可能满足圆弧的要求，但却会留下较深的加工刀痕。

3）表面状态不一致。过渡圆弧的加工方式正确，但和其比邻的轴表面存在明显的加工刀痕（见图10-17），此时仍然可能会产生疲劳断裂。

4）误操作。圆弧的加工满足技术要求，但后续的加工工序（例如打磨工序）破坏了初始的加工状态。例如：某船用柴油机上的连杆上，位于连杆螺孔头部的过渡圆弧加工时是按照图样进行的，但后面有一道打磨螺孔端部平面的工序，操作者为了保证和圆弧邻近部分平面的表面粗糙度，采用磨抛砂轮片打磨时，损伤了已经加工到位的圆弧表面，最后导致连杆发生早期疲劳断裂，并引发了较大的事故。

（2）点腐蚀坑　点腐蚀坑是材料表面和环境介质作用的结果。如果设计时考虑不周到，或者环境介质发生变化时，材料表面则可能形成点蚀坑。点蚀坑是应力集中点，容易诱发裂纹源导致开裂失效。例如：通过对多起风能变桨系统的变桨轴承外圈的失效分析案例，发现引起其失效的原因基本相同，均产生于螺栓内孔表面的点腐蚀坑（见图10-18），其原因是设计未对该螺孔提出防腐蚀要求。该失效分析结论引起了风能行业的高度重视，设计部门采纳了这条建议，即对变桨轴承外圈的螺孔增加了防腐蚀处理，从而有效地解决了轴承外圈的早期疲劳断裂失效问题。

点腐蚀坑也常常是应力腐蚀裂纹的起源地。国内某核电企业重水回收系统引漏管线曾发生了多起泄漏失效事故，失效分析结果为应力腐蚀破裂，裂纹起源于管线表面的点蚀坑（见图10-19）。

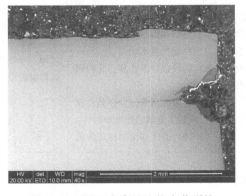
图 10-18　源于点腐蚀坑的疲劳裂纹

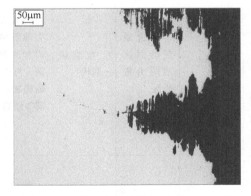
图 10-19　源于点腐蚀坑的应力腐蚀裂纹

10.6.2　裂纹的走向

从宏观上看，裂纹的走向是由应力原则和强度原则决定的。

1. 应力原则

按照应力原则，裂纹应该沿着最大应力方向扩展。如金属脆性断裂、疲劳断裂、应力腐蚀断裂，裂纹的扩展方向一般都垂直于拉应力的方向。当韧性金属承受扭转载荷或金属存在平面应力的情况下，裂纹的扩展方向一般平行于切应力的方向。如塔形轴疲劳情况下，在过渡圆弧处起源的疲劳裂纹，在与主应力垂直的方向上扩展，而并不与轴线相垂直，最后形成所谓碟形断口（或称皿状断口），裂纹的实际扩展方向与主应力的垂线基本垂直，即沿最大应力方向走向。但在局部区域可能有不重合的情况，那是由于材料缺陷引起的走向偏离。

2. 强度原则

当裂纹按应力原则在某一方向的扩展不利时，就会按材料的强度原则来扩展。所谓强度原则，就是指裂纹沿着材料最小阻力路线，即材料的薄弱环节扩展的原则。材料内部的薄弱环节可使按应力原则扩展的裂纹途中突然转折。

在一般情况下，当材质比较均匀时，应力原则起主导作用，裂纹按应力原则扩展；而当材质存在明显的不均匀性时，裂纹按强度原则扩展，强度原则起主导作用。当应力原则和强度原则一致时，无疑裂纹将沿着一致的方向扩展。这就是存在于最大应力部位的缺陷对裂纹影响很大的原因。

10.6.3 裂纹的形成原因和形貌特征

各种裂纹的形成原因很多，其形貌也各异。为了对比分析，将金属常见裂纹的特征和形成原因列于表 10-1。

表 10-1　金属常见裂纹的特征和形成原因

裂纹名称		裂纹特征			形成原因	备注
		源区位置	宏观特征	微观特征		
铸造裂纹	热裂纹	铸件最后凝固区或应力集中区	龟裂状（网状）	裂纹沿晶扩展，头部圆钝，裂纹侧面有严重的氧化脱碳，有时还有明显的偏析、杂质和孔洞等缺陷	1）在浇注后的冷却过程中，金属在该温度区间内冷却收缩应力过大 2）铸件在铸型中收缩受阻 3）冷却严重不均匀 4）铸件设计不合理，几何尺寸突变 5）有害元素多，并在晶界富集，降低了金属的强度和韧性 6）铸件表面和涂层相互作用	一般形成于1250~1450℃的高温阶段
	冷裂纹	应力集中区域	裂纹细而直	裂纹头部尖锐，穿晶扩展，两侧基本上无氧化脱碳，其金相组织和基体基本相同	形成于较低温度，主要是由于热应力和组织应力造成	—

（续）

裂纹名称		裂纹特征			形成原因	备注
		源区位置	宏观特征	微观特征		
锻造裂纹	过热裂纹	表面或形状突变出	龟裂状	裂纹沿晶扩展，有内氧化和脱碳，严重时呈豆腐渣	锻造、轧制前的加热温度过高	基体组织也存在过热、过烧特征
	冷裂纹	应力集中处或晶界铁素体处	呈对角线或扇形	裂纹穿晶扩展，两侧组织无明显变化	终锻温度过低，材料塑性下降，或锻造温度在 $Ar_1 \sim Ar_3$ 两相区间，铁素体沿晶析出，进一步锻造时沿铁素体开裂	—
	热脆裂纹	表面或应力集中处	龟裂状	裂纹沿晶扩展，其附近硫化物夹杂较多	钢内含硫量过高，锻造加热时在晶界处的 FeS-Fe 共晶体熔化，锻造时开裂	钢的硫化物夹杂级别较高，晶界上有硫化物夹杂
	铜脆裂纹	表面或应力集中处	龟裂状	裂纹沿晶，其附近有铜或氧化铜夹杂	钢内含铜量过高，或锻造加热时，由毛坯表面渗入金属铜	晶界有铜
	折叠	表面层	由表面开始倾斜，和表面夹角较小	内部有氧化皮，两侧有明显的氧化脱碳	锻件表面不平整，凸起部分被锻打折入	—
	加热不足	锻件心部	呈放射状	穿晶扩展，存在轻微氧化脱碳现象，或碳化物偏析	锻造、轧制前加热保温时间不够，心部未热透；高合金钢中心碳化物偏析严重	有些碳化物偏析较为严重
	皮下气泡锻裂	次表面皮下气泡处	与表面垂直	穿晶扩展，有时有氧化现象	皮下气泡未清除干净	一般较浅
	残余缩孔	中心部位	缩孔随变形方向拉长	沿晶开裂，附近存在较多的夹杂物或其他缺陷	钢锭切头不足	—
	锻造剧烈开裂	锻件心部开始	交叉裂纹	穿晶扩展，头部尖锐，两侧有氧化物	方坯对角线部位由中心起开裂，变形过于剧烈，变形温升过高	—
焊接裂纹	冷裂纹	应力集中处或组织过渡处（一般在热影响区）	裂纹较细，	一般穿晶扩展，无氧化脱碳	1）焊接工艺不当，焊接时有较多氢元素进入，焊接残余应力较大 2）焊接工艺不当，与马氏体回火脆性（TEM）有关	严重时母材区域也会有，呈网状分布

（续）

裂纹名称		裂纹特征			形成原因	备注
		源区位置	宏观特征	微观特征		
焊接裂纹	热裂纹	起源于焊缝区域	裂纹呈蟹脚状、网格状或曲线状	裂纹沿晶扩展，存在氧化、脱碳，有时还存在焊料	可能还与基体金属、焊条金属的成分有关。一般合金钢或含碳量高、强度高的钢，或含氧量高的铜合金及使用低熔点焊条的铝合金产生热裂纹的可能性较大	一般形成于1100～1300℃的高温阶段，主要由热应力作用产生
	熔合线裂纹	在熔合线处	沿熔合线线状分布	一般穿晶扩展	热应力过大，或表面有残留氧化物等	—
热处理裂纹	淬火龟裂纹	脱碳层表面	龟裂纹	沿晶扩展，很少有氧化	表面脱碳的高碳钢零件，在淬火时，因表面层金属的比体积比中心小，在拉应力作用下产生龟裂	一般较浅，仅限于脱碳层
	淬火直裂纹	应力集中处或夹杂物处	纵向直线扩展	穿晶扩展，头部尖锐，裂纹侧面无氧化脱碳	细长零件，在心部完全淬透的情况下，裂纹主要由组织应力的作用而产生直线淬火	个别材料出现沿晶，如Cr-Mo钢
	过热裂纹	应力集中处	网状或弧形	沿晶扩展，裂纹头部尖锐，侧面无氧化脱碳	淬火加热温度过高，产生了过热或过烧，削弱了晶界强度，在热应力和组织应力作用下产生开裂	—
	其他淬火裂纹	应力集中处或组织过渡处	一般呈弧形	穿晶扩展，头部尖锐，裂纹侧面无氧化脱碳	凹槽、缺口处因冷却深度较小，产生局部未淬透，或软点附近的组织过渡或偏析区在拉应力作用下产生开裂	—
	回火裂纹	一般在应力集中处	—	主要为沿晶扩展	具有回火脆性的钢在回火脆性范围内回火，冷却速度小或零件尺寸太大，产生了回火脆性，随后在校直或使用中开裂	—
加工裂纹	磨削裂纹	产生于磨削表面	龟裂状、辐射状或平形状	沿晶扩展，深度一般不超过0.5mm，最多不超过1mm	砂轮变钝或单次进刀量过大，或冷却不足，磨削面产生二次淬火或残余拉应力过大	位于磨削组织变质层内
	皱裂纹	沿纤维方向	龟裂纹	穿晶扩展，头部尖锐，无氧化脱碳	加工工艺不当，有表面残余拉应力所致	—

（续）

裂纹名称		裂纹特征			形成原因	备注
		源区位置	宏观特征	微观特征		
使用裂纹	应力腐蚀裂纹	表面	有群聚现象，有时呈网状	剖面形貌多呈枯树枝状	在腐蚀性介质和拉应力的共同作用下产生	—
	蠕变裂纹	应力集中处	裂纹较宽	沿晶扩展	高温服役时因蠕变产生开裂	氧化严重
	疲劳裂纹	应力集中处	很少分叉	多数穿晶扩展	在交变应力作用下产生	大多在表面
	延性撕裂	应力集中处	断面与外力方向垂直	一般穿晶扩展	所受载荷超过材料的强度极限而开裂	—

参 考 文 献

［1］师昌绪，钟群鹏，李成功．中国材料工程大典［M］：第 1 卷，北京，化学工业出版：2005.

［2］孙盛玉，戴雅康．热处理裂纹分析图谱［M］．大连：大连出版社，2003.

［3］王秀兰，刘光辉．高速/重载铁路电力机车齿轮用钢 18CrNiMo7-6 的试制［J］．大型锻件，2009（3）24-28.

［4］吴佳俊，风电驱动齿轮轴开裂失效分析［J］．理化检验（物理分册），2017，53（9）：671-674.

［5］王广生，石康才，周敬恩．金属热处理缺陷分析及案例［M］．2 版．北京：机械工业出版社，2007.

［6］王荣．风能结构件的失效分析与预防［J］．机械工程材料，2017，41（增刊 1）：6.

第 11 章

失效诊断技术

11.1 失效诊断概述

失效诊断依其目的要求和内容深度可分为三个层次的诊断：失效模式的诊断、失效原因的诊断和失效机理的诊断。

11.1.1 失效模式诊断

失效模式是指失效的表现形式，一般可理解为失效的类型。关于失效模式诊断更详细的论述参见第 1 章中的"1.4.5 失效分析的分类和失效模式诊断"，这里不再重复。

11.1.2 失效原因诊断

失效原因是指酿成失效事故的直接关键因素。失效原因也可分为一级失效原因、二级失效原因，甚至三级失效原因。一级失效原因，一般指酿成该失效事故（或事件）的首先失效件失效的直接关键因素处于投付使用过程中的哪个阶段或工序，可以分为设计原因、制造原因、使用原因、环境原因、老化原因等，如表 11-1 所示。二级失效原因是指一级失效原因中的直接关键环节，如设计原因中又可分为设计原则、设计思路和方案、结构形状和受力计算、选材和力学性能等次级原因。失效原因的诊断是失效分析和预防的核心和关键，它不仅是失效预防的针对性和有效性的重要前提和基础，而且它常与酿成失效事件的责任部门和人员相联系。因此，对失效原因诊断应该特别强调其科学性和公正性。

表 11-1 产品失效原因统计

原因	设计	冷加工	冶金因素及材质						热加工				环境因素					装配与使用问题			
			材质问题	夹杂相	脆性相	异金属	老化	错用材料	铸造缺陷	锻造缺陷	焊接缺陷	热处理	温度	腐蚀	磨损	振动	过载	装配不当	使用不当	润滑不良	损伤
次数	25	29	20	19	2	1	1	1	23	4	15	48	16	24	22	7	2	15	10	5	7
			44						90				71					37			
百分数（%）	8.4	9.8	6.8	6.4	0.7	0.3	0.3	0.3	7.8	1.4	5.1	16.2	5.4	8.1	7.4	2.4	0.7	5.1	3.3	1.7	2.4
			14.9						30.4				24.0					12.5			

11.1.3　失效机理诊断

失效机理的诊断是指对失效的内在本质、必然性和规律性的研究，它是人们对失效性质认识的理论升华和提高。常把应力、温度、气氛介质等作为影响失效的外因；而把材料的成分、组织、缺陷、性能和它们的表现当作影响失效的内因。失效的机理学就是内因和外因共同作用而最终导致失效事件发生的热力学、动力学和机构学，即失效内在的必然性和固有的规律性。一个失效事件，在失效机理尚未揭示的情况下就得出失效模式和原因的诊断结论意见，很可能是不牢靠的，或者是不科学的，并有可能造成误判。因此，失效机理的诊断或研究是十分重要的，而且，只有揭示失效的必然性和规律性，才能真正做到对同类失效事件的有效预防。

11.2　失效诊断的过程及特点

失效诊断的过程是利用机械装备失效分析的各种技术，根据现场勘查和事故调查结果，对失效件做必要和足够的理化检测和受力结构分析后，再依靠分析人员丰富的专业知识，以及对失效装备的整体了解，然后进行科学、客观和公正的综合分析和判断。首先给出一级失效模式（性质）的判断，然后再根据失效性质进行针对性的失效原因分析和失效机理诊断，必要时还要做进一步的模拟验证试验，最后给出切实可行的预防措施。

失效诊断具有技术范围宽和多学科交叉的特点，要求分析人员知识面宽、组织能力强和团队协作精神好。失效性质或者一级失效模式一经确定，就可利用较先进的分析仪器和手段，如利用 X 射线衍射分析技术、电子分析技术、数字仿真模拟等技术进行纵向深入研究，分析引起失效的深层次原因和机理，对失效件做出更高级别的失效诊断。失效诊断是整个失效分析预测预防工作的前提和基础，对整个失效分析工作具有"定向"的引领作用。引起产品、构件失效的因素较多（见表 11-1），其中每个因素对产品失效的具体份额都很难量化，只有找到失效的真正原因，才能采取科学的预防措施，避免同类事故的再次发生。

11.3　失效诊断的基本原理

11.3.1　薄弱环节

在系统管理中，薄弱环节被定义为系统中人为设置的容易出故障的部分。中国有句俗话，"绳在细处断，冰在薄处裂"，意思是说事故总是从薄弱的地方发生。"木桶效应"原本是经济学术语，说的是一个木桶盛水量的多少取决于最短木板的长度而产生的整体效应。这块短的木板就是整个木桶的薄弱环节，是短板决定了木桶的盛水量。

美国材料物理博士 John J. Gilman 曾用单晶硅制成一个环，直径为 38mm，厚度为1.5mm，进行拉伸试验，其抗拉强度达到 3500MPa，断裂时发出巨大声音，断口因高温而化成了灰，这是一个整体断裂的试验事例。300M 钢是美国国际镍公司于 1952 年研制的一种低合金超高强度钢，目前已经成为世界上强度最高、综合性能最好、应用最广泛和声誉最好的起落架用钢，其抗拉强度高达 2050MPa，迄今为止，设计师们仍认为 300M 钢是不可取代

的。由此可见，即便是工程应用上强度最高的钢，其抗拉强度仍然低于单晶硅抗拉强度
1000MPa 以上。这是因为单晶硅的破断强度取决于晶体中各原子之间的键合力，断裂是同
时发生的，这个力非常巨大，所以得到的抗拉强度值很高。实际应用的工程材料不同于单晶
体，材料内部存在各种缺陷，如夹杂、疏松、裂纹、偏析及组织不均匀等，这些缺陷构成了
材料内部的薄弱环节，它们会造成实际断裂强度的明显降低。

John J. Gilman 还做过有名的玻璃丝试验，他将同一玻璃丝拉过数次，最后取余下的一
段做试验，结果得到很高的强度。这个试验结果也可以用薄弱环节的观点做解释，因为开头
的几次拉伸试验，已筛去了那些最薄弱的环节，最后的强度当然要高些。再如丝越长，强度
往往越低，这是因为丝越长，存在薄弱环节的概率越大。又如 Brenner 做晶须试验时，发现
把晶须拉断后的一段再做拉伸试验，强度提高 4 倍，道理也是相同的。

薄弱环节对构件的整体强度的影响，可以通过一个试验来说明。试验时取 10 个方块，
其截面面积都是 1mm²，假定每个方块为绝对脆性材料，各方块的抗拉强度列于表 11-2。

表 11-2 　方块的抗拉强度

方块号	A	B	C	D	E	F	G	H	I	J	平均
R_m/MPa	200	220	250	285	330	400	500	660	1000	2000	584.5

试验方法 1：将这些方块并排粘在两块拉板上，黏结力也都大于方块本身强度，黏结好
后对其施加的拉力 F 为 2000N，如图 11-1 所示。加力
F 后，A 块承受的应力为 200MPa（2000N/10mm²），
达到方块 A 的抗拉强度，故 A 先告断裂；此后拉力 F
重新分配于其他 9 个方块上，应力为 220MPa（2000N/
9mm²），达到方块 B 的抗拉强度，故方块 B 接着发生
断裂；然后应力又重新分配，为 250MPa（2000N/
8mm²），达到方块 C 的抗拉强度，故方块方块 C 断裂；
然后应力又重新分配……继而其他各方块也一一断裂。

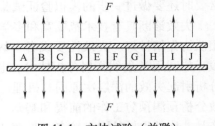

图 11-1 　方块试验（并联）

试验方法 2：将这 10 个方块以串联的方
式互相黏结，如图 11-2 所示，显然它只能承
受 200N 的拉力，也就是薄弱环节 A 的抗拉
强度就是整个组合体的抗拉强度。

图 11-2 　方块试验（串联）

从试验结果可以得到：①方块 A 抗拉强度最低，是这个组合体的薄弱环节，整个断裂
是由方块 A 引起的；②这个并联组合体的平均抗拉强度为 584.5MPa，而实际发生断裂的抗
拉强度只有 200MPa，只有"理论平均强度"的 34%，可见组合体的抗拉强度不等于各组分
抗拉强度的数学平均值；③薄弱环节的存在使实际抗拉强度大幅度降低，组合件的破断是由
薄弱环节的抗拉强度决定的。

机械装备往往由许许多多的机械构件组成，若存在一个薄弱环节，就可能导致机械装备
的早期失效。如某企业生产的高级小轿车，其设计和所有零部件都采用了世界上先进的技
术，但在生产过程中却因为管理不到位，造成一个不良品被装配到车子上。车子在首次行驶
中就因这个不良品的断裂而发生车祸，造成整个车辆报废。在这起事故中，除那个不良品
外，其他所有的零部件质量都是很好的，其使用寿命设计都在 20 年以上，但就是因为这个

不良品的存在，导致了其他质量优良的零部件在车祸中因发生意外撞击而失效，其实际使用寿命大幅度降低。在现实生活中，这样的例子还有许多，如输送带、链条、钢丝绳、齿轮、滚动轴承等，其中如存在某些薄弱环节，就会影响其整体寿命。链条是最明显的例子，只要存在一个强度过低的链节，就会在额定载荷下发生断裂。轴承亦如此，虽然轴承内各个滚珠并不相互连接，但若其中存在一颗质量过低的滚珠，其破损也会使整个轴承无法正常运转而过早失效。钢丝绳也总是从磨损最为严重处断裂。这些例子告诉我们，在进行机械装备的失效分析时，要善于查找被分析对象的薄弱环节，它会使我们少走弯路，往往能起到事半功倍的效果。

11.3.2　应力集中

应力集中是指受力构件由于几何形状、外形尺寸发生突变而引起局部范围内应力显著增大的现象，多出现于构件的尖角、孔洞、缺口、沟槽以及有刚性约束处等。应力集中容易引发裂纹的产生，成为断裂失效的导火索，有时可直接引发断裂失效。

螺纹根部经常是断裂（开裂）失效的起源区。螺纹加工质量较差、根部圆角曲率半径偏小时都会引起较大的应力集中，从而诱发裂纹源，导致断裂（开裂）失效。

用下列公式计算螺纹根部理论应力集中系数 K_t：

$$K_t = 1 + \sqrt{\dfrac{d}{\rho}} \tag{11-1}$$

式中，d 为螺纹高度，ρ 为螺纹根部圆角曲率半径。

由此可见，螺牙高度越大，螺纹根部圆角曲率半径越小，螺纹根部的应力集中系数 K_t 就越大。

传动轴凸台过渡圆弧半径 R 处常因应力集中过大而萌生微裂纹，导致疲劳断裂失效。通过对失效轴建模，并在轴较粗一端施加一个扭矩，在较细一端施加一个 1000MPa 的向下的压力，有限元计算结果见表 11-3 和图 11-3。由此可见，过渡圆弧半径 R 越小，施加相同外力时，R 处的应力集中就越明显。

表 11-3　过渡圆弧半径 R 处的最大应力值

过渡圆弧半径 R/mm	10	5	2.5
应力集中部位	根部	根部	根部
最大应力/MPa	40409	48187	53660

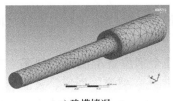
a) 建模情况

b) 加载情况

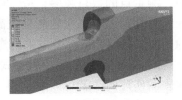
c) 应力集中部位

图 11-3　有限元计算结果

撕布现象可以很好地诠释应力集中这一现象。假定图 11-4 中的横线和纵线分别代表布的纤维。撕布前先用剪刀在布上剪一缺口，用手撕时，在缺口两边施加力 F，力量集中在缺口处第一根纤维 AB 上，一根纤维的抗断力很小，会立即断裂，于是应力又集中于第二根纤维，也会断裂，如此继续加力，布的横向纤维会逐根断裂，最后使整块布一分为二。如果不先剪缺口，则两手所施加的力是作用在成百上千根纤维上，它的抗力比一根大得多，不容易撕破。缺口产生应力集中，使撕布变得非常容易。在材料内部也往往存在相似的缺口，如裂缝、疏松、孔洞等缺陷，当承受外力作用时，这些缺口起着应力集中的作用，会使缺陷前端的一个微小区域首先破裂，随后裂

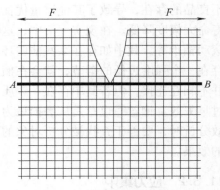

图 11-4　撕布的缺口示意图

纹就会像"多米诺骨牌效应"一样扩展，有时裂纹扩展速度非常快，几乎可使整个构件同时破裂。

11.3.3　表面完整性

表面完整性又称表面层质量，是指零件加工后的表面纹理和表面层冶金质量。实际零件表面层的几何形状特征如图 11-5 所示。表面的波浪形轮廓称为表面纹理。

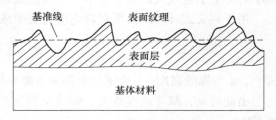

图 11-5　表面层结构示意图

1. 表面纹理

1）表面纹理的第一种形式是呈连续状态，主要是指机械加工后留下的加工纹路，包括加工波纹、加工刀痕等。任何机械加工方法都会在加工表面留下表面纹理，都不能保证加工表面理论上完全平整。有些加工表面比较粗糙，肉眼就可以观察到，如车削刀纹、铣削刀纹等；有些加工表面肉眼观察比较平整，但在显微镜下观察时，却可以观察到明显的加工痕迹，如磨削表面的磨削犁沟；有些加工表面低放大倍数观察时较为平整，但在较高放大倍数下观察时，却可以看到较浅的加工痕迹，如制备较好的金相试样的观察面。

工程上常采用表面粗糙度来评定工件的表面纹理，其主要参数是轮廓算术平均偏差 Ra，它是指在取样长度 L 范围内，检测轮廓线上各点至基准线的距离的算术平均值。在实际测量中，测量点的数目越多，Ra 越准确。Ra 越小，则表面越光滑。

另外，也有采用轮廓最大高度 Rz 评定表面粗糙度的，Rz 代表轮廓峰顶线和谷底线之间的距离。Ra 和 Rz 都可以采用专用轮廓度仪进行检测。

2）表面纹理的另一种形式是表面伤痕，它是指在加工表面个别位置上出现的缺陷。有些表面伤痕肉眼就可以观察到，它们大多随机分布，如砂眼、气孔、裂痕、划痕、夹渣、点腐蚀坑等；有的表面伤痕则需要借助放大镜或显微镜才能观察得到，如因酸洗工艺不当造成的沿晶腐蚀，因磨削工艺不当导致的磨削裂纹，以及暴露于加工表面的显微疏松或尺寸较大的夹杂物等缺陷。有的表面伤痕还需要做特殊的化学处理才能观察到，如因热处理工艺不当导致的晶间氧化层。

2. 表面层冶金质量

机械加工不但会在工件表面留下表面纹理，还会在工件表面一定深度处产生受扰材料层。

表面层冶金质量主要由受扰材料层的性质决定，主要包括：

（1）表面防腐蚀涂层和装饰　表面防腐蚀涂层有镀锌层、镀镉层、镀锡层、涂装层、锌铬膜涂层等。表面装饰如铝合金的阳极化处理（有黑色、黄色、红色、银灰色等）和镀锌层的着色处理等。表面防腐涂层和装饰主要是对零件进行保护和美化，但若生产工艺不当，无法保证其质量时，可造成零件产生腐蚀，甚至发生氢脆型断裂等失效。

（2）表层显微组织　渗碳、渗氮等化学热处理，以及表面淬火等工艺会使工件表面的显微组织和基体不同，其硬度和强度也和基体有所差异。表面强度和硬度提高，其疲劳强度也会相应提高，与此同时，其氢脆倾向也会加大。对氢脆型断裂较为敏感的高强度螺栓，相关标准对其表面增碳、脱碳均有明确规定。表面脱碳会引发疲劳裂纹源，较多的磨削热可导致磨削表面产生过回火，可引起表面硬度降低，同时其疲劳强度也会相应降低。钛合金热处理工艺不当时，其表面会形成一层硬而脆的富氧 α 相层，容易萌生疲劳裂纹，是重要航空结构件需要严格控制的有害相。

（3）表面残余应力　机械加工以及热处理可改变零件表面的应力状态，包括压应力和拉应力。表面压应力可提高零件的疲劳寿命，而表面拉应力则对各种失效形式具有一定的促进作用。

增加零件表面残余压应力的常用的处理工艺有：磨粒流加工、喷丸强化、滚轮压光、珩磨、低应力磨削等。磨削工艺不当、冷加工刀具变钝、电镀、焊接以及热处理组织应力等均可导致零件表面层形成拉应力。消除零件表面残余应力的有效方法是热处理，回火温度越高，残余应力越小（见图11-6）。另外，工程上还经常使用电化学抛光和振动等方法消除零件中的残余应力。

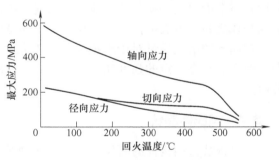

图 11-6　回火温度对钢中最大残余应力
分布的影响（回火 1.5h）

3. 表面完整性和机械装备的失效

疲劳断裂是机械装备的主要失效形式之一，疲劳裂纹萌生具有以下特点：

1）裂纹大都起源于零件表面，因为表面的应力一般比内部大，而且材料变形的约束较小。

2）表面粗糙的加工刀痕、尺寸突变处、存在的冶金缺陷均为零件上的应力集中区域，疲劳裂纹首先会在这里萌生。

3）光滑零件裂纹萌生的时间较长，有时可占总寿命的90%以上。

存在表面伤痕的零件的疲劳裂纹萌生时间则较短，具有尖锐伤痕或原始裂纹的零件，则不存在裂纹萌生过程。

轴承的滚珠硬度往往会略高于内、外滚道面，当滚珠滚动时，迎面的滚道面会产生一个微小的拱起。数字模拟计算结果显示在滚珠接触点后方和接触点的次表面存在一定的拉应力，如图11-7所示。滚珠反复作用导致的拉应力会在这两个区域产生微裂纹，如图11-8所示。这些微裂纹在反复接触应力的作用下，会进一步扩展并连通，最后会从表面脱落形成凹坑。采用喷丸等加工工艺可在轴承滚道面的次表层形成压应力状态，其深度可达到0.3mm，在轴承工作过程中可以抵消一部分导致疲劳破坏的拉应力，从而延缓轴承发生接触疲劳失效的时间，提高轴承的使用寿命。

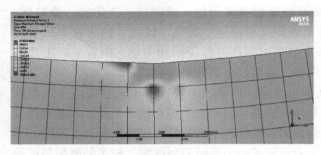 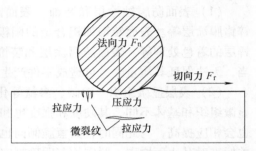

图 11-7　数字模拟计算结果　　　　　图 11-8　应力状态和微裂纹的形成

　　腐蚀经常发生在表面相对较为粗糙的区域。粗糙区域的比表面积较大，吸附力较强，容易将潮湿空气中的水分吸附并凝集，同时介质中的腐蚀性元素也容易在粗糙的区域聚集和驻留，溶于凝集水后形成腐蚀性环境，从而引起腐蚀。

　　表面层存在的拉应力对于氢脆型断裂以及应力腐蚀破裂的裂纹萌生均具有直接的促进作用。另外，机械加工有时可造成材料中的一些显微疏松或较大的夹杂物等缺陷"露头"，腐蚀性介质会沿着这些缺陷和基体之间的缝隙渗入，并较长时间的滞留其中。由于这些显微缺陷和基体之间的电极电位不同，在电解质环境中会形成大阴极、小阳极的电化学腐蚀。

　　表面层的冶金质量对于磨损失效也有很大的影响。合理选择表面层的组分以及应力状态，保证其具有一定的强度和韧性，可有效地避免零件过早发生磨损失效，延长零件的使用寿命。

11.3.4 奥氏体晶粒

　　在机械装备结构件的断裂（开裂）失效分析中，不论服役状态时构件的金相组织如何，只要发生沿晶开裂，其路径都是沿奥氏体晶界进行的。奥氏体晶界的性质及奥氏体晶粒大小直接影响到结构件的失效形式。奥氏体晶粒越粗，则材料的塑性、韧性越差，越容易发生脆性断裂失效。石状断口失效就与奥氏体晶粒异常粗大有直接的关系。

1. 奥氏体及其特性

　　奥氏体是碳在 γ-Fe 中的间隙固溶体，具有面心立方结构。由于碳原子半径为 0.77Å（1Å = 0.1nm），而 γ-Fe 点阵中八面体间隙原子半径仅为 0.52Å，所以碳原子进入间隙位置后将引起点阵畸变，使其周围的间隙位置不可能都填满原子。实际上奥氏体中碳的最大质量分数为 2.11%（质量分数，1148℃），摩尔分数为 10%，即 2~3 个晶胞中才有一个碳原子。碳原子的存在使奥氏体点阵发生对称膨胀变形。碳含量增加，膨胀增大，点阵常数增大。

　　奥氏体的比体积在钢中可能出现的各种组织中为最小。例如：在碳的质量分数为 0.80% 的钢中，奥氏体、铁素体和马氏体的比体积分别为：$1.2399 \times 10^{-4} \, \text{m}^3/\text{kg}$、$1.2708 \times 10^{-4} \, \text{m}^3/\text{kg}$、$1.2915 \times 10^{-4} \, \text{m}^3/\text{kg}$。这样，在奥氏体形成或由奥氏体转变为其他组织时，都会产生体积变化，并产生残余内应力。

奥氏体的线胀系数也比其他组织大。例如：在碳的质量分数为 0.80% 的钢中，奥氏体、铁素体、渗碳体和马氏体的线胀系数分别为：$23.0 \times 10^{-6} \text{K}^{-1}$、$14.5 \times 10^{-6} \text{K}^{-1}$、$12.5 \times 10^{-6} \text{K}^{-1}$、$11.5 \times 10^{-6} \text{K}^{-1}$。

奥氏体具有顺磁性，而铁素体和马氏体具有铁磁性，因此可以用磁性法研究钢中的相变。

2. 奥氏体晶粒度的表征

（1）奥氏体晶粒度　钢在加热后形成奥氏体组织，其晶粒大小对冷却转变后钢的组织和性能有重要影响。一般来说，奥氏体晶粒越细，则钢热处理后的强度越高，塑性越好，冲击韧性越高。

奥氏体晶粒度是表征钢中奥氏体晶粒大小的量度，通常用长度、面积、体积或晶粒度级别表示。

钢中奥氏体晶粒度一般包括以下几种：

1）起始晶粒度（奥氏体化刚刚完成时形成）。钢在临界温度以上奥氏体形成刚结束，其晶粒边界刚刚相互接触时的晶粒大小称为起始晶粒度。

2）本质晶粒度（规定了加热条件时形成）。本质晶粒度是表征钢在加热时的奥氏体晶粒长大的倾向，一般采用标准试验方法进行测定，如 GB/T 6394—2017 中，对于碳的质量分数 ≤0.25% 的钢，一般规定加热到 930±10℃，保温 6h，冷却后评定其奥氏体晶粒的大小，并得到相应的晶粒度级别。奥氏体晶粒度的级别为 5~8 级的钢称为本质细晶粒钢（或简称细晶粒钢），为 1~4 级的钢称为本质粗晶粒钢（或简称粗晶粒钢）。

本质粗晶粒钢的特点是：①奥氏体晶粒随温度的升高而迅速长大；②加热温度较低时，可能得到很细的晶粒。

本质细晶粒钢的特点是：①奥氏体晶粒随温度升高到某一温度时才迅速长大；②加热温度超过 950℃ 时可能得到粗大晶粒。

本质粗晶粒钢和本质细晶粒钢如图 11-9 所示。

3）实际晶粒度（实际加热条件下形成）。某一具体热处理或热加工条件下奥氏体的晶粒度称为实际晶粒度。实际晶粒度决定钢冷却后的组织和性能。当材料一旦确定后，实际奥氏体晶粒度主要取决于加热温度和保温时间。

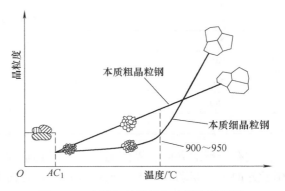

图 11-9　本质细晶粒钢和本质粗晶粒钢

（2）奥氏体晶粒度的级别　奥氏体晶粒的大小通常用晶粒度等级来表征。奥氏体晶粒度 N 与晶粒大小的关系如下：

$$n = 2^{N-1} \tag{11-2}$$

式中，n 是放大 100 倍时，645mm^2 视场中观察到的平均晶粒数；N 是晶粒度级别数。

实际每平方毫米面积内平均晶粒数表示如下：

$$n_0 = 2^{N-3} \tag{11-3}$$

GB/T 6394—2017 中规定了测定奥氏体平均晶粒度的基本方法，有比较法、面积法和截点法。

一般根据标准晶粒度等级图确定钢的奥氏体晶粒大小。

标准晶粒度等级一般分为8级：1~4级为粗晶粒；5~8级为细晶粒。超过8级的为超细晶粒，如9级和10级等；小于1级的为超粗晶粒，如0级和−1级等。

3. 奥氏体晶粒的形核与长大

奥氏体晶粒的形核一般只在α/Fe_3C相界面上形成，其决定因素如下：

（1）浓度起伏 相界面两边的碳浓度差大，较易获得与新相奥氏体相适配的碳浓度，且碳原子沿晶界扩散比晶内为快，故在α/Fe_3C相界面上容易获得形成奥氏体所需的碳浓度起伏。

（2）能量起伏 从能量上考虑，在相界面上形核不仅可以使界面能的增加减少（因为在新界面形成的同时，会使原有界面消失），而且也会使应变能的增加减少（因为原子排列不大规则的相界更容易容纳一个新相）。

（3）结构起伏 相界面处原子排列较不规则，易于产生结构起伏，从而容易由体心立方结构（bcc）改组成面心立方结构（fcc）。

奥氏体形核率随温度的升高大幅度的增加，其长大的线速度也大幅度增加，见表11-4。

奥氏体晶粒的长大需要一定的动力，同时也有一定的阻力，具体如下：

（1）长大动力 奥氏体起始晶粒一般很细小，且大小不均匀，晶界弯曲，界面能很高，不稳定，故从热力学角度看，奥氏体晶粒长大在一定条件下是一个自发的过程。

（2）长大阻力 实际材料中晶界或晶内的细小难溶第二相粒子阻碍晶界迁移，使晶界弯曲，从而导致晶界面积增大和界面能增加，是奥氏体晶粒长大的阻力。

（3）长大机理 使晶界发生移动的驱动力一般有化学力和机械力两种。机械力往往是晶体发生塑性变形的驱动力。在金属材料中，晶界的移动基本上都属于化学力引起的界面运动。界面曲率是产生晶界移动驱动力的主要因素之一。

表 11-4 温度对奥氏体形核率和长大速度的影响

温度/℃	形核率/[1/(mm³·s)]	长大线速度/(mm/s)	转变完成一半所需时间/s
740	2300	0.001	100
760	11000	0.010	9
780	52000	0.025	3
800	600000	0.040	1

设有一球形界面，界面能为σ'，球面曲率半径为r，则有一指向曲率中心的驱动力P作用于界面上。驱动力P与界面能成正比，与曲率半径成反比。P的表达式为

$$P = \frac{2\sigma'}{r} \tag{11-4}$$

由式（11-4）可知，晶面能越大，晶粒尺寸越小，奥氏体晶粒长大的驱动力越大，晶界迁移越容易，因此奥氏体晶粒长大就越容易。显然，如果晶界为平直界面，曲率半径$r = \infty$，则驱动力$P = 0$。

（4）长大方式 只有曲面晶界才有驱动力P。通过晶界迁移，使弯曲晶界变直，大晶粒吞并小晶粒。一般规律是晶界由凸侧移向凹侧，在二维截面上小于六边的小晶粒变小，大于

六边的大晶粒长大。如果长大过程能充分进行，则最后将变成均匀的近似六边形晶粒。如果晶粒大小均匀一致，且晶界已经达到平衡状态的平直化，在三维状态晶粒已经成为正十四面体，在二维平面上晶粒呈蜂窝状的正六面形。这时，每一个晶粒都有 6 个相邻的晶粒，二相邻晶粒的界面为平直界面，三晶粒交汇处的面角为 120°（见图 11-10），驱动力 P 接近于零，这种状态的晶粒达到了稳定结构。当然，实际情况下是不可能达到这种完全理想状态的。

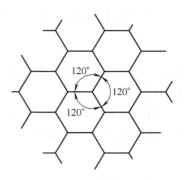

图 11-10　晶粒大小均匀一致时的稳定二维结构

4. 奥氏体实际晶粒度对钢的组织和性能的影响

加热时得到的实际晶粒的大小对冷却后钢的组织和性能有很大影响。一般粗大的奥氏体晶粒往往导致冷却后获得粗大的组织，而粗大的组织又往往具有较低的塑性和韧性。

在热处理时应严格控制晶粒大小，以获得良好的综合性能。生产中往往是通过细化奥氏体晶粒来提高钢的强度和塑性、韧性，如反复奥氏体化热处理。

5. 影响奥氏体晶粒度的因素

奥氏体晶粒长大，其实质为晶界迁移，而晶界迁移的实质就是原子在晶界附近的扩散过程，故凡影响晶界原子迁移的因素均影响奥氏体晶粒的长大。

（1）碳含量　在一定碳含量范围内，随着奥氏体中碳含量的增加，碳在奥氏体中的扩散速度及 Fe 的自扩散速度增加，晶粒的长大倾向增加。但当碳含量超过一定值后，碳能以未溶碳化物的形式存在，奥氏体晶粒长大受第二相的阻碍作用，反而使奥氏体晶粒长大倾向减小。

（2）合金元素　Al、Ti、Zr、V、W、Mo、Cr、Si、Ni、Cu 等元素能形成碳化物、氧化物和氮化物，它们弥散分布于晶界上，具有钉扎、阻碍晶界迁移的作用，从而阻碍晶粒长大，有利于得到本质细晶粒钢。Mn 和 P 是促进晶粒长大的元素。

（3）冶炼方法的影响　用 Al 脱氧的钢，生成 AlN 和 Al_2O_3 超细微弥散颗粒，能阻碍晶界迁移，使奥氏体晶粒长大倾向变小，属于本质细晶粒钢。用 Si 和 Mn 脱氧的钢，因为不形成弥散析出的高熔点第二相粒子，没有阻碍奥氏体晶粒长大的作用，属于本质粗晶粒钢。

（4）原始组织的影响　原始组织主要影响奥氏体起始晶粒度。一般来说，原始组织越细，碳化物弥散度越高，所得到的奥氏体起始晶粒就越细小。

（5）工艺因素　当材料一旦确定，则奥氏体的晶粒大小主要取决于热加工工艺。

1）加热温度和保温时间。随加热温度升高，原子迁移增加，晶粒将逐渐长大。加热温度越高，或在一定温度下的保温时间越长，奥氏体晶粒就越粗大。

当加热温度 T 恒定时，在驱动力 P 的作用下，奥氏体平均晶粒直径 $\overline{D}$ 和保温时间（t）的关系如下：

$$\overline{D}_t^2 = Kt \quad 或 \quad \overline{D} = K'\sqrt{t} \tag{11-5}$$

式中，K、K' 为恒值。

可见当加热温度 T 不变时，随保温时间 t 的延长，奥氏体晶粒不断长大，且与保温时间呈抛物线关系，初期变化比较明显，后期变化不明显，几乎呈直线，如图 11-11 所示。

当保温时间 t 恒定时，奥氏体平均晶粒直径和加热温度（T）的关系如下：

$$\overline{D}_t^2 = K_0 \exp\left(-\frac{Q}{RT}\right) \tag{11-6}$$

式中，K_0 为系数；Q 为原子扩散通过晶界的激活能或晶界迁移的激活能（J）；R 为摩尔气体常数。

由式（11-6）可知，晶粒尺寸与加热温度 T 成指数关系，即随着加热温度的升高，晶粒尺寸急剧增大。加热温度越高，其变化越剧烈，如图 11-12 所示。

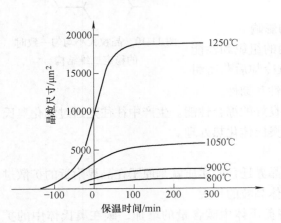

图 11-11　奥氏体晶粒尺寸与保温时间的关系　　图 11-12　奥氏体晶粒直径与加热温度的关系

2）加热速度。加热速度越快，过热度越大，奥氏体形成的实际温度越高，形核率和长大速度都越大，奥氏体起始晶粒度也越细小。但是，加热温度越高，保温时奥氏体晶粒长大速度越快，反而易获得粗晶粒组织。因此，快速加热时，保温时间不能过长，否则晶粒反而更加粗大。生产上常采用"短时快速加热工艺"来获得超细化的奥氏体晶粒。

11.3.5　钢中的遗传现象

1. 钢的组织遗传现象

目前一般认为，钢在一定的热处理条件下具有组织遗传性。钢的组织遗传性是指原始为过热非平衡组织（马氏体、贝氏体、魏氏组织等），经过一定的施热和冷却后，所形成的晶粒组织恢复了原始粗大晶粒组织的特性。这种恢复包括晶粒尺寸、形状及其位向。

当热处理工艺不当时，便会出现这种组织遗传性，对于大型铸锻件及焊接件，这种现象是常遇到的。组织遗传性对原始为非平衡组织的合金钢是一个较为普遍的现象。例如：生产中遇到的许多合金钢（如 30CrMnSiA、38CrMoAl、37CrNi3A、18CrNiWA 等）可能因铸造、锻造、焊接或热处理工艺不当引起的过热粗大晶粒，若再次采用常规的正火或退火工艺，不一定能达到细化晶粒的目的，即便是再次加热到 Ac_3 后所得到组织仍然是粗大的，出现组织遗传现象。

组织遗传性首先与钢的原始组织有关。同一钢种的贝氏体组织比马氏体组织更倾向于组织的遗传，原始为魏氏体组织的钢在再次加热时也容易出现组织遗传。当钢的原始组织为"铁素体+珠光体"型时不会发生组织遗传现象。因这种组织中的原始奥氏体晶粒消失了，形成了紊乱取向的珠光体群，相变按扩散型的无序转变机理进行，最后形成细晶粒组织。

当钢出现原始组织为粗大马氏体时，不仅一次奥氏体转变不改变钢的组织，甚至经过多次奥氏体转变也不改变钢的组织。与过热马氏体组织一样，当原始组织为过热贝氏体时，也出现组织遗传性。

原始组织为马氏体的钢，在慢速加热时出现组织遗传现象的原因是：慢速加热时，钢中原子进行较充分的扩散，碳和部分合金元素扩散到原先马氏体条间和束间，它们与位错发生相互作用，巩固了原先马氏体板条的结晶学位相，使其不发生再结晶；当加热超过临界温度后奥氏体在板条间产生，因其受板条边界的限制而成为条状奥氏体，它的纵轴平行于原先马氏体板条。显然，在同一束马氏体中形成的条状奥氏体具有相同的位相，然后长大、相互合并成为粗大晶粒。条状奥氏体长大、相互合并比重新结晶出新的位相不同的奥氏体晶粒所需的能量要低。这样，慢速加热超过 Ac_3 后，又发现原始晶粒按大小、形状和位相得到了遗传。

2. 钢的断口遗传现象

原始组织为过热非平衡组织的钢，当再次加热至正常温度或稍高于正常温度淬火时，奥氏体晶粒虽已细化，但还是出现粗晶断口。断口形状与原始状态的断口一样，即出现断口组织遗传性。断口分析时会发现，断裂是按奥氏体晶界的沿晶断裂。金相分析时会发现，再次加热至正常温度淬火时，奥氏体晶粒已经明显细化。显微组织中晶粒与断口粗细出现明显的不一致。对于断口遗传产生的原因目前尚未完全搞清。一些作者在研究过热断口时指出，过热的粗大奥氏体晶界上沉淀 MnS 粒子，降低了晶界的结合力。钢在再次加热到 Ac_3 时，虽然粗大晶粒内出现了新的细小晶粒，但断口仍是沿原奥氏体晶粒间界小平面发生断裂。实质上，这是石状断口。

断口中出现的遗传现象不仅与晶界有关，而且更重要的是与晶粒内部的某些组织特征有关，是一个纯组织现象。某些钢中细小晶粒具有相同的结晶学位相，也就是说，断口遗传的原因是晶内织构。经中速加热后晶粒虽然细化，但仍可看到原始粗大奥氏体晶界的痕迹，原始粗晶界包围着细小的重结晶后的晶粒。采用 X 射线衍射显微分析发现，在原始粗大晶界上碳和铬的浓度明显比晶内的高，而其他元素的浓度峰值变化不明显。

晶界上富聚碳和铬可能导致晶界结合力的降低，因此引起沿粗大晶界的断裂；也可能是碳化铬在晶界析出过程中，使 Sb、As、Pb 等微量杂质元素在晶界附近极薄的区域内的含量增高，最终引起钢中出现粗大断口。因此，碳化铬在晶界的富聚应成为过热以及组织和断口遗传现象的一种机理。

3. 奥氏体的自发再结晶

在过热淬火发生马氏体、贝氏体转变时，高温粗大奥氏体晶粒转变为较小的 α 相晶群。由于相变按无扩散型的有序转变机理进行，新形成的 α 相晶群与原始奥氏体晶粒之间存在取向关系，因此保留了单晶体的某些特征，为遗传创造了决定性的条件。

一般认为，快速加热淬火钢（回火），奥氏体的形成按有序机理进行，出现组织遗传现象。当加热温度超过 Ac_3 后，奥氏体首先在原始晶界形成，随着保温时间延长，新的细小粒状奥氏体组成链状，这就是晶粒边界效应。与晶界奥氏体形成的同时，在马氏体束（贝氏体束）间也形成奥氏体，它们沿马氏体束方向按 K-S 关系长成针状奥氏体，继之便是这些针状奥氏体的合并，形成粗大奥氏体。

通常认为，加热过程中形成奥氏体后，随着加热温度升高或保温时间的延长，都会使奥氏体晶粒粗化、长大。但是，许多试验结果发现已经形成的原始粗大奥氏体晶粒，在一定加热条件下，高于某一温度后，粗大晶粒会由新的、细小的、位向不同的晶粒所取代。这一现象发生在奥氏体单相区内，称为奥氏体自发再结晶。奥氏体自发再结晶的驱动力是相变硬化（或称内硬化）。加热时原始马氏体的结构缺陷遗传给了新形成的奥氏体。此外，加热时 $\alpha \rightarrow \gamma$ 转变所引起的体积变化（组织应力和热应力），使钢得到了硬化。然后，与冷塑性变形（或称外硬化）所引起的再结晶一样，内硬化的奥氏体在一定温度下也会发生再结晶。再结晶后的起始奥氏体是细小的，而且往往不存在相同的位向，但随加热温度的升高或保温时间的延长，已经再结晶了的奥氏体晶粒会发生聚集结晶而长大。因此，加热时相变重结晶分两步进行：开始时发生相变形成奥氏体，但是由于按结晶有序机理进行转变，其结果是恢复原始晶粒；继续提高加热温度，从组织观点来看，按结晶有序机理形成的奥氏体是不稳定的，由于相变硬化引起了奥氏体的再结晶，晶粒相应发生了细化。

通常可将所有同素异构的金属及其合金划分为两大类：

第一类合金在加热时相变和组织再结晶不是同时发生的，再结晶的温度高于相变温度，它们之间存在一个温度区域。加热温度高于相变温度后，发生了 $\alpha \rightarrow \gamma$ 相变，但形成的奥氏体按大小、形状和位向都恢复原始的晶粒，组织遗传现象明显地表现出来。只有加热到比相变温度高得多的某一奥氏体自发再结晶温度后，组织才发生再结晶而细化。因此，在奥氏体单相内存在一个保留组织遗传的温度范围（见图 11-13）。属于此类的有非平衡组织钢、Fe-Ni 合金、Fe-Mn 合金、钛合金等。

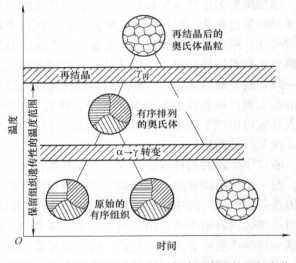

图 11-13 非平衡组织钢在不同加热温度后的组织变化

第二类的金属和合金中的相变和组织重结晶是同时发生的。属于这一类的有纯金属（铁、钛），原始组织为扩散机理形成的平衡组织、经塑性变形的钢和合金。对于这一类金属和合金，在再次加热过程中不会出现组织遗传现象，用正火、退火可达到细化奥氏体晶粒的目的。

奥氏体自发再结晶温度与 Ac_3 没有任何直接的关系。奥氏体自发再结晶的温度和与此相应地保留组织遗传性的温度范围与钢的合金化性质和程度、原始组织、加热速度等有关，有待进一步深入研究。

4. 钢中遗传性的实际意义

在实际生产中，经常可见到钢的组织为非平衡组织（热处理不当、铸件、锻件、焊缝、马氏体时效钢等）。如果它们的组织较为粗大，就不能按通常方法进入下一道工序，这时就必须考虑如何细化原始粗大非平衡组织，即破坏组织遗传。

破坏组织遗传性一般可采用下列几种方法，具体采用哪一种，主要由钢的原始组织、化学成分、钢件尺寸及设备条件而定。

（1）预回火　这种方法一般适于不含难溶碳化物的合金结构钢，而且原始组织为马氏体或马氏体-贝氏体型，如 30CrMnSiA、37CrNi3A 等。

（2）退火　完全退火是消除组织遗传的最好方法。应特别注意，退火时的加热速度不能太慢，否则得不到预期效果。

另外，如采用等温退火，适当增加加热速度，可使等温分解保温时间缩短，也能促使奥氏体形成过程在较低温度下完成。

目前，对于大型锻件一般都采用两次完全退火：第一次采用较高温度退火，一般加热至 950~1000℃，目的是破坏组织遗传性；第二次退火采用常规工艺。

（3）塑性变形　塑性变形可导致加工硬化，阻碍组织遗传性的出现，加速高温下奥氏体的形成过程，促使奥氏体晶粒细化。

11.4　机械装备的生命历程

在进行失效诊断时，除要弄清机械装备或构件的薄弱环节，以及容易引发裂纹源的应力集中位置外，还要关注构件表面的完整性，要进行深入细致的现场勘查和调查，确定失效发生的节点，也就是失效发生的时间段。机械装备或构件的生命历程如图 11-14 所示。按照"特征因素法"，失效发生的节点或其前面的节点都存在引起该失效的因素。例如：如果在库存或运输 1 中发生失效，其可能引起失效的因素有：原材料、设计、加工、库存或运输 1。如果在服役中发生失效，其可能引起失效的因素有：原材料、设计、加工、库存或运输 1、装配、库存或运输 2、服役。根据图 11-14，机械装备可能失效的节点有 6 个，分别为 ①~⑥，越在靠后节点发生的失效，其影响因素越多。

失效时间节点的确认主要是通过失效事故调查获取的。

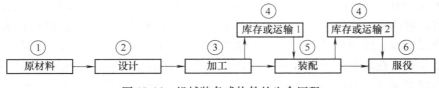

图 11-14　机械装备或构件的生命历程

11.5　失效诊断的应用

11.5.1　原材料缺陷的失效诊断

机械装备结构件的传统制造方法有两种：一种是直接对铸坯或铸件进行加工（也可以不加工）后获得成品零件；另一种是对铸锭进行轧制，加工成棒材或板材，作为制造其他零件的原材料，或者是对铸坯进行开坯锻造，达到规定的锻造比和形状尺寸的半成品，然后再作为加工零件的原材料。

一些重要零部件在开始加工生产之前，都要对其原材料进行复验检查，内容主要包括：

无损检测、化学成分分析、力学性能分析、低倍检查和金相分析等。大多数原材料缺陷通过无损检测或低倍检查就可以发现。关于原材料中的缺陷分类及评级在 GB/T 1979—2001《结构钢低倍组织缺陷评级图》或其他相关标准中均有说明。无损检测一般只能检测到缺陷的存在，并按照相关标准进行评级，包括缺陷的分布、大小等，但难以对其进行准确定性。要具体了解缺陷的性质和产生原因，必须对其做较为深入的理化分析。原材料复验一般采取抽样的方式，或者只检查某个位置，对随机分布的缺陷很有可能漏检，但它们在随后的加工过程中往往会暴露出来。若原材料缺陷最终保留在产品中，可能会引起产品的早期失效。

1. 铸态缺陷

有些零部件是通过铸造直接获得的，有些是对铸坯或铸态零件毛坯再做进一步的精加工获得的。铸态缺陷通常有：铸造枝晶、疏松、气泡、晶粒粗大和晶间氧化、铸造裂纹等。在这些缺陷中，铸造裂纹的危害最大。

2. 开坯后的原材料缺陷

在对轧制或锻造后的原材料做低倍检查时，宏观可见的缺陷通常有：皮下气孔、疏松、残余缩孔、翻皮、白点、轴心晶间裂纹、异金属夹杂物、混晶、亮点和亮线等，它们的形貌特征和形成原因如下：

（1）皮下气孔 内壁通常是光滑、圆整的孔洞，单个或成群分布于铸件表面或次表面，经过锻造后为与表面大致垂直的小裂纹，或在皮下呈纺锤形的小气孔，经常出现在距离表面几毫米或几十毫米处，当皮下气孔经锻造或热轧向表面裂开时，裂缝两边存在脱碳，而留在皮下没有向表面裂开的气孔表面没有脱碳。

（2）中心疏松和一般疏松 出现在轴心部位的组织不致密，即中心疏松，呈暗色海绵状的小点和空隙，它和一般疏松的主要区别是暗点和空隙存在于试样的轴心部位，而不是分散在整个试验面上。其产生原因是钢液在凝固时，钢锭的中心部位最后凝固，因体积收缩，气体和夹杂物析集所致。

（3）残余缩孔 在钢锭中心区域（多数情况）呈现不规则的折皱裂纹、缝隙或孔洞，在其上或附近常伴有严重的疏松、夹杂物（夹渣）或成分偏析。在热轧时钢锭头部疏松收缩区域未全部切除，因而残留于圆钢中，称之为残余缩孔。由于切头不够，近冒口端的钢锭残留下残余缩孔，在其上面经常会有大块白色的夹砂和集中严重的疏松（见图 11-15）。浇注时钢液的温度越高，液体和固体之间的体积差越大，浇注后缩孔的体积也越大。

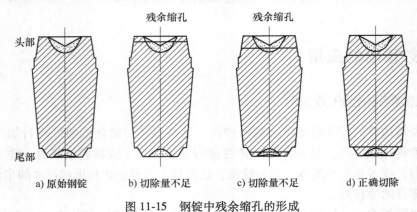

图 11-15　钢锭中残余缩孔的形成

钢锭的头部为浇口，是铸造缺陷（疏松、气孔、夹渣等）聚集的地方，也是 S、P、Al 等低熔点较轻元素偏聚的地方；钢锭尾部是低熔点重金属（Sn、Sb、Pb、As 等）偏聚的地方。低熔点杂质元素容易在晶界偏聚，弱化晶粒，可引起热处理组织遗传、回火脆性、氢脆、蠕变等失效。

（4）翻皮　翻皮的特征是在酸侵蚀试片上可以看到白亮色的弯曲条带，或不规则的暗色条带，在条带周围有气孔或夹杂物，或可以看到密集的空隙和夹杂物的条带。翻皮可以在钢锭的任何部位出现，也可以任何形状和大小出现。

（5）白点　白点的特征是在酸侵试片上，一般除边缘区域外表现为锯齿状的小裂纹，呈放射状、同心圆形或不规则形态分布；在淬火或调质状态的纵向断口上呈椭圆形、圆形或鸭嘴形的白亮点，故称为白点。白点是钢中残留氢和应力联合作用产生的，它的产生存在一定的临界氢含量和临界应力，也与钢的化学成分有关。

（6）轴心晶间裂纹　轴心晶间裂纹是在横截面酸侵试片上的轴心部位出现呈蜘蛛网状或放射状的细小裂纹，此种裂纹以晶间裂纹的形式出现在轴心部位，故称为轴心裂纹。其产生原因是钢锭凝固时，钢锭的中心是气体、非金属夹杂物、低熔点组元富集的地方，其晶界十分脆弱，钢锭的凝固后期，在凝固收缩应力的作用下，沿晶界裂开，形成轴心晶间裂纹。

（7）异金属夹杂物　异金属夹杂物的特征是在酸侵试样上存在发亮的"白斑"，金相分析"白斑"处的金相组织存在白亮的马氏体，其周围组织为黑色珠光体和白色铁素体，做显微硬度检查时两者也存在较大差异。

（8）混晶　混晶是指奥氏体的晶粒大小不均匀，大多数晶粒较为细小，但也存在一定比例的较为粗大的晶粒，如图 11-16 所示。目前，一些风能发电企业对齿轮主要用钢 18CrNiMo7-6 的晶粒度有严格的要求，高倍观察时一旦发现锻件中存在混晶现象，即判为不合格。

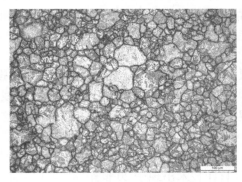

图 11-16　奥氏体晶粒（混晶，6.5~8 级）

经扫描电子显微镜观察，细晶和粗晶的组织形态并无根本区别，与细晶粒相比，粗晶只是尺寸稍大一些。混晶中的粗晶主要是由于 B、C、Ti 等元素偏析所致。钢锭锻造比太小，或钢锭处于临界变形状态时都可能产生混晶。钢中含有较多的碳化物时，若锻造加热温度过高，碳化物溶于基体中，也能出现混晶。钢锭的头部和各个侧面多出现混晶，其原因主要是成分偏析和柱状晶的发展所致。

混晶也与热处理工艺方法有关，加热温度为 930℃ 时，不论是直接淬火还是降温淬火，均产生混晶，可见混晶与试验方法有关（见表 11-5）。混晶对材料性能的影响主要是降低了冲击韧性值，对其他性能影响不明显。一些电厂运行的高温螺栓，已经服役了 13 年之久，经解剖检测也含有粗晶（混晶），但仍具有良好的运行性能。电厂实际运行的机组，还没发现由于混晶的存在而发生事故的实例。但混晶组织的存在毕竟是一种缺陷，应尽量避免。为此，炼钢过程中，应尽量采取有效措施，降低有关微量元素的偏析。若发现有混晶，也可以用热处理的方法来消除。

表 11-5　奥氏体晶粒度试验方案及试验结果

方　案	热处理工艺	试验前组织	奥氏体晶粒度试验结果（体积分数）
930℃ 直接淬火	930℃保温 6h 水淬，200℃回火 2h	粒状贝氏体+铁素体	2~3 级 20%+8 级 80%；混晶
930℃ 降温淬火	930℃保温 6h 后，降温至 830℃保温 1h 水淬，200℃回火 2h	粒状贝氏体+铁素体	2~4 级 30%+8 级 70%；混晶
830℃ 淬火	830℃保温 6h 水淬，200℃回火 2h	粒状贝氏体+铁素体	8 级
退火后930℃直接淬火	退火后，重新加热到 930℃保温 6h 水淬，200℃回火 2h	P+F	2~3 级 20%+8 级 80%；混晶
渗碳法	930℃渗碳 6h，表层出现过共析层，炉冷	粒状贝氏体+铁素体	7.5 级
随本体渗碳淬火、回火	930℃渗碳 30h 后缓冷至室温，重新加热至 830℃保温 4h 油淬，200℃回火 5h	粒状贝氏体+铁素体	渗碳层 8 级，心部 7 级

（9）亮点和亮线　有些钢锻件在机械加工过程中，被加工表面有时会出现亮点或亮线，在磁粉检测时往往会出现线状磁痕显示，随检测电流的增加，磁痕由浅变深；当采用渗透、超声波、涡流检测时无异常信号显示。经对被检试样做高温回火，然后进行磁粉检测仍有磁痕显示，但磁痕变淡。金相检测结果表明，磁痕显示区域颜色较亮，其显微硬度值略高于正常区域。能谱微区成分分析表明，磁痕显示区 Si、Cr、Ni、Mn、Mo 合金元素含量略高于正常区，为正偏差。分别从磁痕显示区域和正常区域取样做非标准拉伸试样，经对比试验，性能无明显差别。

研究结果表明，磁痕显示以及亮点、亮线的出现是合金元素的偏析富集造成的，这种现象多出现于 Cr-Ni-Mo 系列或其变种的高强度钢中。实践证明，只要性能指标检测结果在技术条件的要求范围内，用含有亮点、亮线的钢材制成的重要零件在使用过程中并未出现异常现象。扩散退火等热处理措施只能减轻这种缺陷，而不能彻底消除。

3. 3D 打印产品缺陷

3D 打印技术作为制造领域的一次重大技术革命，是传统制造技术与新材料的完美结合。3D 打印技术出现于 20 世纪 90 年代中期，近些年其发展十分迅猛。3D 打印是快速成形技术的一种，它是一种以数字模型文件为基础，运用粉末状金属或塑料等可黏结材料，通过逐层打印的方式来构造物体的技术。目前，比较流行的 3D 打印技术是按照数字模型文件，对预先铺设的金属粉末材料进行激光三维扫描，被激光扫描的少量粉体快速熔化后又快速凝固，整个打印过程就是一个熔融堆积的过程。

3D 打印技术前景广阔，但目前仍然存在较多的技术问题亟待解决。采用 Inconel625 粉体打印的某产品零件，金相检查发现打印状态普遍存在显微裂纹（见图 11-17），采用热等静压工艺（HIP）处理后，微裂纹可以得到较好的消除，但

图 11-17　3D 打印产品的显微裂纹

在零件的表面却出现了白亮层，晶界上出现析出物（参见 8.3.3 节），还出现了 815℃的力学性能塑性指标低于室温的反常现象。

4. 原材料缺陷诊断举例

（1）非金属夹杂物引起的失效　非金属夹杂物破坏了金属基体的连续性，引起微区的应力集中，降低了钢的力学性能，尤其是冲击韧性、疲劳极限和断裂韧度，同时增加变形后钢材性能的方向性差异。非金属夹杂物对钢的力学性能的影响不仅取决于夹杂物的数量及化学性质，更与夹杂物的某些物理特性密切相关，如夹杂物的可变形性、线胀系数及弹性模量。这些物理性能与钢相应的物理性能之间的差异促使钢中局部应力升高，严重者产生内部裂纹，会在外力与局部应力集中叠加后使钢材产生早期开裂失效。

当非金属夹杂物聚集成堆，或者成带状分布时，其对材料的分割作用更大，材料的强度较高，应力较大时容易引发断裂失效。另外，相同类型和大小的非金属夹杂物分布于不同的零件中，造成的后果也不相同。例如：对于硬度较高的薄板材，或者细的丝材，较小的非金属夹杂物就有可能导致失效；而对于尺寸较大、强度要求较低的结构件，相同尺寸的非金属夹杂物的影响则可以忽略不计。

一些原材料缺陷往往存在于材料内部，从外观上看不出来，但却会在切削加工中表现出来。某公司生产的行星齿轮材料为 18CrNiMo7-6 钢，渗碳和淬火、回火后进行最终磨内孔时，在磨削面发现一条亮带，亮带中有一个黑点显示，如图 11-18 中箭头所示。

将缺陷部位采用线切割的方法取下，采用超声波充分清洗后置于扫描电子显微镜下观察（见图 11-19），可见该区域肉眼观察到的黑点为一和基体有清晰分界线的异物，其外形尺寸为 0.27mm×0.34mm。对该缺陷做横剖面组织形貌观察，可见缺陷大部分还包裹在材料内部，缺陷较长的尺寸为 0.56mm，腐蚀后缺陷相邻的基体组织无明显变形，可排除切削加工期间有异物嵌入的可能。经 EDS 能谱分析，该缺陷的主要成分（质量分数）为 O 17.76%，Al 48.19%，Si 18.48%，Mn 14.54%，S 1.03%（见图 11-20），可见该缺陷为非金属夹杂物缺陷。

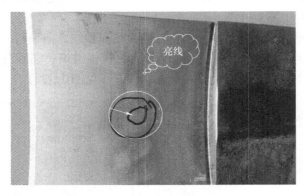

图 11-18　亮线宏观形貌

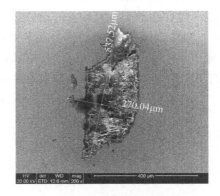

图 11-19　黑点的 SEM 形貌

后经进一步的事故调查得知，该材料在冶炼期间，为了升高浇铸时钢包中钢液的温度，生产方向钢包中投入一定量的铸造铝块，同时向钢液中通入氧气，铝块的氧化反应导致了钢包中钢液的温度升高。但是，在该过程中，铝块是否能够完全和氧反应形成氧化铝，并以钢渣的形式去除就显得十分重要，这不但需要钢液具有足够高的温度，还需要在此温度保持足

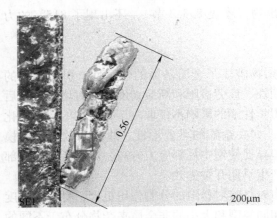

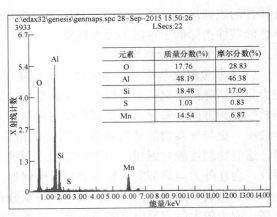

元素	质量分数(%)	摩尔分数(%)
O	17.76	28.83
Al	48.19	46.38
Si	18.48	17.09
S	1.03	0.83
Mn	14.54	6.87

图 11-20　EDS 能谱分析结果

够长的时间。很显然，该过程的可控性较差，钢液的纯净度难以把握。事实上，未充分反应的小颗粒残留铝保留在了钢液中，并形成非金属夹杂物，结果在磨削加工中显现出来。由于氧化铝的硬度比较高，会破坏砂轮磨面的一致性，使磨削效果产生差异，结果在缺陷的两侧留下一条沿圆周分布的亮线，亮线的宽度和缺陷露出表面的尺寸有关。如果车削加工时碰到该类缺陷，则容易引起打刀现象。

（2）原材料偏析　合金成分的不均匀性称为偏析。钢中的宏观偏析主要是由气体及杂质所引起的，主要分为点状偏析、方形偏析和带状偏析等。

热处理可使偏析程度减轻，但很难彻底消除。锻造和轧制对偏析具有较好的改善作用。通过锻打或塑性变形，可使钢中的成分达到均匀一致。要消除原材料偏析，需要从源头进行控制，即控制钢液中的夹杂物和气体含量。

某飞机起落架上的关键零件——外筒的材料及状态为 2A12-T4，管料外径为 ϕ85mm，壁厚为 15mm。该样品在加工制造中发现肉眼可见的线状缺陷，如图 11-21 所示。送检时共发现 3 件存在缺陷，其中有一件在试验过程中发生开裂。

通过对缺陷区域的形貌观察结果可知，缺陷呈线状分布，方向大致和轴线方向平行，贯穿了整个壁厚（见图 11-22）；高倍下观察，缺陷为一些颜色较深的块状相组织，能谱分析结果表明这些颜色较深的块状相中 O 和 Mg 的含量均大大高于正常基体（见图 11-23）。

图 11-21　缺陷宏观形貌

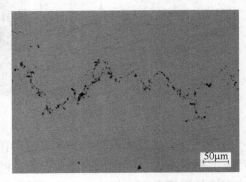

图 11-22　缺陷剖面形貌

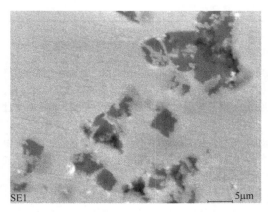
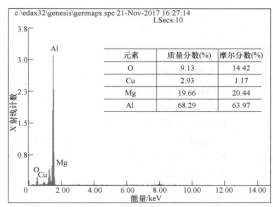

元素	质量分数(%)	摩尔分数(%)
O	9.13	14.42
Cu	2.93	1.17
Mg	19.66	20.44
Al	68.29	63.97

图 11-23　缺陷能谱分析结果

失效件上肉眼可见的线状缺陷为富含 O 和 Mg 的块状相偏析带，为原材料缺陷。块状相呈带状偏析形态，且贯穿了整个壁厚，其对基体具有"分割"作用，且容易形成应力集中。当外筒受到周向拉应力时，容易从缺陷处产生开裂。

（3）原材料疏松　原材料疏松级别较高时，横向酸浸试样上面上会出一些显微孔洞，塔形试验面上会出现一些发纹，严重时，直接表现为形状各异的不连续或孔洞。疏松区别于气孔的特征是其缺陷面较为粗糙，有时可见聚集的颗粒状或葡萄状枝晶组织，断口观察时可见氧化腐蚀产物覆盖，特别严重的疏松可造成材料缺失。有些疏松缺陷在切割面上不需要腐蚀，肉眼就可以看到，它们在锻造过程中很容易转变成锻造裂纹，或者在热处理过程中引发淬火开裂，也可能成为疲劳断裂或氢脆型断裂等失效的根源。

某公司生产的机车车轴下料时用锯床切除原材料的料头，肉眼观察到棒料的中心部位存在几个微小的黑点（见图 11-24a）。将黑点区域用线切割的方法切割取下，制成金相样品后置于扫描电子显微镜下观察，具有疏松特征（见图 11-24b）；侵蚀后缺陷部位的金相组织和基体相同，均为珠光体+铁素体（见图 11-24c）。试验结果表明，车轴中心肉眼观察到的黑点与原材料中心疏松有关。

原材料常见缺陷及其产生原因见表 11-6。

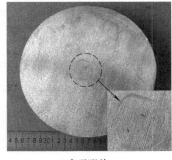

a) 宏观形貌　　　　　　　　　b) SEM形貌　　　　　　　　　c) 显微组织形貌

图 11-24　车轴心部的疏松

表 11-6　原材料常见缺陷及其产生原因

缺陷名称	缺陷特征	产生原因
裂纹	一般呈直线状，有时呈 Y 形	坯料上有裂纹或皮下气孔、夹杂物
气泡	表面无规律地分布、呈圆形的大大小小的凸包，其外缘比较圆滑；大部分气泡是鼓起的，也有的不鼓起；经酸洗平整后表面发亮，其剪切断面有分层	炼钢时沸腾不好，出气不良，使钢锭、钢坯的内部产生严重气孔，经多次压力加工没有焊合。沸腾钢浇注温度过低，浇注速度太快，使气体没有排出的机会，形成气泡的数量过多，尺寸过大，轧制时未能消除
分层	钢材截面上有局部的明显的金属结构分离，严重时则分成 2~3 层，层与层之间有肉眼可见的夹杂物	钢锭开坯时，缩孔未净，使坯上带有残余缩孔；钢锭中的气泡在轧制中未被焊合；钢锭中有集中的夹杂物；化学成分严重偏析也能形成分层
发纹	深度甚浅、宽度极小的发状细纹，一般沿轧制方向排列；长短不一，一般在 $30\mu m$ 以下，个别可达 $100~150mm$；呈分散和链状排列，或成簇分布	坯料上的皮下气孔、非金属夹杂物在轧制中未焊合，多见于钢锭下部锻轧的钢材上，当切削或侵蚀后暴露于表面
麻点（麻面）	表面呈现局部的或连续的成片粗糙面，分布着形状不一、大小不同的凹坑；严重时有类似橘皮状、比麻点大而深的麻斑	加热过程中钢材表面氧化严重，轧制时，氧化皮成片状或块状压入，在轧制过程中或酸洗中脱落，形成细坑，常称为氧化麻点；在轧制或热处理的加热过程中，由于煤气中的焦油喷于板面上所腐蚀的小坑称为焦油麻点；加热过程中被某种气体腐蚀形成气体腐蚀麻点；酸洗过度产生酸洗麻点；轧辊磨损严重造成麻点
辊印	表面有带状或片状的周期性轧辊印，其压印部位较亮，且没有明显的凸凹感觉	轧辊材质不良，硬度和表面质量偏低，轧件硬度高，使轧辊子产生烙印；平整机调整不当
开裂	钢管表面出现呈穿透管壁的纵向裂开，一般发生在全长，有时发生在一端	退火不当，温度不均，延伸不一；压下量过大，加工硬化严重；拔后未及时退火，应力未消除，碳含量较高的钢管易开裂
疏松	钢的不致密性表现。多出现在钢锭的上部与中心，这些部位因为集中了较多的杂质和孔隙，切片经过酸洗侵蚀以后，扩大成许多洞穴。根据其分布可分为一般疏松和中心疏松	主要是钢中的杂质和气体造成的。当钢液凝固时，由于体积的收缩，形成树枝状的晶间空隙，以及凝固过程中气体上浮而构成的显微空隙没有被钢液填充，构成了组织的不致密性
偏析	根据其表现形式，可分为点状偏析、方形偏析和带状偏析等	钢锭结晶过程的产物，主要由钢的成分不均匀及其杂质构成
残余缩孔	在横向酸浸试片的中心部位，呈现不规则的空洞或裂纹，空洞或裂纹中往往残留有外来杂质	钢锭切头不够而残留；缩孔深及锭身产生二次缩孔
非金属夹杂物	在横向酸性试片上见到的一些无金属光泽，呈灰白、米黄和暗灰色的物质	冶炼时钢中气体与煤渣互相作用而形成的各种氧化物；冶炼时混入钢中的耐火材料
金属夹杂物	横向低倍试片上呈现的具有金属光泽、与基体金属显然不同的金属盐类	出钢与浇注时，杂物混入钢液中；炉渣不能及时浮出
白点	钢的内部破裂的一种。在钢的纵向断口上呈圆形或椭圆形的银白色斑点，经过磨光和酸蚀后的横向切片上，表现为细长的发裂；有时呈辐射状分布，有时则平行于变形方向或无规则分布	钢中含有氢气；钢中有应力；冷却时缓冷不好等

（续）

缺陷名称	缺陷特征	产生原因
晶粒粗大	酸浸试片断口上有强烈金属光泽	主要是热加工时加热温度与时间控制不当造成的，如过热、过烧等；加热温度越高，高温停留时间越长，晶粒越粗大，对钢的力学性能有很大影响，降低塑性和韧性
脱碳	钢的表层碳含量比内层碳含量降低的现象；全脱碳层是指钢的表面因脱碳而全部为铁素体组织部分；部分脱碳层是指全脱碳层到钢的碳含量正常部分之间的组织处	主要反映氢和氧对金属的作用，使钢中的碳与氢或氧作用生成甲烷或一氧化碳；其次是氧化作用，渗碳体先氧化产生脱碳
折叠	沿轧制方向呈直线状或曲线状，有的呈锯齿状或翘起，深浅不等，有连续的或不连续的，外形与裂纹相似；在横断面上一般呈折角	坯料表面带有折叠和夹杂物；坯料表面带有严重擦伤和裂纹，经拔制、轧制后延伸互相折合；坯料修磨处带有棱角，再拔制时产生折叠
软硬不均	材料上各处硬度不一	主要是加热时材料受热不均

11.5.2 设计因素造成的失效诊断

设计是从无到有的第一步，即使经过仔细构思和周密计算并试验过的设计，有时也不可避免地存在设计缺陷。由设计原因引起的失效，其失效原因诊断往往比较困难，特别是在该类零件首次失效时，经常容易被忽视或没有意识到，而当同类零件已经大批量投入使用时，人们往往更难接受，有时甚至需同一失效模式反复发生多次以后，人们才会怀疑其在设计上是否存在问题。这主要是由于设计的问题分析起来比较复杂，除技术上的原因外，往往还存在管理方面的因素，有时还会有一些材料缺陷或制造缺陷。由设计原因引起的失效虽然难以在失效件上找到直接证据，但在失效模式上还是会有所反映。设计不当导致的失效一般都属于早期失效，在新产品开发研制阶段容易出现，往往不是个案，失效形式往往相同或相似，有时是成批的，具有一定的规律性。

由设计原因导致的失效一般有以下几种情况：

1. 设计载荷不准确，对服役环境估计不充分

主要表现为载荷考虑不全（应力估算不足），载荷变动分析不够，计算假设中出现误差，致使实际工作载荷超过设计载荷，或服役环境脱离事先考虑，导致材料在正常工况下也无法承受工作载荷，或不能抵抗环境的侵蚀而失效。

某风力发电机组变桨轴承外圈在使用 2~3 年时发生了断裂。断口宏观分析和 SEM 形貌分析结果表明，该轴承外圈的断裂性质为疲劳断裂。断裂的轴承外圈两个端面及外圆面均存在镀层和涂层，螺孔表面和滚道面未见涂层，断裂后轴承滚道面可见厚重的油脂；螺孔表面存在明显锈蚀，剖面金相分析发现这些区域存在多处凹坑，存在从凹坑中萌生的微裂纹；凹坑中存在异物，经 EDS 能谱分析，异物中存在较高含量的 S 和 O 元素，说明这些凹坑是受到了环境中腐蚀性元素作用产生的点腐蚀坑；SEM 形貌观察显示疲劳起源于这些点腐蚀坑。

断裂的轴承外圈两端面和外圆面均做了涂层防护，具有较好的耐蚀性；滚道面未见防护层，但较为厚重的油脂和滚珠的运动都对防腐蚀产生一定的效果。螺孔内表面未观察到涂层，受到外部介质中腐蚀性元素的作用产生了点腐蚀坑，形成了应力集中点；桨叶在转动经过塔筒时，气流发生变化，会产生不同程度的振动，容易在应力集中明显的腐蚀坑处诱发裂纹源并发生疲劳断裂。

经查阅该变桨轴承外圈的设计图样，除滚道面和螺孔外，其余表面均做了较为充分的表面防护要求。经实际检测，正常部位的表面防护有三层，底层成分 EDS 分析结果（质量分数）为 O 2.66%，Al 19.49%，Fe 2.62%，Cu 75.22%；中间层为 Zn 100%，外表面为灰色硝基磁漆。该风电设施服役于东海岸线，潮湿、闷热的海洋性气氛对金属构件具有一定的腐蚀作用，显然这一点设计是考虑到了。但一个变桨轴承外圈上有 50 多个螺孔，正常服役中，这 50 多个螺栓的紧固力不可能完全相同，少数螺栓会存在不同程度的松动。螺母和垫片不具备密封作用，外面的大气会进入螺孔而引起腐蚀。螺孔没有要求表面防护为设计失误所致。

2. 强度级别选择不当

主要表现为零件强度级别设计不当，或几何形状设计不当，出现剖面突变或尖角，可导致这些部位承受较大的应力集中，并超过材料的强度极限，从而过早的萌生裂纹而失效。

上海东方明珠塔最早设计时，所有的钢结构连接均采用 12.9 级高强度螺栓，但在建造过程中，就有螺栓陆续发生断裂，失效分析结果表明其为氢脆型断裂。由于螺栓的特殊结构和受力特点，氢脆是螺栓最主要的失效形式之一，螺栓的强度等级越高，发生氢脆型断裂的风险越大。尽管该批螺栓在生产过程中已对各个吸氢环节做了严格控制，但材料内部总会存在一定含量的氢，比较潮湿的空气也会在螺栓表面凝集成水滴，水中少量的氢离子也会向应力集中严重的螺纹根部富集，导致局部氢浓度升高，结果发生氢脆型断裂。设计依据此失效分析的结论，降低螺栓的强度等级之后，再也未出现断裂现象。

3. 设计选材不当

主要表现在材料性能不足，状态不合适，或不相容材料互相接触，匹配零件的材料线胀系数相差太大等方面。

某化工厂反应塔内的换热管束原设计材料为 20 钢，服役期间管程通 200~300℃的水煤气，其中含有 SO_2、SO_3、H_2S 以及 HCl 等腐蚀性物质，壳程为自来水。换热器原实际使用寿命为 2.5~3 年。化工厂想提高换热管束的使用寿命，请了一家化工设计院对其重新设计改造，改造后换热管束由原来的 20 钢改为 304 不锈钢，但新设备投产后服役不到 1 周时间，就发现大量换热管束开裂或断裂，使用寿命不但没有延长，反而大大缩短。

断裂的换热管失效分析结论为：①换热管材料符合 304 不锈钢的技术要求；②失效原因为应力腐蚀破裂。

显然，造成这起失效事故的主要原因是设计选材不当。不锈钢虽然具有较好的耐蚀性，但也有其短板。不锈钢对含有 S、Cl 等元素的介质比较敏感，容易受到腐蚀，存在恒定拉应力时还会发生应力腐蚀破裂。20 钢虽然耐蚀性较差，但其失效形式为全面腐蚀，即整个管壁均匀减薄，直至穿透失效，工况确定后，其使用寿命也基本确定。应力腐蚀破裂为局部损伤，失效形式为开裂，裂纹的形成和扩展速率与受到的拉应力以及环境中的腐蚀性介质浓度有关。各种条件都合适时，应力腐蚀破裂失效发展得很快。

11.5.3 加工过程中的失效诊断

在机械装备的生命历程中，加工和服役这两个节点的内容最为丰富，同时，引起机械装备失效的因素也最多。从表 11-1 中看到，除设计因素（占 8.5%）和冶金及材质问题（占 13.5%）外，其余占 78%的失效因素都与加工和服役有关。

1. 加工的主要方式

机械装备的加工过程指能改变生产对象的形状、尺寸、位置和性能等，使其成为成品或半成品的过程。按照加工方式和对材料本身的改变，将加工过程分为以下几种：

（1）切削加工　将材料的多余部分去除，使其成为零件或半成品。加工方式包括车、铣、刨、磨、镗、锯等。切削速度较高的加工需要加切削液，如车、铣、磨等加工方式；速度低、载荷大的加工也要做适当的冷却或润滑，如刨、镗、锯、拉等加工方式。

（2）塑性成形加工　利用金属材料具有塑性变形的特点，对其进行加压或者锻打，获得所需要的形状或尺寸。

塑性成形加工可以在较高温度下进行，也可以在室温下进行，一般分为：①热塑性成形，即在较高温度下进行，如锻造、热轧、锲横轧、热挤压等；②冷塑性成形，即在较低温度下进行，如冲压、模压、剪切、卷板、绕丝、冷镦、冷锻等。

（3）熔化加工　通过高温使部分金属熔化，将材料进行成形、合并或分离，获得所需要的形状或尺寸，如铸造、焊接、气割、电火花、线切割等。3D 打印成形也属于这一类。

（4）特殊加工　不以改变材料的形状尺寸为目的，而是为了改变材料本身的内在性能，或者改变材料对环境的防护能力，包括热处理和各种表面处理等。

2. 切削加工过程中的失效诊断

在切削加工过程中，引起产品零件失效的主要形式是尺寸或位置发生变化，结果和图样要求产生偏离，这种情况在工序检验过程中就可以发现，不需要进行深入的失效分析。切削加工通常是在有充足切削液的条件下进行的，一般情况下不会发生组织变化。

切削加工过程中引起产品失效的主要因素如下：

（1）残余应力　传统的机械切削加工都是利用刀具的刀刃部分切入金属表面，然后刀具和金属表面做相对运动，从而对金属表面实施切削加工。切削中，刀刃周围的变形区内会因变形而产生残余内应力。加工量越大，或者单次进刀量越大，加工后零件的残余内应力越大。当零件为薄板类，或者细长杆类，或者大直径的薄壁管时，这种机械加工内应力往往会导致零件过度变形，有时候根本无法对其进行矫正，从而产生变形失效。针对这种情况，生产上主要是在机加工工序间增加低温回火，从而消除前道工序产生的加工应力，避免残余应力叠加增大，产生无法修复的变形失效。

（2）装夹方式　在对一些薄板类零件，若采用铣、刨、磨的方法加工平面时，加工工艺要合理，以产生的残余应力越小越好为原则，必要时要采取对称加工方式，避免从一个方向，或者从一面进行连续加工，或者过量加工，导致产生过大的加工应力和应力分布不均匀，引起零件变形。另外，对于细长的杆类零件，车削加工时，合理的使用工装夹具也很重要，否则，一些长杆类零件（如石油钻杆，或一些较长的活塞杆等）的加工根本无法实现，或者产生变形失效。

由切削加工因素导致的产品失效形式主要有加工变形、尺寸超差和表面粗糙度超差等。

（3）加工工艺不当　机械装备的零部件一般都需要多个工序才能完成，复杂一些的零件其加工工序甚至将近 100 个之多。各种工序的合理安排对产品质量至关重要。

零件的最终力学性能是靠热处理来实现的。热处理淬火时会产生各种热处理应力，零件会产生不同程度的变形，甚至产生开裂现象。采用普通电阻炉加热设备还可能产生氧化、脱碳等现象，对零件的表面状态产生影响。如何保证最终产品的性能满足设计要求，又能使零件的加工工序趋于简单、方便和可行，这需要机械加工和特种加工技术人员具备良好的专业素质，还需要他们之间做深入、细致的工艺协调。

（4）机械加工过程中造成的失效分析举例

案例 1：45 钢零件过载断裂失效分析（预留加工余量过大）

失效分析过程中曾经发现，某产品零件在服役过程中发生了过载型断裂失效。该零件的材料为 45 钢，最终外形轮廓尺寸为 $\phi30mm \times 200mm$，热处理要求做调质处理，硬度为 25~35HRC。经查阅该零件的加工流水单和实际工艺过程的原始记录均未见异常，但失效零件的表面硬度检测结果低于图样技术要求。后经进一步事故调查，发现该零件热处理时外形尺寸为 $\phi50mm \times 210mm$，热处理后在其表面做硬度检查，结果符合图样要求。

45 钢为碳素调质结构钢，其淬透性较差，水淬时淬透直径仅为 $\phi13.0~\phi16.5mm$，单边淬透深度为 6.5~8.3mm。由此可见棒料由 $\phi50mm$ 加工到 $\phi30mm$ 时，其单边去除量达到了 10.0mm，超过了 45 钢的单边淬透深度，热处理的有效硬化层被加工掉了，从而造成零件的实际硬度不足，强度降低，未达到设计需要的强度水平，从而发生了过载型断裂失效。热处理时，在保证变形量不超差，加热造成的氧化、脱碳层又能完全被去除的情况下，外形尺寸应尽量接近最终图样尺寸。

案例 2：镗孔打刀和位置偏移失效分析

某新研制的产品中的一个零件结构如图 11-25 所示，除 A 区域外，其余表面均做渗碳处理，渗碳层深度要求为 1.8~2.0mm，渗碳区域最终热处理后要求为 58~62HRC，心部要求为 25~30HRC。该产品在加工期间出现了打刀和 $\phi8mm$ 孔位偏移的质量事故。查阅该零件的机械加工工艺，渗碳时的外形尺寸为 $\phi60mm \times 100mm$，渗碳后 A 区域外圆加工到 $\phi40mm$，去除了该区域的渗碳

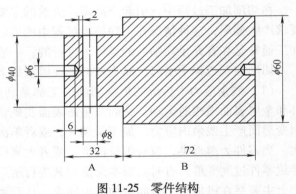

图 11-25　零件结构

层后做淬火、回火处理，然后再加工 $\phi8mm$ 孔。但在镗孔深度接近中心位置时，出现了打刀现象，同时孔的位置向 B 端偏移。分析该零件的加工工序安排，并未见不合理之处。对该批零件进行检查并和技术图样比对时，发现该零件加工期间在其两端制作了两个盲孔，这是为保证加工质量制作的工艺孔。工艺孔是由于工艺需要而形成的孔，在机械设计时，有时出现在图样上，有时可以不出现在图样上。一般情况下，工艺孔的存在并不影响零件的正常使用。该工艺孔在渗碳工序时已经形成，渗碳气氛会对其暴露面产生渗碳作用。工艺孔的深度经测量为 6mm，孔底部距 $\phi8mm$ 的侧面距离为 2mm。在正常情况下，孔底部和 $\phi8mm$ 孔侧面 2mm 的范围内已产生了渗碳层。渗碳层深度按照 GB/T 9450—2005《钢件渗碳淬火硬化层深度的测定和校核》中的规定，为表面至 550HV（相当于 52.5HRC）处的距离。渗碳后表层到心部的硬度是逐渐变化的。根据实际检测情况，硬度要降低到 35HRC，其过渡区尺寸为 1.5~3.0mm，而硬度超过 40HRC 时，镗孔就比较困难，容易出现打刀现象，并且镗孔到这个位置时，钻头会向硬度较低的区域移动，从而造成孔位置偏移。找到问题所在后，作为补救措施，对该零件再做退火处理，降低渗碳层硬度后加工 $\phi8mm$ 孔，然后再对其做

淬火、回火处理。

案例 3：钢管加工过程中表面凹凸起伏原因分析

某公司使用数控机床加工调质状态的 4140 钢管，原坯料规格为 φ89mm（外径）×1800mm（长度）×10mm（壁厚），开始加工时，被加工的外圆面一直都保持平滑圆整，无异常现象。当管子壁厚减小到 6.5mm 时，发现外圆加工面上出现凹凸不平现象，呈波浪状，间隔 7~8mm，轴向分布，比较均匀。

经事故调查，出现该现象的管子每 20 根中有 1~2 根，失效比例约为 10%。

经理化分析，该钢管横向低倍组织和高倍金相组织均未见异常，未见明显低倍缺陷和组织偏析，但外圆表面存在轻微的凹、凸现象（见图 11-26）；凹坑部位和凸起部位硬度基本相同。

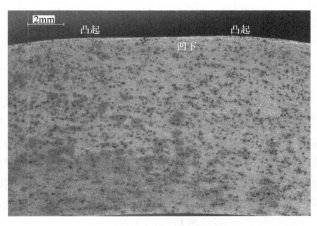

图 11-26　横向剖面形貌

所加工的钢管长度为 1800mm，随着钢管壁厚的减薄，钢管的刚性降低，容易因自重而发生弯曲变形，加工过程中的装夹方式应该做些针对性的调整。车削过程中，若装夹不合适或选用工装不当，钢管的同轴度将难以控制，在高速旋转过程中很容易引起晃动，造成钢管表面和刀具之间的距离发生周期性的微小变化，从而导致加工面凹凸不平。

根据该分析结论，生产厂家优化了该钢管的车削装夹工艺，再也没有出现此类现象。

3. 磨削加工过程中的失效诊断

（1）磨削加工过程　磨削加工是指利用磨料去除材料的加工方法。在金属磨削过程中，摩擦起着重要的作用。图 11-27a 所示为磨削过程的受力分析。砂轮是通过无数颗磨粒对材料表面进行切削加工的，和切削刀具有所不同，每个磨粒可能有几个切削刃。砂轮对材料表面的切削过程分为三个阶段（见图 11-27b）：

第一阶段为滑擦阶段。该阶段内切削刃与工件表面开始接触，工件系统仅发生弹性变形。随着切削刃切过工件表面，进一步发生变形，因而法向力稳定地上升，摩擦力及切向力同时稳定增加。在该阶段，磨粒微刃不起切削作用，只在表面滑擦。

第二阶段为耕犁阶段。在滑擦阶段，摩擦逐渐加剧，越来越多的能量转化为热量。当金属被加热到临界点，逐步增加的法向力超过了随温度上升而下降的材料屈服强度时，切削刃就被压入塑性基体中，造成磨削表面产生不同程度的塑性变形。经塑性变形的金属被推向磨粒的侧面及前方，最终导致表面的隆起，形成刻划区，这就是磨削过程中的耕犁作用。

第三阶段为切屑形成阶段。当切削刃切入塑性区，最终导致应力的增加，一直达到工件材料的最大剪切能为止。这样最终导致材料的局部硬化，一旦这层金属上升到材料的临界应力，就出现再次的剪切，当切削厚度达到临界值时，被磨粒推挤的金属材料明显地滑移而形成切屑，在磨削面上留下和磨削方向一致的犁沟（见图 11-27c）。

224

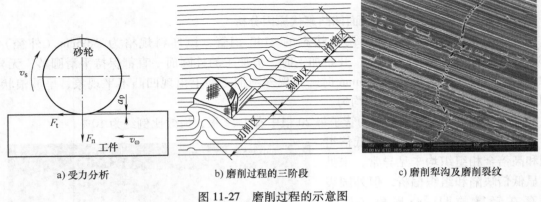

a) 受力分析　　　　　b) 磨削过程的三阶段　　　　c) 磨削犁沟及磨削裂纹

图 11-27　磨削过程的示意图

（2）磨削加工的特点　磨削加工与其他加工相比较具有以下不同特点：

1）由于磨粒的特殊形状、尺寸以及在砂轮工作表面分布的随机特征等，造成了磨削过程与一般切削过程的不同，砂轮表面上同时参加切削的有效磨粒数不确定。砂轮工作表面的磨粒数很多，相当于一把密齿刀具，据统计，不同粒度和硬度的砂轮，每平方厘米的磨粒数为 60~1400 颗。但是，在磨削过程中，仅有一部分磨粒起切削作用，另一部分磨粒只在工作表面刻划出沟痕，还有一部分磨粒仅与工作表面划擦，根据砂轮的特性及工作条件不同，有效磨粒仅占表面总磨粒数的 10%~50%。

2）磨削线速度较高，一般为 35m/s 左右，是车削和铣削线速度的 10 倍左右。一颗磨粒切下的磨屑体积很小，其磨削层厚度为 $10^{-4} \sim 10^{-2}$mm，切下的体积不大于 10^{-3}mm^3，约为铣削时每个刀齿所切下的 1/5000~1/4000。磨削加工的力比值（法向磨削力 F_n 与切向磨削力 F_t 之比）比较大，一般 F_n/F_t 为 3~14，而车削的 F_n/F_t 值只有 0.5 左右。

3）砂轮磨粒的切削刃不像其他刀具那样具有规则的切削角度和良好的切削性能。磨刃的前角多是负前角，一般前角为 -60°~-15°。有研究表明，刚玉砂轮经修整后的平均磨刃前角为 -80°，经过一段时间的磨削后，由于机械热磨损的缘故，使磨刃前角值变为 -85°，磨刃前角的分散范围变小，而且这样大的负前角仍能进行连续型切削。

4）磨削时的磨削面积较大，切削液较难直接进入切削区，冷却效果较差。

5）表面存在犁沟，存在微区应力集中，磨削加工时较大的力比值，也会使磨削表面产生一定的塑性变形，引发磨削应力。

因此，和其他金属切削相比较，磨削时磨削热量和磨削温度相当大，伴随有组织变化，容易引起磨削烧伤和磨削裂纹。磨削速度很高，磨粒与被加工材料的接触时间极短，在极短的时间内产生的大量磨削热使磨削区产生高温（400~1000℃），因而工件易烧伤，产生有害的残余拉应力，甚至产生裂纹。另外，磨削高温也会使磨粒本身发生物理变化，造成氧化磨损和扩散磨损等，减弱了磨粒的切削性能。

（3）磨削裂纹诊断　磨削裂纹主要是从其形态、特点、表层组织变化、硬度变化、应力状态等方面进行诊断。

1）磨削裂纹一般分为两种：一种呈龟裂状，称为第一种磨削裂纹；另一种呈平行状，称为第二种磨削裂纹。在实际失效分析实践过程中，发现磨削裂纹除龟裂状、平行状、还有放射状，以及与磨削方向大致相同的环状裂纹。磨削裂纹大多数产生在磨削终止之后，具有一定的延迟性，但也有的是在磨削过程中产生的。磨削时，如果工艺参数选择不当，或者操作不当，工件表面温度达到 150~200℃ 时表面因马氏体分解，体积缩小，而中心马氏体不收缩，使表面承受拉应力，裂纹与磨削方向垂直，裂纹相互平行或呈放射状；当磨削温度在 200℃ 以上时，被磨表面由于产生索氏体或屈氏体，表层发生体积收缩，而中心不收缩，使表层拉应力超过脆断抗力而出现龟裂现象，到底出现什么形态的裂纹，要针对当时的实际情况进行具体分析。

2）磨削裂纹一般都出现在磨削表面 0.3~0.5mm 范围内，最深不超过 1.0mm，垂直于磨削表面向内发展，裂纹沿晶扩展（见图 11-28），或穿晶型扩展，同时存在磨削变质现象（见图 11-29）。

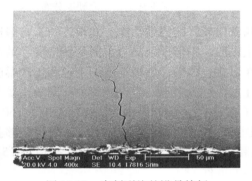

图 11-28 磨削裂纹的沿晶特征

图 11-29 表层显微组织

3）若磨削工艺比较合适，磨削表面温度升高，虽未超过 Ac_1，但超过了零件的最终回火温度，表面形成了屈氏体组织，用 4%（质量分数）硝酸乙醇溶液侵蚀时比心部的回火马氏体容易侵蚀，颜色较深。若磨削工艺不当，磨削表面会产生大量的磨削热，会使表层温度升高到相变点 Ac_1 以上，致使表层组织奥氏体化，随后受到切削液及工件自身的急速冷却作用，产生了二次淬火马氏体，它难以侵蚀而呈白亮色。用 4%（质量分数）硝酸乙醇溶液侵蚀后观察组织，表面有清晰的白亮层，为二次淬火马氏体，次表层颜色较深，组织为回火屈氏体+颗粒状碳化物+残留奥氏体。

4）若磨削工艺合适，磨削表面的温度未超过工件的最终回火温度，磨削可使材料表层发生塑性形变从而使其硬化（见图 11-30）。如果工艺参数选择不当，磨削产生的高温有可能使试样表层烧伤，即产生回火软化（见图 11-31）。

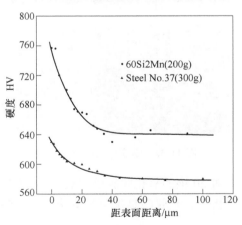

图 11-30 正常工艺表面硬度分布

5）磨削表面的应力。一般情况下，磨削工艺比较合适、砂轮比较锋利时，加工表面呈压应力状态；当砂轮较钝，冷却不够充分或者单次进刀量过大时，磨削表面呈拉应力状态。

4. 锻造过程中的失效诊断

（1）锻造工艺特点　锻造主要是利用金属材料在较高的温度下具有较好的塑性变形能力，用压力或锻打的方式将坯料转变成具有一定形状尺寸的零件（或零件毛坯）的。金属在锻造时，各晶粒发生变形，变形的晶粒随即开始再结晶，即破损并形成新晶粒。金属温度越高，塑性越好，越易变形。但是，温度过高时，金属会发生晶粒长大、初熔、相变和成分变化。终锻温度过高时，还容易产生石状断口失效。在较低的锻造温度下，

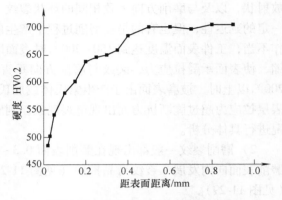

图 11-31　不正常工艺表面硬度分布

金属较难锻造，但能得到较细的晶粒，并能使金属获得较好的力学性能。如果进一步将锻造温度降低到低于再结晶温度，则变形的晶粒不发生破碎，不形成新晶粒，而是保持变形的形态。当金属处在这种状态时，就可能发生开裂。在锻造过程中，始锻温度的确定和终锻温度的确定尤为重要。确定始锻温度时，应保证坯料在加热过程中不产生过烧现象，同时也要尽量避免发生过热。钢的始锻温度一般应低于熔点（或低于铁-碳相图中的固相线温度）150~200℃。在确定终锻温度时，既要保证金属在终锻前具有足够的塑性，又要保证锻件能够获得良好的组织性能。碳钢的终锻温度一般在铁-碳相图中 A_1 线（共析转变线 PSK）以上 25~75℃。大型锻件的始锻温度和终锻温度均略高于小型锻件。

锻造温度一般都在 1000℃ 以上，这会引起钢的表面产生全脱碳（见图 11-32）。锻件原始面和锻造折叠附近均会发现全脱碳层（见图 11-33）。

图 11-32　钢表面的脱碳层形貌

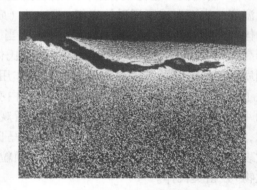

图 11-33　锻造折叠形貌

对 50 钢的氧化脱碳试验表明，900℃ 以下加热几乎不产生脱碳现象（见表 11-7）。在失效分析中，全脱碳是判定锻造缺陷的重要依据。

表 11-7　50 钢在空气电阻炉中加热 3h 的氧化脱碳情况

加热温度/℃	900	950	1000	1050	1100	1150	1200
氧化皮厚度/mm	0.06	0.07	0.15	0.32	0.33	0.35	0.42
脱碳层厚度/mm	—	0.01	0.02	0.03	0.03	0.05	0.05

对于重要的受力结构件，锻造后其表面一般都要去除一部分余量，因锻造导致的表面脱碳层及较浅的锻造折叠都可以被去除，不会对产品的使用和寿命产生影响。但若加工去除量太小，或者锻造折叠过深，没有完全被去除而保留下来，则很容易在淬火过程中引起热处理开裂，或者作为裂纹源引起构件的早期失效。

某风电机组的偏航轴承外圈材料为 42CrMo，加工制造工艺流程为：采用碾环锻造工艺制坯→车削去除锻造黑皮→调质处理→精加工。轴承制造企业反映，在一段时间里，锻造的轴承外圈在精加工期间多次发现周向裂纹，其位置和形态基本相同，约占外圈周长的 3/4，在断面和靠近断面的内表面也发现裂纹，存在裂纹的外圈占总数量的 50% 左右。由于企业发现裂纹时，零件表面已经做了较大余量的机械加工，已不符合失效分析对样品的基本要求，故建议生产企业对调质处理前后的外圈进行无损检测。检测结果发现，同批锻造的外圈在热处理后也存在裂纹，其位置和精加工时发现的基本相同；未做调质处理的外圈靠近端面的内表面也发现裂纹。

通过失效分析发现调质处理后的外圈开裂由锻造折叠引起。对未经调质处理的外圈检查，锻造折叠的剖面形貌如图 11-34 所示。未侵蚀时可见折叠内明显的灰色氧化物形貌，侵蚀后缺陷侧面存在全脱碳组织特征，折叠头部和水平面大约呈 45°角，折叠尾部方向发生改变，故热处理淬火时，裂纹向两头扩展，精加工后在端面出现裂纹。经进一步事故调查，发现存在裂纹的这批锻件曾做了锻造工艺改进。未改进的锻造工艺过程如图 11-35 所示。冲孔前润滑冲头，防止冲头卡死。下冲上顶的过程要求缓慢进行，然后再用上冲冲脱，采用对冲的方式未出现过裂纹。出现裂纹的轴承外圈在冲孔时为了提高生产率，采用了上冲一冲到底的方式冲孔，开始锻造的外圈未产生开裂现象，但生产大约 100 多个锻件后就发现有裂纹出现。为了找到产生锻造折叠的根本原因，检测机构对生产方的整个锻造流程做了现场勘查，在对冲孔的凸模检查时发现其头部磨损较为严重，个别头部已经出现掉块缺肉现象。自此，导致该批轴承外圈热处理开裂的根本原因已经明了。从理论上讲，锻造工艺的改进和产生锻造折叠之间并无因果关系。但当冲孔的凸模头部发生严重磨损之后情况就不同了。此时采用一次性冲孔工艺时，将会在靠近端面的内孔产生局部凸起，凸出部分在随后的碾环过程中就会产生折叠；而采用图 11-35 的冲孔工艺时，由于是上下对冲，内孔表面比较光滑，碾环时不容易产生锻造折叠。后经生产企业改进冲孔凸模的质量，并定期对其磨损情况进行检查，一旦发现磨损严重时便及时更换凸模，这样，即便是采用一次性冲脱的锻造工艺，也再未出

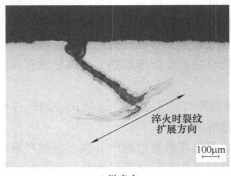

a) 抛光态　　　　　　　　　　　　　　　　b) 侵蚀态

图 11-34　缺陷剖面金相形貌

现过调质处理后的开裂现象。

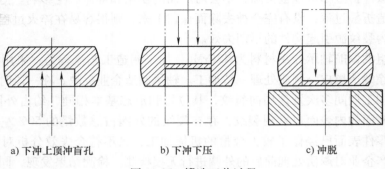

a) 下冲上顶冲盲孔　　　　b) 下冲下压　　　　c) 冲脱

图 11-35　锻造工艺过程

（2）锻造裂纹形成原因诊断　锻造裂纹的形成原因主要和原材料的质量以及锻造工艺有关。

1）原材料缺陷在锻造过程中演变成裂纹。铸锭中的原材料缺陷，如气孔、疏松、碳化物偏析等在锻造过程中，随着原材料的变形其形态发生改变，会演变成裂纹，或作为应力集中点诱发裂纹。

钢中铜含量过高，或者毛坯中渗入金属铜时会产生铜脆裂纹；钢中硫含量过高，锻造加热时硫容易在晶界聚集，形成低熔点的共晶体，锻造时会引起热脆裂纹。

2）在后续加工或库存期间开裂。保留或扩大的原材料缺陷有时虽然没有立刻引起锻件开裂，但它们是锻件中的薄弱环节，为应力集中点，如果有热处理应力或者氢元素的参与时，则会作为裂纹的起源产生热处理开裂，或者产生氢致延迟开裂，或者在使用过程中，因承受循环应力而发生疲劳断裂等。

3）除一些大型锻件是直接用铸锭进行锻造外，一些较小的锻件都需要先对原始坯料进行落料，即将尺寸较大，或者比较长的坯料切割成适合于锻造成较小锻件的原料。对于批量大的锻件，为了提高效率，往往采用剪切落料；对于一些较大的、比较重要的锻件，为了保证落料质量，则往往采用锯切的方式落料；在一些特殊情况下，也有可能采用气割的方式落料。

在剪切落料时，若工艺不当，可能会使切割面倾斜、撕裂，或者产生尖锐毛刺，容易产生锻造折叠和皱折缺陷，在锻造加热过程中容易引起局部过烧，导致锻造开裂。在剪切大截面的坯料时，刀口和切面之间强烈的摩擦力会导致切割面形成较大的残余拉应力，可能引发延迟性裂纹；用气割落料时，若落料前没有进行合适的热处理预热，落料后没有及时进行去应力退火，也可能在坯料的端部产生裂纹。

4）锻造工艺不当导致的锻造裂纹形成原因主要有：①过热、过烧；②加热过快；③加热不足；④锻造剧烈；⑤终锻温度过低，材料塑性下降。

过热会引起晶粒长大，使材料的强度下降，容易在锻造过程中开裂。过热严重时，就会演变成过烧，晶粒会特别粗大，有时还会发生晶间氧化和部分晶界熔化，锻打时轻轻一击就会发生开裂，其断口呈石状或奈状。

对于尺寸较大的坯料，如加热速度过快，会使坯料内外温度相差过大而产生热应力，造成锻件开裂。其特征是沿坯料的横截面开裂，裂纹由中心向四周辐射状扩展。这种裂纹多产生于高合金钢中。

由于加热时，保温时间不足，坯料未热透，坯料外部温度高，塑性好，变形量大，而内部温度低，塑性差，变形量小，因此产生不均匀变形而引起坯料心部开裂。心部开裂常出现在坯料的头部，开裂深度与加热、锻造有关，有时贯穿整个坯料。

高合金钢导热性能较差，如果锻造加热速度过快，则透热不足，心部塑性较差，在锻造应力过大时，容易在心部出现锻造内裂纹。其形态和残余缩孔相似，不同点是其附近没有明显的夹杂和成分偏析。

常见锻造裂纹的特征见表 11-8。

表 11-8 锻造裂纹的特征

名　称	宏观特征	微观特征
过热裂纹	1）源于表面或尺寸突变处 2）呈龟裂的网状	1）沿晶扩展，严重时呈豆渣状 2）存在内氧化和脱碳 3）基体组织也存在过热或过烧特征
冷裂纹	1）源于应力集中区域 2）呈对角线或扇形	1）穿晶扩展 2）裂纹两侧无明显组织变化 3）裂纹源于晶界铁素体
热脆裂纹	1）源于表面或应力集中处 2）呈龟裂的网状	1）沿晶扩展 2）晶界有硫化物聚集 3）硫化物夹杂级别较高
铜脆裂纹	1）源于表面或应力集中处 2）呈龟裂的网状	1）沿晶扩展 2）有铜夹杂或氧化铜夹杂 3）晶界有铜析出
加热不足	1）位于锻件心部 2）呈放射状	1）穿晶扩展 2）存在氧化脱碳现象或碳化物偏析 3）有时碳化物偏析较为严重
缩孔残余	1）位于中心部位 2）缩孔沿变形方向拉长	1）穿晶扩展 2）存在夹杂物聚集 3）有时存在氧化脱碳现象
锻造剧烈	1）源于锻件心部 2）裂纹互相交叉	1）穿晶扩展 2）尾部尖锐 3）有时存在氧化脱碳现象

（3）热轧裂纹诊断　热轧是原材料冶炼完成后形成钢锭，通过压力机将加热的钢锭轧制形成钢材的过程。热轧工艺和锻造工艺有相似之处，它们都是在较高温度下进行的，故热轧裂纹的一些特征和锻造裂纹的特征也有相似之处，如较高温度下形成的脱碳特征等。

材料为 12Cr2MoWVTiB 的圆钢，在由 $\phi178mm$ 的锻坯轧制成 $\phi70mm$ 的圆钢时，部分材料出现纵向裂痕，贯穿了整个圆钢表面，裂痕长度为 5~6m，形态笔直，如图 11-36 所示。

从裂痕部位切取横剖面试样做低倍试验，组织未见异常，裂纹源于表面，径向深度经测量为 18mm；裂痕部位的剖面金相试验结果显示，开口处侧面存在明显的氧化、脱碳现象。

失效分析结果表明，轧辊表面局部高点比较突出，热的坯料经过轧辊时，高点刺入材料表面，并随着轧辊的转动，在坯料上留下线状凹痕，并在后续轧制过程中程度加重而形成纵

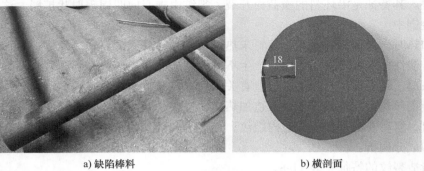

a) 缺陷棒料　　　　　　　　　　b) 横剖面

c) 缺陷附近的金相组织

图 11-36　钢棒表面的隐蔽裂痕

向裂痕。

5. 冷成形加工中的失效诊断

冷成形加工和热成形加工过程中的失效区别在于：热成形是在较高温度下进行的，存在组织转变和热应力，失效都跟温度有关；而冷成形一般在室温下进行，一般没有组织转变（可能会出现形变马氏体组织），失效主要跟加工应力有关。在压力加工中，若变形量过大，或者材料的塑性较差时，工件往往会在一些边角部位，或者其他一些薄弱环节产生开裂。在室温卷板、缠绕弹簧等冷加工过程中，若原材料硬度过高、尺寸过大，或者表面存在缺陷时，都很容易产生开裂现象。

图 11-37 所示为钢板在室温卷板过程中的应力分布。外表面承受拉应力，方向垂直于轴向，沿周向分布；内表面承受压应力，应力方向和外表面的拉应力情况正好相反。钢板厚度越大，或者硬度越高，卷制时产生的应力就越大。

钢板卷制过程中出现的开裂一般都起源于外表面，且为轴向开裂。

6. 铸造加工中的失效诊断

（1）铸造的特点　铸造是将金属加热到液态，使其具有流动性，然后浇入到具有一定形状的铸型型腔中，在重力或外力（压力、离心力、电磁力等）的作用下充满型腔，冷却并凝固成铸件（或零件）的一种金属成形方法。与其他加工方法相比，铸造工艺具有以下特点：

1）铸造生产可以不受材料的种类、尺寸大小和质量的限制，一些难以用压力加工或机械加工较为困难的零件都可以用铸造方式进行。铸件材料可以是各种金属材料或其合金，其

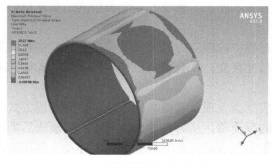

a) 钢板冷卷后的应力分布　　　　　　　　　　　b) 应力方向

图 11-37　钢板在室温卷制过程中的应力分布

质量可以从几克到数吨，壁厚可以从 0.5mm 到数米，长度可以从几毫米到几十米。

2）铸造可以生产各种形状复杂的毛坯，如各种箱体、缸体、叶轮、叶片等。

3）许多铸件仅需做少量加工就可满足使用要求，既经济又高效。

4）铸造工艺灵活，应用广，既可以手工生产，也可以机械化生产。

（2）浇注过程　把金属液从浇铸包中注入铸型的操作过程称为浇注。浇注操作不当会引起各种铸造缺陷和造成人身伤害。浇注时应遵循高温出炉、低温浇注的原则。提高金属液的出炉温度，有利于夹杂物的彻底熔化、熔渣上浮，便于清渣和除气，减少铸件的夹渣和气孔缺陷；采用较低的浇注温度，则有利于降低金属液中的气体溶解度、液态收缩量和高温金属液对型腔表面的烘烤，避免产生气孔、粘砂和缩孔等缺陷。因此，在铸造生产中，应遵循在保证金属液充满铸型型腔的前提下，尽量采用较低的浇注温度。铸造工艺过程复杂，影响铸件质量的因素较多。在铸造生产中，往往由于原材料质量控制不严，工艺方案不合理，生产操作不当，管理制度不完善等原因，会使铸件产生各种铸造缺陷，如气孔、缩孔、缩松、砂眼、粘砂、夹砂、错型、冷隔、浇注不足、裂纹等。

（3）铸造疏松　铸件疏松又称缩松，是在铸件局部壁厚热节处或在内浇口根部热节处产生的。当浇注后金属液在逐步凝固过程中，得不到足够金属液的补充，形成分散性的集中的细小麻点，像头发丝状的小洞，犹如针刺的小洞，肉眼是察觉不到的，必须经机械加工或通过试验后才能发现。疏松内部毛糙，呈暗灰色或无光泽的氧化色。

（4）铸造裂纹　在所有的铸造缺陷中，对产品质量影响最大的是铸造裂纹。按照铸造裂纹的特征可将其分为热裂纹和冷裂纹，它们是不允许存在的缺陷。

1）热裂纹是铸件在凝固末期，或凝固结束后不久，铸件尚处于强度和塑性都很低的高温阶段（形成温度一般为 1250~1450℃），因铸件固态收缩受阻而引起的裂纹。

热裂纹的主要特征为：①在晶界萌生并沿晶界扩展，形状粗细不均，曲折而不规则；②通常呈龟裂的网状；③裂纹的表面呈氧化色，无金属光泽；④铸钢件裂纹表面近似黑色；⑤裂纹末端圆钝，两侧有明显的氧化和脱碳，有时有明显的疏松、偏析、夹杂和孔洞等缺陷。

按照热裂纹在铸件中的形成位置，又可将其分为外裂纹和内裂纹。

外裂纹是指在铸件表面可以看到的裂纹，它常产生于铸件的拐角或局部凝固缓慢处，以及容易产生应力集中的地方，其特征是：表面宽，心部窄，呈撕裂状，有时断口会贯穿整个铸件断面。内裂纹一般发生在铸件内部最后凝固的部位，其特征是：形状不规则，裂纹面常伴有树枝晶。通常情况下，内裂纹不会延伸到铸件表面。内裂纹的一个典型例子是冒口切除后根部所显露的裂纹。

热裂纹的形成原因可归纳为：①浇注冷却过程中收缩应力过大；②铸件在铸型中收缩受阻；③冷却不均匀；④结构设计不合理，几何尺寸突变；⑤有害杂质在晶界富集；⑥铸件表面和涂料之间产生了相互作用。

尽管形成热裂纹的原因较多，但深入分析后就会发现，其根本原因是铸件的凝固方式和凝固期间铸件的热应力和收缩应力。液体金属的凝固总是从铸件的表面开始。当凝固后期出现大量的枝晶并搭接成完整的骨架时，开始产生固态收缩，此时枝晶之间还存在一些尚未凝固的液态金属。如果铸件收缩不受任何阻碍，那么枝晶骨架可以自由收缩，不产生附加应力。当枝晶骨架的收缩受到砂型或型芯等的阻碍，不能自由收缩时，就会产生拉应力。该拉应力超过其材料破断应力时，枝晶之间就会产生开裂。如果枝晶骨架被拉开的速度很慢，而且被拉开部分周围有足够的金属液及时流入，开裂处可得到金属液补充，那么铸件不会产生热裂纹。相反，如果开裂处得不到金属液的补充，铸件就会产生热裂纹。

凝固温度范围宽，金属液流动性差，以及糊状凝固方式的合金最容易产生热裂纹。随着凝固温度范围的变窄，产生热裂纹的倾向变小。恒温凝固的共晶成分的合金最不容易产生热裂纹。热裂纹形成于铸件凝固时期，但并不意味着铸件凝固时都会产生热裂纹，这主要取决于铸件凝固时期的热应力和收缩应力。铸件凝固区域枝晶骨架中的热应力是铸件产生热裂纹的主要因素，外部阻碍因素造成的收缩应力是铸件产生热裂纹的主要条件。处于凝固状态的铸件外壳，其线收缩受到砂芯、型芯，以及铸件表面同砂型表面的摩擦力等外部因素阻碍，外壳中就会产生收缩拉应力。铸件热节，特别是热节处的尖角所形成的外壳较薄，成为应力集中点，铸件最易在此产生热裂纹。

2) 冷裂纹是铸件凝固结束后继续冷却到室温的过程中，因铸件局部受到的拉应力大于铸件本体破断强度而引起的裂纹。

冷裂纹的主要特征有：①总是发生在承受拉应力的部位，特别是铸件形状、尺寸发生变化的应力集中部位；②裂纹宽度均匀、细长，呈直线或折线状，穿晶扩展；③裂纹面比较洁净、平整、细腻，有金属光泽或呈轻度氧化色；④裂纹末端尖锐，侧面基本无氧化和脱碳，金相组织和基体基本相同。

冷裂纹产生的主要原因可归纳为：①铸件结构系统设计不合理；②浇冒口系统设计不合理；③型砂或型芯的强度太高，高温退让性差，或舂砂过紧（舂砂是铸造时制作砂型的一种工艺方法，舂砂用力大小应该适当，不要过大或过小）；④钢的化学成分不合格，有害元素磷含量过高，使钢的冷脆性增加，容易产生冷裂纹；⑤铸件开箱过早，落砂温度过高，或者在清砂时受到碰撞、挤压等都会引起铸件的开裂。

（5）铸造裂纹诊断举例　材料为15CrMo的铸造阀门，热处理后经渗透检测发现其表面存在大量线状缺陷，长短不一，外表面凹陷部位缺陷相对较多一些，如图11-38a中标识区域所示。经调查，该阀门铸造后的热处理工艺为：750～800℃预热，（940±10）℃正火，回火温度为（710±10）℃。

将阀门缺陷部位切割取下，清洗后置于LEICA S8AP0型体视光学显微镜下观察，外表面可见裂纹类缺陷（见图11-38b）。由图11-38c可见，缺陷较浅，两侧比较粗糙，尖端圆钝，存在灰色氧化物。缺陷内壁存在"颗粒"结晶状疏松特征（见图11-38d）；侵蚀后观

a) 失效的阀门

b) 表面缺陷形貌

c) 缺陷剖面金相形貌

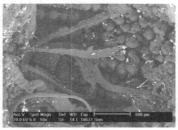

d) SEM形貌

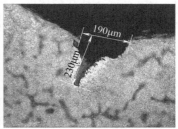

e) 侵蚀态金相形貌

图 11-38　阀门表面的缺陷形貌

察，缺陷两侧存在全脱碳现象，是在较高温度下形成的。经测量，缺陷开口宽度为 0.19mm，深度为 0.23mm（见图 11-38e），缺陷的宽度和深度接近，具有热裂纹的特征。

7. 焊接裂纹诊断

（1）焊接过程及其特点　焊接是金属材料间最有效的连接方法。焊接过程是一个加热和冷却过程。焊接部位分为三个区：焊缝区金属的熔化、凝固结晶所形成的焊缝金属和在焊缝金属邻近部位的母材区、由于传热所引起的加热及冷却（即热循环）作用而产生的热影响区。

焊接过程的特点为，①加热温度高，电弧的温度为 4000～7000℃，熔池金属的温度为（1770±100）℃，近缝区一般在 1350℃以上；②加热速度快，熔化和凝固在几秒钟内完成；③高温停留时间短，几十秒钟温度就降到 Ac_3 以下；④局部加热，温差大；⑤冷却条件复杂；⑥偏析现象严重；⑦组织差别大；⑧存在复杂的应力。

（2）焊接缺欠　GB/T 6417.1—2005《金属熔化焊焊缝缺陷分类及说明》中将焊接接头中因焊接产生的金属不连续、不致密或连续不良的现象简称为缺欠，将超过规定值的缺欠称为焊接缺陷。

按照 GB/T 6417.1—2005，焊接缺欠按其性质、特征分为 6 个种类，即裂纹、孔穴、固体夹杂、未熔合及未焊透、形状和尺寸不良、其他缺欠。

对一些重要的机械装备构件或者钢结构，焊接裂纹是设计所不容许的焊接缺陷，焊接裂纹主要分为焊接热裂纹、焊接冷裂纹和再热裂纹。

（3）焊接热裂纹　焊接热裂纹通常发生在较高的温度，按其形成的时间段又可分为：①结晶裂纹，或称凝固裂纹；②熔化裂纹，或称液化裂纹；③高温低塑性裂纹。它们形成的温度范围为 1100~1300℃，主要由热应力引起，与基体和焊条的成分关系较大。

1）焊接热裂纹的宏观特征为：①一般起源于焊缝区内；②呈蟹脚状、网格状或曲线状。

2）热裂纹的微观特征为：①沿晶扩展；②存在氧化、脱碳现象；③有时有焊渣或焊料。

3）容易发生热裂纹的情况有：①碳的质量分数超过 0.6% 或强度较高的钢；②氧含量较高的铜；③使用低熔点焊条的铝合金。

（4）焊接冷裂纹　焊接冷裂纹又称氢致裂纹，或延迟裂纹，通常发生在室温，是焊接残余应力和氢共同作用的结果。由于焊接冷裂纹在开裂前没有任何预兆，也不能通过无损检测的手段发现，其开裂速度很快，几乎在瞬间完成，有时还会伴随震耳的声音，甚至爆炸，往往是在毫无防备的情况下发生的，其危害性很大，是机械装备及构件须严格控制的焊接缺陷。

1）冷裂纹出现于应力集中处或组织过渡处，一般位于热影响区内，具有脆性断裂的宏观特征。

2）冷裂纹的微观特征为：①穿晶扩展；②很少存在氧化、脱碳现象。

（5）再热裂纹　焊接件在随后的热处理过程中，从焊缝区域发生开裂，有时也被归入热处理开裂的范畴。

（6）焊接件的失效特点　焊接件的失效特点为：①与焊接过程相关；②存在焊接缺陷；③组织和性能差异较大；④焊接残余应力较大；⑤形状尺寸过渡变化大，存在应力集中；⑥硬化相析出；⑦氢脆和蓝脆。

根据日本焊接学会的碳当量计算公式求得焊接材料的碳当量 C_{eq} 为

$$C_{eq} = w(C) + w(Si)/24 + w(Mn)/6 + w(Ni)/40 + w(Cr)/5 + w(Mo)/4 + w(V)/14$$

$$(11-7)$$

焊接热影响区最高维氏硬度 HV_{max} 为

$$HV_{max} = 666C_{eq}HV + 40HV \qquad (11-8)$$

高于此值则容易开裂。

（7）焊接裂纹诊断　焊接热裂纹是在焊接过程中出现的，比较明显的焊接热裂纹在焊接后肉眼就可以看到，其特征比较明显，产生因素比较单一，比较容易诊断。工序间的检验也会对焊接裂纹进行监控，一般不会出现太大的事故。再热裂纹是在热处理过程中产生的，其产生原因和热处理工艺不当以及焊接工艺不当有关，也有可能由焊接缺陷或原材料缺陷引起。再热裂纹在热处理后容易发现，热处理工序检验也会对其进行控制，一般只造成焊接件的开裂失效，不会引起大的事故。

实际分析中，碰到较多的是焊接冷裂纹引起的失效。

由焊接冷裂纹导致的失效一般的特征为：①开裂起源于焊接区域，一般源于焊接热影响区，焊接接头大多存在焊接缺欠；②开裂具有延迟性特点；③焊后一般都没有进行合适的热处理，存在较大的焊接残余应力，有时在服役过程中，焊接区域还承受恒定的工作应力；④开裂源区的金相组织发生了明显变化，经常会出现对氢脆比较敏感的金相组织，如马氏体、屈氏体、贝氏体等，有时在主裂纹附近还会观察到内裂纹。

（8）焊接裂纹诊断举例　开裂的外缸为矿井液压支架立柱的主要构件，为焊接组合件。

经调查，和失效件同批次投入使用的液压缸有 114 套，包含了 456 个外缸。该液压缸设计压力为 32.6MPa，液压缸出厂时经过了 50MPa 的耐压试验均无开裂泄漏现象，2010 年 1 月投入矿井使用，正常工作时内部通乳化液，工作压力为 32MPa。2010 年 5 月 14 日曾发生过一起爆裂现象，裂纹靠近缸筒口的一边，但没有延伸到筒口，裂纹区域存在多条焊缝。2010 年 9 月 5 日夜晚，同批次外缸发生了第二次爆裂事故，裂纹位置和第一次基本相同，只是这次的裂纹要长一些，并且延伸到了缸筒的筒口。外缸筒体材料为 27SiMn，最终热处理状态为调质处理，其淬火温度为 920℃，回火温度为 540℃。外缸主筒体的外形尺寸为 ϕ296mm（外圆）×1588mm（长）。在外缸的加工制造过程中，经历了两次焊接工序。

　　首先对失效的外缸进行宏观分析，可见裂纹呈轴向扩展，几乎贯穿了外缸的整个长度。通过对裂纹宽度的实际测量，裂纹最宽的位置位于图 11-39 中小方块位置（椭圆所标处），为裂纹起始区域。将裂纹全部打开，可见明显的人字形放射纹，此为裂纹快速扩展留下的特征；人字纹收敛于图 11-40 中小方块位置（椭圆所标处）的源区，然后向两边扩展。

图 11-39　裂纹形貌

图 11-40　裂纹面形貌

　　从开裂源区垂直于开裂面切取样品，经镶嵌、磨抛和侵蚀后做低倍检查，可见该处存在焊接特征，小方块焊接在外缸表面，焊缝和母材之间存在焊接未熔合缺欠，焊接热影响区的母材中存在内裂纹（见图 11-41a）。金相试验结果发现，该裂纹处的金相组织为马氏体（见图 11-41b）；而远离焊缝的母材为铁素体+珠光体（见图 11-41c）。对开裂源区的裂纹面进行 SEM 形貌观察，源区存在未熔合焊接缺欠（见图 11-41d），靠近未熔合的开裂面上存在异物覆盖的老裂纹区和新鲜的韧窝区（见图 11-41e）。远离源区的开裂面 SEM 形貌为解理+韧窝（见图 11-41f），说明该外缸开裂速度很快，性质为脆性开裂。

　　裂纹和开裂面宏分析结果表明外缸的开裂源区位于小方块处，该处存在焊接特征。低倍检验和断口 SEM 形貌观察结果表明，开裂起源于未熔合焊接缺欠处，裂纹以脆性开裂形式快速扩展，穿透外缸壁厚导致液压缸泄漏。

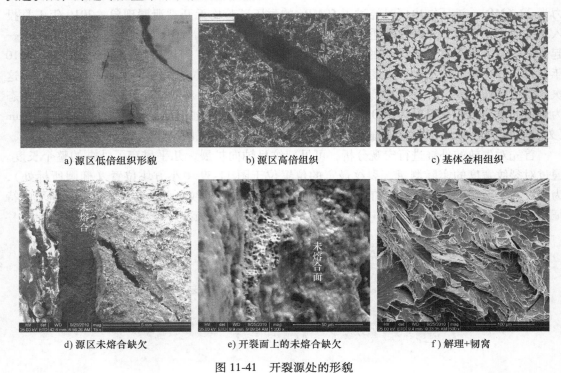

a) 源区低倍组织形貌　　　　b) 源区高倍组织　　　　c) 基体金相组织

d) 源区未熔合缺欠　　　　e) 开裂面上的未熔合缺欠　　　　f) 解理+韧窝

图 11-41　开裂源处的形貌

从外缸投入使用到发生失效，经历了 4~9 个月，开裂具有延迟断裂的特点。

液压缸正常服役时，外缸只承受液压油的恒定压力，表现在外缸外表面为恒定拉应力；另外，小方块区域存在焊接残余内应力，可见造成该外缸开裂的应力为恒定的工作应力和焊接残余应力。

开裂源区的金相组织为马氏体，是对氢脆最为敏感的组织；而远离焊缝的组织为铁素体+珠光体，和焊接区域不同，说明焊接后没有进行整体热处理，不但存在焊接残余应力，还存在组织应力。

根据事故调查情况，在 5 个月之内，发生了两起相同的事故，而且裂纹形式和开裂位置基本相同，说明该事故不是偶然现象，是由某种因素导致的必然结果。

开裂源区的未熔合焊接缺欠类似于"微裂纹"，在焊接残余应力和管内油压的共同作用下，会产生应力集中；焊缝区域的氢和环境中的氢会向应力集中明显的"微裂纹"焊接缺欠区域扩散富集，使局部氢浓度升高，达到氢脆型开裂的临界氢浓度时发生了氢致延迟性破裂。

8. 热处理裂纹诊断

（1）热处理过程和失效　热处理生产过程是一个加热、保温和冷却的过程。加热速度过快，会引起零件内外温差加大，产生较大的热应力，即表面受压应力，心部受拉应力。零件尺寸越大，该现象越明显，严重时会引起零件内部开裂。加热温度过高或者高温时间保留的时间过长，会产生过热或过烧，表面产生脱碳，在淬火过程中产生开裂，或者在使用过程中产生早期失效。不同材料具有不同的淬透性，淬透性好的材料适合缓慢的冷却速度，这样热处理应力会减小，不容易产生淬火开裂和淬火变形；如果淬透性好的材料冷却速度过快，极易产生淬火开裂和变形。淬透性差的材料若冷却速度缓慢，则不容易得到需要的淬火组织，热处理后的性能达不到要求。一些有回火脆性的材料，若回火温度或者冷却方式不合理，还会导致回火脆性，影响零件的正常服役寿命，很容易发生脆性断裂失效。

热处理过程中的表面脱碳和变形可以通过预留加工余量，改变热处理装炉方式，采用防氧化涂料或保护性气氛炉，或者进行真空热处理等，甚至还可以通过热处理后的矫正手段进行补救，但较为严重的过热、过烧，以及热处理开裂则往往会直接导致失效。

（2）热处理时工件的表面特征 由于热处理时加热温度较高，工件表面会出现不同程度的增碳、脱碳和增氧现象，它们对热处理后工件的性能具有一定的影响。

1）表面增碳、脱碳会改变零件表面力学性能的一致性，可产生应力集中，引发失效。对于光滑试样，疲劳裂纹主要产生于表面的滑移带，脱碳会降级表面强度，容易产生滑移，萌生疲劳裂纹源。因此一些重要的受力结构件，相关标准对其表面的脱碳情况有明确的规定。

紧固件因其服役过程中的受力特点，氢脆型断裂失效是其主要的失效形式之一。螺栓的强度等级越高，其氢脆倾向越严重。螺栓表面产生增碳时会导致表面硬度增高，极易导致氢脆型断裂。一些高强度螺栓生产企业经常采用连续式网带炉对其进行热处理，为了避免螺栓表面产生氧化脱碳，企业常采用工业甲醇气体进行加热过程中的防氧化保护，但这也会导致一定程度的增碳现象。

飞机起落架因其特殊的受力特点，对其表面增脱碳有严格的控制标准。实际生产中发现，在一段时间内，某飞机起落架构件在真空热处理后表面质量检查时均出现增碳，并超出技术要求。通过失效分析，其原因是高温合金铸造的料架存在砂眼，在真空淬火时淬火油进入到砂眼内部，采用常规的蒸汽脱脂的方法无法将进入砂眼中的淬火油完全清除，结果在进行真空热处理时，摆放零件的料架将一部分淬火油带入到加热室里，温度升高造成砂眼里的油分解成含有活性碳原子的渗碳气氛，从而造成零件表面产生一定的渗碳现象。

对于表面较薄的增碳层、脱碳层比较适合的检测方法是做努氏硬度检查，并和心部硬度比较，高于心部硬度为增碳，低于心部硬度为脱碳。对于重要的航空结构件，其技术图样或工艺规范中会对其硬度差值进行规定。

2）钛合金热处理时，若热处理气氛控制得不好，气氛中的氧会固溶于钛合金的 α 相中，形成 α 相的过饱和固溶体，其硬度会升高，脆性增加，也会引发疲劳断裂。若在空气炉中的加热温度过高，或者保温时间过长，在钛合金的表面还会形成 ω 相，同样会降低表面的疲劳强度。重要的钛合金航空结构件的技术图样或工艺规范也会对其做严格要求。

（3）热处理淬火时的应力分布 热处理过程中存在两种应力状态，即热应力和组织应力。

1）热应力主要受温度的影响。表面开始冷却时，热收缩较大，但受到温度较高的心部影响，表层受拉应力，心部受压应力；冷却后期，试样心部比表层冷却幅度大，心部的热收缩又受到表层的约束，发生热应力反向，即表层受压应力，心部受拉应力。

热应力的分布特点是：表层为压应力，而心部为拉应力（见图 11-42a）。

直径较大或者淬透性较差的工件，淬火后基本不能淬透，中心受拉应力，表面受压应力。这种应力状态的工件若淬火后回火不及时，或者回火温度过低，往往会产生内裂，裂纹经常起源于材料内部的缺陷处，如疏松、气孔，尺寸较大的夹渣，或聚集分布的夹杂物等。

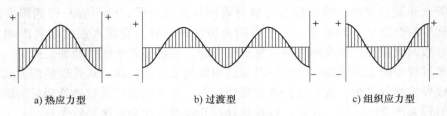

a) 热应力型   b) 过渡型   c) 组织应力型

图 11-42 热处理残余应力类型

2）组织应力主要与组织变化有关，表面初期发生马氏体转变，体积增大，受到心部的约束，表面受压，心部受拉；转变后期，表面又对心部的马氏体转变产生约束，故而表面受拉，心部受压。

组织应力的特点是：表面受拉应力，心部受压应力（见图 11-42c）。

直径较小或者淬透性好的工件，在淬透的情况下，中心受压应力，表面受拉应力。在缓冷的条件下，只要试样能被淬透，则残余应力一律为组织应力型，而且最大拉应力都位于零件表面。这种应力状态往往会导致工件在淬火过程中开裂，以纵向开裂形式为多。

在较快冷却速度的条件下，虽然都能被淬透，却只有很小直径的试样才能得到单一的组织型残余应力；而直径大的试样，由于热应力的显著增加，会与组织应力叠加，便产生了类似过渡型的合成残余应力，并使零件表面的拉应力变为压应力。实际操作时，加快高温阶段的冷却速度，增加热应力，抵消组织应力，降低零件表面的拉应力，从而达到减小表面开裂的危险，这就是水-油双介质淬火工艺的理论基础。工件在热处理淬火后的应力往往不是单一的热应力或组织应力，是否产生淬火开裂取决于这两种应力叠加的结果。如果工件的形状结构比较合理，采用正确的热处理工艺淬火时，热应力和组织应力会相互抵消一部分，一般不会发生淬火开裂，只有当热处理工艺不当时才可能发生淬火开裂。

（4）热处理裂纹的分类 热处理裂纹可按以下方法分类：

1）按照裂纹产生的阶段分类为：①加热过程中的裂纹；②冷却过程中的裂纹；③再热过程中的裂纹。

2）按照淬火时的冷却方式分类为：①整体淬火裂纹；②表面淬火裂纹；③表面冷却不均匀时的裂纹。

3）按照应力状态分类为：①第一类应力型裂纹，如深裂纹、内部裂纹、表面裂纹和剥落；②第二类应力型裂纹，如显微裂纹。

不论按照那种方法分类，热处理裂纹的基本形态主要有以下几种：

1）纵向裂纹：裂纹沿工件纵向分布，有时会贯穿工件整个长度，裂纹较深（见图 11-43a）。这种裂纹往往发生在完全淬透的工件上，且随淬火温度的提高形成倾向增大。

2）横向裂纹：裂纹垂直于轴向（见图 11-43b），其断口形貌有明显的放射条纹，经常发生于直径较大的工件表面。其形成与淬火时局部拉应力过大有关。

3）表面裂纹：裂纹分布于工件表面，深度较浅，成网状分布（见图 11-43c）。如因表面脱碳，或者采用高频感应淬火或火焰淬火时，加热温度未达到奥氏体化温度，就快速冷却或加热至临界温度以上而冷却迟缓，工件表面会产生细小的热龟裂。

4）剥离裂纹：表面淬火工件的表面淬硬层剥落，以及化学热处理后沿扩散层出现的表面剥离，即剥离裂纹（见图 11-43d）。一般情况，裂纹潜伏在平行于工件表面的表面层下，严重时造成表面剥落。剥离裂纹的特征是平行于工件表面，其深度往往仅限于硬化层内。

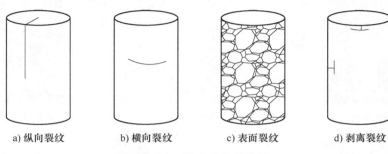

a) 纵向裂纹　　　b) 横向裂纹　　　c) 表面裂纹　　　d) 剥离裂纹

图 11-43　淬火裂纹的特征

（5）热处理裂纹的特征　热处理裂纹的主要特征为：①在热处理后立即出现；②裂纹较细，刚劲笔直，很少分叉，一般为穿晶扩展，少数为沿晶扩展；③沿工件上应力集中的区域起裂；④裂纹两侧无明显氧化、脱碳现象；⑤过热、过烧（如高速钢、铝合金等）时一般为沿晶开裂。

（6）热处理裂纹的诊断举例　开裂失效的车轮材料为 42CrMo。该车轮经过锻造后进行粗加工，然后进行热处理，在热处理淬火时发生了开裂（见图 11-44a）。经事故调查，同批热处理的车轮有 500 个，加热温度为 860℃，淬火时采用水冷工艺，出现开裂的零件有 20 个。加热淬火时车轮中间部位采用了夹具保护。经现场测量，开裂的车轮外径为 $\phi960mm$，轮缘厚度为 230mm。

通过肉眼观察，开裂的车轮外表面存在多处聚集的砖红色或黄色锈蚀，局部存在淡青色氧化皮，裂纹靠近车轮边缘。根据裂纹的宽度变化和主裂纹上较小的分叉判断裂纹起源于靠近轮缘的减重孔侧面（见图 11-44a）。将裂纹面打开，可见明显的放射纹，其收敛于减重孔侧面的尖角，此为开裂源区，如图 11-44b 中椭圆形标识所示，同时可见开裂面上存在大量砖红色氧化物，经 XRD 分析，其主要成分为 Fe_2O_3，是较低温度形成的。裂纹面 SEM 形貌为准解理+韧窝，可见裂纹为穿晶扩展（见图 11-44c）。金相分析结果显示，未加工表面存在明显的脱碳现象（见图 11-44d），开裂源区的开裂面和端面均未见脱碳，其金相组织和基体相同（见图 11-44e），基体金相组织为回火索氏体（见图 11-44f）。

42CrMo 属于合金结构钢，其碳、铬含量均较高，淬透性较好，淬火后以组织应力型残余应力为主，即表面受拉应力，心部受压应力，一般采用油冷却。如果采用水冷，冷却速度较快，表面和心部的温差增大，热应力增加，表面受到的拉应力会大幅度提高，容易引起淬火裂纹。该车轮的形状、尺寸变化较大，如果在车轮中间又增加热处理夹具，会增加车轮局部尺寸，降低淬火冷却能力，并造成各部分的冷却均匀性下降，致使局部热处理应力增大。零件上的孔为应力集中区域，在热处理淬火时，往往会因较大的热处理应力而首先产生起裂。

11.5.4　库存或运输中的失效诊断

1. 残余内应力引起开裂失效

1）热处理淬火后工件内部会产生较大的热处理内应力，同时马氏体形成时的相互碰撞

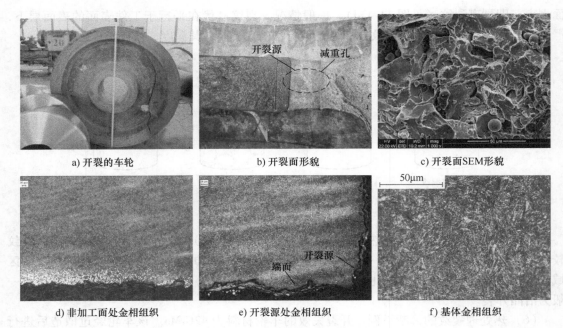

a) 开裂的车轮   b) 开裂面形貌   c) 开裂面SEM形貌

d) 非加工面处金相组织   e) 开裂源处金相组织   f) 基体金相组织

图 11-44 车轮开裂特征及组织形貌

还会产生大量的显微裂纹，如果不及时回火，可能会导致开裂失效。

2）焊接后不但会产生较大的焊接应力，有时还会产生硬而脆的马氏体组织，若焊后不及时回火，也可能导致变形或开裂。

3）大型锻件若锻后热处理工艺不当，没有及时消除残余应力和除氢，在静置期间也可能发生开裂失效。例如：一家锻造企业生产的大型环辊放置在室外的仓库中，正准备发给用户时，却在毫无预兆的情况下发生了爆裂，环棍碎块穿过屋顶后飞出几十米远。

2. 环境引起的腐蚀失效

1）加工过程中的零件在周转期间，其新加工的表面接触到腐蚀性介质或污物时很容易产生腐蚀。

2）有些产品或零部件需要长时间、长距离运转，特别是海运，在经历数月潮湿、闷热的海上运输后，一些产品在到达目的地交接中会发现腐蚀失效，如经海运出口国外的彩钢板、化妆品包装盒等。

3）有些工件在加工期间，可能会因为一些原因而不能连续加工，中断较长时间，却没有做充分的表面防护处理，从而产生了腐蚀。

3. 氢致滞后断裂失效

化学热处理（渗碳等）、表面处理（酸洗、电镀等）后停留时间过长以及焊接工艺不当时，外界进入材料中的氢会对材料造成不可逆转的损伤，引起开裂失效。

4. 搬运或摆放不合理引起失效

1）在机械加工车间，精密的细长杆类零件加工好后需要特别防护，较小的加工内应力，甚至自身的重量都有可能导致其产生变形超差。例如：配合精度要求较高的阀杆，其硬度很高，精磨往往是其最后的一道加工工序，会产生一定的残余内应力，若搬运或摆放不当产生变形后，因无法对其进行矫正而失效。

2）一些脆性较大的薄壁类零件，如材料为灰铸铁的气缸套等，挤压和磕碰都极易导致其产生开裂失效。

3）精密零部件的托运或货运不同于普通物品，需要特殊的操作规程。不规范的操作会造成人为的损坏失效。

4）运输过程中的振动和晃动等会引发零件疲劳开裂或微动磨损失效。

5. 特殊材料的环境敏感破裂

加工期间的零件会存在不同程度的残余内应力，在特定的环境中，一些金属材料会产生脆性开裂，如高强度钢在氢环境中的氢脆，黄铜在微量氨气中的氨脆（或称黄铜季裂），低碳钢的碱脆，不锈钢的氯脆、硫脆、氢脆等。

11.5.5　装配过程中的失效诊断

由于装配不当导致的失效可归纳为以下两种情况，

1. 正常装配过程中的失效

1）设计不合理，不能承受额定载荷。

2）构件自身存在缺陷，不能承受额定载荷。

3）对装配载荷未做要求，或用力过大，造成过载型断裂失效。

2. 装配工艺不当导致的失效

1）装配用力过大造成失效，如装配中的锤击、紧固件安装时延长扳手臂而导致扭矩过大等。有时虽然没有造成当场失效，但有可能会对构件造成一些损伤，如碰伤、产生微裂纹等，均可形成新的应力集中点，成为服役过程中的失效隐患。

2）预紧力不足导致的失效，如螺栓的预紧力不足时，可能会在服役中产生弯曲疲劳断裂。一些紧配合件因装配时过盈量不足，服役时产生相对运动，引发微动磨损或者疲劳失效等。

11.5.6　服役过程中的失效诊断

表 11-9 列出了机械构件失效的主要模式、原因和机理的主要形成条件和主要诊断思路。

按照图 11-14 所示机械装备的生命历程，机械装备在服役中的失效一般都和其前面的因素有关，关于设计、加工、装配以及储存与运输中的失效诊断已经逐一做了说明，以下主要介绍与服役环节相关的失效及其诊断。机械装备在服役过程中的失效和其服役特点密切相关，按照失效时构件是否发生开裂或断裂，服役过程中的失效形式可分为断裂失效和非断裂失效两种。

断裂失效按照构件在服役过程中承受应力的状态可分为：

1）一次性加载的过载型断裂失效。

2）承受交变应力的疲劳断裂失效。

3）承受恒定应力的应力腐蚀破裂失效、氢脆型断裂失效、高温蠕变断裂失效等。

在断裂失效中，过载型断裂失效往往有明显的塑性变形，断裂前有一定的征兆，微观断口的 SEM 形貌主要为韧窝，比较容易诊断。断裂失效中占比例最高的是疲劳断裂失效。氢脆型断裂失效具有突发性，其危害较大，是高强度钢和紧固件容易发生的失效形式。

表 11-9　机械构件失效的主要模式、原因和机理的主要形成条件和主要诊断思路

失效分类和形成主要条件（或初步特征）				诊断的主要依据			
断裂与否	宏观变形大小	载荷循环与否	有无腐蚀介质	腐蚀介质的种类或环境	断口诊断依据	裂纹诊断依据	痕迹诊断依据	参数诊断依据
断裂失效	脆性断裂（变形小）	一次性脆断（不循环）	材质脆性（无腐蚀介质）	脆性材料	断口有夹杂物	宏观平直，微观沿夹杂物	有时有撞击痕迹	$\sigma_f > R_m$　$R_{p0.2} \approx R_m$
				低温脆性	解理或准解理，有时为少量沿晶	宏观平直，微观弯折		$T_{工作} < T_c$
				低应力脆性	$a > a_c$（a 很小）	宏观平直		$K_I > K_C$ 或 $a > a_c$
			腐蚀脆性（有腐蚀介质）	蠕变（高温）	沿晶，晶界有空洞或楔形裂纹，氧化	沿晶，啮合性差	各种腐蚀痕迹	环境参数
				氢脆（氢介质）	冰糖块状断口，有鸡爪形花样	宏观平直		
				碱脆（碱介质）	沿晶，有碱金属残留	沿晶裂纹		
				低熔点金属脆性（低熔点金属）	沿晶或准解理有低熔点金属痕迹	沿晶或穿晶		
				辐照脆性（辐照射线）	沿晶或准解理	沿晶或穿晶	各种腐蚀痕迹	环境参数
				液体浸蚀脆性（腐蚀液体）	沿晶，有浸蚀液残留	沿晶		
				晶间腐蚀（晶间贫铬+电化学腐蚀环境）	沿晶，晶间附近贫铬	宏观平直，微观曲折		
				应力腐蚀（介质与材料匹配）	沿晶或准解理，有时有腐蚀产物	裂纹分叉，沿晶或穿晶		
				氢腐蚀（$4H + Fe_3C \rightarrow CH_4 + 3Fe$）	沿晶，晶界上有 CH_4 气泡	沿晶，有 CH_4 气泡		
	疲劳断裂（循环）		一般疲劳（无腐蚀介质）	机械疲劳断裂（机械循环应力引起）	疲劳弧线或疲劳条带或台阶	一般平直，穿晶		$\sigma_n > \sigma_R$
				热疲劳断裂（度交变引起）	疲劳条带间隔大，二次裂纹多，氧化严重	一般平直，穿晶，有时沿晶	氧化腐蚀痕迹	有温度的交变
				室温疲劳断裂	疲劳弧线、条带、台阶	一般平直，穿晶，啮合性好		$\sigma_n > \sigma_R$

（续）

失效分类和形成主要条件（或初步特征）					诊断的主要依据			
断裂与否	宏观变形大小	载荷循环与否	有无腐蚀介质	腐蚀介质的种类或环境	断口诊断依据	裂纹诊断依据	痕迹诊断依据	参数诊断依据
断裂失效	脆性断裂（变形小）	疲劳断裂（循环）	一般疲劳（无腐蚀介质）	高温疲劳断裂	疲劳弧线、条带、台阶	裂纹内有氧化或腐蚀	高温腐蚀氧化痕迹	$\sigma_a>\sigma_R$
				高周疲劳断裂	疲劳弧线、条带、台阶	一般平直		$\sigma_a<R_{p0.2}$ $N_f>10^5$
				低周疲劳断裂	疲劳条带间隔大，有时有成排韧窝	一般平直	塑性变形痕迹	$\sigma_a>R_{p0.2}$ $N_f<10^5$
			腐蚀疲劳（有腐蚀介质）	凡是对材料有腐蚀作用的介质均会引起腐蚀疲劳断裂	疲劳弧线、条带不清晰 / 有腐蚀产物	有沿晶，有穿晶，啮合，有时裂纹内有腐蚀产物	腐蚀痕迹	腐蚀参数
	塑性断裂（变形大）	一次性断裂		应力大，或强度低	鹅毛绒状或纤维状韧窝	穿晶，啮合差	塑性变形大	$\sigma_f>R_m$
非断裂失效	腐蚀失效	无循环	有腐蚀环境介质	非电化学腐蚀（高温氧化）	表面氧化膜，有的材料氧化膜剥落	一般穿晶，等温度以上沿晶	腐蚀痕迹	氧化或腐蚀参数
				一般电化学腐蚀	一般为沿晶	沿晶裂纹		
				液滴下的氧电池腐蚀	一般为沿晶	沿晶裂纹		
				缝隙腐蚀	一般为沿晶	沿晶裂纹		
				显微选择性腐蚀	异相遭腐蚀，或相界扩展（孔洞）	沿相界		
		有时有循环应力	可以有腐蚀性介质环境	微动磨损	磨蚀坑、痕、微裂纹（表面特征）	摩擦痕与相对运动方向垂直，裂纹扩展方向与主应力方向垂直，次表面疲劳生核	摩擦痕迹和磨损形貌	相对运动、润滑及应力参数
				磨粒磨损	磨损坑、划痕（表面特征）			
				腐蚀磨损				
				疲劳磨损（接触疲劳）	磨蚀坑、"鱼眼"断口（表面特征）			
				黏着磨损	有黏着、脱落（表面特征）			
	变形失效	有时有循环应力	无腐蚀	弹性失稳失效			弹性和塑性变形痕迹	$\sigma>\sigma_{失稳}$
				塑性变形失效	各种形式的塑性变形痕迹			$\sigma>R_{p0.2}$
				形状和尺寸变形失效（显微组织稳定性和内部应力联合作用）	形状和尺寸的变化痕迹			尺寸稳定性参数

注：σ_f 为工作应力；T_c 为韧脆转变温度；a 为裂纹长度；a_c 为临界裂纹长度；σ_n 为平均应力；σ_R 为交变应力；N_f 为疲劳寿命。

非断裂型失效主要包括腐蚀失效、磨损失效和畸变失效。

1. 疲劳断裂的诊断

（1）一级失效模式诊断　疲劳断裂是受循环应力作用的结果，应力的大小一般不超过材料的屈服强度，断裂时无明显塑性变形，属于脆性断裂的范畴。疲劳断裂的一级失效模式一般根据其受力特点和断口的宏观特征就可以判断。

（2）二级失效模式诊断　疲劳断裂的二级失效模式需要对构件的服役情况做比较深入的调查和了解，需要对断口的微观形貌特征做仔细的观察和分析，然后才可做出更高级别的失效模式诊断。例如：根据疲劳源区和瞬断区的相对位置，可以判断疲劳断裂的受力形式；根据断口上瞬断区的相对大小，可以估算疲劳断裂的应力大小；根据疲劳辉纹的间距，计算应力的循环次数；根据断口受到的氧化和腐蚀情况，判断疲劳断裂所处的环境等。

（3）疲劳断裂原因诊断　大多数疲劳断裂模式都比较容易诊断，但疲劳断裂产生的原因和预防措施则更加受到关注。在进行疲劳断裂的原因诊断时，仍然要围绕"薄弱环节"和"应力集中"这一基本原则。材料中的各种缺陷，失效构件结构方面的孔、过渡圆角、螺纹根部、加工刀痕等，都是应力集中区域，是容易引发疲劳断裂的发源地，在实际分析时要特别给予重视。共振是一个系统问题，设计上容易忽视，但却可以根据服役过程中的一些异常现象进行判断，如自来水管有时发出的"啸叫"，室外一些金属杆体莫名其妙的"振颤"等，都是一种共振现象。材料中的夹杂物可导致机械构件失效，但也要具体情况具体分析，不可过分强调其作用和影响，更不能错判和漏判。

有一份关于一个重载齿轮断齿的失效分析报告，失效原因归结为一个尺寸为 $34\mu m$ 的 A 类非金属夹杂物（MnS）。解读该失效分析报告后可知，失效的重载齿轮失效形式为断齿，断裂源位于齿根，断裂性质为疲劳断裂。仔细查看报告中提及的非金属夹杂物的 EDS 分析结果，发现其成分中 S 含量较高，却无 Mn 的谱线，可见分析者所说的 A 类夹杂物属于判断失误，应该是断口上的污染物。非金属夹杂物是材料中不可避免的材料缺陷，尺寸为 $34\mu m$ 的非金属夹杂物按照 GB/T 10561—2005 评级，也只能达到细系的级别。该齿轮外形尺寸为 $\phi600\times400mm$，和齿根部位的过渡圆弧，磨齿时留下的加工刀痕等相比，其对疲劳断裂的影响都要大得多。显然，该失效分析没有抓住问题的关键，而是刻意夸大了夹杂物的影响，何况断口上看到的还不是夹杂物。

对于一些强度或硬度较高、厚度又较薄的构件，脆性夹杂物的相对尺寸增大，往往是构件产生失效的起源。在一例钢丝线径为 $\phi0.12mm$ 的钢绳失效分析中，发现疲劳断裂起源于钢丝表层的菱形凹坑（见图 11-45）。金相检验发现，钢丝中存在较大尺寸的 TiN 类夹杂物（见图 11-46）。由此可见断口上的菱形凹坑是 TiN 类夹杂物脱落后留下的，该脆性夹杂物是导致钢绳线材发生疲劳断裂的主要原因。

（4）疲劳断裂诊断举例

案例 1：风电齿轮轴断齿失效分析（高周疲劳断裂）

风电设备上的中间齿轮轴材料为 18CrNiMo7-6，齿部采用了渗碳处理，使用状态为淬火+回火。齿轮轴装机并网运行时间为 530 天时发现断齿失效。经事故调查，该类型的齿轮轴发生断齿失效的事故同批次的仅此一起，失效所在地点为北美，运行过程中齿轮轴为单向转动。接受样品前，使用方对断齿进行了切割，有一部分断齿样品未提供。

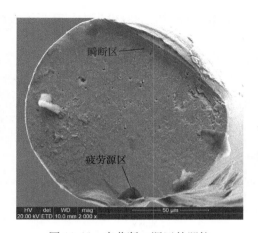

图 11-45　疲劳断口源区的凹坑

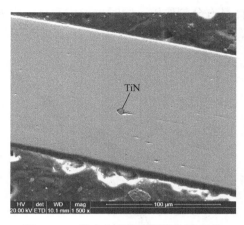

图 11-46　抛光态观察到的夹杂物形貌

对失效齿轮轴进行宏观观察，仅发现一个断齿，其余齿均比较完整，所有齿面均未见明显凹坑和损伤。断口整体上比较平坦、细腻，可见贝壳纹，具有疲劳断裂的宏观特征。

从图样规定的位置取样做力学性能试验和化学成分分析，结果均符合技术要求。齿部的渗碳层深度、硬度也符合技术要求。非金属夹杂物评级结果为：A0.5，B0，C0，D0.5，奥氏体晶粒度级别为 9~9.5 级。齿轮轴的纵向低倍组织和横向低倍组织均未见异常。

断裂面高倍 SEM 形貌可见疲劳辉纹和大致平行的二次裂纹（见图 11-47a），因此该断齿性质为疲劳断裂。根据断齿部分剖面金相试样上靠近断裂面的裂纹特征判断，疲劳起源于齿的内部，向节圆和齿根两个方向扩展，如图 11-47b 中箭头所示。在断口剖面试样上观察到尺寸较大的异物，如图 11-47c 中箭头所示。经 EDS 能谱分析，该异物的主要成分（质量分数）为 Al72.16%，O13.50%，Fe6.62%，Ca4.70%，Mg1.39%，如图 11-48 所示。由此可见，断口上的异物主要成分为 Al，其含量较高，不是材料中的正常元素，是冶炼过程中进入钢液中的外来物。

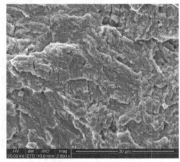

a) 断口 SEM 形貌

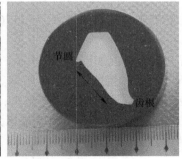

b) 裂纹扩展示意

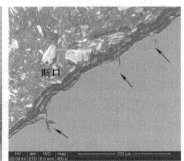

c) 断口上的异物

图 11-47　断齿面形貌

对齿轮服役过程中的受力情况进行有限元模拟（见图 11-49），发现正常情况下，齿根部位受到的拉应力最大，传递力矩的节圆面部位承受压应力。因此正常情况下，断裂应该从齿根开始。但实际断裂起源于齿的内部，说明齿的内部存在某种薄弱环节或异常现象。齿面部位检测到较大尺寸的富 Al 异物，是冶炼过程中进入钢液中的外来物，为原材料缺陷，对基体具有分割作用，同时也形成明显的应力集中，在齿轮较长时间的服役当中，充当了裂纹源，引发了疲劳断裂。

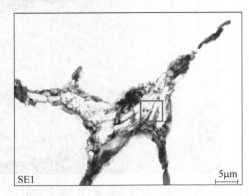 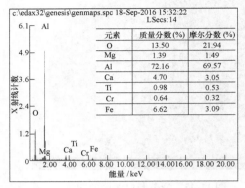

图 11-48　异物的能谱分析结果

多数情况下，零件光滑表面上发生高周疲劳断裂时，断口上只有一个或有限个疲劳源。只有在零件的应力集中处或在较高水平的循环应力下发生的断裂，才出现多个疲劳源。对于那些承受低的循环载荷的零件，断口上的大部分面积为疲劳扩展区。

高周疲劳断口的微观基本特征是细小的疲劳辉纹，依此即可判断断裂的性质是高周疲劳断裂。前述的疲劳断口宏观、微观形态，大多数是

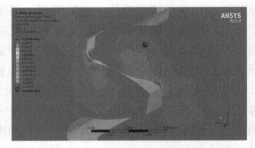

图 11-49　齿部受力情况的有限元模拟

高周疲劳断口。但要注意载荷性质、材料结构和环境条件的影响。

案例 2：飞机起落架叉形接头断裂诊断（低周疲劳断裂）

某型飞机前起落架使用至 1645 起落时，转弯机构的叉形接头发生了断裂。叉形接头使用的材料为 30CrMnSiA 模压件，热处理后抗拉强度 $R_m = (1176\pm98)\,MPa$，表面镀镉，其厚度为 $8\sim12\,\mu m$。

叉形接头在起落架上的位置和装配情况如图 11-50 所示，断裂位置位于叉型接头和螺纹部分的过渡圆弧处。叉形接头断口宏观形貌如图 11-51 所示。断口上部分比较平整、细腻，存在贝壳状特征和间距较宽的疲劳弧线，该区域为疲劳源区；下部分断裂面基本上和轴向呈 45°角，具有剪切特征，为最后的瞬断区；疲劳源区和瞬断区之间的断口也和轴向大致垂直，为疲劳扩展区。整个断口除疲劳源区外，其余均比较粗糙，凹凸不平，瞬断区相对面积较大，具有低周疲劳断口的典型特征。高倍 SEM 形貌观察显示，疲劳扩展区主要特征为大致平行的二次裂纹和机械损伤，如图 11-52 所示。

飞机起落架上的结构受力件由于其受力特点主要为低周次和大应力作用，且为循环载荷，其断裂性质一般均为低周疲劳断裂。

发生低周疲劳失效的零件，所承受的应力水平接近或超过材料的屈服强度，即循环应变进入塑性应变范围，加载频率一般比较低，通常以分、小时、日，甚至更长的时间计算。

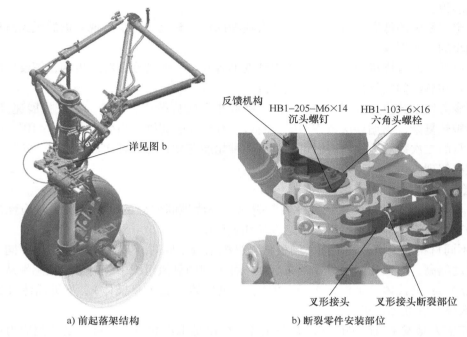

a) 前起落架结构　　　　　　　　b) 断裂零件安装部位

图 11-50　叉形接头在起落架上的位置和装配情况

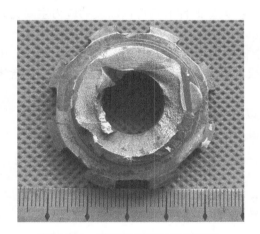

图 11-51　叉形接头断口宏观形貌

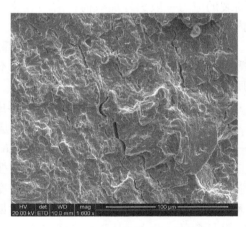

图 11-52　疲劳扩展区形貌

宏观断口上存在多疲劳源是低周疲劳断裂的特征之一。整个断口很粗糙且高低不平，与静拉伸断口有某些相似之处。

低周疲劳断口的微观基本特征是粗大的疲劳辉纹或粗大的疲劳辉纹与微孔花样。同样，低周疲劳断口的微观特征随材料性质、组织结构及环境条件的不同而有很大差别。

对于超高强度钢，在加载频率较低和振幅较大的条件下，低周疲劳断口上可能不出现疲劳辉纹而代之以大致平行的二次裂纹，或沿晶断裂和微孔花样为特征。

低周疲劳断口上有时可观察到轮胎花样。轮胎花样的出现往往局限于某一局部区域，它在整个断口扩展区上的分布远不如疲劳辉纹那样普遍，但它却是高应力低周疲劳断口上所独有的特征形貌。

热稳定不锈钢的低周疲劳断口上除具有典型的疲劳辉纹外，常出现大量的粗大滑移带及密布着细小的二次裂纹。

高温条件下的低周疲劳断裂，由于塑性变形容易，一般其疲劳辉纹更深，辉纹轮廓更为清晰，并且在辉纹间隔处往往出现二次裂纹。

低周疲劳属于高应力低周次疲劳断裂，裂纹扩展时疲劳应力较高，裂纹扩展速度较快，其断口形貌较复杂；当循环次数 $N>10^3$，断口上有粗大的辉纹；当循环次数 $N<10^3$，断口上以大致平行的二次裂纹为主，有时可观察到一种轮胎花样；当循环次数 $N<10^2$，断口上观察到韧窝或准解理。

2. 氢脆型断裂的诊断

（1）氢脆型断裂的三要素　氢脆性断裂属于环境破断失效的一种，发生氢脆性断裂一般需具备三个要素，即敏感材料、恒定载荷和氢环境。

1）不同材料氢脆敏感性不同，同种材料组织结构不同时，其氢脆敏感性也不同。钢的强度或硬度越高，对氢脆的敏感性越高。在各种不同的显微组织中，对氢脆敏感性从大到小的一般顺序为：马氏体（低温回火马氏体）、上贝氏体（粗大贝氏体）、下贝氏体（细贝氏体）、索氏体、珠光体、奥氏体。

2）拉应力是发生氢脆型断裂的必要条件，可以是工作载荷，也可以是装配应力或材料的残余应力。通常应力越大，发生氢脆型断裂的时间越短。服役中的螺栓、垫片等发生氢脆型断裂的应力一般为外加载荷；磨削裂纹，或者一些大型锻件的延迟性断裂的应力主要为残余内应力。

3）氢环境包括内部氢和环境氢。内部氢是指材料在冶炼、热加工、热处理、酸洗、电镀等过程吸入的氢；环境氢是指材料原来不含氢或含氢极低，但在氢气气氛下或在其他含氢介质中使用时吸入了氢。

（2）氢致裂纹的形成　氢致裂纹的形成具有以下特点。

1）延迟性特点。发生氢脆型断裂的应力有一个门槛应力 σ_c 或门槛应力强度因子 K_{Ih}。σ_c 是能发生氢致滞后开裂的最低应力。门槛应力强度因子 K_{Ih} 的含义是：当外加应力强度因子 $K_I=K_{Ih}$ 时，经足够长时间后最大氢含量达到临界氢含量（C_H），从而引起氢致裂纹的形核和扩展（见图 11-53）。

氢致裂纹的孕育形成需要一段时间，此即潜伏期，时间的长短与静载荷的大小、氢含量以及材料相关，即氢脆型开裂具有延迟性特点。氢致裂纹一经形成，将快速扩展，几乎在瞬间即扩展结束。

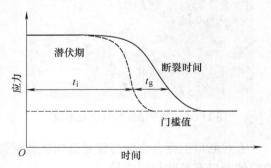

图 11-53　氢脆断裂应力与断裂时间的关系

2）裂纹萌生于次表面。氢通过促进局部塑性变形和降低原子间的键合力，一方面促进纳米级微裂纹的形核，另一方面促进微裂纹钝化成微空洞，即氢促进了空洞的形核。氢通过在空洞内部形成氢压及降低键合力升高了空洞的稳定性。研究表明，氢裂纹是在缺口前缘某一距离开始形成，然后逐渐相互连接长大而造成裂纹扩展，氢裂纹扩展是不连续的。

图 11-54 中 a→b→c 示意了氢致裂纹的形核和扩展过程；图 11-55 所示为实际分析中观察到的氢致裂纹。

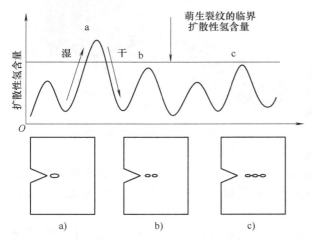

图 11-54　氢脆裂纹的形核和扩展

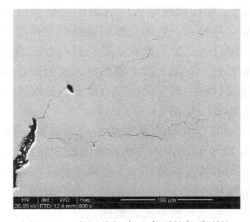

图 11-55　实际分析中观察到的氢致裂纹

（3）氢脆型断口的特征　钢的氢脆型断口没有固定的特征，它与裂纹前沿的应力强度因子 K_I 值及氢含量 C_H 有关，可以是韧窝，也可以出现解理、准解理及沿晶等形貌，有时甚至是混合的（见图 11-56）。

1）断口若为沿晶型断裂，沿晶面上经常会出现"鸡爪纹"。晶面上的"鸡爪纹"是氢致裂纹扩展过程中留下的痕迹，是一种塑性变形特征。氢促进缺口尖端处局部塑性变形的氢脆机理是近年来氢脆问题研究的一大进展。该理论认为，任何断裂过程都是塑性变形的结果，氢进入裂纹尖端能促进局部塑性变形，从而促进断裂。

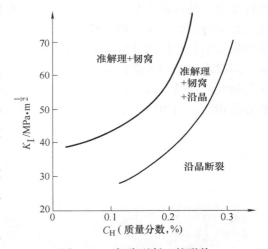

图 11-56　氢脆型断口的形貌

2）很少有沿晶的二次裂纹，垂直于主裂纹面做金相观察时，主裂纹两侧一般没有分叉现象。

3）K_I 值较大时，较低的氢含量 C_H 就可以发生氢脆，反之亦然，C_H 没有明确界限。

（4）氢脆型断裂失效分析　判断氢脆型断裂的主要依据有：①具备发生氢脆型断裂的三要素；②断裂面比较洁净，无腐蚀产物，断口比较平齐，有放射花样，呈结晶颗粒状亮灰色，一般为多源脆性断裂；③具有延迟性断裂的特点。

一般具备了以上三条，就可以断定其为氢脆型断裂。关于氢脆型断裂临界氢含量问题说法较多，但钢中氢的测量迄今为止，仍然是一个世界难题。事实上，对氢脆断裂起作用的是材料中的扩散氢，由于氢原子体积很小，活动影响因素较多，行踪多变，很难对发生氢脆断裂时的实际扩散氢含量进行准确测量。氢含量的测定值在氢脆型断裂失效诊断中只是一个参考，目前还没有明确的界限。

对于高强度钢结构件，或者强度等级在8.8级以上的高强度螺栓，其氢脆型断口一般为沿晶型，断口上大多会存在"鸡爪纹"。螺栓服役过程中的氢脆性断裂位置一般有两处：一处为光杆和螺纹段交界的第一扣螺纹处，另一处就是光杆和六方头的过渡圆弧处。有限元数字模拟显示这两处在螺栓服役过程中承受的拉应力最大，是螺栓的薄弱环节（见图11-57）。

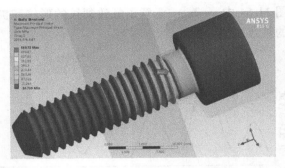

图11-57 螺栓服役中的受力分布

（5）氢脆型断裂失效分析举例 级别为12.9级的内六方螺栓在服役期间发生了断裂（见图11-58）。经调查，该螺栓整个加工工序均不涉及吸氢环节，螺栓最终表面处理为黑色氧化处理。螺栓装配时无力矩要求，同批次的螺栓在服役过程中发现了多个断裂。

宏观观察可见，螺栓表面氧化层比较完整，未见明显破损，断裂位置为光杆和螺纹段交界处的第一扣螺纹处，断口基本上和轴线垂直，断口比较洁净，未见腐蚀产物覆盖，无明显塑性变形，具有脆性断裂的宏观特征。经理化检测，该断裂的螺栓化学成分、显微硬度以及表面增碳与脱碳情况均符合 GB/T 3098.1 中12.9级螺栓的技术要求，同批次未断裂螺栓的纵向低倍组织和横向低倍组织均未见异常。在螺栓头部的内六方角部观察到微裂纹和挤压痕迹。同批次装配的未断裂螺栓，其头部内六方角部未见异常。断口 SEM 形貌观察可见沿晶+少量韧窝，可见二次裂纹，晶面上存在"鸡爪纹"（见图11-59）。靠近螺栓表面的金相组织和心部相同，均为回火索氏体+少量铁素体。

图11-58 宏观形貌

图11-59 断口 SEM 形貌

该螺栓具备氢脆型断裂的三要素：服役中承受恒定拉应力；金相组织为回火索氏体+少量铁素体，对氢脆较为敏感；螺栓本身含有一定量的氢，潮湿的空气会在螺栓表面凝集成水滴，水中含有的少量氢原子也会向应力集中明显的螺纹根部富集使局部氢浓度升高，具有氢脆型断裂所需的氢环境。该螺栓是在服役过程中发现断裂的，断裂具有延迟性特点。断口和轴向大致垂直，比较洁净，未见腐蚀产物覆盖，具有脆性断裂的宏观特征。

该螺栓装配时未对力矩做规定。装配不当，预紧力过大，导致螺栓发生了氢脆型断裂。

3. 腐蚀失效诊断

（1）腐蚀失效　金属与其表面接触的介质发生反应而造成的损坏称为腐蚀。在大多数情况下，腐蚀具有破坏性，它不仅使金属材料遭到破坏，有时甚至会危及生命。腐蚀失效的特点是失效形式众多，失效机理复杂。根据金属腐蚀损坏的特征不同，可以把腐蚀分为全面腐蚀和局部腐蚀。全面腐蚀也称均匀腐蚀，局部腐蚀则包括穴状腐蚀、点腐蚀、晶间腐蚀、穿晶腐蚀和表面下腐蚀。工程上最常见的金属腐蚀有：均匀腐蚀、电偶腐蚀、缝隙腐蚀、点腐蚀、晶间腐蚀、选择性腐蚀、磨损腐蚀（包括气蚀和微动磨损）、应力腐蚀（SCC）、腐蚀疲劳（CF）和氢脆（HE）。

（2）全面腐蚀失效诊断　金属构件发生腐蚀失效后，表面一般都会存在腐蚀产物，很难观察到基体的受损情况。在进行腐蚀诊断时，一般遵循以下程序：

1）先用肉眼观察，根据腐蚀产物的分布和厚重程度，初步判断属于局部腐蚀还是全面腐蚀。

2）若腐蚀特征不明显，还不能判断腐蚀性质时，可采用物理方法和超声波清洗，然后再进行观察，判断是否发生了腐蚀。

材料表面遭受腐蚀后，SEM 观察会发现，原始的机械加工痕迹会消失，表面会出现一些不规则的凹坑或裂纹。水垢是一种物理沉积，有时附着在材料表面，外观特征和腐蚀极为相似，但经过物理清理后，水垢会脱落或局部脱落，材料表面的原始形貌不会发生变化。在对核电厂的一些不锈钢管线，以及世界知名牛奶加工企业的不锈钢管线分析时，曾多次发现客户认定的腐蚀实际上是一层水垢。

3）确定属于腐蚀失效后，一般都要对腐蚀区域做剖面金相观察，确定是属于点腐蚀、应力腐蚀或其他类型的腐蚀等。

4）采用 EDS 能谱仪对腐蚀产物做元素分析，如图 11-60 所示。有条件的还可以采用 XRD、XPS 等对腐蚀产物做物相分析和价态分析，可确定造成零件失效的环境介质的成分，进一步确定失效的模式和机理，找到发生腐蚀失效的真正原因，从而制定切实可行的预防措施。

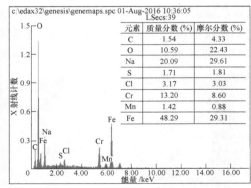

c:\edax32\genesis\genemaps.spc 01-Aug-2016 10:36:05
LSecs:39

元素	质量分数 (%)	摩尔分数 (%)
C	1.54	4.33
O	10.59	22.43
Na	20.09	29.61
S	1.71	1.81
Cl	3.17	3.03
Cr	13.20	8.60
Mn	1.42	0.88
Fe	48.29	29.31

图 11-60　点腐蚀孔洞处的腐蚀产物及成分分析

（3）点腐蚀失效诊断　点腐蚀的发生条件首先要是钝化膜的局部溶解或破坏，往往发生在表面有缺陷或夹杂物的地方，或钝化膜薄弱的部位，而且需要有活性阴离子的存在。氯离子容易被吸附，挤走氧原子，和钝化膜中的阳离子反应生成可溶性的氯化物，破坏钝化膜，形成小坑，即点腐蚀诱导阶段，形成一个闭塞电路。含氯离子的水溶液是产生点腐蚀的主要原因，点腐蚀的特征是金属构件表面有肉眼可见的腐蚀麻坑，用金相法检验观察点腐蚀坑的剖面，其基本形状有 7 种形态。点腐蚀因其并非突发性，其危害性并不十分严重，但其腐蚀坑却常常成为应力腐蚀或腐蚀疲劳的起源点，其严重性就十分大。

非金属夹杂物和基体金属的化学成分不同，其电极电位也不同。当接触到腐蚀性介质时，会形成大阴极（基体）和小阳极（夹杂物）的电化学腐蚀，结果是夹杂物和基体之间形成较大的腐蚀间隙，靠近夹杂物边缘的基体也会发生腐蚀。材料中的夹杂物经磨削后部分露出表面，腐蚀性介质进入夹杂物和基体之间的缝隙，腐蚀会发生化学反应，反应产生的气体会将缝隙中的一些含腐蚀产物的介质带到表面，在夹杂物周围形成扇形区域（见图 11-61）。从缝隙中泛出的介质还会在夹杂物边缘继续产生腐蚀，腐蚀产物脱水后形成龟裂状（见图 11-62）。

图 11-61　夹杂物周围的腐蚀产物

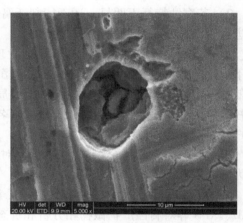

图 11-62　夹杂物侧面的腐蚀现象

案例：高铁联轴器内壁腐蚀（缝隙腐蚀失效）

高铁联轴器内壁和电动机轴为过盈配合，使用一段时间后，在齿轮轴端和电动机轴端出现两道颜色较深的呈周向分布的印痕，两道印痕的位置分别靠近两个轴的端头部位（见图 11-63）。SEM 形貌观察结果具有点腐蚀特征，腐蚀较严重的区域，点腐蚀坑连在一起，

a) 联轴器在车轮上的位置

b) 联轴器

c) 内壁印痕

图 11-63　联轴器表面的腐蚀形貌

点蚀坑中存在异物（见图 11-64）。剖面金相形貌检查可见腐蚀区域存在较多的非金属夹杂物，存在暴露于表面的夹杂物，其形状、大小与基体中的夹杂物相当（见图 11-65）。这表明表面的腐蚀和材料本身的夹杂物有关。

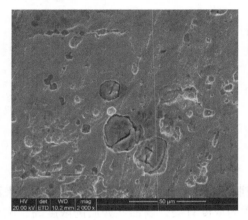
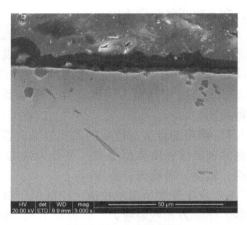

图 11-64　表面点腐蚀形貌　　　　　　　　　图 11-65　夹杂物形貌

失效分析的结果认为，该联轴器内壁颜色较深的印痕为缝隙腐蚀所致。材料中较为严重的非金属夹杂物是产生缝隙腐蚀失效的重要原因之一。

一定宽度（常为 $0.025 \sim 0.10mm$）的缝隙会在腐蚀性介质的作用下引起缝隙腐蚀。空气中的水蒸气容易在轴端头和联轴器内壁的间隙中凝集形成液态环境，同时空气中的 CO_2 和一些含 S、Cl 等元素的腐蚀性介质溶于凝集水中，从而在电化学方面满足了腐蚀的介质条件，诱发了联轴器内壁表面产生缝隙腐蚀。缝隙腐蚀发生的机理类似于点腐蚀，是一个闭塞电池的腐蚀机理，所不同的是点腐蚀需要有一个闭塞电池形成的腐蚀诱导过程，而缝隙腐蚀的闭塞电池基本上是现成的。缝隙腐蚀经常是构件结构上的原因所致。预防缝隙腐蚀的措施除控制材料的纯净度外，结构上应尽量避免狭窄缝隙。点腐蚀预防措施对缝隙腐蚀也很有效。

（4）应力腐蚀破裂诊断　在所有的腐蚀失效中，应力腐蚀破裂的危害性最大，它具有突发性的特点，经常会引起火灾或有毒有害介质的泄漏，与人们的生命安全息息相关。

材料科学中，应力腐蚀破裂被定义为：由于腐蚀环境和静态或单向变化的拉应力共同作用而引起的一种局部腐蚀，引起金属结构承载性能明显下降，通常导致裂纹的形成而造成脆性破裂。它是一种较为隐蔽的局部腐蚀形式，裂纹的萌生和亚临界扩展往往在宏观上没有明显的预兆，裂纹扩展到临界长度使得应力强度因子达到断裂韧度时，易于造成突发性的断裂失效事故。

拉应力、特定的腐蚀环境和敏感材料是发生应力腐蚀破裂的三要素。

应力腐蚀破裂一般具有以下特点：

1）材料表面腐蚀程度较轻，一般无全面腐蚀的特征。

2）裂纹往往起源于表面的点腐蚀坑或腐蚀小孔的底部。

3）主裂纹通常垂直于主应力方向，多半有分支，呈落叶的树枝状或闪电状（见图 11-66）。

4）裂纹端部尖锐，裂纹内壁及金属外面的腐蚀程度通常很轻。

5）裂纹有沿晶、穿晶及混合型三种扩展形式。一般情况下，碳钢、低合金钢、α-黄铜为沿晶开裂；奥氏体不锈钢在 Cl 离子气氛中为穿晶开裂，在 S 离子气氛中为沿晶开裂。

6）应力腐蚀断口具有脆性断裂的宏观形貌特征，一般比较粗糙，有腐蚀色，有时能观察到放射纹状条纹。通常情况下，应力腐蚀是多源的。断口微观形貌穿晶型为河流花样，沿晶型有冰糖状特征。

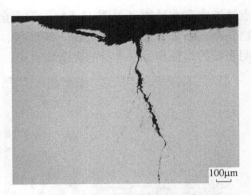

图 11-66　304 不锈钢应力腐蚀裂纹

7）特定的合金有特定的敏感腐蚀介质，对应力腐蚀破裂按介质类型分类，可分为碱脆、氢脆、氯脆、氨脆、硝脆等。

8）发生开裂所需的拉应力一般低于材料的屈服强度，但存在一个临界应力。应力来源包括工作应力和残余应力。临界应力和腐蚀性介质的浓度有关，腐蚀性介质的浓度高，临界应力低，反之亦然。

9）可根据工件服役时的工况和受力特点，在实验室做模拟和验证试验，展开预测预防研究。

4. 磨损失效诊断

（1）钢的磨损失效分析　机器运转时，任何构件在接触状态下相对运动时（滑动、滚动或滑动+滚动），都会产生摩擦，磨损总是和摩擦相伴。磨损存在材料损失或迁移，并需要一定的时间。机械零部件因过度磨损失去原有设计所规定的功能时称为磨损失效。磨损与构件的大小无关，磨损失效需要一个量变到质变的转化过程。

钢的磨损失效分析是通过对磨损零件残体等的分析，判明磨损类型，揭示磨损机理，追溯磨损发生、发展并导致工件磨损失效的整个过程，是一个从结果到原因的逆向分析过程。

（2）磨损失效的分类　Burwell 于 1957 年，按照磨损的破裂机理，将磨损分类为：①黏着磨损；②磨粒磨损；③疲劳磨损（或称接触疲劳）；④腐蚀磨损（或称微动磨损）。

实际分析中往往会有多种磨损失效形式同时存在，但一般有一种是主要的。

（3）磨损失效诊断　磨损失效诊断主要是依据磨损表面的形貌特征，以及组织结构的变化进行的。

1）黏着磨损的主要特征为：①凸起和转移处有相对的撕脱，接触面比较粗糙，具有延性破坏凹坑特征，宏观或微观形貌可观察到黏着痕迹，存在高温氧化色；②剖面金相可见冷焊和组织变形；③通过 EDS 可分析出存在对磨材料的迁移。

2）磨粒磨损的主要特征是在接触面上有显著的磨削痕迹，有时也被称为型沟。

3）疲劳磨损（或称接触疲劳）的主要特征为麻点剥落，接触表面出现各种封闭式微裂纹和微断裂，表面磨屑脱落后表面形成豆状坑，或称"鳞状"脱落。

4）腐蚀磨损（或称微动磨损）的主要特征是各种金属表面的腐蚀痕迹特征不同，如铁基金属的微动磨损产物为棕红色粉末，铝和铝合金的微动磨损产物为黑色粉末，铜、镁、镍等金属的磨屑多为黑色氧化物粉末。

（4）磨损失效诊断举例　地铁列车上的轴箱轴承在使用一段时间后出现异常声响。对失效轴承拆解中发现（见图 11-67），轴承 T 端内部的滚珠呈银亮色，W 端的轴承滚珠呈淡黄色，该侧的轴承外圈内壁表面存在淡黄色的油脂和一处沿轴向分布的损伤带。两端的轴承盖形状不同，内部充油量也不同，W 端的轴承盖内的油脂大致占到一半，油脂颜色泛青；T 端轴承盖内充满了油脂，油脂颜色泛黄。将轴承外圈充分清洗后肉眼观察，宏观上存在三种特征：①鼓包和显微裂纹；②浅而光滑的压痕；③肉眼明显可见的周向损伤带。

图 11-67　外圈内表面的损伤带

轴承外圈和滚珠化学成分符合 GCr15 钢技术要求，晶粒度为 9.0 级，其夹杂物评定结果为 A0.5，Ae0.5，B0，C0，D0.5。外圈硬度为 57.5～59.0HRC，滚珠硬度为 62.5～63.0HRC。润滑油脂中检测到 $150\mu m \times 100\mu m$ 的金属磨屑。从损伤带区域切取剖面试样，经镶嵌、磨抛和侵蚀后观察可见，该区域的次表面存在和原始表面大致平行的微裂纹，存在从该微裂纹中萌生的向表面扩展的更小的微裂纹（见图 11-68a、c）。根据微裂纹的相对宽度判断次表面和表面大致平行的微裂纹为首先产生，然后向表面扩展，结果产生凹坑（见图 11-68b）。凹坑底部由于反复的接触撞击产生较高温度，出现了组织变质层（见图 11-68d）。心部正常金相组织为回火马氏体+碳化物+残留奥氏体（见图 11-68e）。

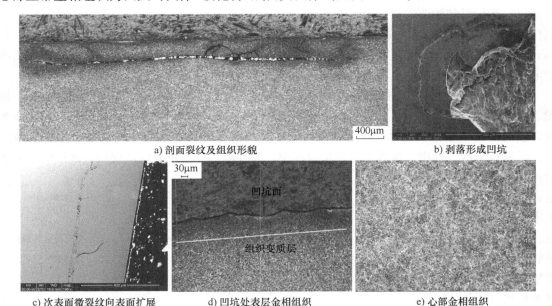

a) 剖面裂纹及组织形貌　　　　　　　　　　b) 剥落形成凹坑

c) 次表面微裂纹向表面扩展　　　d) 凹坑处表层金相组织　　　e) 心部金相组织

图 11-68　损伤部位的显微组织及微裂纹形貌

W 端内圈外表面颜色呈淡黄色，T 端呈银亮色，说明 W 端工作过程中经历过较高的温度；W 端外圈内表面鼓包部位靠近中间部位，该部位存在周向亮带，说明该部位磨损程度相对较重。从拆解后的油脂的分布情况来看，W 端的轴承盖中一半充满了油脂，一半几乎没有油脂；而 T 端的轴承盖中充满了油脂。轴承的工作面为斜面，滚珠滚动时会将润滑油脂挤向一侧，油脂一旦进入轴承盖，就很难再返回到滚道部分，将会造成实际润滑油脂减少，远离轴承盖的部分减少量最多，会造成该区域润滑效果降低，导致摩擦阻力增大，温度上升，导致工作表面变色，严重时可造成工作面损伤。轴承外圈内表面的损伤带和其旁边的鼓泡缺陷性质相同，均为疲劳磨损，鼓泡产生于早期阶段。

轴箱轴承工作中出现异常声响是由于其外圈内表面出现了带状凹陷损伤，破坏了轴承工作的平稳性，从而产生了异常声音。该带状凹陷损伤性质为疲劳磨损，其产生原因主要与该部位润滑油脂减少有关。

5. 其他类型的失效诊断

（1）电蚀失效　电蚀是腐蚀的一种形式，是在电流作用下瞬间产生电火花放电，局部产生高温，部分金属熔化，或接触部位的电介质发生碳化的一种现象。电蚀严重时可导致机械构件的失效，机械装备中和电动机驱动轴配合的齿轮、轴瓦、轴承等容易出现电蚀失效。

1）轴电压。在电场、磁场以及机械动力的作用下，电动机驱动轴上会产生一定的轴电压和杂散电流（见图 11-69）。理论上，任何一种类型的旋转机械都可能产生轴电压，只要它的轴或轴承切割磁力线，电动机尤为突出。轴电压与轴电流是电蚀失效的根源。设计和运行条件正常的电动机，运行时转轴两端只会产生很小的电位差，这种电位差就是通常说的轴电

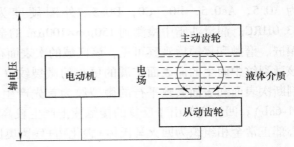

图 11-69　齿轮电蚀系统图

压。当电动机的设计、调试存在问题，电动机出现故障的情况下，电动机往往会出现较高的轴电压。生产实践表明，只有当轴电压达到某一数量水平时才会引起电蚀。

2）电蚀失效过程。电蚀时的液体介质也称电介质，是指主、从动齿轮间的油膜。齿轮、轴承等构件在服役中，其中的润滑油或润滑脂中会产生一定数量的金属磨屑、残碳或水分，使润滑油（脂）的绝缘性降低。齿面或轴承的滚道面还因表面不完整性而存在显微凹凸，齿轮在啮合过程中，或者滚珠滚动过程中，其接触部位的距离逐渐变小。杂散电流可能会击穿润滑油膜产生电火花放电，电流瞬间增大，电介质产生雪崩式电离，局部产生高温。程度较轻时，可导致润滑油膜碳化，接触部位变色；程度较大时，可使部分金属熔化并被抛出（见图 11-70）。

在电动机运转过程中，存在转子的静态偏心和动态偏心以及转子导体异常等因素导致的电磁振动，转子不平衡、滚动轴承异常安装、调试不良引起的机械振动，还有电动机输入电流的交变频率等，若其中某

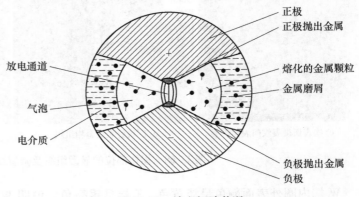

图 11-70　放电间隙状况

些振动频率和电流的交变频率满足整数倍关系时将发生共振，会产生高强度的电流脉冲。电动机驱动轴上存在漏电流，或驱动轴上的杂散电流中存在强度较高的脉冲电流时，电火花放电可产生较多的热量，可造成局部金属熔化。由于齿轮的齿面以及轴承的滚道面都要求较高的耐磨性，所以其碳含量一般都较高，淬透性较高。局部金属熔化的同时，还会导致点蚀区域产生二次淬火，显微组织中经常会检测到马氏体。

若铁轨的对地绝缘不够充分，就会造成一部分负荷电流泄露在大地，也会形成杂散电流（见图 11-71）。铁轨附近埋有金属管线的时候，其对地绝缘一般来说并不充分，这样一部分杂散电流就会流到导电性能良好的埋地金属管线，这样就会形成杂散电流，而且会在金属管线中发生流动。杂散电流从土壤流进地下管线处（阴极）和杂散电流从地下管线流入土壤处（阳极）构成一宏电池，加之阳极和阴极各自一方，其产物不能结合成溶性物质覆盖在阳极区金属表面上，故阳极腐蚀情况更为严重，这也是电蚀。

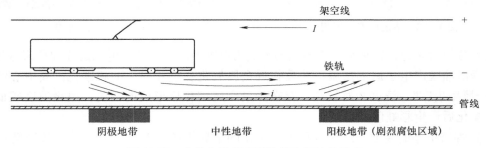

图 11-71　杂散电流对地下构筑物腐蚀的影响

杂散电流也能引起钢筋混凝土结构腐蚀，特别是在混凝土内含氯化物盐类（如 NaCl、$CaCl_2$ 等）的情况下，腐蚀就更为强烈。

3）电蚀失效特点。资料表明，约 20% 的发电机故障是由于轴承损坏而造成的，而轴电流又是轴承损坏的重要原因，约占轴承损坏的 30%。在特殊的事故状态下，强大的轴电流在很短时间内就会损坏轴承。在轴承中，比较严重的电蚀宏观上表现为大致平行的线痕，俗称"搓衣板"。电蚀区域 SEM 观察时可见金属熔珠等熔化特征。电蚀区域的剖面金相组织形貌可见二次淬火马氏体组织，该组织硬而脆，受到冲击载荷作用时极易破裂，产生微裂纹，成为后期失效的起源。电蚀本身是腐蚀的一种形式，发生轻微的电蚀时不会立即产生断裂等灾难性事故，但电蚀产生的坑痕可形成应力集中，若存在微裂纹，则更容易在随后的服役中产生疲劳断裂。

齿轮发生电蚀时，往往在主动齿轮和从动齿轮上均留下电蚀痕迹。若将两个齿轮恢复到啮合状态，可以发现电蚀痕迹具有良好的吻合性。电蚀痕迹可能出现在不同齿的相同位置，其形状、大小也基本相同，甚至电蚀区域的颜色也基本相同。

4）电蚀失效预防。减少电蚀失效的根本途径是减小轴电压（或轴电流），要从轴电压产生的主要原因着手，如磁不对称、静止励磁、静电电荷以及电动机外壳、电动机轴或电动机轴承永久磁化等方面采取措施。预防措施除保证电动机的良好接地外，有条件时还应定期更换润滑油（脂），保证润滑油（脂）良好的电绝缘性能。

5）电蚀失效分析举例。国内某核电企业电动机轴承在维护检修时发现有频幅异常现象，对电动机前后端的轴承进行解剖后观察（大轴承位于电动机前端，小轴承位于电动机后端），在轴承的内外圈滚道面上均发现大致平行分布的短痕，有的区域比较密集，有的区域比较稀疏（见图 11-72）；短痕呈梭状，中心颜色较深，边缘颜色较浅，有彩虹色彩特征。大多数短痕区域可观察到原始的磨削加工痕迹（见图 11-73）。

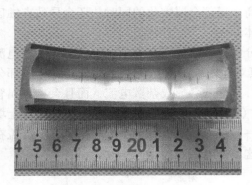

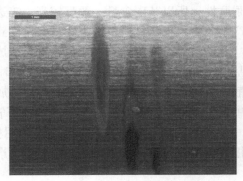

图 11-72　滚道面宏观形貌　　　　　　　　图 11-73　短痕形貌

失效分析后认为，该轴承滚道面上的短痕为电蚀所致，为杂散电流击穿轴承滚珠和滚道面间的润滑油膜产生了局部高温，导致临近金属氧化变色和润滑油膜碳化。其中心区域为"电极金属抛出区"，温度相对较高，存在少量金属熔化后形成的凹坑；边缘温度较低，金属发生氧化后产生彩虹色。

（2）焊渣引起的烧蚀　焊接过程中，熔化的金属焊渣会产生飞溅。若焊接时防护措施不良，焊渣可能会飞溅在其他构件上，如果没有引起重视，结果就可能会埋下隐患。因为焊渣飞溅一般都是无意识的，所以被焊渣损伤的零件一般都不会做专门的后续热处理。焊接时，熔池的温度高达 1770℃，从熔池飞出的焊渣掉落在其他构件上时，可能会导致其较小的接触区域发生烧熔（或称烧蚀），温度升高到材料奥氏体转变温度以上，随后又被临近的基体金属快速冷却，类似于淬火过程，对于淬透性较好的高强度钢，可形成硬而脆的马氏体组织，其性能和基体产生差异，形成应力集中；若出现了马氏体组织，则更容易萌生微裂纹，引起断裂失效。一些碳含量较低的材料，焊渣往往不会造成其邻近区域产生马氏体组织，但其硬度却往往高于母材。构件上的焊渣受到别的较硬的物体挤压后可在构件表面形成凹坑，成为应力集中点，容易诱发微裂纹，导致断裂失效。

型号为 100PE-1R 的链条装机使用 1 个月后，其中一片链板出现开裂。经事故调查，开裂的链板的材料为 40Mn2，要求热处理后硬度达到 40~48HRC。装配时，轴销的外径为 9.51mm，链板的孔径为 9.39mm。链板热处理淬火温度为 860℃，回火温度为 370℃。

经实际检测，链板的化学成分符合 40Mn2 钢的技术要求，基体硬度检测结果为 46.5HRC，符合 40~48HRC 的技术要求。链板侧面的裂纹形貌如图 11-74 所示。由图 11-74 可见，裂纹两侧存在焊渣残留，开裂面上还可以看到焊渣向基体内部具有一定的烧熔深度，约为 0.66mm，断口较为平整，无塑性变形，具有脆性断裂的宏观特征。断裂面 SEM 形貌观察结果为沿晶+少量韧窝，晶面上存在鸡爪纹。垂直于断裂面截取断口剖面试样，经镶嵌、磨抛及化学试剂侵蚀后置于光学显微镜下观察（见图 11-75），试样基体显微组织为回火屈氏体，为该热处理工艺的正常显微组织。裂纹源区的显微组织为马氏体。采用 FM-800 显微硬度计对该区域进行显微维氏硬度检测，并按 GB/T 1172—1999 转换为洛氏硬度，5 点测量结果的平均值为 59.0HRC，超出了基体硬度（46.5HRC）较多。

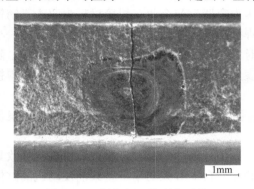

图 11-74　链板侧面的裂纹形貌

图 11-75　断裂面剖面显微组织

焦渣烧蚀产生的马氏体组织对氢脆型断裂最为敏感，过盈配合的装配方式也会使链板的外侧面承受恒定的拉应力，结果导致了链板发生了氢致延迟性开裂。

（3）低熔点金属致脆　低熔点金属致脆也称液态金属致脆开裂，一般发生在固-液态金属界面，在某些情况下也可在内部发生开裂（如低熔点金属被包裹于焊缝中）。导致液态金属致脆的金属一般熔点较低，且具有相应的温度范围。实际上，低熔点金属有时在固态下也可导致合金发生脆断或开裂。这是由于在一定温度下（接近低熔点金属的熔点），低熔点金属处于一定的热激活状态，会发生界面化学吸附，并与基体元素相互扩散，从而导致脆性断裂。

液态金属脆断的裂纹扩展速率极高，裂纹一般沿晶扩展，仅在少数情况下发生穿晶扩展。虽然有时也发生裂纹分叉，但最终的断裂由单一裂纹引起，导致开裂的表面通常覆盖着一层液态金属，由于该覆盖层较薄，从几个原子到几个微米厚，采用化学方法较难分析。判断液态金属致脆的重要途径之一是采用扫描电子显微镜观察其断口形貌，再用其配置的 EDS 能谱仪对开裂面上的覆盖层进行定性和定量分析（见图 11-76）。

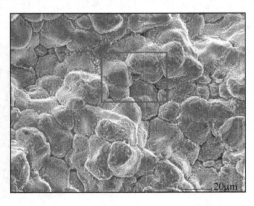

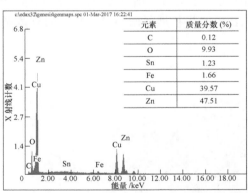

元素	质量分数 (%)
C	0.12
O	9.93
Sn	1.23
Fe	1.66
Cu	39.57
Zn	47.51

图 11-76　断裂面上覆盖物 EDS 能谱分析结果

日常生活中发现不锈钢材料发生铜脆型开裂的事故较多。一些不锈钢管是采用带材卷制后，用激光焊做连续焊接而成。焊接时卷制好的不锈钢管需要连续传输通过激光电弧区域。由于不锈钢硬度较低，为了美观，或为了避免钢管表面产生划痕影响后续加工，传输钢管用的导轮常采用硬度较低的纯铜材料。钢带在切边时留下的毛刺刮擦到纯铜碎屑后，会在随后的焊接中裹入材料中，从而引发铜脆开裂。一家压力容器生产企业在焊接材料为 304 不锈钢的锅炉汽包封头时，会迫使封头在垫板上转动，焊接操作台为纯铜垫板，粗糙的焊缝将一小块纯铜刮下并粘连在焊道上，在进行第二道焊接时，被刮下的少量纯铜被裹入焊缝之中，随后也发生了铜脆型开裂。还有企业在不锈钢管外表面用钎焊的方法焊接散热翅管时，因焊接工艺不当也导致了铜脆开裂。

液态金属致脆发生于低碳钢的案例也不少，西气东输的管线钢就有铜脆致裂的案例报道。

某载货汽车驾驶员在行驶时发现油压不正常，还出现断油情况，经检查后发现机油收集器出现断裂。经事故调查，断裂的机油收集器安装在一台 13L 大功率重型柴油发动机的缸体下方机油泵上，起吸收机油的作用。机油泵内油温为 90℃ 左右，出现断裂的里程一般为 8 万~30 万 km，该机油收集器断裂事故已发生数起。

断裂失效的机油收集器材料为 20 钢，断裂位置如图 11-77 图中标识所示。收集器的管子和法兰采用铜钎焊，即先将法兰和管子组装对正，然后在配合间隙里置入铜钎料，再将其放入网带炉中加热，铜钎料熔化并渗入到配合间隙，凝固后起到有效焊接作用。

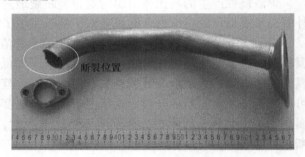

图 11-77　宏观形貌

宏观分析可见断口上大部分区域呈黄色（见图 11-78），SEM 形貌观察可见这些区域主要为沿晶形貌，晶界上存在异物覆盖；EDS 能谱分析结果发现该区域晶界上的异物主要成分为 Cu；比较洁净的断口上可见疲劳辉纹与二次裂纹，可见该机油收集器的断裂性质为疲劳断裂。经实际检测，断裂的机油收集器化学成分符合 20 钢的技术要求。基体的金相组织为细小的等轴状铁素体+珠光体，断口附近可见粗大的魏氏体组织，存在表面向材料内部沿晶界扩展的微裂纹，裂纹内有黄铜填充（见图 11-79）。

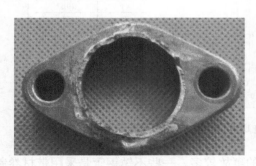

图 11-78　焊接处剖面形貌

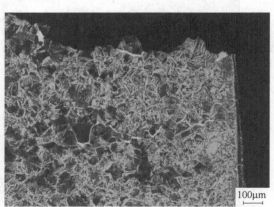

图 11-79　断口处显微组织

铜钎料的熔点在 450℃ 以上，焊接温度一般不超过 550℃。断口区域和母材区域显微组织存在明显差异，断口处可见粗大的魏氏体组织，说明该部位发生了晶粒长大，温度应高于 20 钢的正常正火温度 910℃。由此可见，该机油收集器钎焊工艺不当，首先形成了铜脆裂纹，随后在外力作用下以疲劳裂纹的形式扩展，发生了疲劳断裂。

（4）蠕变失效

1）蠕变和蠕变失效。固体材料在较长的时间内，在保持外力和温度不变的情况下，应变随时间的延长而增加的现象成为蠕变，由这种蠕变而导致的失效称为蠕变失效。蠕变不同于塑性变形，即便是小于弹性极限的应力，但只要应力作用的时间足够长，就会引起蠕变。发生塑性变形的应力通常则要应力超过材料的弹性极限。

2）蠕变过程。金属的蠕变过程一般分为三个阶段，可采用蠕变曲线表示，如图 11-80 所示。

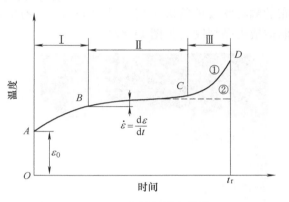

图 11-80　金属的蠕变曲线

第一阶段 I（或 AB 段）：减速蠕变阶段，为非定常蠕变，应变速率随时间的增加而减小。

第二阶段 II（或 BC 段）：恒速蠕变阶段，为定常蠕变，应变速率基本保持常值。

第三阶段 III（或 CD 段）：加速蠕变阶段，应变率随时间而增大，最后材料在 t_r 时刻发生断裂。

一般情况，温度升高或应力增加都会使蠕变速率加快，并缩短达到蠕变断裂的时间。若应力较小或温度较低，则蠕变的第二阶段持续的时间较长，甚至不出现第三阶段；若应力较大或温度较高，则蠕变的第二阶段时间较短，甚至不出现，而可能直接发生蠕变断裂。

3）蠕变机理。金属材料在蠕变过程中可发生不同形式的断裂，按照断裂时塑性变形量大小的顺序，可以将蠕变断裂化分为：①沿晶蠕变断裂；②穿晶蠕变断裂；③延缩性蠕变断裂。

沿晶蠕变断裂是常用高温金属材料（如耐热钢、高温合金等）蠕变断裂的一种主要形式。主要原因是在高温、低应力和较长时间作用下，随着蠕变的不断进行，晶界滑动和晶界扩散比较充分，促进了空洞和裂纹沿晶界形成和发展。

穿晶蠕变断裂主要发生在高应力条件下，其断裂机制与室温条件下的韧性断裂类似，是空洞在晶粒中的夹杂物处形成，并随蠕变进行而长大、汇合的过程。

延缩性蠕变断裂主要发生在高温（$>0.6T_m$，T_m 为熔点）条件下。这种断裂过程总伴随着动态再结晶，在晶粒内不断产生细小的新晶粒。由于晶界面积不断增大，空位将均匀分布，从而阻碍空洞的形成和长大。因此，动态再结晶抑制沿晶断裂。晶粒大小与应变量成反比。

目前，还没有一个通用的蠕变理论可用于解释所有的蠕变现象。对于金属材料，目前的蠕变理论主要有老化理论、强化理论和蠕变后效理论。

浙江某锅炉制造企业燃烧器文丘里在标高 27.6m 的使用过程中，于 2005 年 6 月 15 日发生断裂坠落事故，喷嘴与文丘里外套相连接的 16 个 M16 螺栓全部断裂。坠落的喷嘴是 2004 年 10 月投入使用的，使用温度为 850℃，累计运行为 6000h。喷嘴材料为 IC-3A 高铬铸钢，螺栓材料为 06Cr25Ni20 耐热钢。在粉尘中捡回了 4 块坠落的喷嘴碎块和三个螺栓断口，在文丘里外套上拆卸下了 9 个螺栓断口。

将捡回的 4 大块喷嘴碎块拼接，存在较多数量的样品缺失，但所有的喷嘴断裂面均比较新鲜，呈洁净的银灰色，为后期的一次性断裂。回收的 12 个螺栓断口特征基本相同，断口上覆盖着一侧致密的灰色异物，断裂面比较粗糙，基本上和轴向垂直，为陈旧性脆性断口。

通过对燃烧器喷嘴断裂碎块以及螺栓断裂件的宏观分析和详细的理化检测，对实际工作时的应力和温度的影响因素做了较为全面的分析，并对螺栓材料做了过热模拟试验，然后检测其力学性能，分析其组织变化。螺栓断口处的剖面金相组织观察可见，晶界上存在连续分布的颗粒状或长条状 σ 相（见图 11-81）。有的区域晶界上还存在显微空洞，连续分布的空洞造成沿晶裂纹（见图 11-82）。

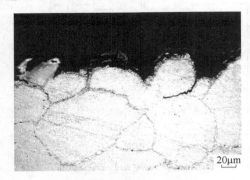 

图 11-81　螺栓断口处沿晶界分布的 σ 相　　　　图 11-82　蠕变裂纹及蠕变空洞

螺栓是连接喷嘴与文丘里外筒的高温受力件，其工作温度为 850℃ 左右，较长时间后晶界上会析出连续分布的颗粒状或长条状 σ 相，晶界的滑移受阻，导致应力集中并破裂形成空洞；而螺栓断口中的长条状 σ 相连续分布在奥氏体晶界上，对晶界的滑移阻碍作用加强，使应力集中程度加剧，空洞的形核率急剧上升，并在高温下不断长大。根据空洞在奥氏体晶界上的分布位置可知，螺栓断口处的空洞大多数为分布在两个晶界处的 R 型空洞，按高温蠕变空洞的形成机制，该空洞属高温低应力类的空洞。螺栓在高温累计一定的时间服役后，R 型空洞有足够的时间形核长大，并很快达到蠕变的第三阶段，即空洞间相互连接形成高温蠕变裂纹，促使螺栓造成脆性蠕变断裂。螺栓的断裂直接导致喷嘴坠落断裂。

参 考 文 献

[1] 钟群鹏，傅国如，张铮. 失效分析预测预防与公共安全 [J]. 理化检验（物理分册），2005，41 卷（增刊）：14-23.

[2] 王荣. 飞机起落架结构钢真空热处理 [J]. 金属热处理，2003，28（12）：59-60.

[3] 陶正耀. 材料强度及其影响因素 [J]. 机械工程材料，1982（1）：37-42.

[4] 王荣. 钛合金中富氧 α 相的鉴定与分析 [J]. 理化检验（物理分册），2003，28（12）：548-551.

[5] 陈再良，吕东显，付海峰. 模具使用寿命与失效分析中一些问题的探讨 [J]. 理化检验（物理分册），2009，45（9）：553-558.

[6] 胡光立，谢希文．钢的热处理 [M]．西安：西北工业大学出版社，1993.

[7] 戚正风．金属热处理原理 [M]．北京，机械工业出版社，1988.

[8] 戴起勋，程晓农．金属组织控制原理 [M]．北京：化学工业出版社，2009 年．

[9] 周子年，钢的组织遗传现象 [J]．金属热处理，1982（1）：37-45.

[10] 鄢国强．材料质量检测与分析技术 [M]．北京：中国计量出版社，2005.

[11] 顾晓明，刘俊伟，李康康，等，热处理工艺对 18CrNiMo7-6 渗碳钢奥氏体晶粒度的影响 [J]．金属加工（热加工），2015（7）：16-18.

[12] 王荣，陈伯行，周茂．飞机起落架大型锻件"磁痕显示"原因分析 [J]．理化检验（物理分册），2005，41（增刊）：509-510.

[13] 张东亚，李毅，冯坤．45B 钢链轨销轴断裂原因分析 [J]．理化检验（物理分册），2017，53（9）：681-686.

[14] 王荣．机械装备的失效分析（5）——定量分析技术 [J]．理化检验（物理分册），2017，53（6）：413-421.

[15] 池震宇．磨削加工和模具的选择 [M]．北京：兵器工业出版社，1990.

[16] 任敬心，华定安．磨削原理 [M]．北京：高等教育出版社，1988.

[17] 机械工业理化检验人员技术培训和资格鉴定委员会，中国机械工程学会理化检验分会．金属材料金相分析 [M]．北京：科学普及出版社，2015.

[18] 王荣．弹簧座开裂原因分析 [J]．机械工程材料，2008，32（9）：82-84.

[19] 王荣．铝型材挤压模具开裂机理分析 [J]．机械工程材料，2008，32（2）：63-66.

[20] 王荣，孙明正．蜗杆齿面磨削后开裂原因分析 [J]．机械工程材料，2009，33（8）：93-95.

[21] 王荣，郭春秋．电梯梯级链长轴销断裂原因分析 [J]．机械工程材料，2010，34（12）：74-76.

[22] 王广生，石康才，周敬恩，等．金属热处理缺陷分析及案例 [M]．2 版．北京，机械工业出版社，2007.

[23] 朱晓红，方政．GCr15 轴轴断裂原因分析 [J]．理化检验（物理分册），2009，45（12），254-256.

[24] 马素媛，徐建辉，贺笑春，等．硬状态钢铁材料磨削影响层硬化的表征 [J]．金属学报，2003，39（2）：168-171.

[25] 王荣，李玲．导辊外圆表面剥落开裂原因分析 [J]．物理测试，2006，24（5）：49-51.

[26] 王荣．机械装备的失效分析（3）——断口分析技术 [J]．理化检验（物理分册），2016，52（10）：698-703.

[27] 全国铸造标准化技术委员会．铸钢件渗透检测：GB/T 9443—2007 [S]．北京：中国标准出版社，2007.

[28] 孙盛玉，戴雅康．热处理裂纹分析图谱 [M]．大连：大连出版社，2003.

[29] 王荣．机械装备的失效分析（8）——失效诊断与预防技术 [J]．理化检验（物理分册），2018，54（6）：402-410.

第 12 章

失效预防与安全评估

12.1　失效预防

失效预防是失效诊断和失效预测的最终目的和成果。一个失效事故（或事件）的分析和研究，没有提出失效预防措施是不完整的。失效预防技术就其所属学科而言，可以分为力学的、化学的、物理的、材料的和管理的技术；就其过程来说，一般可以分为工程技术、安全法规或标准的制定或修改、失效分析和预测预防数据库的建立、发展、完善和应用。不管采取主要属于哪一种的失效预防技术、方法和措施，失效预防或预防事故都应当以安全管理为中心，要求我们从总体上采取预防措施，也就必然要涉及从全局的管理上采取安全措施，并且在系统涉及的所有子系统的全过程采取安全措施，才能从根本上预防（减少）事故的发生。此外，为了用现代科学技术成就分析、整理和总结已有的失效预测预防方面的经验和教训，逐步建立失效预测预防人工智能系统已势在必行。

机械装备的失效分析预测预防是从失效入手，着眼于成功和进步的科学；是从过去入手，着眼于未来和发展的科学。失效分析的预测预防越来越显示出它的生命力和潜力，已取得了比较完整的工作经验和显著的社会效益和经济效益。失效预防技术是失效分析的重要内容之一，它和失效诊断结论的准确性紧密相关，是建立在大量失败基础上的一门科学。广义的失效预防倾向于管理系统控制，是以失效系统为范畴，以统计、图表和逻辑推理为主导，侧重于宏观控制。我国在失效预防工作中采用较多的技术和方法是表面防腐和表面强化技术。狭义的失效预防以构件残骸为对象，以物理、化学的分析方法为主导，着眼于微观机理研究，更倾向于实验技术，并和具体的构件失效紧密关联。本节主要介绍狭义的失效预防。

大多数失效预防工作都是在有失效先例的情况下采取的后续措施，有时也称失效事后处理，它涉及多种专业技术、管理制度和法规标准。对于专业技术方面的失效预防，根据事态的紧迫程度，可将其分为被动预防和主动预防。

12.1.1　被动预防

被动预防是紧随失效事故之后的事后处理。失效事故往往会产生连锁反应，会带来较大的经济损失和社会影响。当失效事故发生后，首先要做的就是如何控制事态的继续发生，如何把失效造成的损失降到最低。这些工作往往都需要在较短的时间内完成，而且往往是被动的，一般遵循以下程序：

1）向使用部门反馈，还要向设计部门或制造部门反馈。在失效原因未明确之前，应暂停使用原产品，必要时要对服役中的同类产品实施召回或者停产处理。

2）做深入细致的失效分析，找到事故产生的根本原因。

3）对发生失效的系统进行检修，确认无法修复的部分要进行更换，对可以修复的部分进行维修，完成维修后还要对其进行全面检测和安全评估。

4）对正在运行中的同类机械系统进行检修，一般要求采用无损检测方法，最好在现场甚至在运行过程当中"动态"进行，对存在隐患的系统或机械构件要进行修复或更换。

12.1.2　主动预防

1. 失效分析图

通过对大量同类机械构件的失效分析，确定其失效的特征参量，建立其失效分析图，达到控制失效的目的，这是工程上常用的有效方法之一。根据不同的失效特征参数，可以将其分为断裂分析图、比值分析图（RAD）、失效评定图、失效区域图、蠕变断裂机制图和疲劳机制图等。

2. 状况监测和控制

状况监测和控制是对正在运行中的设备或系统的工作状况进行监视、测试和控制，以便实时掌握设备的运行状况，预测设备的可靠性和剩余寿命。状况监测和控制的参量一般选择那些对设备或系统退化敏感的、对失效有预测能力和容易观测的参数，它可以是应力、温度、压力、电参量、振动参量、声参量、污染参量、性能参量等。多参量监控系统和计算机监控系统，进一步提高了状况监控的直观性和可靠性。若监测发现异常，则要对其原因、部位、危险程度等进行识别和评价，并采取应急的修正措施等。

3. 定期检修制度

对设备或系统做定期检查，结合以往的失效历史，对发生失效频次较高的构件和系统的薄弱环节要做重点检查。重大项目的定期大修，车辆、舰船的年检或例行检查等都是非常有效的失效预防措施，一旦出现异常，应及时采取预防措施，避免失效事故的发生。

12.1.3　失效预防应用举例

1. 4AHP108VL 阀后管道泄漏原因分析与预防（服役环境考虑不周）

某核电站近几年接连发生常规岛 X 机组疏水阀蒸汽管线泄漏事故，泄漏发生于相同机组的不同管线，出现泄漏的时间有长有短。泄漏位置均和焊缝有关，有焊缝和直管交界处，有焊缝和弯管交界处，也有焊缝区域，在靠近焊缝弯管内表面的气蚀坑中也发现了裂纹。管线开裂泄漏情况如图 12-1 所示。

宏观分析时发现焊接部位钢管内壁的颜色不同，焊缝一边颜色较亮，呈银灰色，而另一边覆盖着褐色氧化腐蚀产物（见图 12-2）。

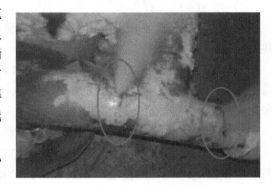

图 12-1　管线开裂泄露情况

焊接下榻比较明显，焊缝上存在蜂窝状孔洞，而另一侧焊缝未见此特征（见图 12-3）。焊缝和母材交界处存在孔洞，存在起源于孔洞的微裂纹（见图 12-4）。采用有限元对管线的实际工况进行了数字模拟，并经过现场勘查、事故调查、现场取样和全面的理化分析和综合分析，最后取得了管线发生泄漏失效的原因为：管线内高温水流经弯管或焊接下榻时，产生了局部负压区。高温水流经过这些区域时因压力突然下降，瞬间汽化变为气泡。气泡爆炸时产巨大的爆破应力，发生空泡腐蚀，同时也引起管线振动。当其频率和管线固有频率成整数倍时，管线还发生共振，振动幅

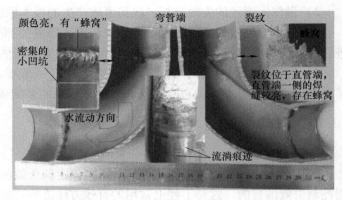

图 12-2　泄漏管解剖后的内表面

度加大，导致管线在焊缝这个"薄弱环节"部位发生了腐蚀疲劳破裂，裂纹穿透了整个管壁后导致管线泄漏。

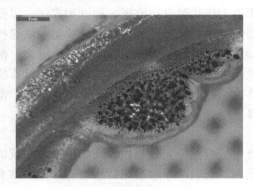

图 12-3　焊缝上的孔洞

图 12-4　焊缝部位的微裂纹

针对该次失效分析的结论，向委托方提出了三个预防措施：

1）提高焊接质量，控制焊接下榻尺寸，减小空泡腐蚀发生的条件。

2）增加管线支撑架或改变管线规格，以改变管线固有频率，防止发生共振。

3）在管线上安装减振设施实时监测，依据测量结果及时采取纠正措施，避免管线产生共振。

核电部门根据该失效分析报告的结论和提出的预防措施，结合企业自己的实际情况，加强了焊接质量控制，并将管线的壁厚由 3mm 改为 5mm，改变了系统的固有频率。经过一年多的实际运行，再未出现泄漏事故。

2. 装卸料机料仓 Ferguson 齿轮随动滚轮紧定螺钉断裂失效分析与预防（安装不合理）

断裂的紧定螺钉服役于核电燃料装卸料机料仓 Ferguson 齿轮随动滚轮。该紧定螺钉表面采取了发黑处理，安装使用不到两年，在设备维护和保养时发现断裂（见图 12-5）。经事故调查，在不同的设备上共发现有 10 多个紧定螺钉断裂，其装配情况和断裂位置基本相同。该紧定螺钉的安装服役情况如图 12-6 所示。正常情况下，紧定螺钉依靠其头部的圆锥体顶住滚轮螺纹部分的键槽部位，起定位和预防滚轮转动的作用。紧定螺钉拧进去的深度大概为 16mm，露在外面大约 8mm，紧定螺钉总长度为 25.4mm。拧紧后在露出部分紧固一个螺母，

目的是防止紧定螺钉松动脱落。经调查，安装螺母时没有对扭矩做要求，原则上拧紧即可。在使用过程中，紧定螺钉和滚轮一起会反复浸入齿轮箱中的润滑油中。

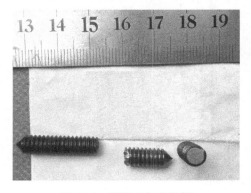

图 12-5　断裂的紧定螺钉

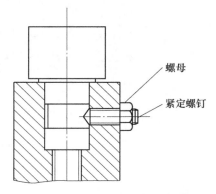

图 12-6　紧定螺钉的安装服役情况

按照实际紧定螺钉的形状、尺寸，以及装配情况进行几何建模和网格划分，然后采用 Ansys 软件对紧定螺钉的受力情况进行模拟分析，分析结果如下：

1）假设安装时没有螺母，最大拉应力出现在锥部第一扣螺纹处（见图 12-7）。

2）实际装配情况，即紧定螺钉外部有螺母，此种情况下最大拉应力出现在螺母和滚轮架接合处（见图 12-8），该最大受力位置和实际断裂位置相符合。

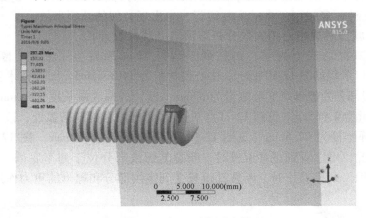

图 12-7　无螺母时的受力情况

根据紧定螺钉的理化试验结果和断口形貌分析结果判断，该紧定螺钉断裂性质为氢致延迟性断裂。该紧定螺钉的实际使用特点类似于螺栓，其硬度测试结果为 476~482HV0.5，参考 GB/T 3098.1—2000《紧固件机械性能螺栓、螺钉、螺柱》，硬度已经超出了 12.9 级螺栓的维氏硬度范围 385~435HV10。螺栓的强度等级越高，对氢脆型断裂越敏感。由受力分析可知，紧定螺钉未加装螺母时，服役过程中靠近锥部第一口螺纹侧面承受最大拉应力，但该部位紧定螺钉的中心部位承受压应力（见图 12-7）；若安装扭矩较大时，靠近锥部的螺牙可能会发生断裂，但紧定螺钉整体不会发生断裂。当加装螺母后，紧定螺钉受力特点与螺栓相似，服役过程中承受恒定拉应力，有限元分析结果表明最大拉应力出现在螺母和滚轮架接合处（见图 12-8），该最大受力位置和实际断裂位置相符合。

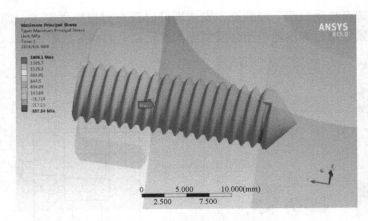

图 12-8　有螺母时的受力情况

针对该次失效分析的结论，向委托方提出了以下两条预防措施：

1）不加装螺母，改用其他方法来预防紧定螺钉滑脱。

2）降低紧定螺钉的硬度（相当于降低螺栓的强度等级），安装时增加扭矩要求。

对于使用方来说，措施 1）比较容易实施，可从根本上解决问题；措施 2）涉及的实际硬度和扭矩都是未知数，需要进一步验证，相对实施起来比较困难。

后来客户从实际设备的整体考虑，将该紧定螺钉的材质改为 304 不锈钢（实际上是降低了螺钉强度等级），经过两年多的实际运行，未出现类似的断裂事故。

3. 地铁列车减振总成中心销失效分析与预防（优化设计）

地铁列车上减振总成上的中心销在列车运行 21 年后发生了断裂。断裂的中心销如图 12-9 所示，断口形貌如图 12-10 所示。中心销材料为 34CrNiMo6，图样技术要求 R_m 为 800～1080MPa，已断裂部分的螺母高度经测量为 57mm，断裂的螺纹端长度为 90mm。经实际称重，断裂部分的总质量为 2.965kg（见图 12-11）。断裂位于螺纹根部的圆弧处，该部位外圆尺寸为 ϕ46mm，过渡圆弧半径为 R2.5mm（见图 12-12），螺纹部分为 M56mm。图 12-13 所示为中心销的实际装配情况，可以看到正常服役时，断裂的螺纹部分位于列车底部，处于悬空状态，见图中椭圆形标识。列车静止时，断裂部位只受到螺纹部分和螺母的重力作用。

图 12-9　断裂的中心销

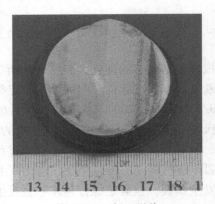

图 12-10　断口形貌

图 12-11　断裂部分的称重

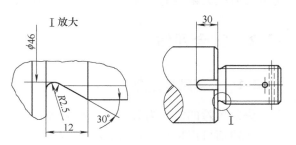

图 12-12　断裂部位形状尺寸

通过理化试验结果可知，断裂的中心销化学成分符合技术要求，拉伸性能符合技术要求，实际晶粒度等级为 9.5~10 级，夹杂物评定结果为：A2.0，Ae1.0，B0，C0，D0.5。横向低倍和纵向低倍检验结果均未见明显异常，断裂源处、断口处金相组织和远离断口的基体一致，为回火索氏体+少量铁素体，断口上观察到少量夹杂物。断口宏观分析和 SEM 形貌分析均表明，该中心销断裂性质为疲劳断裂。疲劳源位于螺纹端和销杆过渡圆弧处，该部位存在周向机械加工

图 12-13　中心销的实际装配情况

刀痕，过渡圆弧的半径经测量符合技术要求。疲劳断裂源相对分布，为双向弯曲疲劳断裂。

现场勘查时发现，正常装配情况下，螺纹部分处于悬空状态，但列车在起动或制动时会产生加速度，悬空的螺纹部分会受到惯性力的作用，力的大小遵循牛顿第二定律，即 $F=ma$，该力的大小和断裂部分的质量以及加速度均成正比。悬空的螺纹部分类似于一个悬臂梁结构，螺纹端和销杆过渡圆弧处承受最大的弯矩和弯曲应力。过渡圆弧处外圆直径为 $\phi46mm$，螺纹为 M56mm，可见断裂处尺寸相对较小。R2.5mm 处会产生应力集中，该部位的周向加工刀痕还会增加应力集中的程度，容易萌生疲劳裂纹源。

该中心销断裂失效分析的结论为：

1）断裂的中心销材料质量检测结果符合相关技术要求。

2）中心销断裂性质为双向弯曲疲劳断裂，列车在起动或制动时产生的加速度导致悬空的螺纹部分产生惯性力，该力的大小遵循牛顿第二定律。过渡圆弧处较小的尺寸以及该部位的周向加工刀痕均会增加应力集中的程度，容易萌生疲劳裂纹源。

根据该失效分析结论和现场勘查情况，提出的预防措施如下：

1）将“阴”过渡圆弧改为“阳”过渡圆弧，增大过渡圆弧处的外圆尺寸和过渡圆弧的半径。

2）提高过渡圆弧位置的表面加工质量，减轻螺母的质量。

由于中心销的原设计为 30 年，断裂时已经服役了 21 年，考虑到减振总成的整体设计和

结构，设计方同意将"阴"过渡圆弧改为"阳"过渡圆弧并将原来的 $R2.5mm$ 提高到 $R5mm$，用垫片解决了螺纹根部的紧固问题。通过各种理论计算结果，改进后的中心销的疲劳寿命有较大幅度的提高，完全可以达到 30 年的使用寿命。

12.2 安全评估

12.2.1 失效风险评价

失效风险的定义为失效概率和失效后果的乘积。

风险值可以量化，如美元/年、人民币/年等。进行风险评价之前，首先应对所评价对象的潜在危害因素进行识别。例如，管道的潜在危害因素包括：制管缺陷、现场施工缺陷、内外电化学腐蚀、应力腐蚀、第三方破坏和地质灾害等。完成危害因素识别后，综合管道失效案例、管道属性数据（运行参数、材料参数等）、环境数据等的综合分析，并在此基础上开展管道的风险评价。

风险分析的方法包括：

（1）定性风险分析方法 即专家打分方法、风险矩阵方法和故障树方法。定性风险评价方法可以对管线系统各部分进行快速风险排序，虽然比较粗略，但可以为基于风险检测提供基础。目前比较普遍的做法是采用表 12-1 所示的 4×4 的风险指数矩阵，按高风险、中高风险、中风险和低风险来分级。

表 12-1 定性风险指数矩阵

失效分级	失效后果	频繁发生（A）	很可能发生（B）	有时可能发生（C）	不太可能发生（D）
高风险	灾难的（Ⅰ）	9	8	6	4
中高风险	严重的（Ⅱ）	8	7	5	3
中风险	轻度的（Ⅲ）	6	5	4	2
低风险	轻微的（Ⅳ）	4	3	2	1

（2）定量分析方法 即概率风险评价（PRA）方法，是将各种可能失效类型带来的风险求和，求出总风险值。定量风险评价方法往往分析过程比较复杂，而且需要数据库做支撑。

（3）半定量风险评价方法 即以风险指数为基础的风险评价方法，能够克服定量风险评价在实施中缺少数据的困难，已在加拿大和美国管线风险管理中广泛使用。

12.2.2 安全评估的方法和程序

1. 安全评估的方法

机械装备在服役过程中，有相对运动的构件经常会发生磨损，有的区域还会产生腐蚀，甚至产生微裂纹。这些缺陷是否会造成装备失效，什么情况下装备是安全的，安全剩余寿命如何估算？这不但需要一个评估标准，还需要有一份评估报告。安全评估和失效预防在很多情况下，其作用和意义是相同的。安全评估标准无一例外地均采用了失效评定图技术，技术路线日趋统一。目前世界各国的压力容器缺陷评定标准均向新 R6 方法靠拢，相继采用失效评定图技术。

安全评估时，首先要对评定对象进行状况调查（包括历史情况、现场使用工况、环境等）、缺陷检测、缺陷成因分析、失效模式分析、应力分析、相应的实验、计算等，评估内容主要可分为检测、分析、评定三大部分，主要应用断裂力学、失效分析、损伤力学、材料力学、弹塑性力学、金属疲劳力学和无损检测技术等多种理论和技术，然后根据相关的理论、标准对评定对象的安全性进行综合分析和评估。

安全评估研究可以分为安全状况预测、剩余寿命预测和累积失效概率（可靠度）预测三个层次的二级方向和内容。下面对它们分别进行介绍：

（1）安全状况的预测　安全状况预测又称为安全评定（或安全评估），就是按"合于使用"原则对含缺陷零件进行安全与否的评价。安全评定的三要素是应力、缺陷和材料力学性能。根据失效模式的不同，即是"静态"的失效模式还是"动态"的失效模式，大致可以将安全评定技术划分为断裂和塑性破坏安全评定、疲劳安全评定两种。其他失效模式的安全评定基本上是这两种失效模式安全评定技术和方法的扩展和延伸。

（2）平面缺陷的断裂评定　断裂安全评定的技术和方法是通过国际通用的失效评定图技术实现的。失效评定图是英国中央电力局（CEGB）的"双判据"评定法（通常称为 R6评定法）为基础，结合美国通用电气公司（GE）得到的形变塑性理论解，扩充了 R6 失效评定图的使用范围，使之能用于分析应变硬化材料，并考虑二次应力（残余应力或热应力），随后完善发展起来的，其评定依据是双参数的失效评定图。失效评定图是一个以 K_r（$K_r = K_I / K_{IC}$，K_I 为裂尖附近的应力强度因子，K_{IC} 为材料的断裂韧度值）为纵坐标，以 L_r（$L_r = P/P_0$，P 为向零件施加的一次载荷，P_0 为材料的塑性屈服极限载荷）为横坐标，以下列国际通用的失效评定曲线（又称为 R6 曲线）为界线：

$$K_r = (1 - 0.14 L_r^2) [0.3 + 0.7 \exp(-0.65 L_r^6)]$$

并以不同数值的为截止线围成的一个图形（见图 12-14）。实际零件的评定点落在图形的范围之内为安全，落在范围之外为不安全；评定点落在纵坐标上或靠近纵坐标为脆性断裂，落在横坐标上或靠近横坐标为塑性破坏或准塑性破坏。断裂安全评定研究的主要任务是计算，各种条件下零件的 K_r 和 L_r 值和在失效评定图中确定评定点的位置。

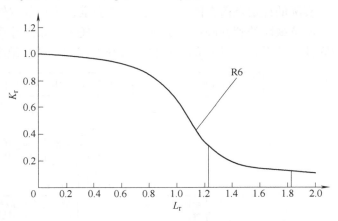

图 12-14　通用失效评定图

L_{rmax} 的值取决于材料特性；对具有长屈服平台的碳素钢和低合金钢，$L_{rmax} = 1.0$；对奥氏体不锈钢，$L_{rmax} = 1.8$；奥氏体不锈钢焊缝金属，$L_{rmax} = 1.25$。对于不能按钢材类别取值的材料，L_{rmax} 可按下式计算：

$$L_{rmax} = (R_m + R_{eL})/R_{eL}$$

平面缺陷的常规评定按图 12-15 步骤进行。

（3）凹坑缺陷的安全评定　压力容器凹坑缺陷的塑性破坏评定是指采用塑性极限准则

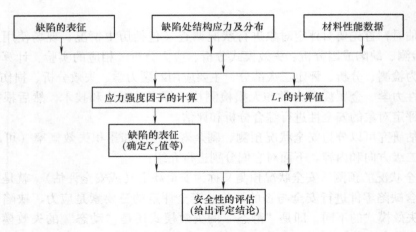

图 12-15　平面缺陷的常规评定

对凹坑缺陷的安全与否进行评定。它是根据凹坑缺陷的极限载荷图进行的。凹坑缺陷的极限载荷图是以带凹坑压力容器的极限载荷 P_1 与无凹坑压力容器的极限载荷 P_{10} 的比值 P_1/P_{10} 为纵坐标，以凹坑的无量纲的几何参量 G_0（$G_0 = \dfrac{C}{T}\dfrac{A}{\sqrt{RT}}$，$A$ 为凹坑缺陷的长半轴，C 为凹坑的深度，T 为压力容器的壁厚，R 为凹坑所在部位压力容器的平均半径，表示凹坑缺陷的相对深度，$\dfrac{A}{\sqrt{RT}}$ 表示凹坑缺陷的相对长度）为横坐标，以下列直线作为界线的图形。

对球形容器：$\qquad\qquad G_0 = (1 - 2.0 P_1/P_{10})/0.6$

对圆筒形容器：$\qquad\quad G_0 = (1 - 2.0 P_1/P_{10})/0.09$

实际的评定点落在图形的范围内为安全，落在范围外为不安全。

凹坑缺陷的塑性破坏评定研究的主要任务是如何计算在存在凹坑情况下，各种形状的压力容器（或其他零件）的塑性极限载荷的问题。凹坑缺陷的评定程序如图 12-16 所示。

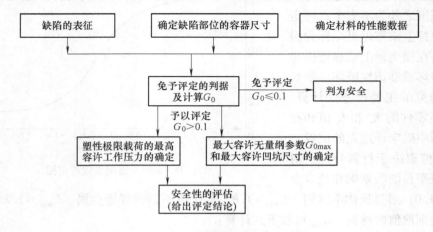

图 12-16　凹坑缺陷的评定程序

（4）疲劳评定　疲劳安全评定方法可以按常规力学参量进行，也可以按断裂力学参量进行。一般来说,前者适用于光滑构件的疲劳评定,后者适用于裂纹构件的疲劳评定;前者可按疲劳图来进行,后者则应按 Paris 公式计算其在极限寿命内的裂纹长度 $a_{疲劳}$ 与依据断裂的临界裂纹长度 a_c 比较来进行,如果 $a_{疲劳} < a_c$ 为安全,否则为不安全。

疲劳图分为两类:第一类疲劳图和第二类疲劳图。第二类疲劳图是以应力振幅值 σ_a 为纵坐标,平均应力 σ_m 为横坐标,以 σ_{-1} 与 R_m 之间的关系曲线为界线组成的图形。实际受力的 σ_a 和 σ_m 点在图形范围内为安全,在图形范围外为不安全。

由上可见,疲劳安全评定技术的关键是应力幅、平均应力计算方法和材料力学性能的确定问题。

后者一般可以按含平面缺陷焊接结构的疲劳评定进行断裂评定。在平面缺陷疲劳评定时,除按平面缺陷进行断裂评定外,还应按平面缺陷进行疲劳评定。平面缺陷的疲劳评定按图 12-17 程序进行。

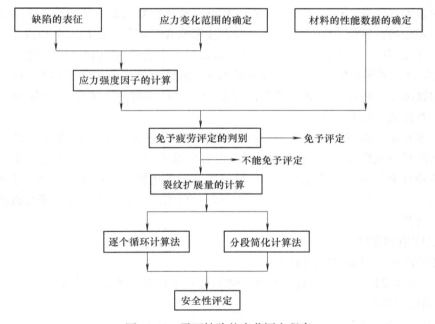

图 12-17　平面缺陷的疲劳评定程序

(5) 寿命或剩余寿命的预测　剩余寿命是指在线(役)零部件仍可使用或工作的时间(或循环)。剩余寿命预测是由实验室(或现场)收集的数据(包括载荷、环境条件、强度试验、寿命试验等)来预测零部件(或系统)在现场实际使用条件下仍能使用(或工作)的时间(或循环)的技术和方法。它是一项十分重要的技术领域,对零部件的定寿、延寿来说是一项关键的基础研究。

原则上说,只有与时间有关的失效模式(如疲劳、蠕变、应力腐蚀、腐蚀等)才有寿命预测问题,而与时间无关的失效模式(如脆性断裂、韧性断裂等一次性断裂)则只有安全(或断裂)预测或安全评定问题。

从原理上看,寿命预测技术和方法分为互有联系的三类:一是基于物理模型的寿命预测技术和方法;二是基于力学(包括断裂力学)的寿命预测技术和方法;三是基于系统工程的寿命预测技术和方法。它们又分别大致可以分为确定型和概率型（或模糊数学型）的技术和方法。

疲劳寿命预测可以分为总寿命法和损伤容限法，在恒幅应力下疲劳寿命的预测主要采用以 Paris 定律关系的寿命估算方法；而在变幅应力（或应变）条件下，则采用以 Palmger-Miner 线性损伤法则为基础的逐个循环估算方法（包括屈服区模型、裂纹闭合的数值模型和工程方法等）和特征方法（认为裂纹尖端的随机变化可以用应力强度因子范围的均方根值来描述，于是变幅裂纹扩展速率可以用 Paris 型关系来表示）。不管什么寿命预测方法，其最终目的是追求安全性和经济性的结合。

材料或构件腐蚀寿命的预测是十分重要的。大型装备尤其是军用装备，如飞机、军舰、坦克等装备的总寿命是由使用次数、工作小时数和日历寿命三大额定指标综合构成的。在和平时期，其总寿命基本上是由日历寿命决定的，而日历寿命则取决于腐蚀寿命。由于影响腐蚀的因素很多而且复杂，所以至今仍没有一种可以预测在复杂腐蚀环境介质下，金属构件腐蚀损伤日历寿命的计算模型和确定方法，这直接影响我军装备的使用安全和战斗力。有人通过国内外公开发表的 32 种金属材料的腐蚀试验数据，成功地提出和验证了腐蚀温度 T 和腐蚀时间 t 之间存在着类似疲劳 S-N 曲线形状的 T-t 曲线和金属腐蚀损伤线性累积理论公式，进而研究和提出了一种计算金属构件腐蚀损伤的日历持续时间（寿命）计算模型和确定方法。这是很有价值的研究工作。

虽然剩余寿命预测方面已有很多实践和研究，对一些关键的、不可替换的零部件（如核反应堆结构材料或构件）的寿命预测研究也有可喜的进展，但是对蠕变寿命，应力腐蚀寿命，在各种复杂、苛刻的工况条件下材料或构件的退化规律和寿命，以及上述各种情况下的损伤微观机制、表征参量、退化方程和宏观寿命预测方法的可靠性等还需要进行全面、系统和深入的研究。

2. 安全评估的程序

安全评估的程序可简单归纳如下：

1）被评定对象的设计、制造、安装、使用等基本情况和数据的收集。

2）缺陷检验数据。

3）材料性能数据测试或选用。

4）应力测试和应力分析。

5）综合安全评价与评估结论。

6）缺陷评估结束后，评估单位应根据国际相关法规和章程规定，及时出具完整的评估报告，并给出明确的评估结论和继续使用的条件。

由于各设备之间本身结构的差异较大，且使用情况也不尽相同，所以首先必须查阅有关设备的设计、运行和维修等技术档案，了解金属结构的使用情况、损伤情况等，尤其是关键部位和已经发现损伤部位的情况，有的放矢地确定具体检测和评定内容。按照安全评估的一般工作程序，建立安全评估流程，如图 12-18 所示。

在实际工作中，常常要采用多种安全评定方法进行联合评估，最终得出综合性的评估结论。这其中平面缺陷和体积缺陷的断裂安全评定方法和疲劳评定方法（尤其是针对压力容器和压力管道等）是目前国内外相对成熟的，也是应用最广泛的技术和方法。

12.2.3　安全评估应用举例

1. 电厂天然气管道安全评估

某电厂的天然气管道地基发生了大面积沉降，造成管道的原始安装条件发生了变化，导致管道局部发生了变形，危及整个管线的安全运行。在这种情况下，管道是否会发生开裂或断裂失效？最危险的位置在哪里？应该采取怎样的预防措施？要回答这些问题，首先就要对该管道做安全评估（或失效预防）。

经调查，该管道自安装投运后，还未出现过失效事故。现场无损检测结果表明管道未出现裂纹类缺陷。经过仔细的宏观检查，地面管道表面油漆层均比较完整，未见破损和腐蚀现象，管道接地部分出现地基下沉现象（见图 12-19）。采用 X 射线应力测试仪，对地基沉降后的天然气管道进行现场应力测试，然后进行应力综合分析（见图 12-20），结果表明主管道两端的弯头部位处于危险应力状态。评估报告建议更换主管道两端的弯头，并对新管道进行连接前后的综合评估工作。

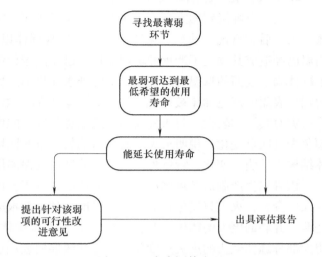

图 12-18　安全评估流程

图 12-19　应力测试现场

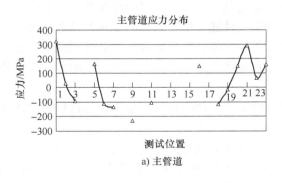

a) 主管道

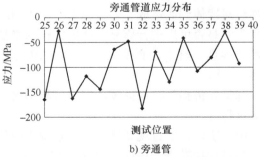

b) 旁通管

图 12-20　管道应力分布情况

2. 石油液化气罐船起火安全评估

一艘千万吨级别的大型石油液化气罐船在生产过程中，因焊接操作不当发生了火灾事故。灭火后进行现场勘查（见图 12-21），发现罐体以上的仓板受损较为严重，大火产生的高温已经造成其发生了严重的坍塌变形，已无法进行修复，需要对其进行更换。大火还造成了罐体局部表面的保温材料烧损，清除外表面烧损的保温材料后，发现封头和气室较小区域的钢板表面的灰色油漆被烧焦、炭化，气室上的"裙边"发生了较为明显的扭曲变形，说明火灾对其影响较大；封头外表面油漆被烧焦区域的内表面钢板也变为了蓝色，而其他区域颜色未见明显变化，说明火灾对封头影响较严重的区域就在该处。现场勘查结果表明罐体整体结构未见明显变化，罐体外表面大部分区域的保温层和油漆层处于完好状态。

该罐船生产制造已近尾声，整个罐体已通过了全面的无损检测和水压试验，已经投入了巨大的资金，火灾只发生在局部，不可能对其全部报废。根据现场勘查情况，该罐船的主体是两个并联的庞大的罐体（见图 12-22），仅发现罐体部分钢板表面的灰色油漆被烧焦，说明大部分罐体经历的火灾温度还未超过油漆层的燃烧点。经过调研和查阅资料，该罐体由不同厚度的 5Ni 钢板焊接而成，并严格执行中国船级社（CCS）的相关规范和标准，整个生产过程由挪威船级社（DNV）船检师现场把关。

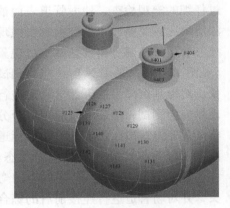

图 12-21　液化气罐船火灾后的现场　　　　图 12-22　罐体结构示意图

该罐体属于低温压力容器，主要承运的石油液化气属于易燃易爆的危险品，该起火灾时的高温对罐体到底造成了多大影响？罐体的结构钢板性能发生了怎样的变化？是否还处于安全状态？是否可以进行修复？能做怎样的修复？怎样才能将事故造成的损失降到最低？这些都需要客观、科学、真实的检测数据做支撑，也是这起事故后续处理和安全评估的主要内容。

降低经济损失，保证罐体安全可靠是这起事故安全评估的宗旨，整个评估过程分为四个阶段进行。

第一阶段：通过现场试验，了解罐头的整体现状和火灾对罐体钢板造成的影响。

通过现场勘查，根据保温材料和钢板表面油漆层的烧损情况，首先对评估区域进行划界，确定具有代表性的检测位置。通过无损检测知道火灾未造成裂纹类缺陷，再采用现场金相和现场显微硬度分析方法，对各检测区域进行显微组织观察和显微硬度检测。其结果再和同批次钢板的组织、硬度做比对，发现被烧过的区域组织和硬度存在较小的变化，但硬度值仍在合格范围之内。

第二阶段："裙边"钢板的力学性能检测，评估火灾对钢板组织、性能造成的最大影响。

通过现场勘查，发现火灾时面对进风口的气室受火灾影响很大，气室顶部的"裙边"（方便工作和维修使用的附加设施）受损最为严重，局部已经发生扭曲变形，分析认为受火灾影响最大。现场将这部分钢板切割取下（见图 12-23a），对其做力学性能检测和金相观察。检测结果发现其力学性能接近合格的下限，金相组织中出现了贝氏体组织。

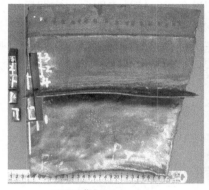  

　a)"裙边"样品　　　　　　　　b) 气室部位的样品　　　　　　　c) 封头部位的样品

图 12-23　力学性能检测样品

第三阶段：试验室热处理模拟试验，反推火灾时罐体经历的最高温度，评估其是否超出了 5Ni 钢板供货状态的最终回火温度。

采用和罐体同批次的 5Ni 钢板，尽量模拟现场火灾时的实际情况，在实验室做不同温度和不同保温时间的热处理模拟试验，然后再对其性能进行检测和评价。热处理模拟试验结果表明，力学性能和金相组织与气室"裙边"钢板检测结果相近时的回火温度为 630℃ 左右（5Ni 钢板供货状态为调质处理，其最高回火温度为 650℃），即火灾导致罐体局部钢板的温度升高已经接近 5Ni 钢板调质处理的最高回火温度。因此，必须对罐体受火灾影响最大的区域取样检测，才能保证罐体以后的安全性。

第四阶段：罐体上取样检测，评估火灾对罐体造成的影响，确定更换钢板的区域。

因为第一阶段、第二阶段和第三阶段的评估结果均表明火灾对钢板造成了一定的影响，其金相组织发生了一定的变化，火灾导致的钢板温度升高已经接 5Ni 钢板调质处理的最高回火温度。为了确保罐体的性能指标全部合格，分别从火灾影响最大的两处（气室和封头）取样（见图 12-23b、c），样品带回实验室后首先对其进行 X 射线检测，确保力学性能试样取样位置无焊接缺陷显示。试验内容包括本体和焊缝部位的拉伸试验、低温冲击试验以及落锤试验。试验时的取样数量、取样位置、取样方向以及试验温度等均严格按照 CCS 规范的要求进行。全部力学性能试验结果均符合 CCS 的规范要求，表明此次火灾没有造成罐体的力学性能指标下降到规定值以下，罐体的力学性能是合格的。

综合四个阶段试验与分析结果表明，火灾后石油液化气罐船液罐罐体的钢板材料性能仍满足 DNV 船级社标准（罐体钢板：DNV-SHIP-Pt2Ch2；焊缝：DNV-SHIP-Pt2Ch4 和 Pt5Ch7），受过火灾影响的罐体钢板无须更换，后期需严格按规范要求对罐体和气室取样部位进行焊补和检测。

评估工作结束后，制造方对罐体和气室上因取样留下的孔洞，按照 CCS 规范要求进行了焊补和无损检测，最后再重新做了水压试验，全部合格后罐船如期交付船东（见图 12-24）。

3. 卷烟厂 SP25 型浸渍器安全评估

某卷烟厂于 2003 年 8 月建成 CO_2 膨胀生产线，该生产线配套有两台 SP25 型浸渍器（压力容器，见图 12-25），按照该生产线使用说明书中有关浸渍器罐体技术参数的要求，其设计寿命为 10 年或运行频次不少于 160000 次。根据工厂设备运行统计表明，该容器已运行 72000 余次，且于 2013 年 8 月到达设计寿命规定的 10 年期限。该浸渍器属于交变压力较大的压力容器，设备在持续运行时将在罐体内产生频繁的压力冲击，对罐体的壁厚、焊缝、盖体及主要受力部件（锁环）都将产生一定的磨损，且设备在未经安全评估的情况下超期运行和违章使用，将存在不可预知的安全风险。

图 12-24　修复好的石油液化气罐船

图 12-25　SP25 型浸渍器

按照使用方的委托，对其进行了安全评估。

（1）设计和使用条件调查　经查阅相关技术资料和深入调查，该浸渍器的主要相关信息为：①生产有效容积为 0.86m³；②容器的工作压力为 0 ~ 3.275MPa，设计压力为 3.516MPa；③工作温度为 −78 ~ 50℃；④加压周期为 15min；⑤介质为干冰（可食用）、冷凝水及烟草。

（2）磨损情况调查　经查阅该设备维修记录，2010 年检查时，由于锁环表面磨损较为严重，无法正常保压，故请了一家公司对锁环表面做了喷镀处理，以补偿由于开、关容器所引起的锁环上、下表面的磨损，喷镀层最厚为 3.3mm，随后每年进行一次喷镀补偿处理。这表明该容器的薄弱环节为锁环，磨损问题是该浸渍器产生失效的主要原因之一。

（3）浸渍器腐蚀现状调查　该容器壳体采用 304 奥氏体不锈钢制造，除一条纵焊缝外还有四条横焊缝，存在温度检测孔。设备所在地点为南方某城市，终年多雨，空气潮湿；设备所在车间无恒温、恒湿保证措施，虽然罐内主要为干冰和烟丝填满，但因空气潮湿经常在壳体表面发现冷凝水。奥氏体不锈钢对 S 和 Cl 元素比较敏感，在一定条件下可产生点腐蚀或缝隙腐蚀，甚至产生应力腐蚀开裂（SCC）。

腐蚀评估工作主要包括：①干冰的化学成分检测（实际检查结果，干冰中 S 的质量分数为 $0.30 \times 10^{-4}\%$（技术要求 $\leqslant 5 \times 10^{-4}\%$），未检测出 Cl 元素；②烟厂所用水中 Cl 离子的质量分数为（10~13）10^{-4}%，空气中水蒸气 Cl 离子含量更低；③干冰浸渍器现场采集的垢样成分分析（S 的质量分数最高为 0.92%，未检测出 Cl 元素）；④罐体上、下盖及锁环的腐蚀状况检查（用干布清洁罐体，采用肉眼检查上、下盖及锁环，整个罐体的内、外表面均未发现腐蚀现象）。

（4）浸渍器罐体及锁环 NDT 检测 ①对罐体及其封头的焊缝部位按照 JB/T 4730.2—2005（已被 NB/T 47013.2—2015 代替）分别进行超声波检测、X 射线检测及渗透检测，均未发现超标缺陷；②按照 JB/T 4730.2—2005，对锁环进行整体超声波检测及渗透检测，未发现超标缺陷；③对浸渍器法兰面的摩擦磨损量进行测定，法兰的磨损情况比较明显（见图 12-26），原齿的厚度为 60mm，经实际检测，最大磨损量为 0.49mm（见图 12-27）。

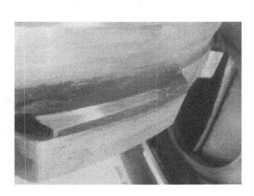

图 12-26　SP25 型浸渍器的法兰

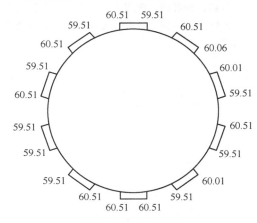

图 12-27　尺寸测量

（5）罐体及锁环疲劳寿命计算 壳体材料为 304 奥氏体不锈钢，其疲劳极限为 164MPa，此值与原壳体设计书中所提供的数据一致。

对壳体法兰两处危险截面进行计算，最危险截面最大计算应力为 194MPa，大于其疲劳极限，其计算疲劳寿命为 206801 次。

锁环材料为 20 钢，其宏观硬度测试结果为 29HRC，换算成布氏硬度为 276HBW，其对应的疲劳极限为 $\sigma_{-1} = 217$MPa。

对锁环的危险截面进行计算，其最大计算应力为 214MPa，接近钢的疲劳极限。

原设计书中计算疲劳寿命为 154093 次。但考虑到锁环在没有补焊的情况下，可以把设计级别 D 级提高到 C 级，此时疲劳寿命可达到 294350 次。

（6）浸渍器寿命的评估结论

1）对原磨损的锁环，采取喷镀补偿的方法不是一个长久和安全可靠的方法；虽然镀层厚度达 3.3mm，但使用 1 年后就已经发生剥离现象，剥离裂纹最长达到 450mm，这是危险的，应予以报废。

2）浸渍器的壳体目前未发现缺陷或裂纹，但法兰面也已经磨损，磨损量最大为 0.49mm。

3）由于法兰面具有一定的坡度，摩擦磨损未对法兰的危险截面产生威胁，所以该浸渍器的壳体仍可继续使用到 206000 次。

（7）建议给予以上的评估结果，向使用部门提出如下建议：

1）尽快加工新的锁环以取代目前经过修理过的锁环，并考虑壳体法兰面的磨损问题。

2）控制浸渍器的操作工艺，避免过载。

3）每年做一次安全检查，对浸渍器的在役状况进行监控。

参 考 文 献

［1］李鹤林，赵新伟，吉灵康．油气管道失效分析与完整性管理［J］．理化检验：物理分册，2005，41（增刊）：24-31．

［2］师昌绪，钟群鹏，李成功．中国材料工程大典：第 1 卷［M］．北京：化学工业出版社，2005．

［3］钟群鹏，付国如，张铮．失效分析预测与公共安全［J］．理化检验（物理分册），2005，41（增刊）：14-23．

第 13 章

失效分析在司法鉴定中的应用

13.1　引言

人们在日常生产生活过程中，无时无刻不和各种产品打交道，其中不乏一些因丧失规定的功能而无法正常使用的失效产品。尽管现代科技高度发达，但由于产品在设计、制造、保管、运输、使用和维修等过程中，存在着各种难以估计的复杂因素，失效还是难免的。为了保证产品正常、安全的使用，就引入了产品有效期或使用寿命的概念。当产品在有效期或使用寿命内失效时，产品的设计方、制造方、保管方、运输方、使用方、维修方等往往就责任产生纠纷，而失效分析就是对这些经济纠纷进行仲裁或判决、索赔的技术依据。因此，如何做好司法活动中的失效分析工作，保证失效分析结果的客观性、科学性和准确性，对维护司法公正具有重要的意义。

13.2　司法鉴定的法律依据

13.2.1　中华人民共和国产品质量法

为了加强对产品质量的监督管理，明确产品质量责任，保护用户、消费者的合法权益，维护社会经济秩序，我国颁布了《中华人民共和国产品质量法》，该法律 1993 年 2 月 22 日经第七届全国人民代表大会常务委员会第三十次会议通过，中华人民共和国主席令第 71 号公布，这也是我国境内从事产品生产、销售活动的法律依据。该法律中第四章的第三十六条为"仲裁机构或者人民法院可以委托本法第十一条规定的产品质量检验机构，对有关产品质量进行检验"。1999 年 4 月 1 日国家质量技术监督局令第 4 号发布施行《产品质量仲裁检验和产品质量鉴定管理办法》，明确规定了产品质量仲裁检验和产品质量鉴定是在处理产品质量争议时判定产品质量的重要方式。

13.2.2　全国人民代表大会常务委员会关于司法鉴定管理问题的决定

《全国人民代表大会常务委员会关于司法鉴定管理问题的决定》于 2005 年 2 月 28 日第十届全国人民代表大会常务委员会第十四次会议通过，相关内容如下：

1）司法鉴定是指在诉讼活动中鉴定人运用科学技术或者专门知识对诉讼涉及的专门性问题进行鉴别和判断并提供鉴定意见的活动。

2）国务院司法行政部门主管全国鉴定人和鉴定机构的登记管理工作。省级人民政府司法行政部门依照本决定的规定，负责对鉴定人和鉴定机构的登记、名册编制和公告。

3）申请从事司法鉴定业务的个人、法人或者其他组织，由省级人民政府司法行政部门审核，对符合条件的予以登记，编入鉴定人和鉴定机构名册并公告。

省级人民政府司法行政部门应当根据鉴定人或者鉴定机构的增加和撤销登记情况，定期更新所编制的鉴定人和鉴定机构名册并公告。

4）各鉴定机构之间没有隶属关系；鉴定机构接受委托从事司法鉴定业务，不受地域范围的限制。鉴定人应当在一个鉴定机构中从事司法鉴定业务。

5）司法鉴定实行鉴定人负责制度。鉴定人应当独立进行鉴定，对鉴定意见负责并在鉴定书上签名或者盖章。多人参加的鉴定，对鉴定意见有不同意见的，应当注明。

6）鉴定人和鉴定机构从事司法鉴定业务，应当遵守法律、法规，遵守职业道德和职业纪律，尊重科学，遵守技术操作规范。

7）鉴定人或者鉴定机构有违反本决定规定行为的，由省级人民政府司法行政部门予以警告，责令改正。

8）司法行政部门在鉴定人和鉴定机构的登记管理工作中，应当严格依法办事，积极推进司法鉴定的规范化、法制化。对于滥用职权、玩忽职守，造成严重后果的直接责任人员，应当追究相应的法律责任。

9）司法鉴定的收费项目和收费标准由国务院价格主管部门会同同级司法行政部门确定。

10）对鉴定人和鉴定机构进行登记、名册编制和公告的具体办法，由国务院司法行政部门制定，报国务院批准。

13.3　司法鉴定程序通则

《司法鉴定程序通则》经 2015 年 12 月 24 日司法部部务会议修订通过，2016 年 3 月 2 日中华人民共和国司法部令第 132 号发布。该《司法鉴定程序通则》分总则、司法鉴定的委托与受理、司法鉴定的实施、司法鉴定意见书的出具、司法鉴定人出庭作证、附则共 6 章 50 条，自 2016 年 5 月 1 日起施行。

1. 司法鉴定的委托与受理

1）司法鉴定机构应当统一受理办案机关的司法鉴定委托。

2）委托人委托鉴定的，应当向司法鉴定机构提供真实、完整、充分的鉴定材料，并对鉴定材料的真实性、合法性负责。司法鉴定机构应当核对并记录鉴定材料的名称、种类、数量、性状、保存状况、收到时间等。

诉讼当事人对鉴定材料有异议的，应当向委托人提出。

3）司法鉴定机构应当自收到委托之日起 7 个工作日内做出是否受理的决定。对于复杂、疑难或者特殊鉴定事项的委托，司法鉴定机构可以与委托人协商决定受理的时间。

4）司法鉴定机构应当对委托鉴定事项、鉴定材料等进行审查。对属于该机构司法鉴定业务范围，鉴定用途合法，提供的鉴定材料能够满足鉴定需要的，应当受理。

对于鉴定材料不完整、不充分，不能满足鉴定需要的，司法鉴定机构可以要求委托人补充；经补充后能够满足鉴定需要的，应当受理。

5）司法鉴定机构不得受理的鉴定委托包括：①委托鉴定事项超出该机构司法鉴定业务范围的；②发现鉴定材料不真实、不完整、不充分或者取得方式不合法的；③鉴定用途不合法或者违背社会公德的；④鉴定要求不符合司法鉴定执业规则或者相关鉴定技术规范的；⑤鉴定要求超出该机构技术条件或者鉴定能力的；⑥委托人就同一鉴定事项同时委托其他司法鉴定机构进行鉴定的；⑦其他不符合法律、法规、规章规定的情形。

6）司法鉴定机构决定受理鉴定委托的，应当与委托人签订司法鉴定委托书。司法鉴定委托书应当载明委托人名称、司法鉴定机构名称、委托鉴定事项、是否属于重新鉴定、鉴定用途、与鉴定有关的基本案情、鉴定材料的提供和退还、鉴定风险，以及双方商定的鉴定时限、鉴定费用及收取方式、双方权利义务等其他需要载明的事项。

7）司法鉴定机构决定不予受理鉴定委托的，应当向委托人说明理由，退还鉴定材料。

2. 司法鉴定的实施

1）司法鉴定机构受理鉴定委托后，应当指定该机构具有该鉴定事项执业资格的司法鉴定人进行鉴定。

委托人有特殊要求的，经双方协商一致，也可以从该机构中选择符合条件的司法鉴定人进行鉴定。

委托人不得要求或者暗示司法鉴定机构、司法鉴定人按其意图或者特定目的提供鉴定意见。

2）司法鉴定机构对同一鉴定事项，应当指定或者选择两名司法鉴定人进行鉴定；对复杂、疑难或者特殊鉴定事项，可以指定或者选择多名司法鉴定人进行鉴定。

3）司法鉴定人本人或者其近亲属与诉讼当事人、鉴定事项涉及的案件有利害关系，可能影响其独立、客观、公正进行鉴定的，应当回避。

司法鉴定人曾经参加过同一鉴定事项鉴定的，或者曾经作为专家提供过咨询意见的，或者曾被聘请为有专门知识的人参与过同一鉴定事项法庭质证的，应当回避。

4）司法鉴定人自行提出回避的，由其所属的司法鉴定机构决定；委托人要求司法鉴定人回避的，应当向该司法鉴定人所属的司法鉴定机构提出，由司法鉴定机构决定。

委托人对司法鉴定机构做出的司法鉴定人是否回避的决定有异议的，可以撤销鉴定委托。

5）司法鉴定机构应当建立鉴定材料管理制度，严格监控鉴定材料的接收、保管、使用和退还。

司法鉴定机构和司法鉴定人在鉴定过程中应当严格依照技术规范保管和使用鉴定材料，因严重不负责任造成鉴定材料损毁、遗失的，应当依法承担责任。

6）司法鉴定人进行鉴定，应当按顺序遵守和采用该专业领域的技术标准、技术规范和技术方法：①国家标准；②行业标准和技术规范；③该专业领域多数专家认可的技术方法。

7）司法鉴定人有权了解进行鉴定所需要的案件材料，可以查阅、复制相关资料，必要时可以询问诉讼当事人、证人。

经委托人同意，司法鉴定机构可以派人到现场提取鉴定材料。现场提取鉴定材料应当由不少于两名司法鉴定机构的工作人员进行，其中至少一名应为该鉴定事项的司法鉴定人。现场提取鉴定材料时，应当有委托人指派或者委托的人员在场见证并在提取记录上签名。

8）司法鉴定人应当对鉴定过程进行实时记录并签名。记录可以采取笔记、录音、录像、拍照等方式。记录应当载明主要的鉴定方法和过程，检查、检验、检测结果，以及仪器设备使用情况等。记录的内容应当真实、客观、准确、完整、清晰，记录的文本资料、音像资料等应当存入鉴定档案。

9）司法鉴定机构应当自司法鉴定委托书生效之日起 30 个工作日内完成鉴定。

鉴定事项涉及复杂、疑难、特殊技术问题或者鉴定过程需要较长时间的，经该机构负责人批准，完成鉴定的时限可以延长，延长时限一般不得超过 30 个工作日。鉴定时限延长的，应当及时告知委托人。

司法鉴定机构与委托人对鉴定时限另有约定的，从其约定。

在鉴定过程中补充或者重新提取鉴定材料所需的时间，不计入鉴定时限。

10）鉴定过程中，涉及复杂、疑难、特殊技术问题的，可以向该机构以外的相关专业领域的专家进行咨询，但最终的鉴定意见应当由该机构的司法鉴定人出具。

专家提供咨询意见应当签名，并存入鉴定档案。

11）对于涉及重大案件或者特别复杂、疑难、特殊技术问题或者多个鉴定类别的鉴定事项，办案机关可以委托司法鉴定行业协会组织协调多个司法鉴定机构进行鉴定。

12）司法鉴定人完成鉴定后，司法鉴定机构应当指定具有相应资质的人员对鉴定程序和鉴定意见进行复核；对于涉及复杂、疑难、特殊技术问题或者重新鉴定的鉴定事项，可以组织三名以上的专家进行复核。

复核人员完成复核后，应当提出复核意见并签名，存入鉴定档案。

3. 司法鉴定意见书的出具

1）司法鉴定机构和司法鉴定人应当按照统一规定的文本格式制作司法鉴定意见书。

2）司法鉴定意见书应当由司法鉴定人签名。多人参加的鉴定，对鉴定意见有不同意见的，应当注明。

3）司法鉴定意见书应当加盖司法鉴定机构的司法鉴定专用章。

4）司法鉴定意见书应当一式四份，三份交委托人收执，一份由司法鉴定机构存档。司法鉴定机构应当按照有关规定或者与委托人约定的方式，向委托人发送司法鉴定意见书。

5）委托人对鉴定过程、鉴定意见提出询问的，司法鉴定机构和司法鉴定人应当给予解释或者说明。

6）司法鉴定意见书出具后，司法鉴定机构可以进行补正的情形有：①图像、谱图、表格不清晰的；②签名、盖章或者编号不符合制作要求的；③文字表达有瑕疵或者错别字，但不影响司法鉴定意见的。

补正应当在原司法鉴定意见书上进行，由至少一名司法鉴定人在补正处签名。必要时，可以出具补正书。

对司法鉴定意见书进行补正，不得改变司法鉴定意见的原意。

7）司法鉴定机构应当按照规定将司法鉴定意见书以及有关资料整理立卷、归档保管。

4. 司法鉴定人出庭作证

1）经人民法院依法通知，司法鉴定人应当出庭作证，回答与鉴定事项有关的问题。

2）司法鉴定机构接到出庭通知后，应当及时与人民法院确认司法鉴定人出庭的时间、地点、人数、费用、要求等。

3）司法鉴定机构应当支持司法鉴定人出庭作证，为司法鉴定人依法出庭提供必要条件。

4）司法鉴定人出庭作证，应当举止文明，遵守法庭纪律。

13.4　产品质量鉴定与司法鉴定

13.4.1　产品质量鉴定

由于质量鉴定的产品状况多是已经磨损、损坏、失去使用性能的产品，所以将鉴定产品的内在质量状况与合同或产品标准要求比较，不能说明产品的质量问题是什么原因、由谁造成的，故产品质量鉴定实质上是一项对产品质量问题的"诊断"工作，即对产品的失效分析。这是它与产品质量检验的最大区别。当质量鉴定的委托人为司法机关时，产品质量鉴定报告也就变成了产品的司法鉴定报告。

表 13-1 给出了产品司法鉴定、质量鉴定和质量检验的定义和主要特征。

表 13-1　产品司法鉴定、质量鉴定和质量检验的定义和主要特征

项目	司法鉴定	质量鉴定	质量检验
定义	在诉讼过程中，为查明案件事实，人民法院依据职权，或者应当事人及其他诉讼参与人的申请，指派或委托具有专门知识的人，对专门性问题进行检验、鉴别和评定的活动	经省级以上质量技术监督部门指定的鉴定组织单位，根据申请人的委托要求，组织专家对质量争议的产品进行调查、分析、检验、判定，出具质量鉴定报告	对实体的一个或多个特性进行的诸如测量、检查、试验或度量，并将结果与规定要求进行比较以确定各项特性合格情况所进行的活动
主要特征	1）发生在诉讼过程中 2）由人民法院决定 3）由人民法院委托进行 4）具有公权属性，即司法鉴定的决定权、委托权和组织监督权均由审判机关行使	1）只有省级以上质量技术监督部门可以接受质量鉴定申请，鉴定工作由省级以上质量技术监督行政部门指定的鉴定组织单位组织实施 2）鉴定的对象是有质量争议的产品 3）鉴定的产品是已经投入使用一定时间的产品 4）鉴定不涉及产品质量问题的责任 5）由专家组对产品进行调查、分析、判定，出具质量鉴定报告	1）检验机构都可进行质量检验 2）检验的目的是判断产品质量是否合格或确定产品质量等级别 3）鉴定的产品未投入使用 4）由检验机构通过测量、比较判断，做出产品是否符合技术标准的判定

13.4.2　产品质量鉴定申请

1. 申请人

省级以上质量技术监督部门负责指定质量鉴定组织单位承担产品质量鉴定工作。质量鉴定组织单位可以是产品质量检验机构，也可以是科研机构、大专院校或者社会团体。

向省级以上质量技术监督部门提出产品质量鉴定申请的申请人，是指司法机关、仲裁机构、处理产品质量纠纷有关社会团体、产品质量争议双方当事人以及质量技术监督部门或者其他行政管理部门。

2. 不予受理

质量技术监督部门对下列产品质量鉴定申请不予受理：

1）申请人不符合上述规定的。

2）未提供产品质量要求的。

3）产品不具备鉴定条件的。

4）受科学技术水平限制，无法实施鉴定的。

5）司法机关、仲裁机构已经对产品质量争议做出生效判决和决定的。

13.4.3　产品质量鉴定委托书

申请人应当与质量鉴定组织单位签订委托书，明确产品质量鉴定的委托事项，并提供所需要的有关资料。产品质量鉴定委托书包括以下事项和内容：

1）委托质量鉴定产品的名称、规格型号、出厂等级、生产企业名称、生产日期、生产批号。

2）申请人的名称、地址及联系方式。

3）委托质量鉴定的项目和标的。

4）完成产品质量鉴定的时间要求。

5）产品质量鉴定的费用、交付方式及交付时间。

6）违约责任。

7）申请人和鉴定组织单位代表签章和时间。

8）其他必要的约定。

13.4.4　产品质量鉴定的实施

专家组负责制定产品质量鉴定实施方案，独立进行产品质量鉴定。产品质量鉴定需要查看现场，对实物进行勘验的，申请人及争议双方当事人应当到场，积极配合并提供相应的条件。对不予配合，拒不提供必要条件使产品质量鉴定无法进行的，应当终止质量鉴定。

产品质量鉴定需要做检验或者试验的，专家组应当选择符合条件的技术机构进行，并由其出具检验或者试验报告。

13.4.5　产品质量鉴定报告

专家组负责出具产品质量鉴定报告包括以下有关事项和内容：

1）申请人的名称、地址和受理产品质量鉴定的日期。

2）产品质量鉴定的目的、要求。

3）鉴定产品情况的必要描述。

4）现场勘验情况。

5）产品质量鉴定检验、试验报告。

6）分析说明。

7）产品质量鉴定结论。

8）鉴定专家组成员签名表。

9）鉴定报告日期。

13.4.6　审查和备案

质量鉴定组织单位应当对产品质量鉴定报告进行审查，并对产品质量鉴定报告负责。质量鉴定组织单位应当及时将产品质量鉴定报告交付申请人，并向接受申请的省级以上质量技术监督部门备案。

13.4.7　产品质量司法鉴定的程序

产品质量司法鉴定为司法鉴定的具体内容之一，属于物证类鉴定，司法鉴定机构可依据国家的法律、法令和司法鉴定程序，并结合自己的实际情况和习惯，从委托、合同评审、受理、签订司法鉴定协议书、鉴定、出具司法鉴定报告书等环节制定一个操作性较强的产品质量司法鉴定实施程序，对每一项司法鉴定都要有档案记录，并制定相关的管理制度。

13.5　失效分析与司法鉴定

13.5.1　失效分析的司法依据

在法院审理过程中作为证据的失效分析报告有两种：一种是由诉讼单方出具（称为举证鉴定），另一种是人民法院依据职权或者应诉讼参与人的申请而提起、委托并在法庭上出具（称为司法鉴定）。《中华人民共和国产品质量法》是从事司法鉴定活动的基本法规。将失效分析应用于司法鉴定的主要依据还有以下几个法律法规：

1）《人民法院司法鉴定工作暂行规定》（最高人民法院 2001 年发布）。

2）《人民法院对外委托司法鉴定管理规定》（最高人民法院 2002 年发布）。

3）《产品质量仲裁检验和产品质量鉴定管理办法》（原国家质量技术监督局 1999 年发布）。

4）《司法鉴定程序通则（2016 年修订）》（司法部 2016 年发布）。

5）《司法鉴定机构登记管理办法》（司法部 2005 年发布）。

6）《司法鉴定人管理办法》（司法部 2005 年发布）。

《人民法院司法鉴定工作暂行规定》和《人民法院对外委托司法鉴定管理规定》，明确界定了司法鉴定概念，确立了审鉴分离的机构建制和工作制度，从程序规则、工作规范上理顺了人民法院内部司法鉴定工作，同时推出了"司法鉴定人名册"制度，加强了对外委托司法鉴定工作公开化、程序化、规范化管理。通过事前审查、择优选录和公开公示程序，建立社会鉴定机构和鉴定人名册，有利于确保受委托鉴定人的资质，便于当事人协商和人民法院依职权随机指定，充分体现了公开、公平的原则。此外还规定了鉴定人应当依法履行出庭接受质询的义务，人民法院司法鉴定机构应当协调鉴定人做好出庭工作等。而《产品质量仲裁检验和产品质量鉴定管理办法》就质量鉴定申请人的资格，质量鉴定的受理机构和鉴定机构，质量鉴定委托书的内容，质量鉴定专家组的组成、权利、义务、工作程序，质量鉴定报告的内容等做了规定。除此之外，一些省、市、自治区也发布了一些有关司法鉴定的实施细则，《中华人民共和国计量法》《产品质量检验机构计量认证管理办法》等也有产品质量检验的有关规定。

　　司法鉴定往往是举证鉴定经质证不被认证的情况下进行的。对于诉讼单方委托的举证鉴定，其鉴定人的中立性和送检材料的真实性、全面性难免受到质疑。此时人民法院依职权或应当事人申请决定启动实施司法鉴定，按程序规范指派或委托鉴定人，双方当事人对鉴定人均无疑义且无利害关系，委托鉴定事项及送检材料经法庭质证审查确定后方开始对外委托。法院选择鉴定人依据尊重当事人选择和人民法院指定相结合的原则，即诉讼双方当事人协商一致的，按双方当事人的意愿；诉讼双方当事人协商不一致的，由法院在列入法院社会鉴定机构名册的、符合鉴定要求的鉴定机构中，随机选择和委托鉴定机构进行司法鉴定。如果所涉及的专业未纳入名册，法院也可以从社会相关专业中，择优选定受委托单位或专业人员进行鉴定。由于从委托程序、鉴定机构的选择到送检材料都是经法庭活动并诉讼参与人认可的，鉴定人也依照法律规定实行回避制度，因此首先从形式上保障了鉴定职责的中立性、鉴定主体的合法性、鉴定客体的真实性。司法鉴定结论还要通过法庭质证审查，才能确定其证明力和可采性。从这些可以看出，司法鉴定与举证鉴定是不同的两种委托管理模式，中立性是司法鉴定的本质要求，在程序上必须体现司法公正性。

13.5.2　司法鉴定中失效分析的注意事项

　　产品质量司法鉴定往往与事故责任有关，涉及的范围较宽，它含有分析、判定的因素，必须组织三名以上（含三名）单数专家组成质量鉴定专家组具体实施质量鉴定工作，其中最主要的就是对争议产品进行失效分析，周期相对较长，费用较高。引起产品失效的因素较多，其中每个因素对产品失效的具体份额很难量化，给法院的判案带来一定的不便。通过失效分析，可以准确地找出引起产品质量争议的根本原因，为法院判案提供技术支持，可以很好地保护当事人的合法权益。

　　按照前面所提到的法律法规的规定，为了保证产品质量鉴定报告或者说产品失效分析报告具有法律效力，应注意如下事项：

　　（1）树立法治意识　即要严格遵守有关法律法规，遵守相关的程序和标准，依法办事。

　　（2）坚持独立意识　中立性是司法鉴定的根本属性，它是由司法鉴定的客观、公正这一根本要求所决定的。质量鉴定或失效分析过程中，必须保持绝对的中立性、超然性，独立行使鉴定权，不受任何外来因素的干扰。只有这样，才能保证结论的客观公允。

　　（3）强化科学意识　司法鉴定本质上是科学的实证活动。产品鉴定机构或失效分析单位必须根据科学的规律，运用科学的理论和手段，依赖科学的仪器设备，参照行业的技术标准和规范，才能得出科学的鉴定结论，才能保证鉴定结论的质量。

13.5.3　司法鉴定中失效分析的发展趋势

2005 年 2 月 28 日第十届全国人民代表大会常务委员会第十四次会议通过了《全国人大常委会关于司法鉴定管理问题的决定》，该决定就司法鉴定的性质、司法鉴定人员和司法鉴定机构登记管理和名册制度、司法鉴定人员、司法鉴定机构、鉴定人负责制度等做出了更详尽的规定。由于司法鉴定的特殊性，其管理的规范化、法制化要求很高，因此，要求司法鉴定中的失效分析工作必须走上规范化、法制化的轨道，这同时也给整个失效分析行业指明了发展方向。

1. 登记和监督制度

为了使我国司法鉴定人员和司法鉴定机构的管理科学化，同时也为了方便司法机关和公民、法人及其他社会组织委托鉴定，《全国人大常委会关于司法鉴定管理问题的决定》借鉴了国外的经验，在第二条第一款明确规定国家对司法鉴定人员和司法鉴定机构实行登记管理制度，按照学科和专业分类编制并公告司法鉴定人员和司法鉴定机构名册。鉴定机构和人员名册制度可保证司法鉴定的中立性和鉴定结论的准确性，从而保障司法公正与效率的实现。从事司法鉴定的失效分析人员和机构应在司法行政部门进行登记并接受监督，一方面解决了法官遇到产品失效问题时，花费大量的时间和精力，还不一定能在社会上机构林立、鱼龙混杂的状况下准确地选定适当的鉴定人的问题；另一方面，这种基于鉴定鉴定机构和人员名册制度的公开化、程序化的委托方式，为社会鉴定人提供了一个依法从业、公平竞争的平台，对社会的法治建设也是一种贡献。进入名册的鉴定机构和人员，首先是自愿的，其次是向社会公开的，具有良好的信用和权威。当其接受委托进行司法鉴定的失效分析后，应当接受法院对该分析的监督，并履行依法出庭的义务。

2. 失效分析人员资格管理

《全国人大常委会关于司法鉴定管理问题的决定》规定具备下列条件之一的人员，可以申请登记从事司法鉴定业务：具有与所申请从事的司法鉴定业务相关的高级专业技术职称；具有与所申请从事的司法鉴定业务相关的专业执业资格或者高等院校相关专业本科以上学历，从事相关工作五年以上；具有与所申请从事的司法鉴定业务相关工作十年以上经历，具有较强的专业技能。产品质量鉴定也有类似的规定。

目前，失效分析作为与司法鉴定业务相关的专业，其执业资格主要有两种：一个是由中国机械工程学会失效分析分会进行的失效分析人员的资格认证，它将失效分析人员分两级，即失效分析专家和失效分析工程师。作为失效分析专家一般应符合如下三个条件：①具有高级职称；②从事失效分析与预防工作；③现在仍在岗。对于业绩确实突出、长期从事失效分析与预防工作的业务骨干，即使不具有高级职称，经专家委员会评定，也可以特批为失效分析专家。获得失效分析专家或工程师证书者自批准之日起必须每两年书面考核一次，考核通过者签发续聘证，否则原证书无效，资格作废，不搞终身制。另外，航空工业系统也依据 HB7478—2014《航空装备失效分析人员》的资格鉴定与认证进行失效分析人员的资格鉴定。这些资格认证制度的实施受到我国失效分析人员的欢迎，也得到企事业单位的好评和国内外有关组织的认可。具有以上两种执业资格的专业技术人员在我国失效分析与预测预防领域，以及一些经济、法律案件有关事故原因的技术鉴定方面发挥了重要作用。

3. 实行分析人员负责制度

《产品质量仲裁检验和产品质量鉴定管理办法》虽然规定质量鉴定报告由专家组出具，但又规定质量鉴定组织单位应当对质量鉴定报告进行审查，并对质量鉴定报告负责。应该说，鉴定（失效分析）行为是鉴定（分析）人运用自己所掌握的专业知识对专门性问题进行检验、鉴别和判断的活动，属于个人行为。实施鉴定（分析）的个人应该对自己的行为和出具的鉴定（分析）结论负责。为此，《全国人大常委会关于司法鉴定管理问题的决定》规定，司法鉴定实行鉴定人负责制度。鉴定人应当独立进行鉴定，对鉴定意见负责并在鉴定书上签名或者盖章。多人参加的鉴定，对鉴定意见有不同意见的，应当注明。实行鉴定人负责制，既有利于强化鉴定人的个人责任，又有利于提高鉴定结论的公正性、准确性，也有利于办案人员的审查判断。

4. 加强失效分析的标准化工作

所谓标准，是对重复性事物和概念所做的统一规定。它以科学、技术和实践经验的综合成果为基础，经有关方面协商一致，由主管机构批准，以特定形式发布，作为共同遵守的准则和依据。而标准化，即在经济、技术、科学及管理等社会实践中，对重复性事物和概念通过制定、发布和实施标准达到统一，以获最佳秩序和社会效益。从这些概念上看，无论是经济活动、技术活动、科研活动和管理活动，这些活动只要具有"重复性"，都可以进行标准化。虽然失效分析的对象每次都不同，不可能按照一个标准每次"重复性生产"，但失效分析过程中仍有不少重复性活动，有按统一标准进行的客观需要和要求如失效分析术语、失效分析人员的资格鉴定、失效分析的通常程序、某些特定对象的失效分析等。

5. 司法鉴定机构的设立

《全国人大常委会关于司法鉴定管理问题的决定》规定，申请从事司法鉴定业务的机构应具备下列条件：有明确的业务范围；有在业务范围内进行司法鉴定所必需的仪器、设备；有在业务范围内进行司法鉴定所必需的依法通过计量认证或者实验室认可的检测实验室；每项司法鉴定业务有三名以上鉴定人。符合这些条件的社会组织，按照一定的程序审核、等级、编入名册，即成为法定的鉴定机构。

13.6　失效分析在司法鉴定中的应用

产品质量鉴定涉及的争议产品往往是因为质量不能满足使用要求，或在使用中早期失效导致了较大的经济损失。这时失效分析便成为处理产品质量争议的一个重要手段，通过失效分析，准确地找出引起产品质量争议的真正原因，为法院判案提供技术支持，可以很好地保护当事人的合法权利。质量鉴定工作应当坚持公正、公平、科学、求实的原则，质量鉴定工作是处理产品质量争议时判定产品质量状况的重要方式。但具体的失效分析工作往往会掺杂一些地方保护成分，导致真正的失效原因偏离和当事人的合法权利不能得到正确维护。准确的失效分析结论不但为法院的正确判案、维护当事人的合法权利提供技术保证，还可以为责任方提供科学依据，避免同类事故的再次发生。

1. 曲轴表面"黑色凹坑"产生原因司法鉴定

某企业长期从事曲轴的加工生产，在9个多月的时间里生产了1700多件，其中19件曲轴的"拐颈或主轴颈"在精磨或精抛工序后出现聚集状分布的"黑色凹坑"。缺陷曲轴是在精磨或精抛过程中偶然出现一条，间隔数天或十天再出现一条。因曲轴是在加工结束时才出现了质量问题，意味着与该曲轴相关的所有费用全部损失，给企业带来了较大的经济损失。该企业首先将缺陷曲轴委托本省一家司法鉴定机构进行技术分析。该鉴定机构对缺陷曲轴进行了失效分析后认为，曲轴中存在疏松缺陷是其连杆颈外圆表面局部出现微小凹坑的主要原因，其主要依据是在对曲轴颈部做横向低倍试验时观察到一般疏松。根据该鉴定机构出具的技术报告，加工方认定该曲轴的质量争议主要是原材料存在质量问题。随后把原材料销售方和钢厂告上了法庭。由于该委托是单方委托，原材料销售方和钢厂对该结论不予认可，他们提出了质疑：如果原材料存在质量问题，为什么 1700 多件中仅出现 19 件？双方僵持不下，最后约定由法院委托司法鉴定机构对其重新做失效分析。

受托方对该案例特别重视，组织了相关方面的资深专家，经过研究上诉人的诉状、笔录、供货合同、销售合同、各种加工技术协议、各种冷热加工工艺和过程检验报告后，制定了分析鉴定方案。分析过程中发现，曲轴表面的"黑色凹坑（或麻点）"和合金钢内部低倍试验时看到的"黑色麻点"性质不同，两者有本质区别，前者是在精加工过程中曲轴表面发现的，并没有进行热盐酸腐蚀处理就看到了；而合金钢内部存在的"黑色麻点"是曲轴横向试样面经过磨抛后再经过热盐酸腐蚀后才观察到的，没有经过热盐酸腐蚀时看不到。受托方经过大量试验以及对试验数据和其他与之相关的资料和物证综合分析后，得出的最终鉴定结果为：曲轴表面的"黑色凹坑（或麻点）"性质为点腐蚀（见图 13-1 和图 13-2），是曲轴加工过程中接触了腐蚀性介质造成的腐蚀。明确了事实的真相后，法院最终判决质量争议的主要责任方是曲轴的加工方，当事人的合法权利得到了保护。

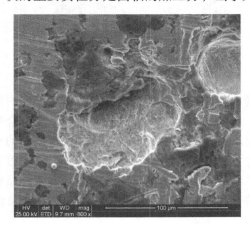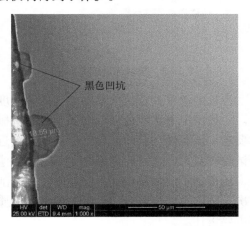

图 13-1　黑色凹坑的表面形貌　　　　　　图 13-2　黑色凹坑的剖面形貌

2. 富气压缩机齿轮断齿失效司法鉴定

某化工厂主要设备富气压缩机齿轮失效导致有毒气体泄漏，不但影响了正常的生产，还危害了附近村民身体健康，造成几十人生病住院，直接经济损失达到一千万元以上。该次事故先后由国内两所知名高校对其进行失效分析，他们得出的结论完全相反。一方得出的结论是：齿轮的拉伸性能不符合技术要求，晶粒粗大，出现魏氏体组织导致失效。此结论为制造质量不合格引起断裂，责任主要为制造方。另一方得出的结论是：压缩机使用过程中由于油温偏高导致齿轮断裂。此结论为产品使用不当引起断裂，责任主要为使用方。法院无法对该案件进行判定，考虑到做失效分析的两所高校均不具备司法鉴定的资质，随后经当事人双方协商达成一致，重新委托司法鉴定机构对其做失效分析。

受托方组织相关失效分析专家，先后多次赴事发现场进行调查取证，查阅了大量的与该案例相关的技术资料、技术协议以及相关的会议纪要，经过对大、小齿轮实物的大量试验和综合分析后得出：

1）大齿轮断裂性质为大应力一次性断裂，小齿轮最初的断齿性质为弯曲疲劳断裂，小齿轮断齿在前，大齿轮断齿在后。

2）引起小齿轮早期疲劳断裂的主要原因是其根部渗氮层深度不够，不符合图样技术要求，降低了疲劳强度。齿轮渗氮后的磨削造成齿根部位靠近齿面处形成较小的磨削沟槽（见图 13-3），增加了应力集中程度，引发了小齿轮的疲劳断裂，疲劳特征清晰可见（见图 13-4）。

图 13-3　断裂源处剖面形貌

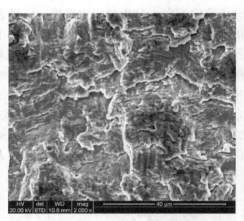

图 13-4　断口上的疲劳辉纹

齿轮的渗氮处理可以增加齿表面的硬度和耐磨性，同时对齿轮的疲劳性能也有一定的提高。一般情况下渗氮处理后表面不再做机械加工，若要做也必须保证有效渗氮层深度符合技术要求。该案例涉及的齿轮渗氮层深度接近技术要求的下限，生产方在对整个齿轮箱做动平衡试验时对大、小齿轮齿根部位进行了少量磨削，正是这个操作去除了本来就较薄的渗氮层，还产生了应力集中更为明显的较小磨削沟槽，结果导致齿轮箱因疲劳断裂而失效。显然这次事故的主要原因是齿轮箱的加工制造质量不符合图样技术要求，制造方应对此次事故承担主要责任。

3. 减速器齿轮失效司法鉴定

某机械厂和一家重载齿轮企业签订了设备订购合同，其中的减速器是该设备的一个主要组成部分。该减速器于 2004 年 12 月 15 日投入使用，2005 年 2 月 13 日发现齿轮有打齿现象，2005 年 4 月 3 日停止使用。由于该设备的实际使用时间和其设计寿命相比要短得多，对机械厂造成了较大的经济损失和社会影响，因协商无果，机械厂将重载齿轮企业告上了法庭。受法院委托，司法鉴定机构对其做了失效分析。

法院送检样品为断裂的齿轮和齿轮轴。断齿齿轮材料为 42CrMo，技术要求：齿面淬火硬度为 45～52HRC，淬透层深度为 2～4mm，齿轮其余部分为调质处理，硬度为 230～270HBW。齿轮外径为 ϕ769mm，厚度为 160mm，齿数为 95，法面模数为 8。断轴材料为

42CrMo，技术要求：整体为调质处理，硬度为 230~270HBW，表面淬火硬度为 53~58HRC，淬透层深度为 2~4mm。失效部分直径为 ϕ128mm，长度为 566mm。

经过理化分析后发现该齿轮热处理工艺不当，齿根部位无热处理淬火层（见图 13-5），不符合技术要求，疲劳性能降低，齿轮于应力集中明显的齿根部位发生了疲劳断裂。齿轮轴的失效分析结论为：齿轮轴断裂性质为旋转弯曲疲劳断裂。轴表面硬度较高，且热处理硬化层不均匀（见图 13-6），金相组织为淬火马氏体+残留奥氏体，组织应力和脆性较大，容易产生疲劳裂纹源。断齿后没有停机，而是继续运转使系统的平衡性受到影响，齿轮轴受到较大的交变冲击载荷作用，最终发生旋转弯曲疲劳断裂。这起质量争议案主要是齿轮和齿轮轴的制造质量不符合技术要求导致产品早期失效，与材料和使用关系不大。法院依据该失效分析的结论最终判决重载齿轮企业为主要责任方。

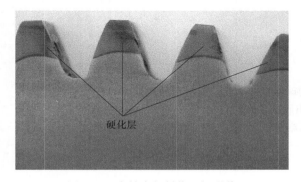

图 13-5　齿轮齿部低倍组织形貌

图 13-6　齿轴近断口处低倍组织形貌

4. 炼钢厂风机破裂司法鉴定

某炼钢厂在正常生产中，用于厂房空气循环的引风机突然破裂失效，断裂的部分叶片飞出 100 多 m，损坏了附近的送电线杆和居民住宅楼，炼钢厂被告上法庭。该引风机于 2007 年 10 月签订订货合同，2008 年 2 月安装调试使用，2010 年 6 月发生破裂。受法院委托，鉴定组赴现场进行调查（见图 13-7）。除引风机叶轮受损外，电动机轴座也发生了断裂。

图 13-7　现场调查情况

通过理化检验后得出：

1）叶轮化学成分和拉伸性能符合 GB/T 700—2006 中 Q235A 钢的技术要求，焊接接头未见明显的气孔、裂纹等焊接缺欠，断口呈一次性韧窝断裂。

2）断裂的电动机轴座力学性能低于 GB/T 9439—2010 中 HT200 铸件壁厚为 40~80mm 时的抗拉强度的参考值。

经过细致的事故调查后得知，该引风机调试结束正常使用时，由于抽风效果不理想，钢厂更换了引风机组的电动机，将额定功率由 400kW 提高到 500kW。电动机额定功率提高后叶轮转速增加，导致部分叶片过载首先发生韧窝断裂，然后风机运转的平衡被打破，电动机轴坐受到较大的弯曲冲击载荷后发生过载断裂。显然该起产品质量争议案的主要责任方为炼钢厂，他们要对事故造成的损失承担主要责任。

参 考 文 献

［1］王滨. 失效分析与司法鉴定 ［J］. 理化检验（物理分册），2005，41（增刊）：115-119.

［2］陶正耀. 陶正耀论文集 ［M］. 北京：机械工业出版社 . 1988.

［3］王荣. 失效分析在司法鉴定中的应用 ［J］. 金属热处理，2015，40（增刊）：447-450.

第 14 章

失效分析报告的撰写

14.1 引言

失效分析是一个逆向思维和推理的过程，是从残骸入手，通过分析和逻辑推理，一步一步地给人展现其失效前的正常状态。对于一个具体的失效分析案例，当按照事先拟定的失效分析程序，采用各种失效分析技术，完成所有的现场勘察、事故调查，以及各种检测和试验内容后，就要对整个失效事件做综合性的系统分析，从而得出失效分析的结论。书写失效分析报告时要对整个过程进行回顾，从总体上审视失效分析全过程，发现、弥补不足，回答失效分析所赋予的使命，并提出预防再失效的措施或建议。失效分析报告不同于普通的检测报告。规范的失效分析报告不但会包含大量的数据、图片等，或者一些理论计算等，还必须有一个明确的结论。对于一些比较重要的大型事故分析报告，内容可能比较丰富，篇幅可能比较多，这就要求书写报告时选择项目要合理，思路要清晰，论证要充分，结论要准确；在书写格式、次序安排，以及对分析过程的表现等方面，都要符合一般人的思维习惯。失效分析报告的书写可详可简，但书写过程中遵循的一般性原则都是相同的。

14.2 失效分析报告的写作特点

14.2.1 语言特点

1. 周密、准确

周密指句子之间合乎逻辑。准确是用词问题，对某一件事情的描述一定要客观地说明，不可以夸大，不可以轻率之言。只有语言周密、准确，才能正确恰当地表达客观事实。

2. 明朗、规范

语言明朗是说语言的表达要清楚明白，让人读了能够理解。规范是指用词和语法规则问题，具体包括：不生造词语；不滥用简缩词语，或者字母组合；语序要流畅。只有语言明朗、规范，才能清楚明白地表达客观事实。

3. 平实、简要

平实就是自然朴素，不加粉饰。简要就是简单、明了，这和对事物的认识程度以及语言的概括精炼能力有关，还要在删繁就简上下功夫。只有语言平实、简要，写出的报告才能通俗易懂、直截了当地表达客观事实。

14.2.2 文体特点

1）失效分析报告包含了各种具体的检测内容，但又不同于检测报告。它不是简单的数据或图片堆集，它需要对各项检测结果进行综合分析评定，并且要有一个明确的结论。

2）失效分析报告撰写属于科技写作，要求对各种失效现象做真实的科学说明，要求对检测结果和观察到的现象做严谨的科学论证。

失效分析报告的科学性和客观性主要包括：①对各种失效现象以及与之相关的信息、现象等科学而客观的说明；②各种具体的检测报告、理论计算等；③模拟试验情况。

3）失效分析报告类似于科技论文，同样有论据（各种检测结果、图片等）、论证（综合分析）和论点（结论），但又不同于科技论文。科技论文是对创造性的科研成果进行理论分析和总结的科技写作，是报道自然科学研究和科技开发创新工作成果的论说文章。失效分析报告和科技论文的思维方法以及文学体裁相同，都采用逻辑推理的思维方法，但二者的论证方法有些差异。科技论文可以采用归纳、演绎、类比、反驳、归谬、比喻等诸多论证方法，但失效分析的论证必须是建立在检测、试验，或周密的理论计算的基础之上，论据必须是通过试验或计算得到的，对于失效原因的分析一般采用因果论证。对于失效机理的分析，有时会用到归纳或演绎论证方法，甚至还会出现缺省的论证。

14.2.3 思维特点

思维方法是人们通过思维活动，为了实现特定思维目的所凭借的途径、手段或办法。思维活动是一个由多种因素构成的动态系统。思维对象、思维主体和思维方法是思维活动中最基本和最主要的三个要素。思维对象是思维活动的原材料；思维主体是具有认识能力及相应思维结构的人；思维方法是思维主体对思维对象进行加工制作的方式、工具和手段。

1. 逻辑推理

在思维活动中，思维方法具有十分重要的作用，它构成了思维主体和思维对象发生联系的中介和桥梁。没有科学的思维方法，人们的思维活动就不能顺利进行并取得成效。逻辑推理的思维方法是思维活动的主要内容之一，是从已知的知识推出未知的知识，从一个或几个已知的判断推出另一个新的判断的思维过程。只要据以推出新判断的前提是真实的，推理前提和结论之间的关系符合逻辑思维规律，则得出的结论或判断就是真实的、可靠的。逻辑推理的思路是失效分析的基本思路，以真实的失效信息事实为前提，根据已知的失效规律性知识和已知的判断，通过严密的、完整的逻辑分析，就可以推理出失效的模式、原因和机理。常用的逻辑推理方法较多，在失效分析中应用较多的是因果论证。

2. 因果论证

因果是现象之间普遍联系的表现形式之一，没有一个现象不是由一定的原因引发的，当原因和一切必要条件都存在时，结果就必然产生。原因是指产生某一现象并先于某一现象的现象，结果是指原因发生作用的后果。原因与结果之间具有时间上的先后关系，但具有时间先后关系的现象并非都是因果关系；除了时间的先后关系之外，因果关系还必须具备一个条件，即结果是由于原因的作用所引起的。

运用因果论证，不能停在一因一果的层面上，要善于多角度地分析原因和结果，在具体的失效分析过程中，要注意分析一果多因、一因多果、同因异果、异因同果以及互为因果等因果关系。

3. 因果论证注意事项

一般来说，在因果论证中要注意以下几点：

（1）分析主要原因和次要原因　有时某种结果是由多种原因引起的，这时就必须分析和抓住其中的主要原因，提出引起结果的最本质、最核心的因素加以论证。

（2）分析产生的原因　原因有时是多层的，有些现象看起来似乎是发生作用的原因，但在它们的背后，却还有产生它们的原因。遇到这种情况，应当一层一层地分析，直到找出最终原因为止。

（3）分析异因同果、同因异果和互为因果　这类分析也就是力图异中求同或同中求异，是辩证逻辑的要求。关键是考查和分析不同原因和结果之间的联系。异因同果表面似乎互不相干，但如果用联系的眼光看问题，深入分析下去，却可以发现在它们的背后存在着某种共同之处，这在失效机理的分析和研究方面尤为重要。

14.3　失效分析报告书写的一般要求

14.3.1　失效分析报告的内容要求

失效分析报告一般包含以下内容：

（1）论据部分　主要为检测数据和图片，还包含一些情况调查、理论计算等，主要以科学说明为主。

（2）论证部分　为失效分析报告的综合分析和讨论部分，主要以逻辑推理和因果论证为主。

（3）论点　也就是失效分析的结论。

（4）建议　提出预防措施或建议。

失效分析报告一般需要三级签字，即编制人、审核人、批准人。签字页可以放在正式内容的前面，也可以放在后面，一般和结论同页。

14.3.2　失效分析报告的格式要求

失效分析报告没有统一的格式。要求做到一级失效模式分析的失效分析报告往往比较简单，有时就一页纸或一个表格；但对于一些比较复杂的大型失效分析报告，往往会包含大量的检测、实验、计算和分析等内容，其信息量很大。不同的失效分析机构一般都有其相对固定的格式，如相对固定的模板和页面布局，包括字体、行距、图片大小和数量，还有相对固定的报告组成部分和写作习惯等。

失效分析报告的写作格式一般有以下几种：

1）传统格式，按照人的一般思维习惯书写，先分述，再综合讨论，最后为结论。

2）结论写在前面，然后再按照一般的先后顺序进行书写。

3）采用"爆炸图"的形式，即用图片的形式把失效过程反映出来。

14.3.3　失效分析报告的书写要求

失效分析报告的书写应注意以下几个方面：

1）报告结构要紧凑，布局要美观，要保证图片的质量。

2）采用科技语言，避免语言生活化或随意化。用词准确，不拖泥带水，避免使用"可能是""推测是""应该是"等模棱两可的语言。尽量不用形容词，要客观反映实际情况，减少感情色彩。

3）层层递进，避免重复。

4）结论是自然而然地得出的，如水到渠成一般，而不是生搬硬套强加的。

14.4　失效分析报告的写作技巧

1. 灵活运用图片

用图片说话，而不是看图说话，尽量将各种特点聚焦在较少的图片中，必要时可采用局部特写、合并等手法，特征相似的图片需用 1~2 张即可。图片的编排应符合一般人的思维习惯，放大倍数由小到大，用图片记录过程。失效分析取样位置也可以直接在样品图片上标出。

2. 保证图片质量

1）灵活选用光线、拍照角度等，选用合适的亮度和对比度，尽可能清晰地反映与失效相关的特征。

2）灵活运用图像处理软件，如果一张图片大部分都比较完美，但存在个别可以明显识别的瑕疵，如制样时较深的划痕，观察面上的灰尘、水迹等，这些缺陷和异物都可以采用图像处理软件进行修饰。

3）重要的信息可直接在图片上比对，如图 14-1 所示，失效件上的固定销外露部分长度为 28mm，而正常件外露部分为 8mm，通过比较就可直观地发现问题所在。

3. 比例拍照

在实验室拍照片时都要有标尺，宏观照片可采用直尺，微观照片采用软件中的标尺。在现场对一些重要的样品或事物拍照时要灵活的选用一些参照物；小的样品可采用一般人熟悉的物件做参照物，如硬币等，如图 14-2 所示。中华震旦角石化石，生存于距今 4.48 亿 ~ 4.68 亿年前，是当时海洋中最凶猛的食肉性动物，拍照时，旁边放一只水笔，根据水笔卡子的大小基本就可以知道中华震旦角石的大小，如图 14-3 所示。

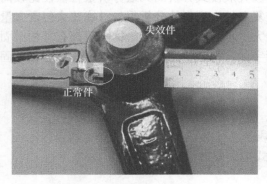

图 14-1　固定销的外露部分长度

图 14-2　以硬币做参照物

在现场拍照时，有时为了大概反映周围的环境，也可以人做参照物，如图 14-4 所示。

图 14-3　以水笔卡做参照物

图 14-4　以人做参照物

4. 绘制示意图

（1）残骸散落位置　有些比较重大的失效分析，如飞机坠毁和爆炸事故等，往往可根据失效残骸的散落位置判断飞机的飞行速度、高度，以及飞行方向等；对于爆炸事故，通过测量残骸之间的距离可以计算出爆炸时的当量能量，从而帮助分析失效产生的根本原因。在某港口"11.13"事故三航 118# 船储罐爆炸失效分析中，根据现场打捞和现场测绘情况，绘制了现场残骸分布图，如图 2-1 所示。受损的二氧化碳槽罐共裂解成 3 块残骸，1# 残骸为罐体一端，开口指向岸，底超上，有撕裂；2# 残骸和 1# 残骸落点位置基本在一起；3# 残骸位于距 1、2# 残骸大约 170m 的运河中。通过对二氧化碳储罐物理爆炸能量与波及半径的定量评价，间接地获得了爆炸时罐内的压力，为失效原因分析提供了较为重要的依据。

（2）结构示意图　有的失效体结构比较大，比较复杂，为了分析说明方便，可通过绘制失效体的结构图，或绘制结构示意图，以反映失效位置及其周边的情况。同样，在上述失效分析案例中，对失效的罐体结构及焊缝编号进行绘制，并对裂纹的位置和走向作了标识，参见第 2 章的图 2-2，这样就可以很方便地对裂纹所在的钢板质量进行追溯和分析，对罐体裂纹部分的结构特点和受力情况进行分析，还可以结合断口上表现出来的宏观特征判断断裂的起源位置。又如某空气压缩机上曲轴长度为 5.6m，重约 5t，包含 6 个曲拐，发生 3 处断裂，断成 4 段。为了便于叙述方便和显示断裂部位，以及显示检测位置，绘制曲轴断裂位置及硬度检测位置示意图如图 14-5 所示。

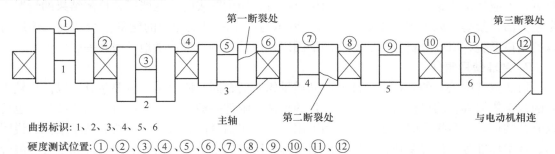

曲拐标识：1、2、3、4、5、6
硬度测试位置：①、②、③、④、⑤、⑥、⑦、⑧、⑨、⑩、⑪、⑫

图 14-5　曲轴断裂位置及硬度检测位置示意图

（3）受力分析示意图　在进行机械构件的失效分析时，失效体与其相邻构件之间的位置关系往往比较重要，能较好地帮助对其失效原因进行分析，此时，装配图会起到较大的作用。但在有些情况下，尽管相配合的各零件尺寸均符合图样要求，但在极限尺寸时（一个上限合格，一个下限合格），装配后其配合间隙可能较大，该现象若没有受到重视，往往就会引起失效。在这种情况下，通过对失效体和配合体实际尺寸的测量，然后将其实际配合情况用示意图表现出来，就可以比较清楚地看出各零件之间的关系，对失效分析有较大的帮助。例如，某核电公司装卸料机推杆驱动蜗轮与内齿轮上的连接螺栓在设备运行大约 9 年后发生了断裂现象。断口分析结果表明其断裂性质为双向弯曲疲劳断裂。但按照正常的装配要求，该螺栓不具备发生疲劳断裂的条件。通过对失效螺栓和其配合孔尺寸的实际测量，并采用示意图（见图 14-6）的形式反映出来后，发现它们之间存在较大的间隙，螺栓具备了发生双向疲劳断裂的条件。这对分析螺栓产生断裂的真正原因起到了很大的帮助作用。

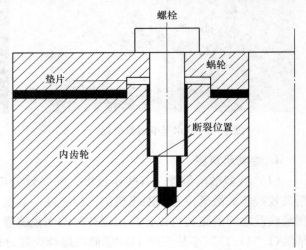

图 14-6　螺栓实际装配示意图

5. 关键程序图片化

1）对一些对失效起重要作用的尺寸，可以把包含量具尺寸显示的测量过程用图片记录下来。

2）一些关键的细节，如在司法鉴定中，对当事人共同认可的样品可以采用合影的方式做记录。

3）对分析和结论有重要作用的信息可以用图片的形式反映在报告中，例如，可以对电子邮件、微信、短信中的重要信息进行截屏，做成图片。用于司法鉴定的失效分析报告还可以将一些重要的语音证据，采用录音的方式记录下来作为技术报告的附件使用。

6. 灵活运用图表

在书写报告时，可以把一些分散的数据或现象集中在一个表格中。表格不宜太多，不宜跨页，不应超出边距，表头和段落之间留出空行。使用图表时，在能反映检测结果的情况下尽量简洁、紧凑，以美观为原则。图 14-7 所示为一个断口上异物的能谱分析情况，该图可以把断口形貌、EDS 分析位置、对应的谱图以及原始检测结果清晰地反映在一张图上。

7. 合理使用附件

司法鉴定中法院的委托书，涉及产品质量纠纷的合同、协议中的重要条款，以及比较重要的判定依据等，均可作为失效分析报告的附件。附件一般和失效分析报告同册装订，也可以分开装订。书写报告时，还可以使用引用文件，包括合同、诉状、协议、技术条件、说明书、技术标准等，最好要在报告中指出引用部分所在的章节或页码。引用文件和报告一般分开装订，属于失效分析报告的一部分。

8. 运用参考文献

在对试验结果进行分析论证时，除采用实际检测结果作为分析、判断的依据外，还可引

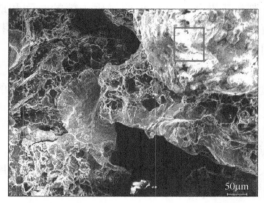
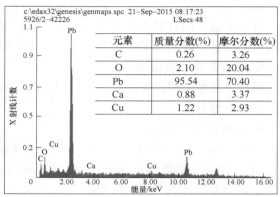

图 14-7　能谱分析结果

用与分析对象相同或相似的其他研究者取得的研究成果作为判断依据，但必须指出引用部分的出处，这一点和科技论文中的参考文献要求相同。失效分析报告中的参考文献优先选择国家法定出版社出版的科学论著以及比较权威的期刊上的科技论文，它们都应具有追溯性。另外，在使用参考文献时应注意，失效分析报告不同于综述性科技论文，其主要判断依据是实际检测或试验结果，参考文献仅起补充作用，切勿本末倒置。一般情况下，网络上没有追溯性的资料和信息不能作为失效分析报告的判断依据。

14.5　失效分析报告的基本内容

失效分析报告的书写应简明扼要，条理清楚，合乎逻辑，并着重就失效情况的调查、测试取证、失效机理、失效的根本原因及对策等方面进行详细论述。失效分析项目不同，其报告组成部分也不完全相同。一般来说，失效分析报告应包括以下内容：

1. 报告封面

失效分析报告封面应体现出失效分析机构的名称、项目名称、报告编号、委托编号等。

2. 指南

对于比较重要的事故分析报告，或者比较复杂、篇幅较长的失效分析报告，为了便于阅读和理解，开始时应做一些指南性介绍，一般包括：

（1）摘要　主要是对失效分析的结论和主要判断依据，以及主要分析方法等进行说明，摘要后面一般可列举 3~5 个关键词。

（2）参与人员　要有一个参与人员列表，包括每个参与人员的技术职称、职务等，要有每个人的亲笔签名，以表示对自己所做工作的负责。

（3）目录　要有一个目录，至于目录反映到几级标题，主要以报告内容的多少为原则。

3. 任务来源

任务来源一般包括委托单位及地址、委托内容和委托时间等。

4. 样品说明

首先要有一张委托者和分析机构之间移交状态的失效体图片，图片应能清晰地反映出失效件的唯一性特征或标识；要对失效的基本情况做比较详细的介绍或说明，如失效体所服役的设备名称、型号、制造者、设备的技术参数、制造工艺等，并应说明发生失效的时间和地点；要对失效件的材料牌号、执行标准、加工流程，以及主要工序的加工工艺等进行说明，涉及产品质量评定的判定依据可作为附件或引用文件；要明确失效分析的要求和目的。

5. 试验方法和仪器设备

试验方法和仪器设备应包括报告中涉及的检测项目使用的分析方法、评定标准和使用的仪器名称与型号等。

6. 试验过程及结果

（1）失效事故的调查结果　应包括以下几点：

1）一般应包括失效部件和设备的宏观图片、失效现场残骸的分布图片。必要时可采用画图示意的方法，并做一些附加说明。

2）详细说明失效时的工况和使用条件（如环境条件、操作温度、压力、湿度等），特别要注意一些细节或偶然发生的事件。必要时可采用一些附件加以说明，如失效时的监控录像、计算机状况监测和控制的参量实际记录等。

3）失效部件和设备的服役历史、失效经过，服役期间是否出现过异常现象，失效件和其他构件的装配情况，失效发生的时间节点等。

4）失效件周围的环境因素主要包括：①自然因素，如潮湿闷热的海洋性气候、雷电、风沙、雾霾等；②人为因素，如能引起振动的铁路、公路、建筑工地，包括机场、码头等的超强噪声等，还有周围是否存在能产生有腐蚀性气体的设备或化工厂等。

5）现场对肇事失效件或首断件的判断依据，现场取样情况，这些最好都要有图片证明。

6）对于司法鉴定用途的事故调查，还需要做笔录，并需要相关人员签字认可。

（2）宏观观察　宏观观察主要是表现失效件周围的环境及配置，展现失效件的结构特征以及和其他构件之间的关系，要确定失效点或失效位置，对不明显的失效点应进行标注或标识。用肉眼难以确认的失效点可采用无损检测的方法进行确认，应说明采用的方法和标准，要对显示的失效点进行拍照，并采用能够持续保留的标识定位失效点的位置。

（3）分析取样规划　在对失效体进行取样分析之前，先要做一个分析方案，并设计出一个合理的取样图，最好是在实物图片上进行规划。

（4）实际取样情况　要用图片展示实际取样位置和加工方法，要能反映出实际取样情况和事先规划的相一致性。

（5）宏观分析　包括外观形貌特征观察、宏观断口分析、低倍组织形貌分析等，对失效分析结论有价值的特征均需要有图片说明。

（6）理化性能检测　包括力学性能、化学成分、气体含量、硬度梯度、应力测试等，为了报告的整体美观，参数少时可直接描述，参数多时可做列表说明，也可采用做图的方法，主要以结构紧凑、反映准确、直观为原则。

（7）微观结构观察　包括金相分析、断口分析、电子背散射衍射分析、X射线衍射分析等，主要以图片和附加说明为主。

（8）受力分析　包括传统的结构受力分析和有限元受力分析等，要有受力分析图或有限元建模或网格划分图片等，要对受力计算的边界条件、受力分析时使用的公式或者使用的软件进行说明。

（9）模拟验证试验（必要时）　包括试验使用的设备、仪器，试验方法，试样使用的材料、状态、形状尺寸，试验条件，试验过程记录，试验结果和结论等。

7. 试验结果与分析

（1）试验结果汇总　对各部分试验结果和得到的零碎、分散的阶段性结论进行汇总。

（2）综合分析　主要依据试验结果汇总，采用逻辑推理和因果论证方法，对引起失效的原因和失效机理进行分析，要能对整个失效过程和失效期间发生的现象做出合理的解释和说明，要有明确的失效分析结论。

8. 结论

结论一般包含：①失效构件综合质量评定结果；②失效性质；③发生失效的主要原因。

9. 建议

提出避免将来可能发生同样失效事故的预防措施或改进建议。

10. 签字

在结论和建议的后面应有项目负责人、报告编制人、审核人和批准人的签字。

11. 回访和促进建议的落实

对重大的失效事故分析应进行必要的回访，以促进建议和措施的落实。

14.6　失效分析报告撰写举例

14.6.1　比较简单的失效分析报告

对于一些生产型企业，由于产品相对固定，比较单一，在质量事故处理方面也积累了一定的经验。对一些失效原因比较清晰，如尺寸超差、磕碰、碰裂、热处理开裂、烧伤、腐蚀等（介质比较清楚），一般不需要做检测，依靠企业内部的专业技术人员的经验和工序间检验结果就可以进行判定。这种情况的失效分析报告往往就一页纸或一个表格，有时也叫不良品处理单，主要为了满足企业内部质量体系的要求，这种失效分析报告主要包括以下内容：

1）样品说明。

2）失效问题描述。

3）分析阐述，需分析人签字。

4）建议，需建议人签字。

5）采取了什么行动。

6）改良措施跟进。

14.6.2　比较复杂的失效分析报告

比较复杂一些的失效分析报告往往包含大量图片、数据和表格。报告的书写一定要有层次，有条理。同时，在报告的前面应该有指南性说明，具体包含哪些内容可依据实际报告的篇幅和重要程度确定。

下面列举了一个《装卸料机料仓 Ferguson 齿轮随动滚轮紧定螺钉断裂失效分析》报告的目录，从中也可以看出该报告的写作内容和编排等。

1. 任务来源

2. 样品说明

3. 试验方法和仪器设备

4. 试验过程及结果

  4.1　相关情况调查

  4.2　外表面宏观观察

  4.3　尺寸检测

  4.4　低倍检查

  4.5　硬度检查

    4.5.1　硬度梯度检查

    4.5.2　增脱碳检查

  4.6　SEM 形貌观察

    4.6.1　断口 SEM 形貌观察

    4.6.2　表面 SEM 形貌观察

    4.6.3　剖面 SEM 形貌

  4.7　金相组织分析

    4.7.1　抛光态金相分析

    4.7.2　侵蚀态金相分析

      4.7.2.1　纵向金相组织

      4.7.2.2　横向金相组织

      4.7.2.3　源区金相组织

  4.8　化学成分分析

  4.9　受力分析

    4.9.1　无螺母情况的分析

    4.9.2　有螺母情况的分析

5. 试验结果与讨论

  5.1　试验结果汇总

    5.1.1　相关情况调查结果

    5.1.2　外表面宏观观察结果

    5.1.3　尺寸测量结果

    5.1.4　低倍检查结果

    5.1.5　硬度检测结果

    5.1.6　SEM 形貌观察结果

    5.1.7　金相分析结果

    5.1.8　化学成分分析结果

    5.1.9　受力分析结果

  5.2　试验结果讨论

  5.3　紧定螺钉断裂原因分析

6. 结论

7. 改进意见

　　项目负责人：

　　报告编制人：

　　报告审核人：

　　报告批准人：

　　报告批准日期：

8. 附件 1 装卸料机流量阀结构示意图

9. 附件 2 失效紧定螺钉的安装情况

参 考 文 献

[1] 王荣．机械装备的失效分析（3）——断口分析技术 [J]．理化检验：物理分册，2016，52（10）：698-704.

[2] 王荣．机械装备的失效分析（1）——现场勘查技术 [J]．理化检验：物理分册，2016，52（6）：361-369.

[3] Ling Li，Rong Wang，Failure analysis on fracture of worm gear connecting bolts [J]．Engineering Failure Analysis，36（2014）439-446.

[4] 王荣，机械装备的失效分析（8）——失效诊断与预防技术 [J]．理化检验：物理分册，2017，53（12）：225-234.

后　记

上海材料研究所（以下简称材料所）成立于1946年，至今已经走过了70多个春秋。在材料检测和失效分析方面，材料所曾涌现过许多行业里的佼佼者和学术带头人，在国内外有着极高的声誉。在材料所失效分析领域工作过的同事，现在有的已经离开了材料所，有的甚至永远地离开了我们，但是在我的这本书里却永远地记载了他们辛勤的劳动和智慧。可以说，这本书记录了材料所近20年来在机械装备失效分析方面的主要成就，是对材料所近些年来失效分析方面的一个工作汇报，是材料所失效分析团队集体智慧的结晶。

在此，我首先要感谢材料所的所领导和部门领导，这些年来如果没有他们给予的关怀和支持，我将不会有这些成就，也无法完成这本书的编著工作。

我要特别感谢材料所的前辈们。陶正耀先生、桂立丰先生、凌树森先生、李炯辉先生、毛照樵先生、张静江先生等，虽然都已经永远地离开了我们，但作为先遣者，他们给材料所从事失效分析工作的后来者打下了良好的基础，并拓出了一条正确的道路。

李晋老师、郑文龙老师、杨武老师、鄢国强老师等，在我刚进入材料所加入到这个团队的时候，他们几乎是手把手、毫无保留地教我，指导我，在我个人失效分析的经历中，他们均给过我最为真诚的关怀和帮助。巴发海和李光福两位教授现在还时不时地陪我一起进核岛，到现场做事故勘察，到法院出庭解答各种专业技术问题，对我帮助甚大。

我的同事王元瑞、黄中艺、孙明正、吕渊、沙菲、孙浩、谢金宏、忻晓霏、秦承东、黄奂卿、傅聪、金玉婷，以及董婷和陆慧等，他们各身怀绝技，吃苦耐劳，勇于开拓，传承了材料所前辈们留下的光荣传统，也经常和我一起探讨各种失效机理，共同诊断机械装备失效方面的各种"疑难杂症"。

我的学生郭春秋、杨星红、付洋洋、金昊昀等，也经常帮我查阅资料，和我一起做研究，做试验，做课题，在这本书里也有着他们的影子和闪光点。

感谢北京普瑞赛司仪器有限公司在这本书的出版过程中给予的支持。

最后，我还要感谢行业里的前辈们和同仁们，在这本书里我时不时地引用了他们的一些观点和成果，尽管有一些在参考文献里已做了说明，但更多的还是在多年的读书和学习过程中积累和记录下来的，现在要查找详细的出处着实困难，所以未能够一一列出他们的名字和著作，在此我深表遗憾，也向他们深表敬意，并衷心地感谢他们、祝福他们。

王荣